Frequenzallokation in der Telekommunikation

Forschungsergebnisse der Wirtschaftsuniversität Wien

Band 1

PETER LANG
Frankfurt am Main · Berlin · Bern · Bruxelles · New York · Oxford · Wien

Stefan Felder

Frequenzallokation in der Telekommunikation

Ökonomische Analyse der Vergabe von Frequenzen unter besonderer Berücksichtigung der UMTS-Auktionen

PETER LANG
Europäischer Verlag der Wissenschaften

Bibliografische Information Der Deutschen Bibliothek
Die Deutsche Bibliothek verzeichnet diese Publikation in der Deutschen Nationalbibliografie; detaillierte bibliografische Daten sind im Internet über <http://dnb.ddb.de> abrufbar.

Gefördert durch die
Wirtschaftsuniversität Wien.

ISSN 1613-3056
ISBN 3-631-52568-0
© Peter Lang GmbH
Europäischer Verlag der Wissenschaften
Frankfurt am Main 2004
Alle Rechte vorbehalten.

Das Werk einschließlich aller seiner Teile ist urheberrechtlich geschützt. Jede Verwertung außerhalb der engen Grenzen des Urheberrechtsgesetzes ist ohne Zustimmung des Verlages unzulässig und strafbar. Das gilt insbesondere für Vervielfältigungen, Übersetzungen, Mikroverfilmungen und die Einspeicherung und Verarbeitung in elektronischen Systemen.

www.peterlang.de

Inhaltsverzeichnis

1 Allgemeines	11
1.1 Einführung	11
1.2 Gang der Arbeit	14
2 Technische Grundlagen zu Mobilfunksystemen	19
2.1 Entwicklung von Mobilfunksystemen	20
2.1.1 Vom technischen Experiment zum Massenkonsumgut	20
2.1.2 Mobile Computing – das Internet im „Äther"	23
2.1.3 Mobilfunksysteme in Österreich	24
2.1.4 Alloziertes Spektrum und Spektraleffizienz	25
2.1.5 Zusammenfassung	26
2.2 Funkübertragung bei Mobilfunksystemen	28
2.2.1 Funkausbreitung	28
2.2.2 Modulation	31
2.2.3 Multiplex	32
2.2.4 Duplex	34
2.2.5 Vergleich der Vielfachzugriffs- und Duplexverfahren	34
2.3 Aufbau und Funktionsweise von Mobilfunksystemen	35
2.3.1 Global System for Mobile Communication (GSM)	35
2.3.2 Global System for Mobile Communication Phase 2	40
2.3.3 Mobilfunksysteme der dritten Generation – UMTS/IMT-2000	44
2.3.4 Stand der Entwicklung in Österreich	48
2.4 Zellularen Mobilfunknetzen und Kapazitätsaspekte	49
2.4.1 Das zellulare Prinzip	49
2.4.2 Kapazitätserweiterung	52
3 Der Mobilkommunikationsmarkt	55
3.1 Lizenz- und Frequenzvergaben in Österreich	56
3.1.1 Lizenzvergabe und Markteintritt	56
3.1.2 Frequenzausstattungen	58
3.2 Markt- und Diensteentwicklung	58
3.2.1 Marktentwicklung	58
3.2.2 Diensteentwicklung	63
3.3 Anbieter von Mobilkommunikationsdiensten	67
3.3.1 Mobilfunkanbieter	67
3.3.2 Diensteanbieter im Mobilfunk	67
3.3.3 Veränderung der Mobilfunk-Wertschöpfungskette	72

3.4	Ökonomische Analyse des Mobilkommunikationsmarktes	73
3.4.1	Marktstruktur	74
3.4.2	Ökonomische Aspekte zellularer Netze	76
3.4.3	Marktbarrieren – wie bestreitbar sind Mobilfunkmärkte?	79
3.4.4	Oligopolmärkte – Cournot- oder Bertrand-Wettbewerb?	83
3.4.5	Ökonomische Effekte der Frequenzknappheit	86
3.5	Zusammenfassung	88
	Anhang zu Wettbewerbsmodellen	89
	Bestreitbare Märkte	89
	Joint Profit Maximization (Kollusion)	91
	Bertrand Wettbewerb	93
	Cournot Wettbewerb	94

4 Frequenzverwaltung und Frequenzvergabe **97**

4.1	Institutioneller Rahmen	99
4.1.1	Nationale Frequenzverwaltung	100
4.1.2	Frequenzverwaltung in Österreich	102
4.1.3	Internationale Organisationen	103
4.1.4	Phasen des Frequenzmanagements	106
4.1.5	Interferenzmanagement	107
4.1.6	Internationale Harmonisierung der Frequenznutzung	110
4.2	Erteilung von exklusiven Frequenznutzungsrechten	111
4.2.1	Frequenznutzungsrechte	111
4.2.2	Mechanismen zur Vergabe von Nutzungsrechten	115
4.2.3	Frequenzgebühren und Preismechanismen	121
4.2.4	Vergabeverfahren in Österreich	123
4.3	Was ist eine effiziente Nutzung?	124
4.3.1	Technische Effizienz versus ökonomische Effizienz	125
4.3.2	Effiziente Zuteilung von Lizenzen	126
4.3.3	Effiziente Unternehmen und Märkte	129
4.3.4	Das optimale Interferenzniveau	135
4.4	Ökonomische Aspekte der Frequenzvergabe	138
4.4.1	Auswahl des effizienteren Leistungserbringers	138
4.4.2	Die optimale Zahl an Lizenzen	141
4.4.3	Ökonomische Analyse von Vergabeverfahren	146
4.4.4	Zusammenfassung	154
4.5	Ökonomische Aspekte des Frequenzmanagements	158
4.5.1	Mögliche Marktfehler der Frequenzallokation	158
4.5.2	Mögliche Effizienzprobleme	174
4.5.3	Der Übergang zu Frequenzmärkten	179

4.5.4 Zusammenfassung 182
Anhang zu Frequenzzuweisungen und -zuteilungen 184

5 Auktionen und Auktionstheorie 185
5.1 Auktionen als Marktinstitution 185
   5.1.1 Allgemeines 185
   5.1.2 Allokation unter Informationsasymmetrie 187
5.2 Arten von Auktionen 190
   5.2.1 Eingüterauktionen 192
   5.2.2 Mehrgüterauktionen 194
   5.2.3 Klassifikation nach der Werteverteilung 196
5.3 Auktionstheorie 198
   5.3.1 Benchmark Model 200
   5.3.2 Risikoscheue Bieter 209
   5.3.3 Asymmetrische Bieter 210
   5.3.4 Common-value, correlated-values auction u. winner's curse 211
   5.3.5 Kollusion 214
   5.3.6 Mehrgüterauktionen 215
5.4 Das simultane Mehrrundenverfahren 219
   5.4.1 Beschreibung des Verfahrens 219
   5.4.2 Regeln der SAA 221
   5.4.3 Effizienz und Gleichgewicht einer SAA 224
   5.4.4 Komplementäre Werteinterdependenzen 229
   5.4.5 Simultane kombinatorische Auktion - Free-rider-Problem 232
   5.4.6 Kollusion und Strategic Demand Reduction 234
5.5 Zusammenfassung 237
Mathematischer Anhang 239
   Spieltheoretische Modellierung von Auktionen 239
   Benchmark model and first-price sealed-bid auction 244
   Revenue Equivalence Theorem 246
   Affiliated-values 247

6 Frequenzauktionen 249
6.1 Allgemeines 250
   6.1.1 Frequenzauktion und Vergabeziele 250
   6.1.2 Auswirkungen auf die Downstream-Märkte 252
6.2 Empirische Analyse von ausgewählten Frequenzauktionen 256
   6.2.1 Frequenzauktionen in Neuseeland 257
   6.2.2 Frequenzauktionen in Australien 264
   6.2.3 Frequenzauktionen in den Vereinigten Staaten 266

6.2.4	GSM Versteigerung in den Niederlanden	279
6.2.5	WLL Versteigerung in der Schweiz	284
6.2.6	ERMES Versteigerung in Deutschland	284
6.2.7	GSM-1800 Versteigerung in Deutschland	286
6.2.8	Versteigerung von PCS Lizenzen in Mexiko	287
6.2.9	Bewertung und Problemanalyse	288
6.3	Entwurf von Frequenzauktionen	291
6.3.1	Wahl eines geeigneten Auktionsformats	291
6.3.2	Neueinsteiger und ausgewählte Bietergruppen	294
6.3.3	Aktivitätsregeln	297
6.3.4	Mindestinkrement	301
6.3.5	Mindesteröffnungsgebot (Reservepreis)	308
6.3.6	Terminierungsregeln	309
6.3.7	Informationen und Gebotsabgabe	310
6.3.8	Zurückziehen von Geboten	311
6.3.9	Bietbefreiungen und Nachdenkpausen	312
7	**Vergabe der 4. GSM Konzession**	**313**
7.1	Hintergrund	313
7.2	Auktionsverfahren	313
7.3	Ergebnisse	313
8	**Vergabe einer TETRA Konzession**	**315**
8.1	Hintergrund	315
8.2	Auktionsverfahren	315
8.3	Ergebnisse	316
9	**Vergabe von UMTS/IMT-2000 Konzessionen**	**317**
9.1	Hintergrund	317
9.1.1	Technologie und Frequenzspektrum	317
9.1.2	Internationale rechtliche Rahmenbedingungen	318
9.1.3	Vergabeverfahren	319
9.1.4	Regulatorischer Rahmen und Lizenzauflagen	319
9.2	Stückelung und Zahl an Konzessionen	321
9.2.1	Mögliche Optionen	321
9.2.2	Zahl der Lizenzen im europäischen Vergleich	323
9.2.3	Welche Option?	325
9.3	Auktionsverfahren	326
9.3.1	Internationaler Überblick	326
9.3.2	Auktionsverfahren in Österreich	329

9.4 Ergebnisse der Auktion 331
  9.4.1 Ergebnis in Österreich 331
  9.4.2 Ergebnisse im internationalen Vergleich 332
  9.4.3 Resümee 335
Anhang zur UMTS/IMT-2000 Vergabe 341

10 Vergabe von Frequenzen für WLL 357
10.1 Hintergrund 357
10.2 Regionale Gliederung und Zahl an Konzessionen 357
  10.2.1 Stückelung und Zahl an Konzessionen 357
  10.2.2 Regionale Gliederung 358
10.3 Auktionsverfahren 359
  10.3.1 Aktivitätsregeln 359
  10.3.2 Bietrechte 363
  10.3.3 Bietbefreiungen 363
  10.3.4 Bieteinheit und Click-box bidding 364
  10.3.5 Terminierung des Verfahrens 365
  10.3.6 Abwicklung der Auktion 365
10.4 Ergebnisse der Auktion 365

Literaturverzeichnis 369

Quellenverzeichnis 383

1 Allgemeines

1.1 Einführung

Durch das explosive Wachstum des Mobilfunks in den 90er Jahren hat sich dieser Industriezweig von einem Nischen- in einen Massenmarkt gewandelt. Die Zahl der Mobilfunkendgeräte hat in vielen Ländern mittlerweile jene im Festnetz überholt. Viele Experten rechnen damit, dass sich dieser Trend – der momentanen Ernüchterungsphase zum Trotz – fortsetzen wird. Als ein zentraler Treiber wird die Verschmelzung von Mobilität und Internet gesehen. Die Mobilfunksysteme der dritten Generation (IMT-2000 bzw. UMTS) sind eine Schlüsseltechnologie für die Bereitstellung ubiquitärer Multimediadienste. Neben dem Mobilfunk gibt es eine stetig steigende Zahl an neuen Funkdiensten – wie beispielsweise der digitale Rundfunk oder die WLAN-Technologie –, denen in einer Informationsgesellschaft eine hohe gesellschaftspolitische und volkswirtschaftliche Bedeutung zukommt. Darüber hinaus hat sich eine Vielzahl an (traditionellen) Funkdiensten in unterschiedlichsten Gesellschaftsbereichen etabliert. Dazu zählen etwa Anwendungen wie Notrufdienste, Taxifunk, Richtfunk, Satellitenfunk, Flugsicherungsdienste. All diesen Diensten ist eines gemein, sie nutzen die Ressource „elektromagnetisches Spektrum".

Der für die Funkübertragung geeignete Teil des elektromagnetischen Spektrums ist ein notwendiger Inputfaktor für funkbasierte Kommunikationsdienste. Manche Abschnitte des Spektrums werden zunehmend begehrter, so dass unterschiedliche Nutzungsarten und Nutzer um die „knappe" Ressource Spektrum rivalisieren. Die öffentliche Hand – Gesetzgeber wie auch Behörden – steht damit vor der ordnungspolitischen Frage: „Für welche Technologien bzw. Dienste wird das Spektrum genutzt und welche Nutzer dürfen es unter welchen Bedingungen nutzen?" Diese Frage umreißt sehr knapp die wesentlichsten Aufgaben der Frequenzverwaltung und -vergabe und ist auch das Leitthema dieser Arbeit. Fasst man die wesentlichsten Zielvorgaben der nationalen und internationalen Frequenzverwaltungen zusammen, können diese mit der Sicherstellung einer *störungsfreien* und *effizienten Nutzung des Spektrums* umschrieben werden. Nur: Wann ist eine Nutzung effizient?

Die Ökonomie ist die Wissenschaft, die sich mit der „(effizienten) Allokation von knappen Ressourcen" beschäftigt. Aus diesem Grund scheint es geboten, die Frage der „Allokation der knappen Ressource Spektrum" vor dem Hintergrund der ökonomischen Theorie zu beleuchten. Die Knappheit hat eine Reihe von volkswirtschaftlichen Konsequenzen. Die Rivalität von Nutzern (bzw. Nutzungsarten) erzwingt den Ausschluss mancher dieser potenziellen Nutzer. Dies ist nicht nur für die ausgeschlossenen Nutzer nicht irrelevant, sondern auch für die Gesellschaft. Dieser erwachsen durch die entgangenen Dienste, die ein ausgeschlossener Nutzer anbieten würde, Opportunitätskosten. Aber wen ausschließen und nach welchen Gesichtspunkten? Gegenwärtig erfolgt der Ausschluss auf zwei Ebenen. Auf der Ebene der „Frequenzzuweisung" werden einzelnen Frequenzbereichen Nutzungsformen in Form von Funkdiensten zugewiesen. Damit werden alternative Nutzungsmöglichkeiten ausgeschlossen. Auf der Ebene „Frequenzzuteilung" werden die zugewiesenen Frequenzen „ausgewählten Nutzern" zugeteilt. In der Geschichte der Frequenzvergaben sind vier „Auswahlverfahren" zum Einsatz gelangt: das vergleichende Auswahlverfahren (Kriterienwettbewerb oder *beauty contest*), das Prinzip *first-come-first-served*, das Lotterieverfahren und das Auktionsverfahren. Auktionsverfahren werden im Bereich der Vergabe von Frequenznutzungsrechen erst seit Ende der 80er Jahre eingesetzt. Allerdings ist seit dem ersten Einsatz in Neuseeland durchaus ein Trend hin zu diesem Vergabeverfahren erkennbar.

Am 27. April 2000 ging in Großbritannien die Versteigerung von Lizenzen für die dritte Mobilfunkgeneration nach über sieben Wochen und 150 Runden mit einem Erlös von £ 22,477 Mrd. (€ 35,5 Mrd.) zu Ende. Dieses Ergebnis überstieg alle bis zu diesem Zeitpunkt erzielten Erlöse bei Auktionen und wurde bislang nur mehr von der 3G-Auktion in Deutschland (€ 50,8 Mrd.) übertroffen. Wie hoch die Erlöse in Großbritannien und Deutschland wirklich sind, zeigt ein Vergleich mit Frequenzauktionen in den USA. In den USA wurden zwischen 1994 und 2000 33 Auktionen durchgeführt. Von den 17.562 Lizenzen, die insgesamt zur Vergabe gelangten, wurden 15.087 Lizenzen erfolgreich verkauft. Der Gesamterlös belief sich auf ca. 41,6 Mrd. US$. In den weiteren 3G-Auktionen, in und außerhalb von Europa, wurden keine Erlöse erzielt, die annähernd mit dem britischen und deutschen Ergebnis vergleichbar wären. Warum sind Unternehmen bereit, für Frequenzen so hohe Summen zu zahlen? Handeln die Bieter rational? Woher resultieren die Preisunterschiede? Die Beantwortung dieser und anderer Fragen erfordert einen tieferen Einblick in den ökonomischen Zusammenhang zwischen Lizenzierung und wirtschaftlichem Umfeld, unter dem die Lizenzen genutzt werden. Dass es einen Zusammenhang zwischen Auktionserlösen und Profitabilität geben muss, ist wohl auch dem ökonomisch wenig versierten Leser bewusst.
Die Preise der 3G Lizenzen in Europa ließen so manchen Zweifel aufkommen, ob Auktionen zur Zuteilung von Frequenznutzungsrechten über-

haupt sinnvoll sind. Liegt die einzige Motivation darin, einen möglichst hohen Beitrag für den öffentlichen Haushalt auf Kosten von Endkunden und Betreibern zu erzielen, oder spielen auch andere Kriterien bei der Auswahl und Gestaltung eines Vergabeverfahrens eine Rolle? Gibt es sinnvollere Auswahlverfahren? Um diese Fragen beantworten zu können, ist ein Bewertungsmaßstab notwendig, anhand dessen beurteilt werden kann, was „sinnvoller" ist. Der Maßstab der Wirtschaftswissenschaft ist die „ökonomische Effizienz". Um diesen Maßstab anwenden zu können, ist es zunächst notwendig, ihn in den Kontext der Frequenzallokation zu stellen.

„Zum Ersten, zum Zweiten und zum Dritten...". So mancher an den Auktionen von Lizenzen der 3. Mobilfunkgeneration Interessierte war wohl überrascht über die Komplexität der eingesetzten Versteigerungsverfahren und hat sich die Frage gestellt, ob nicht ein einfacheres Verfahren, wie beispielsweise jenes das bei Kunstauktionen verwendet wird, gereicht hätte. Eine berechtigte Frage. Um eine Antwort darauf geben zu können, sind zwei Dinge notwendig: Zunächst müssen (Vergabe-) Ziele definiert werden. Während bei Markttransaktionen von Privaten der Verkaufserlös als zentrales Interesse im Vordergrund steht, spielen bei der Vergabe von Nutzungsrechten eine Reihe anderer gesellschaftlicher oder wohlfahrtsökonomischer Zielsetzungen eine Rolle. Einem Ziel kommt dabei eine ganz zentrale Bedeutung zu: der allokativen Effizienz. Eine Allokation ist effizient, wenn die Ressourcen der produktivsten Nutzung zugeführt und dadurch der soziale Nutzen maximiert wird. Im nächsten Schritt ist dann zu untersuchen, welche Auktionsformen diese Ziele unter welchen Rahmenbedingungen am besten unterstützen. Dazu müssen Prognosen entwickelt werden, wie sich Bieter in einer Auktion verhalten und welche Ergebnisse erzielt werden. Die Auktionstheorie stellt neben der experimentellen Ökonomie – oft wohl auch der Erfahrung – die wesentlichste Grundlage für die Analyse von Auktionen dar. Im Zentrum der Auktionstheorie stehen zwei ganz zentrale Fragen: Sind alle Auktionen im gleichen Maße effizient, bzw. welche Auktionsformate sind unter bestimmten Bedingungen effizienter? Unterscheiden sich die erwarteten Einnahmen, wenn unterschiedliche Auktionsformate zum Einsatz gelangen? Diese Erkenntnisse sind es letztlich, die bei vorgegebenen Rahmenbedingungen die Entwicklung eines „optimalen Auktionsverfahrens" ermöglichen.

Der Entwurf von Frequenzauktionen (die Formulierung von Auktionsregeln) kann eine komplexe Aufgabe sein. Im Rahmen des Entwurfsprozesses sind neben der Auswahl eines Auktionsformats eine Reihe von Auktionsparametern zu bestimmen. Wie hoch soll etwa der Reservepreis oder das Mindestgebot sein? Wann soll eine Auktion beendet werden?

Sind (komplexe) Aktivitätsregeln notwendig? Für einige dieser Fragen kann die Auktionstheorie sehr gute Antworten anbieten. Allerdings gibt es Bereiche, für die es kaum theoretische Grundlagen gibt. Insbesondere der für Frequenzauktionen relevante Rahmen mit heterogenen Gütern, Werteinterdependenzen sowie Budget- und Spektrumsbeschränkungen ist zum Teil noch wenig entwickelt. In solchen Bereichen muss Erfahrungswissen als Substitut fungieren. Nicht zuletzt deshalb vergleicht Milgrom (1998) diese Tätigkeit mit den Ingenieurswissenschaften.

Die Versteigerungen von Lizenzen der 3. Generation In Europa lösten auch eine Diskussion über Spektrummärkte (*Frequency Trading*) und mehr Flexibilität bei der Nutzung (*Refarming*) aus. Dabei geht es im Wesentlichen darum, die Verfügungsrechte für Frequenzen neu zu ordnen. Die Theorie zu Verfügungsrechten sieht deren Änderung immer im Zusammenhang mit geänderten Rahmenbedingungen. Kann ein bestehendes System auf neue Rahmenbedingungen wie beispielsweise technologische Fortschritte nicht mehr geeignet reagieren, führt dies zur Erodierung bestehender sowie zur Einführung brauchbarerer Verfügungsrechte. Vor diesem Hintergrund ist auch die Einführung von Sekundärmärkten (*Spectrum Trading*) zu sehen. Gegenwärtig ist der Umfang an staatlichen Eingriffen im Vergleich zu Ressourcen mit ähnlichem Charakter hoch. Der überwiegende Teil der ökonomischen Literatur über staatliche Intervention rechtfertigt diese mit Vorliegen eines „Marktversagens". Ein hoher Grad an Staatsintervention wiederum birgt die Gefahr von „Staatsversagen". Um die Verfügungsrechte optimal zu gestalten, ist eine Untersuchung möglicher Markt- und Regulierungsfehler notwendig. Nur wenn die Verfügungsrechte so gestaltet sind, dass Regulierungsfehler minimiert und Marktfehler durch entsprechende Regulierungen abgestellt werden, ist sichergestellt, dass die Ressource „Spektrum" volkswirtschaftlich optimal eingesetzt wird.

1.2 Gang der Arbeit

Die Arbeit beginnt mit einer Einführung in den Mobilfunksektor. In Kapitel 2 findet sich ein kurzer Überblick über die für diese Arbeit relevanten technologischen Entwicklungen im Bereich öffentlicher Mobilkommunikationssysteme. Der erste Teil des 3. Kapitels vermittelt einen Überblick über die wirtschaftliche Entwicklung des (österreichischen) Mobilfunksektors.

Die eigentliche theoretische Arbeit beginnt mit dem zweiten Teil des 3. Kapitels. Im Rahmen von Lizenzierungsverfahren sind eine Reihe von Entscheidungen zu treffen – wie beispielsweise jene über die Zahl an

Lizenzen –, die ohne grundlegende Kenntnis der ökonomischen Rahmenbedingungen nicht sinnvoll getroffen werden können. Im zweiten Teil des 3. Kapitels werden die industrieökonomischen Besonderheiten des Mobilfunksektors untersucht. Methodisch basiert dieser Teil der Arbeit auf der modernen Industrieökonomie (insbesondere der Oligopoltheorie) und auf den Arbeiten von Sutton (1996), der Industrien mit hohen versunkene Kosten und oligopolistischen Marktstrukturen untersucht hat. Dabei wird insbesondere der Zusammenhang zwischen der Anzahl an Anbietern (Lizenzzahl) – einem wesentlichen Strukturfaktor von Märkten und zentralem Parameter der Lizenzierung – und dem Grad an (potenziellem) Wettbewerb untersucht. Weiters findet sich eine Untersuchung der Bedeutung des Inputfaktors Frequenzen auf die Kostenfunktion und die wettbewerbliche Position eines Lizenznehmers.

Eine ökonomische Analyse der Frequenzverwaltung im Allgemeinen und der Frequenzvergabe im Besonderen findet sich in Kapitel 4. Zunächst wird der gegenwärtige institutionelle Rahmen dargestellt. Dies umfasst eine Beschreibung nationaler und internationaler Institutionen, deren Aufgaben und Abläufe, eine Klassifikation von Frequenznutzungsrechten, die Beschreibung von Preismechanismen und eine Gegenüberstellung von Mechanismen zur Erteilung von (exklusiven) Verfügungsrechten (Auswahlverfahren). In einem zweiten Schritt wird der Bewertungsmaßstab der ökonomischen Effizienz in den Kontext dieser Arbeit gestellt. Basierend darauf wird – in einem dritten Schritt – eine ökonomische Analyse der Frequenzvergabe durchgeführt. Dabei werden Fragen wie die Auswahl des effizientesten Leistungserbringers, der effiziente Interferenzrahmen, die optimale Zahl an Lizenzen und insbesondere das optimale Auswahlverfahren untersucht. Zu diesem Zweck werden anhand eines einfachen (spieltheoretischen) Modells die Vergabeverfahren Lotterie, Auktion und Kriterienwettbewerb diskutiert und hinsichtlich folgender Aspekte untersucht: Sicherstellung einer pareto-effizienten Zuteilung bzw. Auswahl des effizientesten Nutzers, Kosten der Rentensuche, Erzeugung von Marktpreisen, Verteilungseffekte und das Problem des *winner's curse*. Der vierte Schritt stellt eine ökonomische Analyse der Frequenzverwaltung dar. Wie bereits in der Einleitung erwähnt, ist der Umfang an staatlichen Eingriffen im Vergleich zu Ressourcen mit ähnlichem Charakter relativ hoch. In der Literatur finden sich dazu unterschiedliche Gründen. Viele dieser Gründe stehen in einem engen Zusammenhang mit der gesellschafts- und demokratiepolitischen Bedeutung von Frequenzen für bestimmte Funkdienste, wie etwa Rundfunkdienste. Diese Gründe sind einer wirtschaftswissenschaftlichen Analyse und Kritik nur sehr eingeschränkt zugänglich, weshalb hier davon Abstand genommen wird. Anstelle dessen wird versucht, die Notwendigkeit staatlicher Intervention vor einem ökonomischen Begründungshintergrund zu beurteilen. Der überwiegende Teil der ökonomischen Literatur über staatliche Intervention rechtfertigt diese mit Vorliegen eines Marktversagens. Ausgangspunkt der Analyse ist – jedenfalls gedanklicher Natur – eine Ressourcenallokation ohne staatlichen Eingriff, um darauf aufsetzend eine ökonomische Begründung für Staatsaufgaben abzuleiten. Demgegenüber gibt es eine Reihe von möglichen Ursachen für Effizienzverluste, die im Zusammenhang mit der gegenwärtigen Praxis der Frequenzverwaltung auftreten. Eine Gegenüberstellung von Markt- und Regulierungsfehlern und mögliche Anwendungsfelder für marktbasierte Verfahren in der Frequenzverwaltung bilden den Abschluss des Kapitels. Methodisch stützen sich die Ausführungen in diesem Kapitel insbesondere auf die Mikro- und Industrieökonomie sowie auf die neue Institutionenökonomik.

Zentraler Inhalt der Kapitel 5 bis 10 sind Frequenzauktionen. In Kapitel 5 finden sich die theoretischen Grundlagen zu Auktionen. Dieses Kapitel umfasst eine Beschreibung von Auktionsformaten und eine Darstellung jener Ausschnitte aus der Auktionstheorie, die für diese Arbeit relevant sind. Dabei wird insbesondere auf den theoretischen Hintergrund des simultanen Mehrrundenverfahrens eingegangen und untersucht, unter welchen Bedingungen dieses Verfahren (keine) allokative Effizienz sicherzustellen vermag. Die Auktionstheorie stellt neben der experimentellen Ökonomie die wesentlichste Grundlage für die Analyse – und damit auch den Entwurf – von Auktionen dar. Methodisch stützt sich die Auktionstheorie primär auf die Spieltheorie.

Kapitel 6 widmet sich dem Entwurf von Frequenzauktionen. Behandelt werden wesentliche Aspekte des Auktionsentwurfs, wobei sich die Ausführungen aufgrund der Relevanz für diese Arbeit nahezu ausschließlich auf (simultane) Mehrrundenverfahren beziehen. In diesem Kapitel findet sich auch eine empirische Analyse von ausgewählten Frequenzauktionen. Dabei wird einerseits versucht, empirische Evidenz für die aus der Auktionstheorie abgeleiteten Thesen zu finden, andererseits werden Problembereiche identifiziert, die im Zusammenhang mit Frequenzauktionen auftreten können.

Die Kapitel 7 bis 10 zeigen Fallbeispiele auf. Analysiert werden Ausgangslage, Entwurfsaspekte und Ergebnisse von folgenden in Österreich abgewickelten Frequenzauktionen: die Versteigerung der 4. GSM Frequenz, jene einer Tetra Lizenz, jene von Lizenzen der 3. Mobilfunkgeneration (IMT-2000/UMTS) und die Versteigerung von Richtfunkverteilsystemen

(WLL). Besondere Berücksichtigung findet dabei die Versteigerung von Lizenzen der 3. Mobilfunkgeneration.

In der vorliegenden Arbeit werden einige Grundannahmen getroffen. Eine davon ist, dass von (hohen) Informationsasymmetrien zwischen unterschiedlichen Akteuren insbesondere in Bezug auf das Marktpotenzial von Technologien und folglich dem Wert von Frequenzen ausgegangen wird. Dies betrifft in besonderem Maße das Verhältnis zwischen jenen Unternehmen und deren Kapitaleignern, die ein Gebot in einer Frequenzauktion gelegt oder gar den Zuschlag erhalten haben – und viel Ressourcen in die Berechnung von Geschäftsmodellen investierten – und anderen Akteuren. Dem konsequent Rechnung tragend, finden sich in dieser Arbeit keine Spekulationen darüber, wie realistisch die Geschäftsmodelle waren, die den Geboten zugrunde lagen. Dies kann letztlich nur die Zeit zeigen.

2 Technische Grundlagen zu Mobilfunksystemen

Als Antwort auf die zunehmende Mobilität der Menschen ist eine Vielzahl spezifischer Mobilkommunikationssysteme, wie Funkrufsysteme (*Paging System*), schnurlose Telekommunikationssysteme (*Cordless Telecommunication System*), Funk-LANs (*Wireless Local Area Network*) oder terrestrische Zellularnetze für mobile Sprachtelefonie (kurz Mobilfunksystem[1]) – denen gegenwärtig die größte wirtschaftliche Bedeutung zukommt – entwickelt worden.

Als öffentliches terrestrisches Mobilfunksystem wird ein landgestütztes funkbasiertes (drahtloses) Kommunikationssystem verstanden, das einerseits der mobilen (beweglichen) Nutzung dient und andererseits die Öffentlichkeit als Nutzerkreis adressiert. Daneben existiert eine Vielzahl weiterer funkbasierter Systeme, wie Richtfunksysteme, Rundfunksysteme oder Systeme zur Anbindung nichtportabler Endgeräte (z.B. *Wireless Local Loop*), um einige wenige zu nennen.

Im Rahmen dieses Kapitels soll ein kurzer Überblick über die für diese Arbeit relevanten technologischen Entwicklungen im Bereich öffentlicher Mobilkommunikationssysteme gegeben werden.[2] Der Schwerpunkt der Betrachtung liegt dabei – dem Fokus dieser Arbeit entsprechend – auf jenen Systemen und Technologien, die im Vorfeld der Einführung der dritten Mobilfunkgeneration (IMT-2000/UMTS) am österreichischen Mobilfunkmarkt Anwendung finden bzw. mit der Einführung der dritten Mobilfunkgeneration Anwendung finden werden.

---

[1] Die Kategorisierung von (technischen) Systemen ist letztlich immer eine Frage von Konventionen. Die – nicht nur in dieser Arbeit gewählte – Gleichsetzung von Mobilfunksystemen mit terrestrischen Zellularnetzen für mobile Sprachtelefonie – die Bezeichnung der ITU lautet beispielsweise *Public Land Mobile Telephone Systems* – ist aus zwei Gründen nicht ganz korrekt. Zum einen gibt es auch andere Funkdienste, die als Mobilfunkdienste bezeichnet werden (vgl. beispielsweise Begriffsbestimmungen in der Frequenzbereichszuweisungsverordnung, BGBl. II Nr. 149/1998). Zum anderen werden über diese Netze nicht nur Sprachsignale sondern zunehmend auch Datendienste übermittelt.

[2] Der interessierte Leser sei an dieser Stelle an die einschlägige Literatur verwiesen. Ein ausgezeichneter Überblick über die Funktionsweise von Mobilfunksystemen findet sich beispielsweise bei Schiller (2000a), Mouly & Pautet (1992) und Eberspächer & Vögel (1997).

2.1 Entwicklung von Mobilfunksystemen

2.1.1 Vom technischen Experiment zum Massenkonsumgut[3]

Die Grundlagen für die Übertragung von Daten via Funk liegen im 19. Jahrhundert: 1831 boten *Michael Faraday* und *Joseph Hendry* erstmals eine praktische Demonstration der elektromagnetischen Induktion, über ein halbes Jahrhundert später, im Jahr 1886, gelang *Heinrich Hertz* die Übertragung elektromagnetischer Wellen im freien Raum. 1895 führte *Guglielmo Marconi* die erste drahtlose Telegraphieübertragung vor; zwei Jahre später gründet er in Großbritannien zur kommerziellen Nutzung der neuen Technologie *Marconi's Wireless Telegraph Company*. Einen Höhepunkt erlebte die Funktechnik im neuen Jahrhundert, als 1901 die erste transatlantische Übertragung durchgeführt wurde. In der Folge erwies sich die Funktechnik vor allem in Kriegszeiten von großer Bedeutung – als Alternative zu den telegraphischen Kabelnetzen erwiesen sich Funknetze unabhängig von territorialer Herrschaft. Besonders engagiert zeigte sich in dieser Richtung das Deutsche Reich, welches im Kampf um die Vorherrschaft im „Äther" mit der Firma Telefunken einen Gegenpol zur britischen Marconi-Company aufbaute.

Die Nutzung der 1:1 Funktechnologie im Bereich der Sprachtelefonie begann im Jahr 1915, als die erste drahtlose Telefonverbindung zwischen New York und San Francisco in Betrieb genommen wurde. Die vorerst wesentlich offensichtlichere Bedeutung der Funktechnologie lag jedoch in ihrer Reichweite. Im Gegensatz zu herkömmlichen, an Kabel gebundene Übertragungsmöglichkeiten (1:1) bot sie die Möglichkeit, dass das ausgestrahlte Signal von einem großem Empfängerkreis gleichzeitig empfangen werden konnte (1:n) – Rundfunk. Zu Weihnachten 1906 strahlte *Reginald A. Fessenden* die erste Rundfunksendung aus, die erste kommerzielle Radiostation ging 1920 auf Sendung.

Mit der Funktechnik ist man nicht nur unabhängig von festen Übertragungsnetzen, sondern kann auch den Ort des Senders beliebig ändern. Eine der ersten mobilen Sendeanlagen befand sich beispielsweise 1911 an Bord eines Zeppelins. Auch den Ort des Empfangens kann man verändern: bereits 1926 war das erste Zugtelefon auf der Strecke Berlin-Hamburg verfügbar, das erste kommerzielle Autoradio 1927. Intensivere Forschungsarbeiten im Bereich der drahtlosen Kommunikation mit

---

[3] Vgl. in der Folge Mouly & Pautet (1992), Schiller (2000a), Diehl & Held (1994) und Prasad (1997).

mobilen Endgeräten (Mobilkommunikation) starteten nach dem zweiten Weltkrieg. Der erste mobile Telefondienst wurde 1946 in St. Louis (Missouri, USA) in Betrieb genommen. Das System war auf eine Zelle begrenzt, die Verbindungen wurden manuell hergestellt. Im Jahr 1958 startete das A-Netz in Deutschland, ebenfalls ein System mit Handvermittlung, wobei der Verbindungsaufbau nur vom Mobiltelefon aus möglich war. Aufgrund der geringen Verfügbarkeit von Frequenzen, den daraus resultierenden Qualitätsproblemen und den hohen Stückkosten erreichten diese Technologien nur eine sehr gering Verbreitung. Zwischen 1950 und 1980 wurde mit der zunehmenden Einführung der Halbleitertechnik, insbesondere aber der Entwicklung der Mikroprozessortechnik in den 70er Jahren, das Tor für komplexere automatisierte Systeme geöffnet. Anfang der 70er Jahre wurden die ersten automatisch vermittelten Systeme wie das B-Netz in Deutschland und Österreich errichtet. Mit diesen Systemen war nun auch ein automatischer Verbindungsaufbau vom Festnetz zum Mobiltelefon möglich. Einen Durchbruch stellte die Einführung zellularer Systeme durch Bell Labs in den 70ern dar, da dadurch eine wesentlich höhere Flächenversorgung[4] erreicht werden konnte. Zellulare Systeme basieren – wie noch ausgeführt wird – auf dem Konzept der Frequenzwiederverwendung, wobei das gleiche Frequenzband in mehreren verschiedenen Regionen eingesetzt wird. Das erste zellulare System AMPS (*Advanced Mobile Phone Service*) wurde 1979 in Chicago realisiert. In der Folge wurde in den nordeuropäischen Staaten von den Telekommunikationsunternehmen zusammen mit einigen Herstellern das System NMT (*Nordic Mobile Telephone*) entwickelt, mit dem nun bereits die Gesprächsübergabe (*handover*) zwischen verschiedenen Funkzellen möglich war. Das Netz unterstützte auch die automatische Lokalisierung eines Teilnehmers im gesamten Netzbereich. Auf diesen beiden auf analoger Sprachübertragung beruhenden Systemen, AMPS oder NMT (alle in den Bereichen 450 MHz und 900 MHz), basierten alle Mobilfunksysteme, die in Europa in den 80ern in Betrieb genommen wurden.[5] Die höchste Marktdurchdringung wurde in Schweden und Norwegen mit 6% erreicht.

Die Einführung analoger zellularer Netze hatte zu einer erheblichen Verbessung der Kapazität und Versorgung geführt. Allerdings stieß man auch mit diesen Systemen aufgrund der zunehmenden Verbreitung bald

---

[4] D.h. zellulare Architektur als Mittel zur Erhöhung der Kapazität eines Mobilfunknetzes.

[5] Beispielsweise basierte das System TACS (*Total Access Communications System*) auf AMPS.

auf Kapazitätsgrenzen. In den USA entwickelten verschiedene Firmen neuere und effizientere Technologien für den gleichen Frequenzbereich wie AMPS, die allerdings nicht miteinander kompatibel sind. Das Ergebnis waren IS-88, eine analoge schmalbandige Version von AMPS, IS-95, ein digitales CDMA-System und IS-136 ein digitales TDMA-System.[6]

Im Hinblick auf die europäische Integration und davon ausgehend, dass Investitionen in eine neue Technologie für ein einziges europäisches Land unrentabel sind, wurde die CEPT (*Conférence Européenne des Postes et Télécommunications*)[7] Anfang der 80er mit den Vorbereitungen zur Standardisierung eines neuen einheitlichen Mobilkommunikationssystems für Europa im Frequenzbereich 900 MHz beauftragt. 1982 wurde innerhalb der CEPT ein neues Standardisierungsgremium, die *Groupe Spécial Mobile* (GSM), gegründet, welche Rahmenbedingungen für Roaming und die Übermittlung von Sprach- und Datendiensten schaffen sollte. Damit war der Startschuss für GSM gefallen. 1987 unterzeichneten 14 Postverwaltungen bzw. Betreibergesellschaften eine Absichtserklärung (*Memorandum of Understanding*) zur Standardisierung eines einheitlichen digitalen Funknetzsystems. Österreich und drei weitere Staaten folgten ein Jahr später. 1991 wurde schließlich der GSM-Standard verabschiedet, zu Beginn der 90er Jahre gingen die ersten Mobilfunksysteme in Betrieb.[8] Mit der Einführung von GSM war in den meisten europäischen Staaten auch ein Übergang von monopolistischen auf oligopolistische Marktstrukturen verbunden. Durch die damit einhergehende Intensivierung des Wettbewerbs erfuhr der Dienst „mobile Sprachtelefonie" eine starke Verbreitung. Die Penetrationsrate (aktivierte Teilnehmerkarten im Verhältnis zur Gesamtbevölkerung), die im Dezember 1994 noch bei 3,46% lag, stieg innerhalb von zwei Jahren auf 14% und im Dezember 1999 bereits auf 50%. Mittlerweile liegt sie bei fast 90%.[9] Mit der zunehmenden Marktdurch-

---

[6] Zu den unterschiedlichen Multiplexverfahren (TDMA, CDMA) siehe Kapitel 2.2.3.

[7] Die CEPT ist ein Standardisierungsgremium, in dem zu dieser Zeit die Post und Telekommunikationsbehörden von 20 europäischen Ländern integriert waren. Später ging die Standardisierung von GSM auf ETSI über. Siehe auch Kapitel 4.1.

[8] Der Vollständigkeit halber sei auch noch ein weiterer – unter anderem in Österreich eingesetzter – Mobilfunkstandard erwähnt. Tetra (Trunked European Telecommunications Radio Airinterface) ist ein von der ETSI standardisiertes Bündelfunksystem im Bereich 450 MHz. Neben mobiler Sprachtelefonie und typischen Diensten für den Betriebsfunk (Gruppenkommunikation, wählbare Rufprioritäten, etc.) unterstützt Tetra auch Datendienste. Dieses System wird typischerweise für geschlossene Nutzergruppen, wie beispielsweise BOS Organisationen (Polizei, Feuerwehr) eingesetzt.

[9] Zur Entwicklung der Penetrationsrate siehe Kapitel 3.

dringung sanken sowohl die Endgerätepreise als auch die Verkehrsentgelte – die mobile Sprachtelefonie hat sich von einem Luxusgut zu einem klassischen Massenkonsumgut gewandelt.

2.1.2 Mobile Computing – das Internet im „Äther"

Mit der Verbreitung des Internets erlangten auch mobile Datendienste zunehmend an Bedeutung. Deren Etablierung gilt als die nächste Herausforderung. In diesem Zusammenhang sind drei Entwicklungen hervorzuheben:[10]

- Drahtlose (lokale) Datennetze, sogenannten Funk-LANs oder WLANs (*Wireless LANs*): In Analogie zu drahtgebundenen Datennetzen unterscheidet man im Bereich der drahtlosen Datennetze zwischen Weitverkehrsnetzen und Lokalen Netzen. WLANs sind ebenso wie drahtgebundene LANs primär für ein räumlich begrenztes Anwendungsfeld konzipiert (*Indoor use*). Nachdem bereits eine Reihe proprietärer Systeme für Funknetze existierten (z.B. Modacom in Deutschland), sind gegenwärtig vor allem zwei verschiedene Standards von Bedeutung. Der von der IEEE normierte IEEE 802.11 Standard und der von ETSI 1996 verabschiedete HIPERLAN-Standard (*High-Performance-Local-Area-Network*). WLANs sind zwar grundsätzlich nicht als öffentliche Mobilfunksysteme zu werten,[11] allerdings gibt es zunehmend Anwendungsfelder mit öffentlicher Nutzung. So bieten beispielsweise Hotels, Kaffeehäuser und Flughäfen den sich dort aufhaltenden Personen Zugang zu mobilen Datendiensten. Eine weitere Erhöhung der Übertragungsrate ist die Vision einer neuen Technologie mit der Bezeichnung *Ultra Wideband Systems (UWB)*. Im Rahmen dieser Technologie sollen Übertragungsraten von bis zu 60 Mbit/s möglich sein.

- Satellitenkommunikation: Das erste Satellitenkommunikationssystem für weltweite mobile Kommunikation ging mit *Iridium* an den Start (1998). Gegenwärtig werden kommerziell betriebene Satelliten

---

[10] Vgl. in der Folge Diehl & Held (1994), Durlacher (2001), Schiller (2000a).

[11] Ein in diesem Zusammenhang ganz wesentlicher Aspekt ist die Widmung der entsprechenden Frequenzbänder für eine unlizenzierte Nutzung. In Ermangelung flächendeckender exklusiver Nutzungsrechte ist ein großflächiges Angebot mit einer bestimmten Dienstgüte praktisch nicht möglich.

jedoch hauptsächlich für die Verteilung von Fernseh- oder Rundfunkprogrammen eingesetzt.

- Datendienste im Bereich der öffentlichen mobilen Telekommunikationsnetze: Neben der Weiterentwicklung von GSM in Richtung höhere Datenraten (GPRS, EDGE, etc.) ist natürlich die Einigung auf das *Universal Mobile Telecommunications System (UMTS)* als europäischer Vorschlag für das IMT-*(International-Mobile-Telecommunications-)* 2000-Programm der *International Telecommunication Union* (ITU) hervorzuheben. Die ITU hat bereits Mitte der 80er Jahre begonnenm das Konzept IMT-2000 zu entwickeln (ITU, 2000). Ziel war es, einen weltweit einheitlichen und interoperablen Mobilfunkstandard zu normieren. Letztlich gestaltete sich der (anschließende) Prozess der technischen Spezifikation aufgrund der Partikularinteressen einer Vielzahl an Beteiligten (Hersteller, Betreiber, Standardisierungsgremien und Inhalteanbieter) als ausgesprochen schwierig und machte die Normierung eines singulären Standards unmöglich. Alleine die Luftschnittstelle umfasst fünf verschiedene (auf praktisch allen Zugriffsmodalitäten beruhende) Standards. Einer dieser Standards ist UMTS, der sogenannte europäische Beitrag zu IMT-2000. UMTS vereinigt wesentliche Elemente der GSM-Infrastruktur mit effizienteren CDMA-Lösungen. Als nächste technologische Entwicklung nach IMT-2000/UMTS zeichnen sich breitbandige Systeme *(Mobile Broadband System, MBS)* mit weitaus höheren Bandbreiten als IMT-2000 und zusätzlichen QoS-Parametern ab.

2.1.3 Mobilfunksysteme in Österreich[12]

Im Mai 1974 nahm die österreichische Post als erstes öffentliches Mobilfunksystem in Österreich den „Öffentlichen beweglichen Landfunkdienst" im Bereich um 150 MHz („B-Netz") für Kraftfahrzeuge in Betrieb. Sechs Jahre später – das B-Netz versorgte damals etwa 1.000 Teilnehmer – initiierte sie die Planungen für ein Netz mit einer Kapazität von 30.000 bis 50.000 Teilnehmern, das „Autotelefonnetz C". Das C-Netz, welches schließlich im November 1984 in Betrieb genommen wurde, operierte im Frequenzbereich um 450 MHz und war erstmals in Funkzellen gegliedert. Die Preise der Endgeräte lagen unter ATS 50.000 (€ 3.634) und damit bereits auf dem halben Preisniveau eines B-Netz Endgeräts. Aufgrund von

---

[12] Vgl. in der Folge Forum Mobilkommunikation (2000).

Kapazitätsproblemen entschied sich die österreichische Post Anfang der 90er Jahre, ein weiteres analoges Mobilfunknetz – im 900 MHz-Frequenzband – zu errichten. Dieses sogenannte „D-Netz", in Betrieb ab 1. November 1990, wurde in der Folge mehrmals erweitert und erreichte in der Endausbaustufe (1994) mit 250.000 Anschlüssen bereits eine beachtliche Verbreitung. Das lag nicht zuletzt an den dank der (durch die wachsende Nachfrage ermöglichten) Massenproduktion auf unter ATS 10.000 (€ 727) gefallenen Endgerätepreisen.

Anfang der 90er Jahre ging das erste GSM-Netz in Betrieb. Die Mobilkom (der aus der österreichischen Post hervorgegangene, noch im Staatseigentum befindliche einzige Mobilfunkbetreiber Österreichs) versorgte im Dezember 1994 unter dem Markennamen A1 (ursprünglich E-Netz) bereits größere Städte und Hauptverkehrsstraßen mit GSM-Diensten. Am 5. Jänner 1996 erhielt das internationale Konsortium Ö-Call, später max.mobil (nunmehr T-Mobile Austria) getauft, als zweiter Anbieter eine Konzession zum Betrieb eines GSM-Netzes und hatte noch im selben Jahr (Oktober 1996) den Marktauftritt. Bereits zu Beginn der 90er Jahre war aufgrund von absehbaren Kapazitätsengpässen in Europa ein zusätzliches Frequenzband für GSM (1800 MHz) gewählt worden. Dies ermöglichte die Lizenzierung weiterer GSM Betreiber; in Österreich wurden entsprechende Konzessionen an die Connect (1997) und tele.ring (1999) erteilt.

2.1.4 Alloziertes Spektrum und Spektraleffizienz

Die Spektraleffizienz gilt als wesentlicher Indikator für die (technische) Effizienz eines drahtlosen Systems und somit als Indikator für den technologischen Fortschritt. Die Spektraleffizienz ist die Zahl an Bits, die innerhalb einer Sekunde über einen Kanal übertragen werden kann. Wie der Tabelle 2-1 zu entnehmen ist, nimmt sowohl die Spektraleffizienz wie auch der Umfang des allozierten Spektrums im Laufe der Zeit zu.

Mit Ausdehnung der Kapazität geht auch eine Abnahme der Konzentration (Anzahl der Anbieter) einher. Während analoge Mobilfunkdienste – vor dem Hintergrund der Frequenzknappheit und der damals verbreiteten Hypothese subadditiver Kosten – typischerweise noch von einem Monopolunternehmen angeboten wurden, wurden mit der Einführung der Mobilfunksysteme der 2. Generation zunächst ein Duopol und in der Folge ein Oligopol mit typischerweise 3-5 Anbietern geschaffen.

TABELLE 2-1: CHARAKTERISTIKA UNTERSCHIEDLICHER MOBILFUNKSYSTEME

System	Einführung	Spektraleffizienz [bit/s/Hz]	Alloziertes Spektrum [MHz]	Zahl der Anbieter
NMT-450	1981	0,048	4,5	1
NMT-900	1986	0,096	24,4	1
AMPS	1983	0,333	25	2
TACS	1985	0,320	25	2
GSM-900	1990	1,35	25	2
GSM-1800	1993	1,35	37,5	2-4
DAMPS	1991	1,62	25	2
IMT-2000	2000	k.A.[a]	155	4-6

Quelle: Gruber (2001), Garg & Wilkes (1996), Rappaport (1996). Adaptiert durch den Autor.
[a] Es gibt gegenwärtig kaum Studien dazu. Darüber hinaus wird davon ausgegangen, dass die Spektraleffizienz von der Art des Verkehrs abhängt. Vorsichtige Schätzungen gehen von einer Spektraleffizienz von 1 (für Sprachsignale) bis 10 (*bursty traffic*) im Verhältnis zu GSM aus.

2.1.5 Zusammenfassung

Technologische Weiterentwicklungen werden häufig in Form von Generationen dargestellt. Auch im Mobilfunk lässt sich die bisherige Entwicklung in insgesamt drei Generationen zusammenfassen (vgl. Tabelle 2-2):

- Die 1. Generation waren sogenannte analoge Mobilfunksysteme, wobei die ersten analogen Mobilfunksysteme noch keine zellularen Netzstrukturen aufwiesen. Die Sprachsignale wurden in analoger Form übermittelt. Die Systeme der ersten Generation waren aus Kapazitätssicht vergleichsweise ineffizient. Dies und die Tatsache, dass eine Vielzahl an Systemen existierte (nahezu jedes größere Land hatte einen eigenen Standard) führte in der Folge zu geringen Stückzahlen und hohen Preisen, sowohl für Endgeräte als auch für Gesprächstarife. Mit der Einführung analoger, zellularer Mobilfunksysteme wurde erstmals auch Roaming (die Versorgung eines Kunden außerhalb des Versorgungsbereichs seines Netzbetreibers durch Nutzung des Netzes eines zweiten Betreibers) und die Gesprächsübergabe bei Zellwechsel (*handover*) möglich.

- Wesentlichstes Merkmal der Mobilfunksysteme der zweiten Generation ist der Übergang von analoger zu digitaler Sprachübertragung. Dies hatte eine nochmalige Erweiterung der Kapazität zur Folge. Schlüsselanwendung blieb die mobile Sprachtelefonie. Mit GSM wurde auch erstmals ein globaler (zumindest europaweit) einheitlicher Standard spezifiziert, der die Zahl an inkompatiblen Systemen stark reduzierte. Aufgrund des höheren Frequenzbereichs (900 MHz bzw. 1800 MHz) wurden kleinere Zellstrukturen notwendig. Nicht zuletzt bedingt durch den Übergang von einem Monopol- zu einem Oligopolmarkt wandelte sich der Mobilfunkmarkt im Zeitalter dieser Technologie zu einem Massenmarkt. Als Ursache und gleichsam Wirkung sind die Stückzahlen stark gestiegen und die Preise gesunken.

- Mit der Einführung der Mobilfunksysteme der dritten Generation steht erstmals nicht mehr die mobile Sprachtelefonie sondern die Nachfrage nach mobilen Datendiensten im Zentrum. Als wesentlichster Treiber gilt die rasche Verbreitung des Internet. Mit der dritten Mobilfunkgeneration wird die Übertragung wesentlich höherer Datenraten möglich sein.

TABELLE 2-2: GENERATIONEN VON MOBILKOMMUNIKATIONSSYSTEMEN

	1. Generation	2. Generation	3. Generation
Analog/digital	analog	digital	digital
Einführung	50-80er Jahre	90er Jahre	2002
Frequenzbereich [MHz]	100-200, 450 und 900	900 und 1800 /1900	1900/2000
Zellgröße	groß (z.T. nicht zellular)	klein – mittel	sehr klein – klein
Endgeräte	Autotelefon	Handgeräte	Multimedia Handgeräte
Kapazität	Gering klein/mittel	mittel/groß	sehr groß
Flächendeckung	bis 100%	bis 95%	k.A.
Systeme in Österreich	B-Netz, C-Netz (NMT-450), D-Netz (TACS)	GSM	UMTS
Systeme in Europa[a]	A-Netz, B-Netz, R150, C-450, TACS, MT-450, NMT, RC2000, AMPS	GSM	UMTS
Systeme in den USA	IMTS, AMPS	PCS	k.A.

[a] Ausgewählte europäische Länder
Quelle: Götzke (1994), Mouly et. al. (1992), Schiller (2000a). Adaptiert durch den Autor.

2.2 Funkübertragung bei Mobilfunksystemen

Bei Mobilfunksystemen werden Signale zwischen Mobilgerät und Basisstation über die Funkschnittstelle übertragen. Dabei werden durch elektrische Energie elektromagnetische Wellen erzeugt und in eine bestimmte Schwingung versetzt. Eine mit einer Sendeeinrichtung erzeugte *elektromagnetische Welle* wird von einer Sendeantenne abgestrahlt, breitet sich (mit Lichtgeschwindigkeit) und entsprechend ihrer jeweiligen (physikalischen) Ausbreitungseigenschaft mit Raum- und/oder Bodenwellen aus und wird von einem entsprechenden Empfänger aufgenommen. Zur Übertragung müssen die Sprach- und Datensignale durch *Modulation* aufbereitet werden. Um das Frequenzspektrum effizient zu nutzen und um die Gespräche und Datenverbindungen möglichst vieler Teilnehmer unterzubringen, werden *Multiplex- bzw. Vielfachzugriffsverfahren* eingesetzt. Eine Eigenschaft, die bei Mobilfunksystemen gefordert wird, ist simultanes Senden und Empfangen (z.B. simultanes Sprechen und Hören). Diese Fähigkeit wird als *Duplex* bezeichnet.

2.2.1 Funkausbreitung

Datenübertragung mit Hilfe von elektromagnetischen Wellen kann auf vielen verschiedenen Frequenzen realisiert werden. Jede Frequenz besitzt dabei bestimmte charakteristische Eigenschaften.[13] Die Maßeinheit für die Frequenz (hier mit f bezeichnet) ist Hertz, die Anzahl an Schwingungen innerhalb einer Sekunde. Häufig wird eine Frequenz bzw. ein bestimmter Frequenzbereich auch durch die Wellenlänge angegeben, wobei die Wellenlänge λ beschrieben wird durch $\lambda = c/f$ (c ist dabei die Geschwindigkeit des Lichts im freien Raum[14]).

Funkübertragung beginnt in Frequenzbereichen von wenigen kHz, dem sogenannten *VLF-Bereich* (vgl. Tabelle 2-3). Mittelwellen (*MF*) und Kurzwellen (*HF*) liegen im Bereich von 300-3000 kHz bzw. 3-30 MHz und werden vorrangig zur Übertragung von Radiosendungen eingesetzt. Im *VHF-* und *UHF-Bereich* (30-300 MHz bzw. 300-3000 MHz) sind die Fernsehstationen angesiedelt. Der UHF Bereich wird auch für Mobilfunk verwendet. Die analogen Mobilfunksysteme liegen im Bereich 450-465 MHz bzw. um die 900 MHz, für das digitale Mobilfunksystem GSM ist der Bereich 880-960 MHz sowie 1710-1880 MHz reserviert. Für IMT-2000

---

[13] Vgl. u.a. Schiller (2000a, S 48 ff)
[14] Die Ausbreitungsgeschwindigkeit von Licht ist ca. $3*10^8$ m/s.

wurden bei der Weltfunkkonferenz 1992 (WARC-92) die Frequenzbänder 1885-2025 MHz und 2110-2200 MHz auf weltweiter Basis für die terrestrische und Satelliten-Komponente identifiziert und bei der WARC-02 endgültig zugewiesen. Frequenzen aus dem SHF-Bereich werden typischerweise für gerichtete Mikrowellenverbindungen und Satellitenverbindungen genutzt.

TABELLE 2-3: ÜBERBLICK ÜBER FREQUENZBEREICHE

Frequenzband	Wellenlänge	Symbol	Bezeichnung
3-30 kHz	1 Mm – 10 km	VLF	Very Low Frequency
30-300 kHz	10 km – 1 km	LF	Low Frequency
300-3000 kHz	1 km – 100 m	MF	Medium Frequency
3-30 MHz	100 m – 10 m	HF	High Frequency
30-300 MHz	10 m – 1 m	VHF	Very High Frequency
300-3000 MHz	1m – 100 mm	UHF	Ultra High Frequency
3-30 GHz	100 mm – 10 mm	SHF	Super High Frequency
30-300 GHz	10 mm – 1 mm	EHF	Extremely High Frequency

Quelle: Withers (1999)

Für die Funknetzplanung bzw. für den Entwurf des Funkübertragungssystems ist es erforderlich, die – physikalischen und elektromagnetischen – Ausbreitungseigenschaften bei bestimmten Frequenzen zu berücksichtigen.[15] Eine Ausbreitungseigenschaft von elektromagnetischen Wellen im Raum ist die mit zunehmender Distanz zum Sender abnehmende Feldstärke (vgl. Abbildung 2-1). Diese ist abhängig von den geografischen Gegebenheiten des Ausbreitungsraums. Beispielsweise nimmt die mittlere Feldstärke bei Einwegausbreitung im freien Raum indirekt proportional zum Quadrat der Entfernung (ca. d^{-2}) ab. Stärker ist die Abnahme bei Mehrwegausbreitung, an der Erdoberfläche aufgrund von Abschattungen (Gebäude) und durch beweglichen Empfang.[16]

---

[15] Vgl. in der Folge Bergmann & Gerhardt (2000), Withers (1999).

[16] Im Mobilfunk breiten sich Funkwellen über mehrere Wege aus. Im Falle der Mehrwegausbreitung empfängt der Empfänger eine Vielzahl von Trägern, die reflektiert, gebeugt und gestreut werden. Aufgrund der Laufzeitunterschiede kann es zu destruktiven Überlagerungen (Mehrwegschwund) kommen. Das Signal wird durch Bewegung und Abschattungen durch große Objekte beeinflusst.

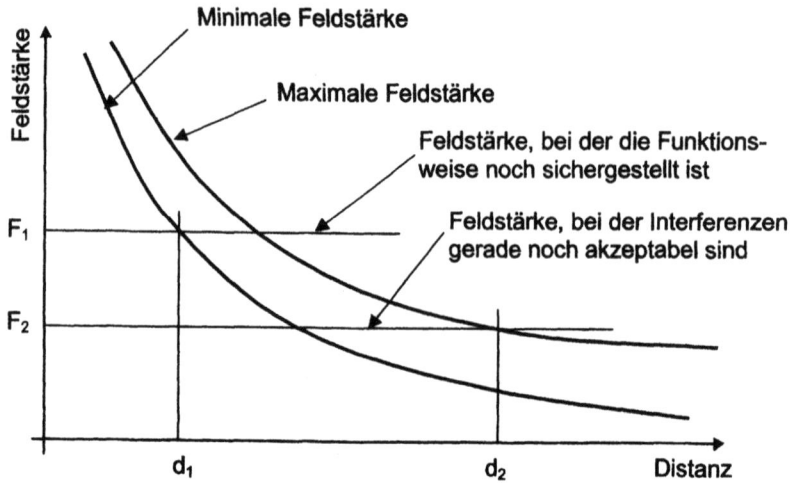

ABBILDUNG 2-1: ABNEHMENDE FELDSTÄRKE MIT ZUNAHME DER DISTANZ

Zusätzlich weisen unterschiedliche Frequenzbereiche aufgrund der unterschiedlichen Charakteristika der zum Einsatz kommenden Antennen (Größe der effektive Antennenoberfläche) eine unterschiedliche Dämpfung auf. Beispielsweise ist die Dämpfung im GSM-1800 Bereich wesentlich stärker als im GSM-900 Bereich. Die maximale Entfernung, die mittels Funkübertragung überbrückt werden kann (Abstand d_1 in Abbildung 2-1), ist abhängig von der Emissionsleistung des Senders, dem auf Seiten des Empfängers geforderten Signal-Stör-Verhältnis, dem eingesetzten Frequenzbereich und den Charakteristika des Ausbreitungsraums. Die abstandsabhängigen durchschnittlichen Übertragungsverluste können grob mit $d^{-\alpha}$ approximiert werden, wobei der Dämpfungskoeffizient α im freien Raum mit 2 und in urbanen Räumen mit 3 bis 4 angenähert wird (vgl. Mouly & Pautet, 1992).[17]

Die Dämpfungsverluste streuen um den abstandsmäßigen Mittelwert – in Abbildung 2-1 durch die zwei quasi parallel verlaufenden Graphen dargestellt – in Abhängigkeit von der Geografie, der Höhe der Basisstation und dem Standort der Benutzer. Wenn nun F_1 jene Mindestnutzfeldstärke ist, mit der ein Empfangsgerät ein Signal

---

[17] Dies ist nur eine grobe Annäherung des Ausbreitungsverhaltens. Für die Planung von Mobilfunknetzen werden wesentlich komplexere und genauere Modelle zur Prognose des Ausbreitungsverhaltens eingesetzt.

empfangen muss, darf das Empfangsgerät keine größere Distanz als d_1 vom Sender entfernt sein, um mit einer bestimmten Wahrscheinlichkeit einen störungsfreien Empfang sicherzustellen (vgl. Abbildung 2-1). Neben der Dämpfung sind Interferenzen der zweite wesentliche Faktor, der einen Einfluss auf die Planung von Funksystemen hat. Unter Interferenzen wird das gegenseitige Stören von Funksignalen verstanden, wobei sich sowohl Funksignale im gleichen Bereich oder Kanal (Gleichkanalinterferenz) wie auch Funksignale in unterschiedlichen Bereichen oder Kanälen (Nachbarkanalinterferenz) stören können. Wesentlich bei Gleichkanalinterferenzen ist, dass der Signalpegel auch nach langen Distanzen (außerhalb der Zellgrenzen) nicht Null ist und es somit auch zu Störungen kommen kann, wenn Frequenzen an unterschiedlichen Orten genutzt werden. Gleichkanalinterferenzen werden dadurch reduziert, dass ein bestimmter Frequenzkanal in einem Gebiet wiederverwendet wird, das geografisch einen gewissen Mindestabstand entfernt ist. Dieser Abstand wird so gewählt, dass die Interferenzen (bzw. das Träger zu Interferenzverhältnis) an den Rändern des Funkgebietes eines Senders ein statistisch akzeptables Höchstmaß (F_2 in Abbildung 2-1) nicht überschreiten. Der Rand des Funkgebietes des nächsten Senders, der die gleiche Frequenz nutzt, muss also zumindest um den Abstand d_2 entfernt sein. Um Nachbarkanalinterferenzen (mit anderen Betreibern) innerhalb eines geografischen Gebietes zu vermeiden werden die Emissionen eines Systems außerhalb des Frequenzbandes begrenzt und Mindestschutzabstände zwischen Frequenzbereichen festgelegt.

2.2.2 Modulation

Um ein (Nutz-)Signal über die Funkschnittstelle übertragen zu können, muss es in den für die Übertragung vorgesehenen (hochfrequenten) Frequenzbereich übersetzt werden. Dieser Vorgang wird als Modulation bezeichnet, wobei man zwischen analogen und digitalen Modulationsverfahren unterscheiden kann. Bei analogen Verfahren wird das zu übertragende Nutzsignal durch ein (hochfrequentes) elektrisches Signal repräsentiert, dessen Amplitude oder Frequenz entsprechend dem Nutzsignal variiert. Das hochfrequente Signal wird dann über die Antenne abgestrahlt. Analoge Modulation wird unter anderem bei Mobilfunksystemen der ersten Generation (z.B. NMT, TACS) eingesetzt. Im Rahmen digitaler Modulationsverfahren wird das Nutzsignal vor der Modulation digitalisiert, d.h. in einen binären Code übersetzt und dann als Amplituden-, Frequenz- oder Phasenschwankung dem hochfrequenten Signal aufgeprägt.

Digitale Modulationsverfahren haben einige Vorteile gegenüber analogen Verfahren. Beispielsweise können die Funkressourcen effizienter genutzt, Datendienste mit hohen Datenraten realisiert und die Signalisierung besser integriert werden. Aus diesen Gründen kommen in modernen Systemen, wie GSM und IMT-2000/UMTS ausschließlich digitale Modulationsverfahren zum Einsatz.[18]

2.2.3 Multiplex

Um das Frequenzspektrum effizient zu nutzen und um die Gespräche und Datenverbindungen möglichst vieler Teilnehmer unterzubringen, werden *Multiplex- und Vielfachzugriffsverfahren* eingesetzt. Im Laufe der Entwicklung von Mobilfunksystemen sind eine Vielzahl an Multiplexverfahren zur Anwendung gelangt. Dazu zählen Raummultiplex, Frequenzmultiplex, Zeitmultiplex und Codemultiplex (Eberspächer & Vögel, 1997, S 15).

➢ *Raummultiplex*

Die Feldstärke elektromagnetischer Wellen nimmt – wie bereits erwähnt – mit zunehmender Entfernung vom Sender ab. Je weiter ein Mobilgerät von der Basisstation entfernt ist, desto geringer ist die Empfangsleistung. Raummultiplex ist ein kapazitätserhöhendes Verfahren, das diese Eigenschaft nützt und denselben Frequenzbereich (Kanal) von mehreren Sendern, die hinreichend weit voneinander entfernt sind, verwendet. Dieses Konzept bildet die Grundlage für zellulare Mobilfunknetze, ein Konzept, das im Rahmen aller modernen Mobilfunksysteme umgesetzt ist.

Bei zellularen Netzen wird das Versorgungsgebiet in Funkzellen aufgeteilt. Innerhalb einer Funkzelle versorgt eine (feste) Basisstation, die – im Fall von Rundstrahlantennen – im Zentrum der Zelle angeordnet ist, alle Mobilgeräte, die sich räumlich in dieser Zelle befinden. Die Funkverbindung findet jeweils zwischen einer ortsfesten Basisstation und mehreren Mobilstationen statt. Die selben Frequenzkanäle, die der Basisstation zur Verfügung stehen, werden in Zellen verwendet, die räumlich gerade so weit entfernt sind, dass durch die gegenseitigen Interferenzstörungen noch eine einwandfreie Funkkommunikation möglich ist. Die Entfernung muss zumindest so groß sein, dass das Signal des ersten Senders die Empfänger im Umfeld des zweiten Senders nicht mehr stört (vgl. Abstand d_2 in Abbildung 2-1). Der maximale Radius einer Zelle bestimmt sich ebenfalls durch die Ausbreitungseigenschaften. Eine Funkzelle umfasst

---

[18] Vgl. u.a. Schiller (2000, S 42 ff).

jenes geografische Gebiet (Abstand d_1 in Abbildung 2-1), in dem das Empfangsgerät das Funksignal noch mit einem Mindeststörabstand (F_1 in Abbildung 2-1) empfangen kann.

➤ *Zeitmultiplex*

Bei *Time Division Multiple Access* (TDMA) wird die Gesamtübertragungsdauer in disjunkte Zeitschlitze unterteilt, die in Zeitrahmen zusammengefasst werden (bei GSM beispielsweise 8 Zeitschlitze in einem Rahmen, mit einer Dauer von 4,6 ms). Innerhalb der übertragenen Rahmen belegt eine Verbindung (Teilnehmer) immer den gleichen Zeitschlitz. So können mehrere Nutzer (bei GSM 8) in einem Frequenzkanal untergebracht werden. TDMA kommt bei den meisten digitalen Mobilfunksystemen zum Einsatz.[19]

➤ *Frequenzmultiplex*

Um das Übertragungsmedium effizient zu nutzen, müssen die modulierten Nutzsignale mehrerer Kommunikationskontexte (Teilnehmer) im Frequenzspektrum untergebracht werden. Im Rahmen des Frequenzmultiplex wird das zur Verfügung stehende Frequenzspektrum in Teilbereiche (Frequenzkanäle) unterteilt und diese Frequenzkanäle den einzelnen Verbindungen (Teilnehmern) zugeordnet. Aus Effizienzgründen erfolgt die Zuordnung der Frequenzkanäle dynamisch; ein bestimmter Frequenzkanal wird einem Teilnehmer nur für die Dauer eines Gespräches zugeordnet. Sobald die Kommunikation beendet ist, kann der Frequenzkanal für eine andere Verbindung (Teilnehmer) genutzt werden. Dieses als FDMA (*Frequency Division Multiple Access*) bezeichnete Verfahren kommt bei Mobilfunksystemen der ersten Generation sowie in Verbindung mit TDMA auch bei digitalen Systemen wie GSM zum Einsatz.

➤ *Codemultiplex*

Codemultiplex ist ein relativ neues Verfahren. Bei Codemultiplex nutzen mehrere Benutzer dasselbe Frequenzband (für die Dauer einer Verbindung). Zur Sicherstellung des Vielfachzugriffs wird jedem Benutzer (für die Dauer der Verbindung) ein Code zugeteilt. Das zu übertragende Datensignal wird mit dem Code multipliziert und über die Funkschnittstelle übertragen. Durch den Einsatz des gleichen Codes ist es dem Empfänger möglich, das Datensignal eines bestimmten Benutzers zu rekonstruieren.

---

[19] Vgl. u.a. Mouly & Pautet (1992, S 215 ff).

Bei CDMA (*Code Division Multiple Access*) erfolgt die Codezuteilung für einen Teilnehmer auf dynamischer Basis pro Datenverbindung. CDMA gelangt seit einigen Jahren beim amerikanischen Mobilfunkstandard IS-95 zum Einsatz. Bei UMTS wird ebenfalls CDMA verwendet werden.[20]

2.2.4 Duplex

Ein Leistungsmerkmal – das nicht nur bei Mobilfunksystemen gefordert wird – ist simultanes Empfangen und Senden, um beispielsweise bei Sprachtelefonie gleichzeitiges Sprechen beider Teilnehmer zu ermöglichen. Diese Fähigkeit wird als Vollduplex bezeichnet. Bei der Funkübertragung im Mobilfunk wird, um Vollduplex zu erhalten, entweder Frequenzduplex oder Zeitduplex eingesetzt.[21] Bei Frequenzduplex (FDD – *Frequency Division Duplex*) erfolgt die Übertragung vom Mobilgerät zur Basisstation (*uplink*) in einem anderen Frequenzbereich als Verbindung zum Endgerät (*downlink*). Um Frequenzduplex zu ermöglichen, sind zwei Frequenzbänder erforderlich (gepaarte Frequenzbereiche). Frequenzduplex kommt bei allen analogen Mobilfunksystemen und bei vielen digitalen (z.B. GSM) zum Einsatz. Bei Zeitduplex (TDD – *Time Division Duplex*) wird Senden und Empfangen in kurzen zeitlichen Abständen im gleichen Frequenzkanal durchgeführt. Wie bei TDMA erfolgt eine zeitliche Aufteilung in Rahmen, wobei ein Rahmen in einen Zeitbereich für *uplink* und einen Zeitbereich für *downlink* unterteilt wird. Im Gegensatz zu FDD ist bei TDD nur ein Frequenzbereich erforderlich (ungepaarter Frequenzbereich).

2.2.5 Vergleich der Vielfachzugriffs- und Duplexverfahren

Raummultiplex stellt die Grundlage zellularer Netze dar und wird bei allen modernen Mobilfunksystemen eingesetzt. Bei analogen Mobilfunksystemen der ersten Generation kam zusätzlich noch das Zugriffsverfahren FDMA in Kombination mit dem Duplexverfahren FDD zum Einsatz. Viele Mobilfunksysteme der zweiten und dritten Generation setzen neben Raummultiplex noch Kombinationen der oben genannten Vielfachzugriffsverfahren ein. Bei GSM und anderen digitalen Mobilfunksystemen wird eine Kombination von FDMA und TDMA verwendet.

CDMA, das in beiden für UMTS definierten Übertragungsverfahren vorgesehen ist, wird eine große Zukunft in der Mobilkommunikation

---

[20] Vgl. u.a. Prasad (1996, S 39 ff).
[21] Vgl. u.a. Bekkers & Smits (1999, S 102 ff).

prognostiziert. In das Verfahren wurden aufgrund von Forschungen in den 80er Jahren, die auf eine sehr hohe Kapazität im Vergleich zu FDMA/TDMA-Systemen hindeuteten, hohe Erwartungen gesetzt. Bereits realisierte CDMA-Systeme wie das amerikanische IS-95 konnte diesen Erwartungen allerdings bisher nicht gerecht werden. Ein wesentlicher Vorteil von CDMA ist in einer höheren Flexibilität bei der Übertragung von variablen Datenraten zu sehen. Bei CDMA sind die Kapazitätsgrenzen „weich". Dies heißt, dass – vergleichbar mit paketorientierten Datennetzen – ein Substitutionsverhältnis zwischen Kapazität und Qualität vorliegt. Systeme wie TDMA oder FDMA blockieren zusätzlichen Verkehr, wenn die Kapazitätsgrenze erreicht ist. Bei der Dimensionierung und Planung von CDMA-Netzen wird daher die simultane Optimierung von Kapazitäts- und *Quality-of-Service-Aspekten* im Vergleich zu TDMA/FDMA-Systemen wesentlich komplizierter werden.

Das Duplexverfahren FDD kommt bei den meisten Mobilfunksystemen wie z.B. analogen Systemen, GSM, D-AMPS, sowie bei einem der beiden UMTS-Übertragungsverfahren (W-CDMA – *Wideband* CDMA) zum Einsatz. Der Vorteil liegt in der einfachen technischen Realisierung. TDD wird beim anderen UMTS-Übertragungsverfahren (TD-CDMA – *Time Division* CDMA) verwendet. Der wesentliche Vorteil von TDD liegt bei Datenübertragungen mit asymmetrischem Verkehr für die *uplink* und *downlink* Verbindung. Durch entsprechende Wahl der Zeitrahmen kann das System an den Verkehr angepasst werden. Im Gegensatz dazu ist die Zuordnung von Kapazitäten für Sende- und Empfangsrichtung bei FDD nicht so flexibel möglich.

2.3 Aufbau und Funktionsweise von Mobilfunksystemen

2.3.1 Global System for Mobile Communication (GSM) [22]

Die Standardisierung von GSM oblag zunächst der *Groupe Spécial Mobile*, einem Gremium innerhalb der CEPT und ab 1988 dem neu gegründeten *European Telecommunications Standard Institute* (ETSI). Aufgabe war die Standardisierung von Diensten, die Spezifikation der Funkübertragung und die Normierung einer Reihe weiterer Aspekte, wie Architektur, Signalisierung und Schnittstellen zwischen Netzelementen.

---

[22] Der interessierte Leser sei für eine weitere Vertiefung auf Mouly & Pautet (1992), Eberspächer & Vögel (1997) verwiesen.

Den Spezifikationen lag eine Reihe von Entwurfszielen zugrunde. Die wesentlichsten davon waren:

- *Free Roaming* der Teilnehmer innerhalb Europas.[23]
- Maximale Flexibilität für eine Reihe von Diensten (z.B. ISDN).
- Dienste vergleichbar mit jenen der PSTN/ISDN Netzwerke.
- Eine mit analogen Systemen vergleichbare Qualität der Sprachtelefonie.
- Eine im Vergleich zu analogen Systemen verbesserte Spektrumseffizienz.

Einen maßgeblichen Einfluss auf die Standardisierung hatte die – Mitte der 80er Jahre vor dem Abschluss stehende – Normierung von *Integrated Service Digital Network* (ISDN). Im Jahr 1987 wurde die Funkübertragungstechnik, die wesentlichste Komponente eines Mobilfunksystems, normiert, die ersten Entwürfe der GSM-Spezifikation waren Mitte 1988 verfügbar. 1991 gingen die ersten GSM-Systeme in Betrieb.

➢ *Aufbau und Funktionsweise*

GSM ist in mehreren Subsystemen organisiert, die über spezifizierte Schnittstellen miteinander bzw. mit externen Entitäten interagieren. Die *Mobile Station* (MS), das GSM-Endgerät, ist über die Funkschnittstelle mit dem *Base Station Subsystem* (BSS) verbunden. In diesem Subsystem sind alle Elemente vereint, die funktional der Funkschnittstelle zuzuordnen sind. Das BSS ist wiederum mit dem *Network and Switching Subsystem* (NSS) verbunden, das die Elemente des Kernnetzes, wie Vermittlungsstellen und Lokationsdatenbanken umfasst und über einen Gateway mit externen Netzen verbunden ist.

---

[23] Darunter versteht man, dass ein (GSM-) Teilnehmer die Möglichkeit hat, sein Endgerät auch ausserhalb des Versorgungsgebietes seines Betreibers (im Ausland) auf dem Netz eines Roaming-Partners zu nutzen.

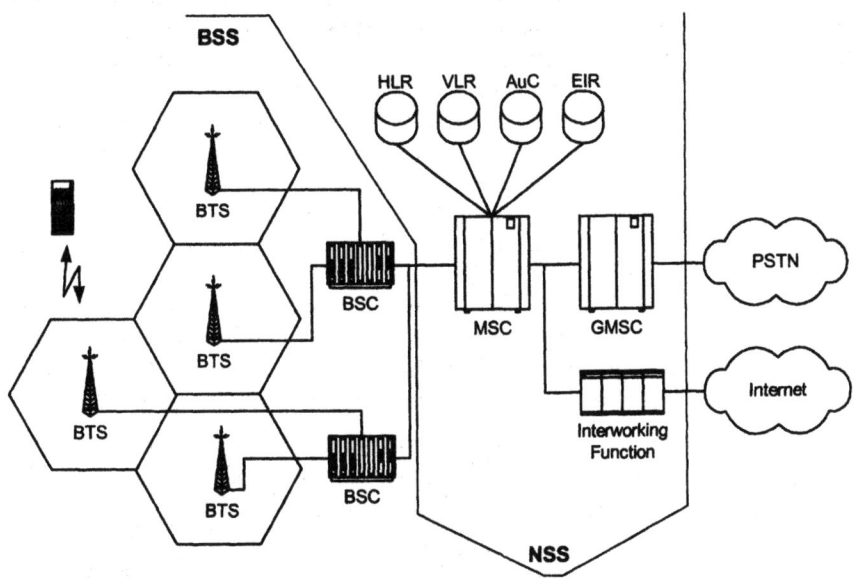

ABBILDUNG 2-2: NETZWERKELEMENTE EINES GSM-NETZES (OHNE GPRS)

Das *Subsystem Operating and Support System* (OSS) vereint alle Hard- und Softwareelemente, die für die Wartung und Administration von Telekommunikationsnetzen (z.b. *Billing*) notwendig sind. Eine detailliertere Darstellung der wesentlichsten Netzwerkelemente der Subsysteme MS, BSS und NSS findet sich in Abbildung 2-2. Das Subssystem BSS beinhaltet zwei Typen von Netzelementen: die *Base Transceiver Station* (BTS) und den *Base Station Controller* (BSC). Aufgabe der BTS ist die Funkübertragung zwischen Endgerät und Netz. Die BTS umfasst neben den elektronischen Komponenten zur Umwandlung von elektrischen in elektromagnetische Signale und umgekehrt (Modulation/Demodulation) auch die Antenne. Die Funkantenne der Basisstation ist meist auf einem Masten oder Hausdach bzw. an einer Gebäudeaußenwand montiert. Das Management der Funkschnittstelle (Allokation von Funkkanälen, *handover*, etc.) wird durch den *Base Station Controller* (BSC) durchgeführt, wobei ein BSC mehrere BTS koordiniert.

Im *Network and Switching Subsystem* (NSS) sind die Vermittlungseinrichtungen und eine Reihe von Datenbanken (HLR, VLR, etc.) zusammengefasst. Die Vermittlungsfunktion erfolgt durch die MSC (*Mobile Switching Center*). Diese hat Schnittstellen zum BSS und zu anderen MSCs sowie über einen speziellen *Gateway MSC* (GMSC) zu anderen Telekommunikationsnetzen, wie beispielsweise dem PSTN, bzw. über eine spezielle Schnittstelle (*Interworking Function*) zu Datennetzen. Einer MSC sind mehrere BSC zugeordnet. Die Datenbanken dienen der Unterstützung des MSC beim Verbindungsaufbau und beim Lokationsmanagement. Im *Home Location Register* (HLR) sind Teilnehmerinformationen und Informationen über den ungefähren Aufenthaltsort eines Teilnehmers abgelegt. Detailliertere Informationen über den Aufenthaltsort werden jeweils temporär in jenem *Visitor Location Register* (VLR) jener *Location Area* (Gruppe von Zellen) abgelegt, in der sich der Teilnehmer gerade aufhält. Wechselt ein Teilnehmer die Funkzelle, werden diese Datenbanken aktualisiert. Eine VLR ist einem oder mehreren MSCs zugeordnet. Im *Authentication Center* (AuC) sind alle relevanten Informationen zur Authentifizierung von Nutzern gespeichert.

Die Sprachsignale werden über die Funkschnittstelle nicht, wie in ISDN üblich, als 64 kbit/s Strom übertragen, sondern um Ressourcen zu schonen, in einen kompakteren Datenstrom codiert. Dabei werden die akustischen Sprachsignale durch die Mobilstation mittels eines *Codec* in einen speziell codierten digitalen Datenstrom von 13 kbit/s umgewandelt und in dieser Form über die Funkschnittstelle zur BTS übertragen. Das entsprechende Gegenstück auf Seite des Basestation Subsystems ist die sogenannte *Transcoder/Rate Adapter Unit* (TRAU), die diesen Datenstrom wiederum decodiert und in einen – in Europa im Bereich Telekommunikation üblichen – digitalen 64 kbit/s Datenstrom umwandelt. Von den Basisstationen werden die Gespräche über die BSC zu den Vermittlungsstellen MSC weitergeleitet und werden dort entweder via GMSC an ein externes Netz übergeben oder an einen netzinternen Teilnehmer zugestellt.

➢ *Funkschnittstelle und zellularer Netzaufbau*

In Europa sind für GSM Frequenzbänder im Bereich 900 MHz sowie 1800 MHz gewidmet. Daneben ist GSM für den 1900 MHz-, den 450 MHz-, den 480 MHz- und den 850 MHz-Bereich spezifiziert. Die wesentlichen Parameter sind identisch, Unterschiede bestehen z.B. bei der maximal zulässigen Sendeleistung. Bei GSM kommt TDMA in Kombination mit FDMA zum Einsatz. Ein Frequenzkanal hat eine Breite von 200 kHz und ist in acht Zeitschlitze unterteilt. Als Duplexverfahren wird Frequenzduplex (FDD) verwendet. Aus diesem Grund werden für GSM gepaarte Frequenzbereiche benötigt. Das jeweils höhere Frequenzband wird für die Übertragung von den Basisstationen zu Mobilgeräten (*downlink*), das niedrigere für die umgekehrte Richtung (*uplink*) eingesetzt. Wie bereits mehrmals erwähnt ist GSM ein zellulares Mobilfunksystem. Die maximale Zellgröße (Abstand Sender zu Empfänger) hängt vom verwendeten Frequenzbereich ab und liegt beispielsweise bei GSM-900 bei einem Radius von ca. 30 km. Der Radius von GSM-1800 Zellen ist um einen Faktor 3 kleiner. Abhängig vom tatsächlichen Versorgungsgrad und dem eingesetzten Spektrum betreiben die nationalen GSM-Betreiber bis zu 3.500 Basisstationsstandorte (Kagan, 2001).

> *Dienste in GSM*

Im Gegensatz zu Mobilfunksystemen der ersten Generation ist GSM als *Multiservice Plattform* konzipiert und erlaubt die Integration verschiedener Sprach- und Datendienste. Das ursprüngliche Dienstekonzept ist sehr stark von der Standardisierung integrierter digitaler Sprach- und Datendienste im Festnetz *ISDN (Integrated Services Digital Network)* beeinflusst. Grundsätzlich kennt GSM drei Arten von Diensten:

- Trägerdienste
- Teledienste
- Zusatzdienste

Die *Trägerdienste* umfassen alle Dienste, die einen transparenten Transport[24] von Daten von einem Netzzugangspunkt zu einem anderen gewährleisten. Im Rahmen von GSM sind eine Reihe unterschiedlicher Arten von Datenübertragungen spezifiziert, wobei im ursprünglichen GSM-Standard nur Datenraten bis zu 9,6 kbit/s für Nichtsprachdienste vorgesehen sind.[25] Mit Hilfe dieser Trägerdienste erfolgt auch die Anbindung an unterschiedliche Partnernetze. Eine weitere Dienstegruppe sind die *Teledienste*.[26] Die Mehrzahl der Teledienste sind sprachorientiert. Der Hauptdienst ist „mobile Sprachtelefonie". Dieser Dienst wird ergänzt um Fax-Dienste, Nachrichtendienste (SMS) und einen Notrufdienst. Zusätzlich zu den Träger- und Telediensten bietet GSM noch

---

[24] Zieht man das OSI-Referenzmodell als Referenz heran, sind die Trägerdienste den unteren drei OSI-Schichten zuzuordnen (vgl. Halsall 1996). Die im heutigen Vergleich sehr geringen Übertragungsbandbreiten spiegeln die damalige Einschätzung hinsichtlich der Bedeutung von Datendiensten wider. Diese Einschätzung wurde inzwischen, wie die Standardisierung der GSM Phase 2+ zeigt, korrigiert.

[25] Vgl. u.a. Schiller (2000, S 143 ff) und Mouley et al. (1994).

[26] Im Rahmen des ISO/OSI-Referenzmodells sind Teledienste den Schichten 1 bis 7 zuzuordnen (vgl. Halsall 1996).

„Zusatzdienste" an. Typische Zusatzdienste sind Anrufumleitung *(call forwarding)*, Rufnummernübemittlung *(calling line identification)*, geschlossene Benutzergruppen *(closed user groups)*. Die Mehrzahl der Zusatzdienste wurde von ISDN übernommen. In den vergangenen Jahren hat ein neuer Typus von Diensten stark an Bedeutung gewonnen: Sogenannte Mehrwertdienste, die auf Basis einer IN-Plattform entwickelt werden und den Betreibern ein stärkeres Maß an Möglichkeiten zur Produktdifferenzierung eröffnen. Ein Beispiel für einen solchen Dienst ist der sogenannte *Prepaid Service*. Insgesamt ist die Mehrzahl der Dienste standardisiert. Die Möglichkeiten zur Produktdifferenzierung sind begrenzt.

2.3.2 Global System for Mobile Communication Phase 2

Die technologischen Weiterentwicklungen im Bereich der Mobilfunknetze der zweiten Generation (GSM Phase 2 und 2+) sind durch folgende Trends gekennzeichnet:

- eine zunehmend höherratigere Datenübertragung
- die schrittweise Einführung von paketorientierten (IP-basierten) Netzwerkprotokollen
- die Einführung offener Plattformen zur Entwicklung von Diensten, wie *M-Commerce*-Anwendungen (Produktdifferenzierung)

Der Architektur von GSM (vgl. Kapitel 2.3.1) liegt primär das Ziel der Übermittlung von Sprachsignalen zugrunde. Sowohl Sprach- wie Dateninformationen werden leitungsvermittelt übertragen. Der Übergang zu Datennetzen – wie dem Internet – erfolgt über eine sogenannte *Internetworking Function* (IWF), wobei die Trennung zwischen Daten- und Sprachtelefonieverkehr nach der Vermittlungsstelle vorgenommen wird. Dem Benutzer stehen typischerweise Übertragungsraten von 9,6 kbit/s zur Verfügung. Zur Erhöhung der Übertragungsraten und zur flexiblen Generierung von Diensten wurden und werden die GSM-Netze um eine Reihe von technischen Innovationen erweitert.

> *High Speed Circuit Switched Data*

HSCSD (*High Speed Circuit Switched Data*) ist ein auf GSM basiertes leitungsvermitteltes Netzwerkprotokoll. Durch die gleichzeitige Verwendung mehrerer Zeitschlitze (Übertragungskanäle) werden Übertragungsraten bis zu 57,6 kbit/s (4 Zeitschlitze) erreicht. Wie alle leitungsvermittelten Netzwerkprotokolle ist auch HSCSD für die Übertragung von Datendiensten aufgrund der ineffizienten Nutzung der Netzwerkressourcen bei den für Datendienste typischen Verkehrsmustern und den daraus resultierenden hohen Tarifen nur bedingt geeignet. Vermutlich auch deshalb hat sich diese Technologie kaum durchgesetzt.

> *General Packet Radio Service*[27]

GPRS (*General Packet Radio Service*) ist ein paketvermitteltes drahtloses Netzwerkprotokoll. Die Trennung zwischen Daten- und Sprachtelefonieverkehr erfolgt bei GPRS bereits nach dem *Base Station Controller* (BSC).

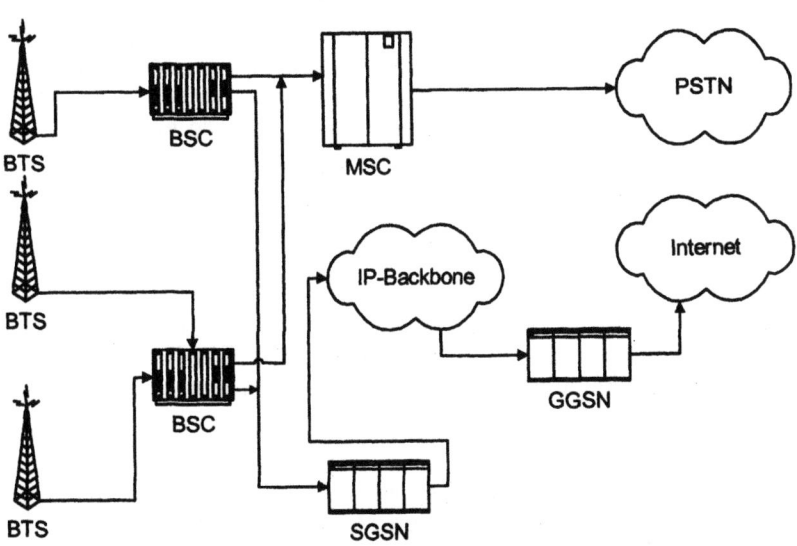

ABBILDUNG 2-3: ARCHITEKTUR EINES GPRS NETZES

Zu diesem Zweck werden zwei Netzelemente in die Architektur eingeführt: der *Serving GPRS Support Node* (SGSN), der im Wesentlichen die Funktionalität des MSC für paketorientierte Datendienste zur Verfügung stellt und der *Gateway GPRS Support Node* (GGSN), der die Schnittstelle zu externen Datennetzen bildet (vgl. Abbildung 2-3).

Der wesentlichste Vorteil von GPRS ist, dass Netzwerkressourcen und hier insbesondere Funkkapazitäten nur dann belegt werden, wenn Informationen übertragen werden. Dadurch ist es möglich eine

---

[27] Vgl. u.a. Ebinger (1999), Brasche & Walke (1997), Durlacher Research (2000).

permanente Verbindung aufrecht zu halten, ohne aber dadurch Netzwerkressourcen zu belegen. Diese als *always on* bezeichnete Option erspart auch dem Nutzer den wiederholten (zeitraubenden) Verbindungsaufbau.[28] Mittels GPRS sind theoretisch Übertragungsraten bis zu 115 kbit/s (eigentlich sogar bis zu 171 kbit/s) möglich. Diese werden allerdings in der Praxis nicht erreicht werden. Realistisch sind Übertragungsraten von 14,4 kbit/s bis 56 kbit/s. Die tatsächliche Übertragungsrate hängt von mehreren Faktoren ab. Zum einen vom Codierungsschema, das die Übertragungsrate je verwendetem *time slot* bestimmt. Zum Zweiten von der Zahl der *time slots*, die simultan genutzt werden und zum Dritten von der Zahl der Nutzer, die sich diese *time slots* teilen. Die theoretischen Obergrenzen basieren auf der Annahme, dass die maximale Zahl an *time slots* (8) einem Nutzer exklusiv zur Verfügung stehen und dabei das Codierungsschema CS4 zur Anwendung kommt. Die Frage der Zahl der zur Verfügung stehenden *time slots* hängt von der Netzwerkmanagementpolitik eines Betreibers ab.

> *EDGE*

Im Rahmen von EDGE (*Enhanced Data Rates for Global Evolution*) kommt ein mehrstufiges Modulationsverfahren zum Einsatz. Damit sind Übertragungsraten bis zu 384 kbit/sec möglich. Die Netzwerkarchitektur bleibt davon weitgehend unberührt und entspricht jener von GPRS.

> *Diensteplattformen*[29]

SMS (*Short Message Service*) ist ein Dienst zum Austausch von textbasierten Nachrichten zwischen Mobilfunkendgeräten. Dieser Dienst ist in den letzten drei Jahren einem starken Wachstum unterlegen. Beispielsweise hat sich in Großbritannien die Zahl der übermittelten SMS im Zeitraum September 1999 bis September 2000 mehr als verfünffacht (Mobile Internet, 2000a). Eine Studie von Boston Consulting behauptet, dass *Email* (bzw. SMS) die meistgefragte mobile Internet-Anwendung sein wird.[30] Es ist somit nicht erstaunlich, dass im Bereich der *Messaging*

---

[28] Ein Verbindungsaufbau kann bis zu 40 Sekunden dauern. Im Rahmen von GPRS hat ein Benutzer die Möglichkeit, eine einmal aufgebaute Verbindung stehen zu lassen. Bei einem entsprechenden Tarifschema fallen dadurch keine Extrakosten für eine ungenutzte Verbindung an.

[29] Vgl. in der Folge Büllingen & Wörter (2000), Durlacher Research (2000), OVUM (1999, 2000a, 2000b), Mobile Internet (2000a, 2000b).

[30] Vgl. Mobile Internet, 2000b, „Die meist gefragten mobilen Internet-Anwendungen" nach Boston Consulting.

Services eine Reihe neuer Technologien eingeführt wurde oder vor der Einführung steht: *MMS (Multimedia Messaging)* erlaubt die Übermittlung von Bildern. *Cell Broadcast* ist eine Technologie, die es ermöglicht eine *short message* an alle Benutzer innerhalb einer bestimmten Region zu senden. Im Gegensatz zum traditionellen SMS-Dienst, der dem 1:1 Kommunikationsmodell entspricht, ist Cell Broadcast ein Massenkommunikationsmittel (1:n Modell). Mittelfristig wird der Internet-Nachrichtendienst *email* ein Substitut zu SMS darstellen. Als Schlüsselapplikation im Bereich der Nachrichtensysteme gilt UMS (*Unified Messaging Systems*), die alle bisherigen Nachrichtendienste, wie SMS, email, etc. integrieren soll.

Standardisierungsziel von WAP (*Wireless Application Protocol*) ist es, einen offenen Standard für mobile Anwendungen sowie die Anbindung von mobilen Endgeräten an das Internet zu normieren. Im Rahmen von WAP wird ein zur Internet-Protokollfamilie analoger, für drahtlose Kommunikation optimierter Protokollstapel standardisiert. WAP basierte Technologien erlauben es, Datendienste, wie sie aus dem Internet bekannt sind, für mobile Endgeräte zu implementieren. Damit soll die Implementierung von Anwendungen insbesondere im Bereich *Mobile Commerce* möglich sein.

MexE (*Mobile Station Execution Environment*) ist die Implementierung einer *Java Virtual Machine* in Mobilfunkendgeräten. Dadurch können (Java-) Anwendungen, die von Diensteanbietern implementiert werden, auf Endgeräten ausgeführt werden. Java wird als eine der Schlüsseltechnologien für die Implementierung von Electronic Commerce Plattformen gesehen. Eine ähnliche Funktion hat SAT (*SIM Application Toolkit*). SAT erlaubt Netzwerkbetreibern unter anderem Anwendungen als *SMS-Message* zu versenden, die dann auf der *SIM-Card* ausgeführt werden.

Eine Reihe von Unternehmen, vorwiegend aus dem IT-Bereich, entwickeln *Middleware-Plattformen* für mobile Portale, *M-Commerce*, mobile Bezahlungssysteme und *mobile banking*. Diensten, die den spezifischen Aufenthaltsort eines Kunden einbeziehen, sogenannten *Location Based Services*, wird ein hohes kommerzielles Potential eingeräumt. Im Augenblick werden eine Reihe von Technologien zur möglichst exakten Positionsbestimmung von mobilen Endgeräten entwickelt.

2.3.3 Mobilfunksysteme der dritten Generation – UMTS/IMT-2000

Die IMT-2000 (*International-Mobile-Telecommunications* 2000) Empfehlungen der ITU (*International Telecommunication Union*) beschreiben ein weltweit einheitliches Rahmenwerk für zukünftige Kommunikationssysteme im Frequenzbereich von ca. 2000 MHz (ITU, 2000). Diese Empfehlung beinhaltet ein Rahmenwerk für Dienste, eine Netzwerkarchitektur, die auch Satellitenkommunikation umfasst, Anforderungen an die Funktechnik, Frequenzbetrachtungen, Sicherheits- und Verwaltungsfunktionen und verschiedene Übertragungstechniken.[31] In Europa wurde 1988 mit grundlegenden Forschungsarbeiten begonnen und im Jahr 1998 gelang die Einigung auf das *Universal Mobile Telecommunication System (UMTS)* als europäischer Beitrag zum IMT-2000 Programm. UMTS vereinigt wesentliche Elemente der GSM-Infrastruktur mit – insbesondere für die Übertragung von Datendiensten – effizienteren CDMA-Lösungen im Bereich der Funkschnittstelle.

Ein Meilenstein für die Entwicklung von UMTS war die Festlegung von Frequenzbändern für IMT-2000 bei der Weltfunkkonferenz (WRC) 1992. Die Normierung des UMTS Standards wird von 3GPP[32], dem auch das ETSI angehört, durchgeführt. In Europa wird die koordinierte Einführung von UMTS durch europarechtliche Rahmenbedingungen flankiert. Es kann damit gerechnet werden, dass erste UMTS-Netze im Laufe des Jahres 2003 in Betrieb gehen. Neben UMTS sind Weiterentwicklungen der amerikanischen CDMA-Standards als Mobilfunksysteme der dritten Generation vorgesehen.

UMTS ist für eine Datenrate pro Teilnehmer von bis zu 2 Mbit/s ausgelegt. Allerdings werden diese Datenraten am Anfang nicht erreicht werden – und wenn überhaupt, dann nur in urbanen Gebieten mit einem sehr dichten Netz an Basisstationen für stationäre oder sich mit sehr geringer Geschwindigkeit bewegenden Teilnehmern. Für Teilnehmer, die sich bewegen, sind in ländlichen Gebieten zumindest 144 kbit/s vorgesehen. Die Anforderungen an UMTS, die sich von denen an die zweite Mobilfunkgeneration unterscheiden, umfassen:

- Variable vom Dienst abhängige Datenraten von bis zu 2 Mbit/s
- Zuordnung von mehreren Diensten (wie Sprache, Video, Daten) zu einer Verbindung

---

[31] Vgl. u.a. Schiller (2000a S 34 ff).
[32] Vgl. http://www.3gpp.org/

- Variable *Quality of Service* (QoS)
- Zusammenarbeit von Systemen der zweiten und dritten Generation
- Unterstützung von asymmetrischen Datenraten für *uplink* und *downlink*

➢ *Funkschnittstelle*

UMTS Terrestrial Radio Access (UTRA), die Funkschnittstelle für terrestrisches UMTS, setzt sich aus zwei unterschiedlichen Vielfachzugriffsverfahren zusammen. In den Frequenzbändern (1920-1980 MHz/2110-2170 MHz) im gepaarten Bereich kommt W-CDMA, im ungepaarten Bereich (1900-1920 MHz und 2010-2025 MHz) TD-CDMA zum Einsatz.[33] Bei W-CDMA wird Frequenzduplex (FDD) als Duplexverfahren verwendet. Das jeweils bei höheren Frequenzen liegende Band wird für die Übertragung von Basisstationen zu Mobilgeräten (*uplink*), das bei niedrigeren für die umgekehrte Richtung (*downlink*) eingesetzt. Bei TD-CDMA, das zusätzlich zum CDMA-Verfahren eine Zeitschlitzstruktur (TDMA) vorsieht, wird Zeitduplex (TDD) eingesetzt. Die Übertragung für beide Übertragungsrichtungen erfolgt im selben Frequenzkanal in unterschiedlichen Zeitschlitzen. Für beide Zugriffsverfahren sind Trägerabstände von 5 MHz und damit Kanalbreiten von ca. 5 MHz definiert. Die Reichweite von UMTS-Basisstationen wird im Vergleich zu GSM geringer sein. Es wird von einem maximalen Radius von wenigen Kilometern ausgegangen. Darüber hinaus sinkt bei steigender Teilnehmerzahl (bzw. Verkehr) die Reichweite. Dieser Effekt wird als *cell breathing* bezeichnet.

➢ *Der Migrationspfad von GSM zu UMTS*

Für einen Mobilfunkbetreiber ist es nicht zwingend, alle Technologien der GSM Phase 2 zu implementieren. Daher sind eine Reihe von Migrationsszenarien von GSM zu UMTS vorstellbar, die in Abbildung 2-4 dargestellt sind. Aus heutiger Sicht ist davon auszugehen, dass alle bestehenden GSM Betreiber, die auch eine 3G Lizenz erworben haben, einen evolutionären Migrationspfad von GSM über GPRS hin zu UMTS wählen werden. Unklar ist noch, ob auch EDGE Teil dieses Migrationspfades sein

---

[33] Vgl. u.a. Holma & Toskala (2000).

wird, wobei die Verfügbarkeit von UMTS Technologie ein wesentliches Kriterium sein wird.[34]

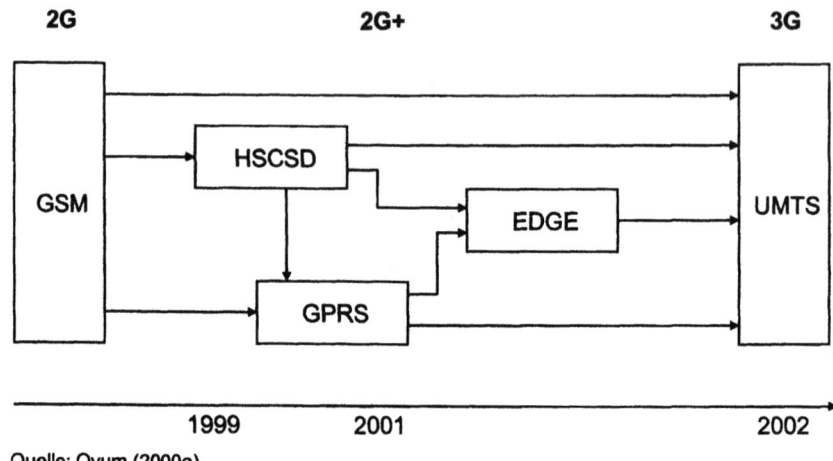

Quelle: Ovum (2000a)

ABBILDUNG 2-4: EVOLUTION VON MOBILFUNKTECHNOLOGIEN

Ein Überblick über die einzelnen Netzwerktechnologien und deren kommerzielle Verfügbarkeit ist in Tabelle 2-4 dargestellt. Da der Schwerpunkt der UMTS-Release-99 hauptsächlich auf dem Funknetzteil (UTRA) liegt, ist zu erwarten, dass auch 3G Neueinsteiger im Bereich des Kernnetzes Teile der GSM/GPRS Infrastruktur aufbauen werden.

---

[34] Gegenwärtig sieht es nicht danach aus, dass EDGE von den europäischen Mobilfunkbetreibern eingesetzt werden wird.

TABELLE 2-4: KOMMERZIELLE VERFÜGBARKEIT VON NETZWERKTECHNOLOGIEN

Technologie	Kommerziell verfügbar	Übertragungsraten	
		theoretisch	praktisch
HSCSD	1999	57,6 kbit/s	28,8 kbit/s
GPRS	2001/2002	115 kbit/s	22 kbit/s upstream 44 kbit/s downstream
EDGE	2001/2002	384 kbit/s	40 kbit/s upstream 100 kbit/s downstream
UMTS	2003	2000 kbit/s	100 kbit/s upstream 384 kbit/s downstream

➢ *Aufbau eines UMTS Netzes*

Im Ergebnis liefern die oben gezeichneten Migrationsszenarien ein gemeinsames GSM/GPRS/UMTS-Netz (vgl. Abbildung 2-5). Das bestehende GSM/GPRS Netz wird in einem ersten Schritt um die neue Funkschnittstelle (UTRA) erweitert. UTRA besteht aus zwei neuen Netzwerkelementen, dem *Radio Network Controller* (RNC) und dem *Node B*, die funktional ähnlich zu den Elementen BSC und BTS der GSM Architektur sind. Die Mobilgeräte sollen sowohl GSM als auch UMTS unterstützen, so dass in Gebieten, in denen ein Betreiber bereits ein UMTS-Funknetz aufgebaut hat, UMTS-Dienste genutzt werden können und in Regionen, die noch nicht mit UMTS versorgt sind, auf GSM zurückgegriffen werden kann. Langfristig wird – analog zum Festnetz – mit einer generellen Umstellung auf ein IP basiertes paketorientiertes Netz (All-IP) gerechnet (OVUM, 1999, 2000a).

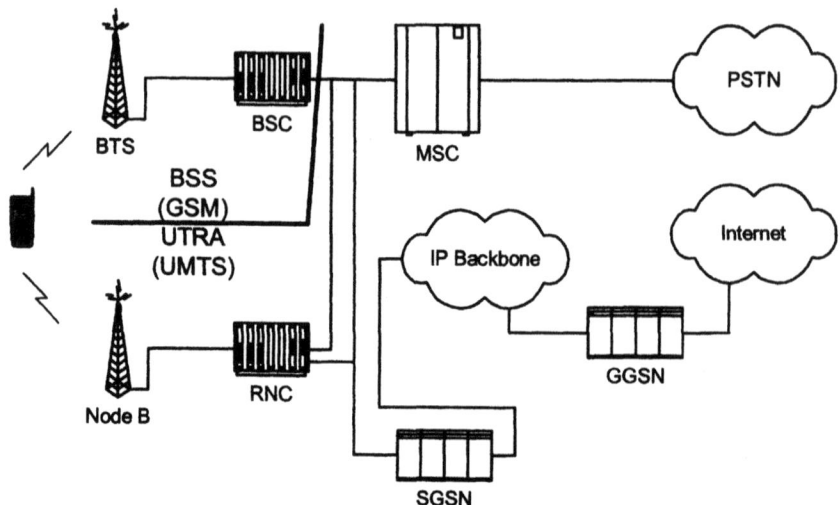

ABBILDUNG 2-5: ARCHITEKTUR VON UMTS (RELEASE 99)

2.3.4 Stand der Entwicklung in Österreich

In der nachfolgenden Tabelle sind die Zeitpunkte der Technologieeinführung in Österreich dargestellt. Mit Ausnahme von HSCSD und UMS wurden die wesentlichsten technologischen Innovationen von allen GSM-Betreibern – mehr oder weniger im Gleichschritt – eingeführt.

TABELLE 2-5: KOMMERZIELLE EINFÜHRUNG NEUER TECHNOLOGIEN IN ÖSTERREICH

	Connect	max.mobil.	Mobilkom	tele.ring
HSCSD	03/00	-	-	-
WAP	03/00	03/00	12/99	05/00
UMS	-	-	-	05/00[a]
GPRS	02/01	04/01	08/00	01/01
EDGE	-	-	-	-
UMTS	12/03	12/03	05/03[b]	12/03
MMS	11/02	07/02	06/02	04/03

Anmerkung: Stand März 2004
[a] Inzwischen eingestellt.
[b] Testbetrieb bis Juli 2003; Übergang in regulären Betrieb
Quellen: RTR, APA Pressemeldung vom 15.2.2000, Kurier vom 24.2.2001, APA Pressemeldung vom 3.2.2000, APA Pressemeldung vom 23.12.1999, APA Pressemeldung vom 14.3.2000, APA Pressemeldung vom 26.5.2000, Wirtschaftsblatt vom 15.2.2001, OTS Aussendung max.mobil. vom 14.2.2001, APA Pressemeldung vom 2.8.2001, Kurier vom 19.1.2001, APA Pressemeldung vom 7.6.2002, Kurier vom 17.7.2002, APA Pressemeldung vom 23.9.2002.); OTS Aussendung Hutchison 5.5.2003, OTS Aussendung Tele.ring 2.4.2003, OTS Aussendung Tele.ring 17.4.2003, heise-Online vom 15.4.2003; CW-Online 15.11.2002.
Abkürzungen: HSCSD: High Speed Circuit Switched Data, WAP Wireless Application Protocol, UMS: Unified Messaging, GPRS General Packet Radio Service, EDGE Enhanced Data Rates for GSM Evolution, UMTS Universal Mobile Telecommunication Service, MMS Multimedia Message Service, MNP Mobile Number Portability

2.4 Zellularen Mobilfunknetzen und Kapazitätsaspekte

2.4.1 Das zellulare Prinzip

Das wesentliche Prinzip von zellularen Mobilfunknetzen ist die Wiederverwendung des selben Frequenzkanals (bzw. Codes bei CDMA) in geografisch möglichst geringer Entfernung (Raummultiplex). Ein Funknetz setzt sich aus vielen Funkzellen zusammen (Abbildung 2-6).[35] Alle Teilnehmer, die sich im Gebiet einer Funkzelle befinden, werden durch eine Basisstation mit einer Antenne versorgt, die im einfachsten Fall im Zentrum der Zelle steht. Der Durchmesser einer Funkzelle kann (abhängig von den Ausbreitungseigenschaften der eingesetzten Frequenzen) wenige

---

[35] Die Annahme hexagonaler Zellen ist eine vereinfachte Darstellungsform zu Analysezwecken.

zehn Meter bis zu 100 Kilometer betragen. In jeder Funkzelle stehen einer Basisstation einige Funkkanäle zur Verfügung. In der nachfolgenden Graphik ist schematisch ein zellulares Netz mit drei Kanälen dargestellt. Die maximale Zellgröße d_1 wird, wie bereits in Kapitel 2.2.1 ausgeführt wurde, von einer Reihe von Faktoren, unter anderem den elektromagnetischen Ausbreitungseigenschaften, bestimmt. An den Grenzen der Zelle ist die Nutzfeldstärke im Verhältnis zur Störfeldstärke gerade noch hoch genug, um einen akzeptablen Empfang sicherzustellen (vgl. auch Abbildung 2-6).

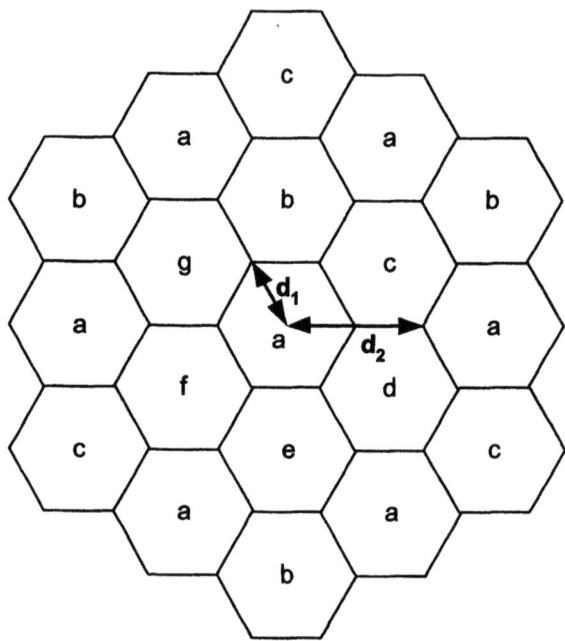

ABBILDUNG 2-6: DAS ZELLULARE PRINZIP

Derselbe Kanal kann in einer hinreichend entfernten Zelle (Abstand d_2), in dem das Signal so schwach ist, dass die Interferenzen ein akzeptables Höchstmaß nicht überschreiten, wiederverwendet werden.[36] Als Beispiel

---

[36] Bei IMT-2000/UMTS erlaubt der Einsatz unterschiedlicher Codes in unterschiedlichen Zellen die Verwendung einer Frequenz auch in benachbarten Zellen ($d_2=d_1$).[36] Dies sollte eine (technisch) effizientere Nutzung des eingesetzten Frequenzspektrums bewirken.

sei hier ein (stark vereinfachter) praktischer Fall für GSM angeführt. In einem Funkkanal können bis zu maximal acht Teilnehmer telefonieren, da TDMA mit acht Zeitschlitzen eingesetzt wird. Unter der Annahme, dass in einer Funkzelle drei Frequenzkanäle[37] zur Verfügung stehen (Anzahl, die in der Praxis häufig zu finden ist) und dass insgesamt zwei Zeitschlitze für Signalisierung benötigt werden, ergeben sich maximal 22 gleichzeitige Gesprächsverbindungen (8 Zeitschlitze mal 3 Frequenzkanäle abzüglich 2 Signalisierungskanäle). Bei einem Durchmesser der Funkzelle von 10 km ergeben sich (nach der Erlangformel) im Durchschnitt maximal 0,28 Gesprächsverbindungen pro km^2. Dieser Wert kann für ein ländliches Gebiet mit dünner Besiedlung ausreichen, wird aber in städtischen Gebieten zu klein sein.

Je kleiner der Durchmesser der Funkzelle gewählt wird, umso mehr Gesprächsverbindungen sind pro Flächeneinheit möglich. Kleinere Zellen bedeuten aber auch mehr Funkzellen und Basisstationen für ein bestimmtes Gebiet und damit höhere Investitionen.[38] Die Verkleinerung von Funkzellen (auch als Zellteilung oder Netzverdichtung bezeichnet) bei gleichzeitiger Reduktion der Sendeleistung stellt eine wesentliche Möglichkeit zur Erhöhung der Kapazität in jenen Bereichen des Mobilfunknetzes, in denen hohe Kapazitätsanforderungen erwartet werden, wie in urbanen Räumen, dar. Eine Möglichkeit, die Zellflächen zu verkleinern ohne gleichzeitig die Anzahl der Standorte der Basisstationen zu erhöhen, ist der Einsatz von Sektorzellen. Dabei wird eine Zelle in meist drei Sektoren unterteilt. Die Antenne der Basisstation, die zuerst in alle Richtungen abstrahlte, wird durch drei Antennen ersetzt, die jeweils in einer anderen Richtung ein Drittel der ehemaligen Zelle versorgen. Damit ergeben sich drei Zellen, die von einem Standort aus versorgt werden können. In der Praxis werden bei steigendem Verkehrswert in einem ersten Schritt Sektorzellen eingesetzt und erst in einem zweiten Schritt, falls der Verkehrswert weiter steigt, werden die Funkzellen verkleinert.

In einem Mobilfunknetz unterscheidet man zwischen Makro-, Mikro- und Pikozellen. Makrozellen haben (abhängig vom eingesetzten Spektrum) einen Radius zwischen etwa 500 Meter und einigen zehn Kilometern. Die Antennen der Makrozellen sind meist auf Masten oder Hausdächern montiert. Mikrozellen sind in städtischen Gebieten mit hohem Verkehrsauf-

---

[37] Die Anzahl der Frequenzkanäle, die in einer Zelle maximal zur Verfügung stehen, hängt von der Gesamtzahl an Kanälen, die einem Betreiber zur Verfügung stehen und von dem Wiederholabstand ab.
[38] Auf die Ökonomie von zellularen Netzen wird noch im Kapitel 3.4.2 eingegangen.

kommen zu finden. Sie dienen in Gebieten, wie z.B. Einkaufsstrassen, die bereits durch Makrozellen versorgt sind, zum Bewältigen des für die Makrozellen zu hohen Verkehrsaufkommens. Die Versorgungsbereiche der Mikrozellen sind nur einige 100 Meter groß, und die Antennen sind wesentlich niedriger als die der Makrozellen. Pikozellen haben ebenfalls nur kleine Versorgungsbereiche und kommen innerhalb von Gebäuden zum Einsatz. Eine hierarchische Zellstruktur, die durch Verwendung von Makro-, Mikro- und Pikozellen erreicht wird, kann die unterschiedlichen Kapazitätsanforderungen in verschiedenen Gebieten best möglich befriedigen.

2.4.2 Kapazitätserweiterung

In einem Mobilfunknetz, in dem zusätzlich Kapazität benötigt wird, müssen Maßnahmen zur Kapazitätserhöhung eingesetzt werden. Zu diesen sind unter anderem folgende zu zählen:

- die bereits erwähnte Verkleinerung der Funkzellen (Zellverdichtung)
- die ebenfalls bereits angeführte Umsetzung hierarchischer Zellstrukturen
- die Nutzung von zusätzlichen Frequenzkanälen
- die Optimierung von Betriebsparametern
- der Einsatz effizienterer Codierungsverfahren
- der Einsatz einer effizienteren Antennentechnik (*intelligent antennas*)

Es gibt auch Alternativen zu einer Ausweitung der Kapazität. Einerseits kann durch adäquate Tarifsysteme (zeitliche und regionale Preis-Differenzierung) ein Lenkungseffekt erzielt werden, andererseits kann ein Betreiber bei steigendem Verkehr auch Überlast und Qualitätsminderung in Kauf nehmen. Bei GSM hat die Qualitätsminderung eine Erhöhung der *Call Blocking Rate* bzw. *Call Dropping Rate* zur Folge.[39] Ein wesentlich komplexeres Themenfeld wird die Wahl der Dienstequalität bei UMTS sein. Den Betreibern stehen eine Vielzahl an Parametern zur Steuerung der Güte (*Quality of Service*), wie beispielsweise Datenrate, Latenzzeit,

---

[39] Ein Beispiel für Qualitätsminderung zur Erhöhung der Kapazität ist der *Half-Rate-Codec*. Dabei wird das Sprachsignal höher codiert, so dass pro Kanal 16 und nicht 8 Gespräche simultan übertragen werden können. Dies hat allerdings eine Verschlechterung der Sprachqualität zur Folge.

Fehlerrate und *Jitter* zur Verfügung, die es bei steigender Teilnehmerzahl simultan mit der Kapazitätsauslastung sowie einer Verkleinerung der Reichweite (*Cell Breathing*) zu optimieren gilt.

3 Der Mobilkommunikationsmarkt

Dieses Kapitel soll einen Überblick über wirtschaftliche Aspekte von Mobilfunkmärkten im Allgemeinen und über den österreichischen Mobilfunkmarkt im Besonderen geben. Neben einer generellen Darstellung der Marktteilnehmer und der Marktentwicklung (Dienste, Penetration) steht eine industrieökonomische Analyse des Mobilfunkmarktes im Zentrum dieses Kapitels.

Im Rahmen von Lizenzierungsverfahren sind Entscheidungen zu treffen – wie beispielsweise jene über die Zahl an Lizenzen –, die ohne grundlegende Kenntnis der ökonomischen Rahmenbedingungen nicht sinnvoll getroffen werden können. Der Funknetzteil stellt den wesentlichsten Kostenblock eines Mobilfunknetzes und, neben Ausgaben für Werbung und Marketing, einen der wesentlichsten Kostenblöcke eines Mobilfunkbetreibers überhaupt dar. Die Ressource Frequenzen ist dabei ein bedeutender Inputfaktor, der partiell durch alternative Maßnahmen, insbesondere durch die Verdichtung der Netzinfrastruktur, substituiert werden kann. Eine Untersuchung der Bedeutung des Inputfaktors Frequenzen auf die Kostenfunktion und damit auch auf die wettbewerbliche Position eines Lizenznehmers findet sich in Kapitel 3.4.2.

Versteigerungen von Mobilfunkfrequenzen erweckten aufgrund der hohen Lizenzerlöse regelmäßig öffentliche Aufmerksamkeit. „The Greatest Auction Ever" titelte die New York Times am 16. März 1995, als die MTA Broadband Auction in den Vereinigten Staaten nach über drei Monaten mit einem Auktionserlös von 7 Mrd. US$ zu Ende gegangen war. Dieses Ergebnis wurde im Rahmen der IMT-2000/UMTS Versteigerungen in manchem europäischen Land um ein Vielfaches übertroffen. Im Lichte der ökonomischen Theorie sind hohe Erlöse im Rahmen von Frequenzauktionen nicht vereinbar mit hoch kompetitiven Marktergebnissen auf den nachgelagerten Mobilfunkmärkten. Umgekehrt formuliert, lassen hohe Erlöse auf die – zumindest seitens der Bieter erwartete – Existenz von Renten (supranormale Profite[40]) und damit auf Marktmacht und einge-

---

[40] Supranormale Profite, Renten oder ökonomische Gewinne sind definiert als Profite über einer marktüblichen Verzinsung des eingesetzten Kapitals. Ökonomische Nullgewinne beinhalten demnach bereits einen marktüblichen Return on Invest für die getätigten Investitionen.

schränkten Wettbewerb schließen.[41] In Kapitel 3.4 wird näher darauf eingegangen. Dabei wird weniger eine Wettbewerbsanalyse durchgeführt, was den Rahmen dieser Arbeit sprengen würde, als vielmehr versucht, die industrieökonomischen Besonderheiten des Mobilfunksektors darzustellen, die im Wesentlichen in den oligopolistischen Marktstrukturen, dem praktisch nicht vorhandenen potenziellen Wettbewerb sowie hohen versunkenen Kosten liegen. Die Anzahl der Anbieter ist ein wesentlicher Strukturfaktor von Märkten und ein zentraler Parameter der Lizenzierung. Aus diesem Grund wird insbesondere auf den Zusammenhang zwischen der Lizenzzahl und dem Wettbewerb in einem Markt mit hohen versunkenen Kosten eingegangen.

3.1 Lizenz- und Frequenzvergaben in Österreich

3.1.1 Lizenzvergabe und Markteintritt[42]

Die Marktöffnung im Bereich des Mobilfunkmarktes erfolgte schrittweise (vgl. Tabelle 3-1). Wie nahezu überall in Europa lag das Post- und Fernmeldewesen zu Beginn der Einführung des analogen D-Netzes (TACS) noch im Bereich der hoheitlichen Staatsverwaltung (PTV).

Die Mobilkom erhielt Anfang der 90er Jahre – damals noch PTV – den Auftrag, mobile Sprachtelefonie mittels GSM anzubieten. Zu diesem Zeitpunkt bot sie bereits Dienste im 900-MHz-Bereich unter dem Namen D-Netz (TACS-System) an. Im Dezember 1994 versorgte sie mit GSM-

---

[41] Die maximale Zahlungsbereitschaft eines Bieters ist letztlich Ergebnis des von ihm angestellten Investitionskalküls. Die Investitionstheorie kennt eine Reihe von Methoden, die von einfachen Rentabilitätsvergleichen bis hin zur Realoptionentheorie reichen, wobei die Kaptitalwertmethode nach wie vor eine der prominentesten ist. Der Gegenwartswert der Investition (Net Present Value) ist die Summe der abdiskontierten (erwarteten) Cashflow-Ströme. Formal kann der *NPV* für den Betreiber *i* als (stetige) Funktion der Lizenzdauer *T*, dem – vom Risiko abhängigen- kalkulatorischen Zinssatz *r*, der Outputmenge des Betreiber *i* zum Zeitpunkt *t* ($Q_i(t)$), des Marktpreises zum Zeitpunkt *t*, der wiederum vom eigenen Output, der Gesamtmarktnachfrage (*P(...)*) und der Outputmenge der Mitbewerber Q_{-i} abhängig ist und den Kosten formuliert werden:

$$NPV = \int_0^T e^{-rt} \left[Q_i(t) P(t, Q_i(t), Q_{-i}(t)) - C(t, Q_i(t)) \right] dt$$

Bei einem *NPV* von Null ist ein Bieter indifferent zwischen Investition und Nichtinvestition. In einer Auktion wird ein Bieter demnach maximal den *NPV* einsetzen.

[42] Unternehmen, die im Dez. 2001 Mobilfunkdienste kommerziell anbieten.

Diensten (mit einer Frequenzausstattung von 2x8 MHz) unter dem Namen A1 größere Städte und Hauptverkehrsstraßen. Mit Feststellungsbescheid vom 26.11.1996 wurde bestätigt, dass die Mobilkom berechtigt ist, diese reservierten Fernmeldedienste zu erbringen. An Konzessionsgebühr hatte die Mobilkom 4 Mrd. ATS (290,7 Mio. €) zu entrichten. Am 05.01.1996 erhielt das internationale Konsortium Ö-Call, später max.mobil., und jetzt T-Mobile Austria (TMA) als zweiter Anbieter eine Konzession (befristet mit 31.12.2015) um 4 Mrd. ATS (290,7 Mio. €) zum Betrieb eines GSM-Netzes (mit einer Frequenzausstattung von 2x8 MHz im 900-MHz-Bereich) und hatte noch im selben Jahr (Oktober 1996) den Marktauftritt. Der dritte Mobilfunkbetreiber Connect (nunmehr One GmbH) erhielt die Konzession für die GSM-1800 Frequenzen (insgesamt 2x22,5 MHz, von denen 2x16,8 MHz im Zuge der Konzessionserteilung zugeteilt wurden) um 2,3 Mrd. ATS (167,1 Mio. €) am 27.08.1997, befristet mit 31.12.2017. Connect bietet Mobilfunkdienste seit Oktober 1998 an. Die öffentliche Ausschreibung der vierten GSM-Konzession startete im Herbst 1998.[43] Am 03.05.1999 erfolgte die Konzessionserteilung an tele.ring. Das von tele.ring angebotene Frequenznutzungsentgelt belief sich auf 1,35 Mrd. ATS (98,1 Mio. €). Das zugeteilte Frequenzspektrum beträgt 2x14,8 MHz aus dem 1800-MHz-Bereich. Der Marktauftritt erfolgte im April 2000.

TABELLE 3-1: LIZENZIERUNG VON MOBILFUNKBETREIBERN IN ÖSTERREICH

Betreiber	System	Lizenz-erteilung	Vergabe-verfahren	Entgelt (ATS)[b]	Betriebs-aufnahme
Mobilkom (D Netz)	TACS	-	Prädesignierung		1990
Mobilkom (A1 Netz)	GSM-900	-	Prädesignierung	4 Mrd.	1994
max.mobil.	GSM-900	01/96	Hybrides Verfahren[a]	4 Mrd.	10/96
Connect	GSM-1800	08/97	Hybrides Verfahren	2,3 Mrd.	10/98
tele.ring	GSM-1800	05/99	Auktion	1,35 Mrd.	04/00

Quelle: RTR-GmbH
[a] Zur Anwendung gekommen ist ein Kriterienwettbewerb mit Elementen eines Versteigerungsverfahrens.
[b] Ohne Berücksichtigung der Versteigerung von GSM Frequenzen in den Jahren 2001 und 2002.

---

[43] Siehe auch Kapitel 7.

3.1.2 Frequenzausstattungen

Im Zeitraum zwischen 1998 und 1999 wurden der Mobilkom Austria und der max.mobil., jetzt T-Mobile Austria (TMA), auf der Grundlage des § 125 Abs 3 Telekommunikationsgesetzes aufgrund von Kapazitätsengpässen ein zusätzliches Frequenzspektrum von 2x5 MHz aus dem für DCS-1800 reservierten Frequenzbereich in mehreren unterschiedlichen Regionen zugeteilt. Diese gebietsmäßige Beschränkung wurde schließlich im Jahr 2000 sowohl für Mobilkom als auch für max.mobil. aufgehoben. Ebenfalls im Jahr 2000 wurden der Connect weitere 2x5,7 MHz aus dem Bereich GSM-1800 zugeteilt. Im Rahmen der GSM-1800 Auktion im Mai 2001, bei der 2x21,5 MHz zur Versteigerung gelangten, erwarb die Connect 2x6 MHz, max.mobil. 2x3,2 MHz und Mobilkom 2x10 MHz. Die Frequenzausstattung der einzelnen Betreiber in den Frequenzbereichen GSM-900 und GSM-1800 mit Stand Ende 2001 findet sich in Tabelle 3-2.

TABELLE 3-2: GSM-FREQUENZAUSSTATTUNG DER MOBILFUNKBETREIBER

Betreiber	Bandbreite[MHz]	Anteil in [%]	Nutzungsentgelt
Mobilkom	2x22,8	27,80%	327,1 Mio €
max.mobil.	2x15,8	19,27%	302,3 Mio €
Connect	2x28,8	35,12%	189,0 Mio €
tele.ring	2x14,6	17,80%	98,1 Mio €

Quelle: RTR-GMBH
Stand: Ende 2001

3.2 Markt- und Diensteentwicklung

3.2.1 Marktentwicklung

Im September 2003 gab es in Österreich ca. 7 Mio. aktivierte Teilnehmernummern, was einer Penetrationsrate von ca. 87% entspricht.[44,45] In der nachfolgenden Abbildung ist die Entwicklung der Marktdurchdringung im Zeitablauf dargestellt. Sie zeigt das für Telekommunikationsdienste typische Muster einer S-Kurve: Nach einer Phase mit einer geringen Adoptionsrate nach Einführung von GSM Anfang der 90er Jahre begann ca. 1998 eine Phase starken Marktwachstums, die bis Anfang 2001 an-

---

[44] Gemessen in aktivierten Teilnehmernummern.
[45] Sofern bei den folgenden Marktdaten auf die RTR verwiesen wird, sind diese den Kommunikationsberichten der RTR entnommen. Vgl. RTR (2001, 2002, 2003).

dauerte. Im Jahr 2001 ging dann die Adoptionsrate stark zurück. Der Anteil an *Pre-Paid-Kunden* liegt derzeit bei 47% und ist leicht rückläufig.

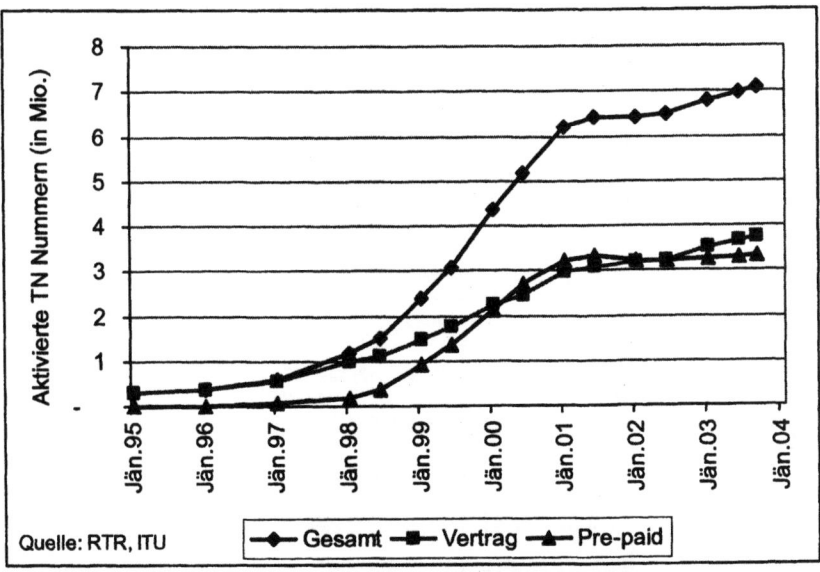

ABBILDUNG 3-1: ENTWICKLUNG DER TEILNEHMER

Österreich liegt in Bezug auf die Penetration im westeuropäischen Durchschnitt (vgl. Abbildung 3-2). Bemerkenswert ist allerdings – wie auch die Penetrationsraten von 2001 in der Abbildung bestätigen –, dass die Marktdurchdringung in Österreich wesentlich rascher erfolgte als in den meisten anderen Ländern.

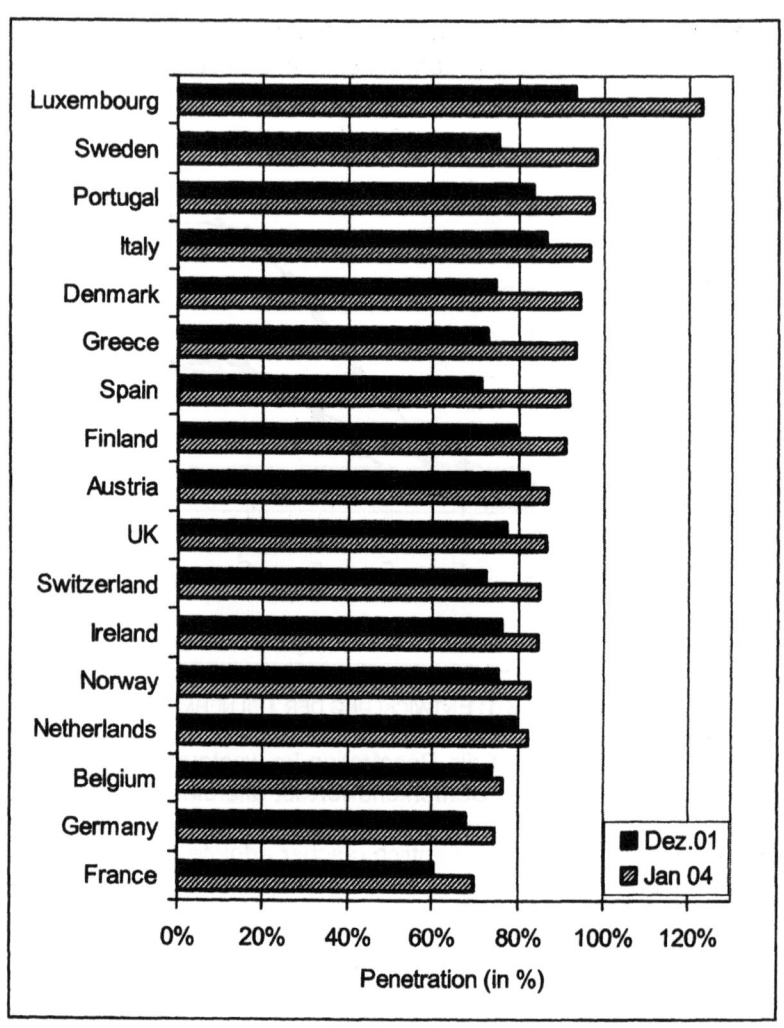

ABBILDUNG 3-2: PENETRATION IM INTERNATIONALEN VERGLEICH

Eine vergleichbare Dynamik zeigt auch die Umsatzentwicklung (vgl. Abbildung 3-3): Die gesamten Umsätze mit Mobilfunkleistungen sind von ca. 700 Mio. Euro im Jahr 1997 auf über 3,1 Mrd. Euro im Jahr 2003 gestiegen. Auch im Bereich der Umsätze sind die Wachstumsraten deutlich zurückgegangen (von 80% pA 1998 auf ca. 9% pA im Jahr 2003). Der

Anteil der *Wholesale-Umsätze* (Zusammenschaltung, *Visitor Roaming*, Verkauf von *Airtime*) liegt derzeit – bei leicht steigender Tendenz – bei rund 27%. Der überwiegende Teil der Umsätze wird also am Endkundenmarkt erwirtschaftet.

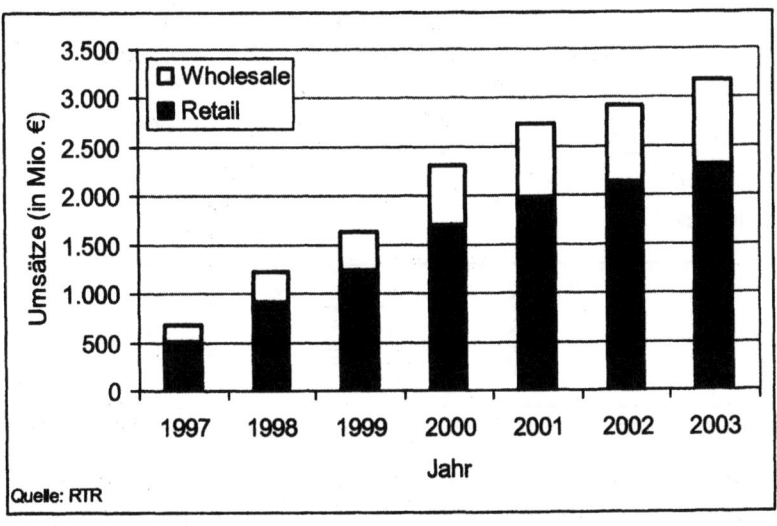

ABBILDUNG 3-3: UMSATZENTWICKLUNG MOBILFUNK

Die Gesprächsminuten (technisch gemessen[46]) am Endkundenmarkt haben sich seit 1999 nahezu vervierfacht (vgl. nachfolgende Abbildung). Bemerkenswert dabei ist das überdurchschnittliche Wachstum der Gesprächsdestinationen „Mobiltelefonie zwischen eigenen Kunden" (wohl wegen der niedrigen *On-net-call-Tarife*) und „Mobiltelefonie zu anderen Mobilnetzen" (im Inland), wohingegen der Anteil an Gesprächen ins Festnetz stark rückläufig ist. Lag der Anteil von Gesprächen ins Festnetz Anfang 1999 noch bei 40% so ist er mittlerweile auf unter 20% zurückgegangen. Im gleichen Zeitraum ist der Anteil der Gespräche ins Mobilnetz (*on-net* und *off-net calls*) von 50% auf über 70% angestiegen.

---

[46] Tatsächlich von Kunden in Anspruch genommene Gesprächsdauer (inkl. Freiminuten und ohne Berücksichtigung der Taktung).

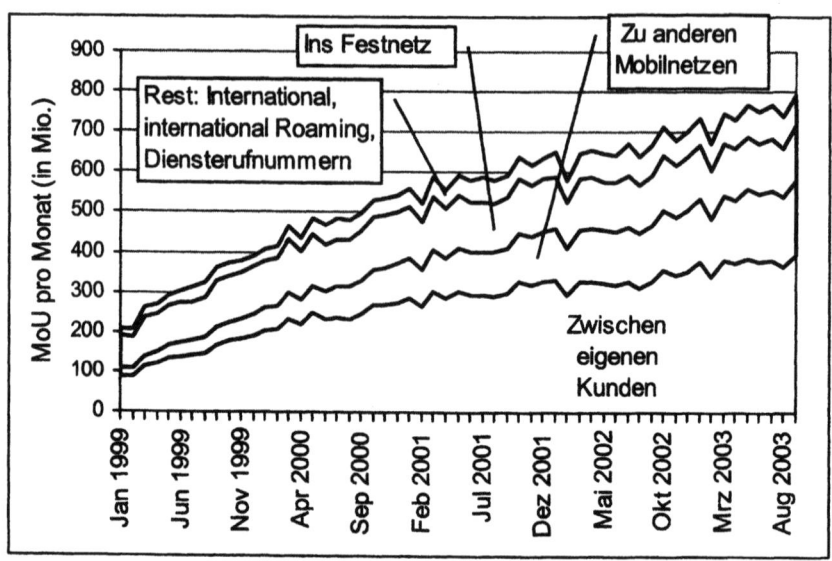

ABBILDUNG 3-4: GESPRÄCHSMINUTEN AM ENDKUNDENMARKT NACH DESTINATIONEN

Im Vorfeld der Vergabe der dritten Mobilfunkgeneration wurde eine Vielzahl von Studien über die zukünftige Marktentwicklung veröffentlicht.[47] Unter anderem progonostizierte Ovum (1999) ein erhebliches Wachstum für alle europäischen Länder. Beispielsweise wurden für Österreich für die Jahre 2002, 2005 und 2010 Penetrationsraten von 74%, 88% und 106% prognostiziert.[48] Hinsichtlich der Teilnehmerentwicklung in unterschiedlichen Mobilfunksystemen prognostiziert Ovum eine schrittweise Migration der Teilnehmer von 2G-Netzen über 2G+ hin zu 3G-Netzen, wobei eine hohe Dynamik im Bereich der 3G-Netze erst nach 2005 zu erwarten sein würde (vgl. Ovum 1999).[49] Im Bereich der Umsätze rechnete Ovum mit einem durchschnittlichen jährlichen Wachstum von ca. 9% und damit mit einer Verdopplung des gesamten Marktvolumens bis 2010, wobei auch hier die höchste Dynamik im Bereich der 3G-Dienste erst in der zweiten

---

[47] Vgl. u.a. UMTS Forum (1999), Ovum (1999), Analysys & Intercai (1997).

[48] Aus heutiger Sicht ist jedenfalls der Wert für 2002 als pessimistische Prognose zu werten.

[49] Auch theoretische Modelle lassen einen solche schrittweise Migration erwarten. Zu Diffusionsmodellen im Falle technologischen Innovationen vgl. u.a. Fisher & Pry (1971).

Hälfte der Dekade erwartet wurde. Vergleichbare Projektionen veröffentlichte auch das Beratungsunternehmen Durlacher (2001).

3.2.2 Diensteentwicklung

Die „mobile Sprachtelefonie" kann zweifelsohne als *die* Anwendung der Mobilfunknetze („Killerapplikation") der ersten zwei Generationen gesehen werden. Zwar ist der Anteil an Umsätzen mit Datendiensten (gemessen am Endkundenmarkt) seit 1999 kräftig angestiegen, der überwiegende Teil der Umsätze fällt aber nach wie vor mit Sprachdiensten an.

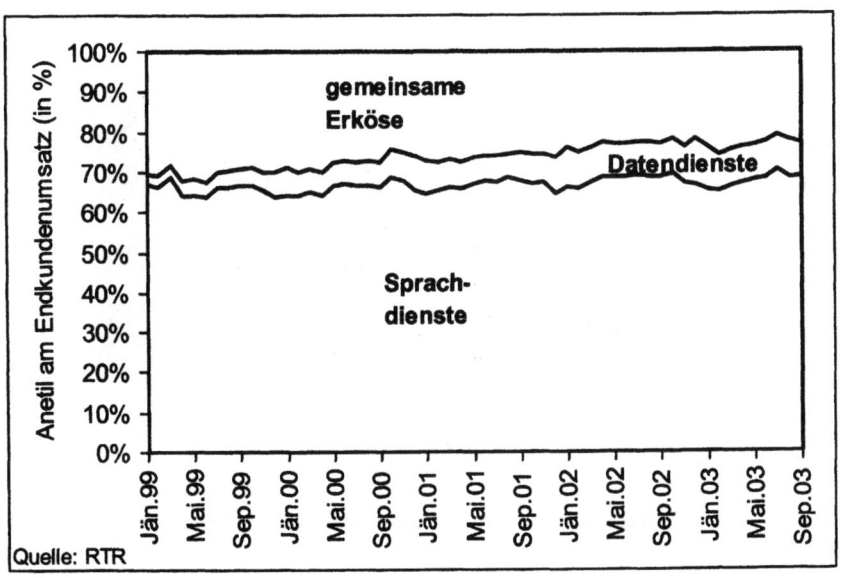

ABBILDUNG 3-5: ANTEILE VON DATENDIENSTEN AM ENDKUNDENUMSATZ

In Abbildung 3-5 sind die relativen Anteile von Umsätzen mit Sprachdiensten, Umsätzen mit Datendiensten sowie jene Umsätze, die nicht eindeutig einem dieser Dienste zuordenbar sind (z.B. Grundentgelte), ausgewiesen. Bis in die späten 90er Jahre hatten Datendienste praktisch keine Bedeutung. Dies ist zum einen auf die geringe Bandbreiten (9,6 kbit/sec), zurückzuführen, zum anderen gab es für die Mobilfunkanbieter kaum (technische) Möglichkeiten zur Produktdifferenzierung. Im Zeitraum 1999 bis 2003 ist das Verhältnis der Datenumsätze zu den Sprachumsätzen von ungefähr 4% auf ca. 13% gestiegen.

Zum Zeitpunkt der Vergabe von Lizenzen der 3. Mobilfunkgeneration gingen viele Industrieexperten davon aus, dass sich Informations- und Datendienste sehr stark verbreiten würden.[50] Die damals errechneten Prognosen müssen aus heutiger Sicht als zu optimistisch eingestuft werden. Beispielsweise prognostiziert Ovum (1999) für Westeuropa für das Jahr 2003 einen Anteil an Datendiensten am Gesamtumsatz von bereits 30%. Vergleichbare Prognosen veröffentlicht auch das Beratungsunternehmen Durlacher (2001). Längerfristig wurde sogar davon ausgegangen, dass der Anteil der reinen Sprachtelefonie am Gesamtumsatz auf unter 30% zurückgeht (UMTS Forum, 2000).

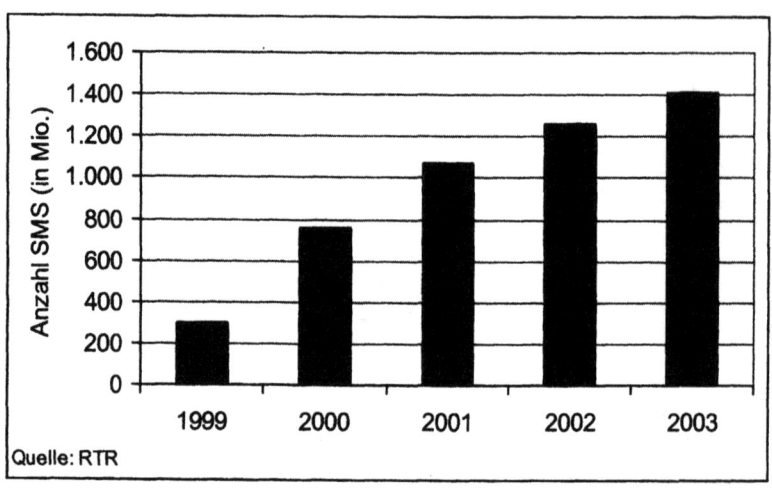

ABBILDUNG 3-6: ENTWICKLUNG VON SMS-DIENSTEN

Der erste Datendienst, der eine nennenswerte kommerzielle Bedeutung erlangt hat, ist SMS (*Short Message Service*), ein Dienst zur Übermittlung kurzer textbasierter Nachrichten. Obschon bereits sehr früh standardisiert, wurden nennenswerte Umsätze erst in den späten 90er Jahren erlöst. In Abbildung 3-6 ist die Entwicklung der Anzahl an jährlich (bei österreichischen Mobilfunknetzbetreibern originierenden) übermittelten SMS

---

[50] Vgl. u.a. UMTS Forum (1999), Ovum (1999, 2000a), Analysys & Intercai (1997), Durlacher (2000, 2001), Büllingen & Wörter (2000), Büllingen & Stamm (2001).

dargestellt. Weltweit ist die Zahl der pro Monat übermittelten SMS von 4 Mrd. Anfang 2000 auf geschätzte 45 Mrd. Anfang 2004 gestiegen.[51]

In Tabelle 3-3 findet sich ein Überblick über Dienste im Bereich *Mobile Commerce* (M-Commerce), denen ein hohes Marktpotenzial zugeschrieben wird. Eine besondere Bedeutung wird sogenannten *Location Based Services* (LBS) eingeräumt.[52] Bei diesen Diensten handelt es sich um ortsbezogene Dienste, die den aktuellen Standort eines Nutzers (bzw. Endgeräts) bei der Diensteerbringung mit berücksichtigen. Typische LBS sind beispielsweise Informationsdienste zu lokal verfügbaren Angeboten, wie Kino, Hotels, Theater und Restaurants.

TABELLE 3-3: M-COMMERCE DIENSTE

Art des Dienstes	Dienste und Anwendungen
Kommunikation	Voice Telephony, Video Telephony, Email, Unified Messaging, Mobile Chat
Personalisierte Dienste	Kalender, Adressbücher, Aufgabenmanagement
Finanzdienste	Mobile Banking, Mobile Brokering, Mobile Cash, Mobile Payment
Mobile Shopping	Mobile Retailing, Mobile Ticketing, Mobile Auctions, Mobile Reservation, Mobile Postcard
Mobile Advertising	Mobile Advertising
Mobile Dynamic Information Management	Mobile Membership, Mobile Loyalty Programs, Mobile Medical Records, Mobile Passport
Mobile Information Provisioning	General news, sports news, financial news, entertainment news, program information, travel information
Mobile Entertainment	Mobile Gaming, Mobile Music, Mobile Video, Mobile Betting
Mobile Telematics	
Mobile Customer Care	
Business M-Commerce	Mobile supply chain integration, Telemetry/ Remote control, Job dispatch, fleet management, mobile CRM , mobile force automation, wireless application provider

Quelle: Durlacher (2000)

---

[51] Quelle: GSM Association.
[52] Vgl. u.a. Mobile Internet (2000b, S 5 ff).

Neben den LBS-Diensten wird insbesondere dem mobilen Intranet/Extranet-Zugang und dem *Infotainment* ein hohes Marktpotenzial eingeräumt (vgl. Büllinger & Stamm, 2001; UMTS Forum, 2000). Einige dieser Dienste, wie beispielsweise der mobile Zugang zum Internet, *Location Based Services*, *Mobile Banking*, Telemetrie, *Mobile Ticketing* sowie Informationsdienste zu Nachrichten, Finanzen, Sport, Wetter, Verkehr, etc. wurden bereits im Zusammenhang mit der Implementierung der GSM Phase 2 in den Markt eingeführt.[53]

Abgesehen von SMS entwickelt sich die Einführung von mobilen Datendiensten in Europa eher zögerlich. Wesentlich erfolgreicher war der Auftritt von *i-mode*, dem *Mobile Internet Projekt* des japanischen Mobilfunkbetreibers NTT DoCoMo. I-mode wurde im Februar 2000 lanciert. Bereits im März 2001 waren ca. 21 Mio. i-mode Teilnehmer registriert. Hinzu kommen noch über 12 Mio. Teilnehmer der zwei alternativen Mobilnetzbetreiber.[54] Als Grund für den Markterfolg wird eine – im Vergleich zum eher technikzentrierten Ansatz in Europa – stark auf Inhalte fokussierende Geschäftsstrategie genannt.[55] Von größter strategischer Bedeutung dürfte der Umstand sein, dass einige tausend Inhalteanbieter, angezogen durch ein attraktives *Revenue-Sharing*-Modell, Dienste für die i-mode Plattform entwickeln. So gab es bereits zu Beginn 2001 etwa 1.200 von DoCoMo offiziell genannte (autorisierte) i-mode Seiten; daneben gab es nochmals 30.000 unautorisierte Seiten. Diese Fülle an Inhalten und Diensten könnte ein vertikal integrierter Mobilfunkbetreiber niemals selbst entwickeln.

Wie hoch ist das Marktpotenzial mobiler Datendienste? Einschlägige Studien weisen auf eine Reihe von begünstigenden Faktoren hin. Dazu zählen

- soziale Markttreiber, wie etwa die Zunahme an Mobilität und Individualisierung, eine hohe Technikakzeptanz,

- technologische Markttreiber, wie beispielsweise die Zunahme an Bandbreite, die generelle Umstellung auf IP, eine hohe Diensteportabilität sowie verbesserte Daten-Kompressionsverfahren und

---

[53] Eine aktuelle Aufstellung des Diensteangebots findet sich auf den Web-Sites der Betreiber sowie in diversen Medien, z.B. e-Media, Nr. 13/2000, e-Media, Nr. 16/2000, e-media, Nr. 15/2000; 27.11-10.12.2000, „SMS.Ihr Service auf Knopfdruck" S 202-204

[54] Vgl. u.a. Mobile Internet (2001a).

[55] Vgl. u.a. "When success appears a little too mobile", *Financial Times*, Inside Track, Dezember 6, 2000. S 12.

- ökonomische Markttreiber, wie hohe Penetrationsraten, die Reduktion von Preisen und Kosten, Netzwerkeffekte, attraktive Inhalte, steigende Kommunikationsbudgets und eine wachsende Zahlungsbereitschaft.[56]

3.3 Anbieter von Mobilkommunikationsdiensten

3.3.1 Mobilfunkanbieter

Mobilkommunikationsdienste werden gegenwärtig fast ausschließlich von Mobilfunkbetreibern, sogenannten MNOs (*Mobile Network Operator*) angeboten, wobei hier unter einem Mobilfunkbetreiber ein Anbieter von Mobilkommunikationsdiensten verstanden wird, der selbst ein Mobilfunknetz (Funk- und Kernnetz) betreibt und dem exklusive Nutzungsrechte für bestimmte Frequenzbänder übertragen worden sind.

In einigen europäischen Staaten haben sich – meist aufgrund regulatorischer Auflagen – Anbieter von Mobilfunkdiensten, die weder über Frequenznutzungsrechte verfügen noch ein vollständiges Mobilfunknetz betreiben, etabliert. Die wesentlichsten Typen dieser, gemeinhin als Diensteanbieter (*Service Provider*) bezeichneten Unternehmensform werden im nachfolgenden Kapitel kurz vorgestellt.

3.3.2 Diensteanbieter im Mobilfunk

Der Begriff Diensteanbieter (*Service Provider*) ist im Mobilfunk nicht eindeutig bestimmt. In den frühen Entwicklungsphasen des Mobilfunks der 2. Generation (GSM) wurden unter (netzunabhängigen) Diensteanbietern meist reine Wiederverkäufer, so genannte *Airtime Reseller* verstanden. Dieses Bild hat sich im Laufe der Zeit gewandelt. Insbesondere im Zusammenhang mit Datendiensten werden mit dem Begriff Diensteanbieter immer häufiger Anbieter von Inhalten, Portalen und *M-Commerce*-Diensten umschrieben. Nachfolgend findet sich ein kurzer Überblick über unterschiedliche Arten von Diensteanbietern, wobei als Abgrenzungs-

---

[56] Vgl. u.a. UMTS Forum (1999), Ovum (1999), Ovum (2000a), Analysys & Intercai (1997), Durlacher (2000), Büllingen & Wörter (2000), Büllingen & Stamm (2001).

kriterium die Positionierung innerhalb der Mobilfunkwertschöpfungskette[57] gewählt wird.

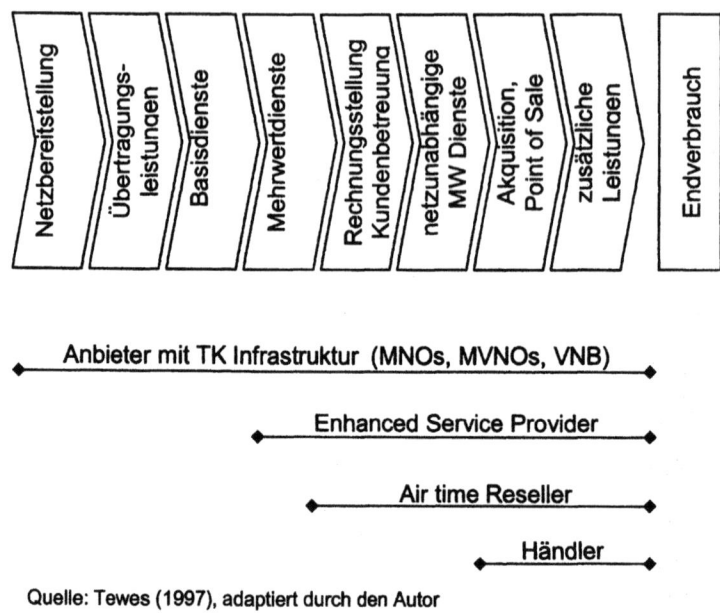

Quelle: Tewes (1997), adaptiert durch den Autor

ABBILDUNG 3-7: FORMEN VON DIENSTEANBIETERN

In der Abbildung 3-7 ist eine typische (traditionelle) Mobilfunk-Wertschöpfungskette dargestellt. Die Wertschöpfungsstufen Netzbereitstellung, Übertragungsleistungen und die Einführung von Basis- und Mehrwertdiensten umfassen die genuinen Aktivitäten von Telekommunikationsbetreibern bzw. Herstellern. Dazu zählen Hardware und Softwareentwicklung, Netzplanung und Netzaufbau, die Einführung von Basisdiensten, wie Sprachtelefonie sowie die Einführung von Mehrwertdiensten. Die Wertschöpfungsstufen Rechnungsstellung und Kundenakquisition umfassen Aktivitäten wie Marketing, Vertrieb und *Billing*.

---

[57] Zu Wertschöpfungsketten vgl. Porter (1999). Zur Analyse von Wertschöpfungsketten im Mobilfunk vgl. Büllingen & Wörter (2000), Tewes (1997), Durlacher (2000).

➢ *Airtime Reseller*

Die Hauptfunktion der Diensteanbieter der ersten Generation – so genannter netzunabhängiger Diensteanbieter oder *Airtime Reseller* – ist die eigenständige Vermarktung des Produktes „mobile Sprachtelefonie" in eigenem Namen und auf eigene Rechnung, ohne aber in irgendeiner Form in den Produktionsprozess dieses Produktes eingebunden zu sein. Aus Sicht der Wertschöpfung werden somit primär die Aktivitäten Kundenbetreuung, Rechnungsstellung und Akquisition (siehe Abbildung 3-7) übernommen. Die Produktion der Basisdienste (mobile Sprachtelefonie) bzw. netzabhängiger Mehrwertdienste, wie beispielsweise SMS oder *Prepaid Services*, ist ausschließlich den Mobilbetreibern (MNOs) vorbehalten. *Airtime Reseller* haben im Regelfall keinen Zugriff auf die Netzintelligenz. Das Konzept des netzunabhängigen Anbieters von Telekommunikationsleistungen ohne eigene Netzinfrastruktur geht in Europa auf die Lizenzierung der analogen Mobilfunknetze in Großbritannien 1985 zurück (vgl. Tewes, 1997). Die britischen Mobilfunkbetreiber Cellnet und Vodafone durften ihre Leistungen ursprünglich nicht direkt an Endkunden vertreiben sondern mussten diese an *Service Provider*[58] zur Weiterveräußerung verkaufen. Damit wurde eine strikte Trennung zwischen Netzbetrieb und Vertrieb erreicht, die über entsprechende Regulierungen umgesetzt wurde.[59] Diese Restriktionen wurden in den 90er Jahren mit der Lizenzierung der GSM-1800 Betreiber zunehmend gelockert, insbesondere wurde das Verbot auf Direktvertrieb aufgehoben. Nach Großbritannien war Deutschland das zweite Land in Europa, in dem Diensteanbieter in den Mobilfunkmarkt eintraten. Auch in Deutschland war dies eine grundsätzliche regulatorische Entscheidung, die zum Ziel hatte, den Wettbewerb am Endkundenmarkt zu intensivieren.[60] Mittlerweile existieren in der Mehrzahl der westeuropäischen Staaten Wiederverkäufer. In den letzen Jahren hat diese Form von Diensteanbietern allerdings an Bedeutung verloren. Als Beispiel sei hier Großbritannien angeführt. In den Jahren 1991 bis 1997 ist der Marktanteil der abhängigen und unabhängigen Diensteanbieter von 60% auf 22,1% zurückgegangen, im Jahr

---

[58] Abhängig davon, ob ein Service Provider wirtschaftlich unabhängig von den Mobilfunkbetreibern ist oder nicht, wird zwischen unabhängigen (*Independent Service Provider*) und abhängigen Diensteanbietern (*Tied Service Providern*) unterschieden. In diesem Zusammenhang interessiert nur erstere Form.

[59] Zu diesem Zweck enthielten die Konzessionen Auflagen zur Sicherstellung effektiven Wettbewerbs (vgl. Oftel 1996).

[60] Allerdings war es den Mobilfunkbetreibern von Anbeginn an gestattet, Mobilfunkdienste direkt an Endkunden zu vertreiben (vgl. Tewes, 1997).

2001 lag er bei nur mehr 7% (Tewes, 1997; Oftel, 2001). Der Grund liegt wohl darin, dass für diese Form des Diensteanbieters praktisch keine Möglichkeit der Differenzierung – weder hinsichtlich der Tarife noch auf Produktebene – gegenüber den Mobilnetzbetreibern besteht.

➤ *Enhanced Service Provider*

Eine Weiterentwicklung der klassischen unabhängigen Diensteanbieter stellen so genannte *Enhanced Service Provider* (ESP) dar. Im Unterschied zu *Airtime Resellern* bieten ESPs neben den Diensten des Mobilfunkbetreibers auch zusätzliche Dienste an. Allerdings werden auch von dieser Gruppe von Diensteanbietern keine eigenen SIM-Karten[61] herausgegeben, Roaming-Abkommen werden ebenfalls direkt vom Mobilfunkbetreiber abgeschlossen. ESPs sind einer Reihe von Ländern wie beispielsweise Österreich, Dänemark, Deutschland, Schweden und Großbritannien aktiv. Als erfolgreiches Beispiel für eine solche Form eines Diensteanbieters sei hier *Virgin* in Großbritannien angeführt.

➤ *Mobile Virtual Network Operator*[62]

In jüngster Zeit ist ein neuer Typus von Diensteanbietern stärker in den Vordergrund gerückt. Als so genannte *Mobile Virtual Network Operator* (MVNO) versuchen Telekommunikationsbetreiber,[63] die zwar über eine TK-Infrastruktur, aber über keine Frequenznutzungsrechte und damit über keine eigene Funkschnittstelle verfügen, Mobilfunkdienste und konvergente Dienste selbst zu konfigurieren und anzubieten. Es gibt im Augenblick keine einheitliche Definition eines MVNOs. Die hier gewählte Charakterisierung stützt sich auf einen Bericht von OVUM (2000), demzufolge ein MVNO zumindest über wesentliche Netzwerkelemente im Bereich des Kernnetzes (HLR, MSC, IN, etc.) und über einen eigenen *Mobile Network Code* verfügt. In der Praxis kann es eine Vielzahl von

---

[61] Wesentlich in diesem Zusammenhang ist, welchem Mobilnetz (*Mobile Network Code*) ein bestimmter Teilnehmer durch die SIM-Karte zugeordnet wird. Ein Diensteanbieter kann zwar SIM-Karten in eigenem Namen vermarkten (SIM Rebadging), der durch die SIM-Karte festgelegte Mobile Network Code (NMC) gehört allerdings dem Netzbetreiber und nicht dem Diensteanbieter. Dies hat eine Reihe von Konsequenzen für die wirtschaftlichen Möglichkeiten eines Anbieters, wie beispielsweise im Bereich des *Roamings*.

[62] Vgl. dazu auch Feiel & Felder (2002).

[63] Potenzielle Interessenten sind vor allem Festnetzbetreiber, die sich in Richtung Fix-Mobil-Konvergenz positionieren wollen, bestehende Service Provider oder bestehende Mobilfunkbetreiber, die ihre wirtschaftlichen Aktivitäten in Länder ausdehnen, in denen sie über keine entsprechenden Frequenznutzungsrechte verfügen.

Spielarten mit unterschiedlicher Reichweite hinsichtlich der Funktionsherrschaft über Netzwerkelemente geben.[64] In Bezug auf die Abgrenzung zu anderen Formen von Diensteanbietern sind zwei Aspekte von zentraler Bedeutung: MVNO geben selbst SIM-Karten aus und sie verfügen über Telekommunikationsinfrastruktur. Dabei spielt die Kontrolle über Netzwerkelemente eine geringere Rolle als beispielsweise die Kontrolle über Kundendaten. Die besondere Bedeutung dieses Typs von Diensteanbietern für die Entwicklung des Wettbewerbs liegt in der vergleichsweise hohen Autonomie hinsichtlich der Entwicklung von Diensten und Gestaltung von Tarifen. Aufgrund definitorischer Unklarheiten – insbesondere in der Abgrenzung zu *Enhanced Service Providern* – lässt sich die Zahl der MVNOs in Europa schwer schätzen. Einen MVNO nach den oben angeführten Kriterien gibt es derzeit beispielsweise in Dänemark und in den Niederlanden.

➢ *Verbindungsnetzbetreiber*

Der dritte Typ von Diensteanbietern, der in diesem Zusammenhang relevant ist, ist der des Verbindungsnetzbetreibers (*Indirect Access Provider*). Verbindungsnetzbetreiber vermögen nicht die gesamte Palette von Mobilfunkdiensten anzubieten. Der Teilnehmer bleibt letztlich zumindest hinsichtlich der Anschlussleistung direkter Kunde eines Mobilfunkbetreibers. Dennoch ist eine Angebotssubstitution für Teilleistungen wie im Bereich von nationalen und internationalen Ferngesprächen (*outbound traffic*) möglich.

TABELLE 3-4 : GEGENÜBERSTELLUNG VON DIENSTEANBIETERTYPEN

	Airtime Reseller	Indirect Access	MVNO
Primäres Geschäftsfeld	Wiederverkauf	Verbindungsnetzbetrieb	Neue Dienste
Marke	Teilweise	Teilweise	Ja
Tariffierung	Bestimmt von MNO	Einfluss auf outbound Traffic	Unabhängig von MNOs
Dienstebündelung	Bestimmt von MNO	Bestimmt von MNO	Unabhängig von MNOs
Billing	Ja	Ja	Ja
Eigene Kunden-	Ja	Ja	Ja

---

[64] In der Diskussion um die Frage, was ein echter MVNO ist, spielt die Reichweite der Funktionsherrschaft über bestimmte Netzelemente eine zentrale Rolle. Dieser Streit ist letztlich nur durch Konventionen beizulegen.

	Airtime Reseller	Indirect Access	MVNO
betreuung			
Eigene SIMs	Nein	Nein	Ja
Infrastruktur	Billing	Vermittlungs- und Übertragungseinrichtungen, Billing	MSC, HLR, Billing, (keine Luftschnittstelle)
Position im Wettbewerb	Kundenbetreuung, Rechnungsstellung, netzunabhängige Mehrwertdienste	Tarife	Dienste
Netzzugang (technisch)	Kein physischer Zugang erforderlich	Zusammenschaltung - carrier selection	National Roaming

In Österreich ist derzeit ein Diensteanbieter aktiv. Tele2 trat im Frühjahr 2003 als *Enhanced Service Provider* (bzw. *Airtime Reseller*) in den österreichischen Mobilfunk(endkunden)markt ein, nachdem der Markteintritt als MVNO (im alten Rechtsrahmen) aus rechtlichen Gründen nicht erfolgreich war. Tele2 bezieht die entsprechenden Vorleistungen von One. Die Zusammenarbeit basiert auf einem privatrechtlichen Vertrag (ohne jegliche regulatorische Intervention). Tele2 hatte im November 2003 ca. 36.000 (ausschließlich *Pre-paid-*) Teilnehmer und am Endkundenmarkt einen Marktanteil am Umsatz von 0,1%.[65]

Tele2 steht derzeit mit einer Reihe von Kommunikationsnetzbetreibern in Zusammenschaltungsverhandlungen und es ist nach derzeitigem Erkenntnisstand davon auszugehen, dass Tele2 in naher Zukunft als MVNO in den österreichischen Mobilfunksektor eintreten wird.

3.3.3 Veränderung der Mobilfunk-Wertschöpfungskette

Neben diesen telekommunikationsspezifischen Formen von Diensteanbietern wird im Zusammenhang mit der Einführung von UMTS und 2G+ und der damit einher gehenden Veränderung der Mobilfunk-Wertschöpfungskette (vgl. Abbildung 3-8) verstärkt mit dem Markteintritt einer weiteren Gruppe von Diensteanbietern gerechnet; demnach werden Anbieter von Inhalten, Diensteanbieter (z.B. *Internet Service Provider*) und Mehrwertdiensteanbieter die Wertschöpfungskette um Aktivitäten wie die Produktion und Bündelung von Inhalten, Portaldienste, *M-Commerce* und WAP-Dienste erweitern.

---

[65] Vgl. RTR (2003).

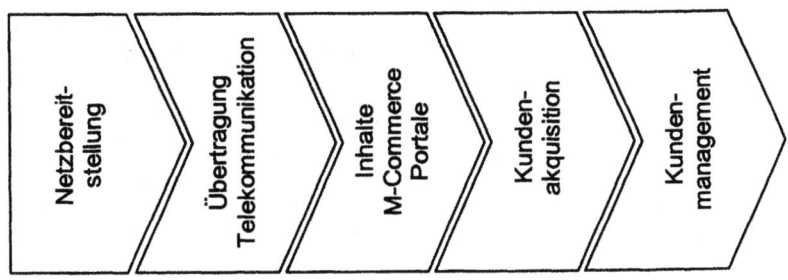

Quelle: Büllinger & Wörter (2000), adaptiert durch den Autor

ABBILDUNG 3-8: ERWEITERTE MOBILFUNK-WERTSCHÖPFUNGSKETTE

Es wird davon ausgegangen, dass das Segment Übertragung und Telekommunikation weiterhin der genuine Bereich der Mobilfunkbetreiber bleiben wird. Allerdings wird erwartet, dass sich diese Unternehmen aufgrund der sinkenden Profitabilität in diesem Bereich verstärkt im Bereich der Inhalte, Portale und *M-Commerce*-Dienste positionieren werden. In diesem Segment wird aber auch mit dem Eintritt neuer Marktakteure, wie beispielsweise Anbieter von Inhalten, *Internet Service Provider*, Medienunternehmen, Softwareproduzenten, Banken und Handelsunternehmen gerechnet (Büllinger & Wörter, 2000; Durlacher, 2000).

3.4 Ökonomische Analyse des Mobilkommunikationsmarktes

Im Rahmen von Lizenzierungsverfahren sind eine Reihe von Entscheidungen zu treffen– wie beispielsweise jene über die Zahl an Lizenzen – die eine grundlegende Kenntnis der ökonomischen Rahmenbedingungen erfordern. Einen besonderen Stellwert nehmen dabei die Kosten ein. Der bedeutsamste Kostenblock in Mobilfunknetzen fällt – neben den Ausgaben für Werbung und Marketing – auf den Funknetzteil. Die Ressource Frequenzen ist dabei ein wesentlicher Inputfaktor, der partiell durch kapazitätserhöhende Maßnahmen substituiert werden kann. In Kapitel 3.4.2 findet sich eine Untersuchung der Bedeutung dieses Faktors für die Kostenfunktion und damit auch für die wettbewerbliche Position eines Lizenznehmers.

Hohe Erlöse bei Frequenzauktionen lassen auf die – zumindest seitens der Bieter erwartete – Existenz von Renten (supranormale Profite[66]) und damit auf eingeschränkten Wettbewerb schließen. Im Folgenden werden die industrieökonomischen Besonderheiten des Mobilfunksektors dargestellten sowie auf den Zusammenhang zwischen der Lizenzzahl und dem Grad an Wettbewerb in einem Markt mit hohen versunkenen Kosten eingegangen. Aus Gründen der analytischen Klarheit wird Wettbewerb primär auf Preiswettbewerb reduziert.

3.4.1 Marktstruktur

Ein wesentlicher Marktstrukturfaktor ist die Gesamtkonzentration eines Marktes. Wenngleich Konzentrationsindizes keine eindeutigen Schlussfolgerungen auf die Wettbewerbsintensität zulassen, veranschaulichen sie Konzentrationstendenzen im Zeitablauf. Ein in diesem Zusammenhang häufig verwendeter Index ist der *Hirschman-Herfindahl-Index*. Dieser hat die Eigenschaft, den größten Unternehmen ein besonders hohes Gewicht und den kleinen Unternehmen wegen deren weitgehender Einflusslosigkeit ein geringes Gewicht zuzumessen. Formal kann der *Hirschman-Herfindahl-Index* wie folgt formuliert werden:

$$HHI = \sum_{i=1}^{n} s_i^2 \, , \qquad (3.1)$$

wobei s_i (für $i = 1, ..., n$), mit

$$\sum_{i=1}^{n} s_i = 1 \text{ bzw. } 100\% \qquad (3.2)$$

die relativen Marktanteile (Teilnehmerzahlen, Verkehrsmengen, etc.) darstellt.

Der *Hirschman-Herfindahl-Index* berechnet sich aus der Summe der Quadrate der Marktanteile. Der Wert dieses Index liegt zwischen 0 und 10.000. Ein Wert nahe bei 0 steht für eine niedrige Konzentration und tritt bei vielen Marktteilnehmern, die annähernd gleich groß sind, ein. Im Falle

---

[66] Supranormale Profite, Renten oder ökonomische Gewinne sind definiert als Profite über einer marktüblichen Verzinsung des eingesetzten Kapitals. Ökonomische Nullgewinne beinhalten demnach bereits einen marktüblichen Return on Invest für die getätigten Investitionen.

eines monopolistischen Anbieters und somit vollständiger Konzentration liegt der Index bei 10.000.

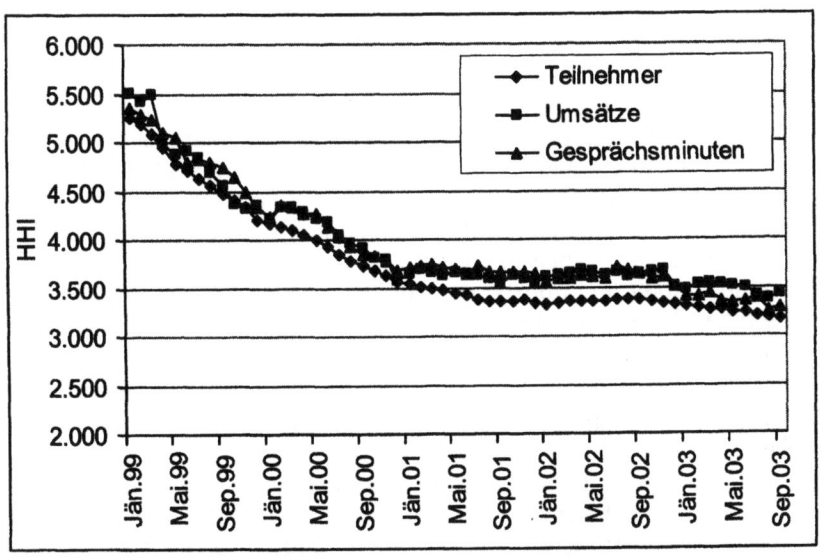

ABBILDUNG 3-9: HHI-INDEX FÜR DEN ÖSTERREICHISCHEN MOBILFUNKMARKT

Der HHI-Index zeigt für den nationalen Mobilfunkendkundenmarkt nach den Merkmalsbeträgen Umsatz, Sprachminuten und Teilnehmer je Monat in den Jahren 1999 und 2000 einen deutlich fallenden Verlauf und somit eine Abnahme der Konzentration. Seit 2000 nimmt die Konzentration nur mehr leicht ab (vgl. Abbildung 3-9). Bemerkenswert dabei ist, dass eine geringere Konzentration für das Merkmal Teilnehmerzahl als für die Merkmale Umsätze und Gesprächsminuten festzustellen ist. Dies lässt auf einen überproportional hohen Anteil an Geschäftskunden der Marktführer schließen. Im Vergleich mit anderen EU Ländern weist Österreich bei den Teilnehmern eine unterdurchschnittliche Konzentration aus. Dies ist angesichts der Tatsache, dass Österreich zu den Ländern mit der höchsten Zahl an lizenzierten GSM Betreibern zählt, wenig überraschend. Die geringste Konzentration ist – ebenfalls wenig überraschend – in Großbritannien festzustellen. Bewertet man den HHI vor dem Hintergrund der US *Horizontal Merger Guidelines* sind die europäischen Mobilfunkmärkte als stark konzentriert *(highly concentrated)* zu qualifizieren. Als solche werden Märkte mit einem HHI von über 1800 bewertet. Märkte mit einem

HHI zwischen 1000 und 1800 werden als moderat konzentriert (*moderate concentrated*) und Märkte mit einem HHI von unter 1000 als nicht konzentriert bewertet.[67]

3.4.2 Ökonomische Aspekte zellularer Netze

Der Funknetzteil stellt den wesentlichsten Kostenblock eines Mobilfunknetzes[68] dar und ist damit neben Werbung und Marketing einer der wesentlichsten Kostenblöcke eines Mobilfunkbetreibers überhaupt. Eine für die Lizenzierung zentrale Frage ist, welchen Einfluss Frequenzzuteilungen auf die Kostenfunktion und damit auf den Wettbewerb haben.[69] Ausgangspunkt der Analyse ist die im Kapitel 1 vorgenommene Einführung in Aufbau und Funktionsweise zellularer Netze, wie die maximale Größe einer Zelle, die Wiederverwendung von Kanälen und kapazitätserweiternde Maßnahmen.

Die Frequenzausstattung eines Betreibers beschränkt diesen kurzfristig in der Kapazität (Menge an Verkehr, die er anbieten kann). In der leitungsvermittelten Welt von GSM ist das Verkehrsmaß simpel die Zahl an Gesprächen, die ein Betreiber pro Zeiteinheit abwickeln kann (*Airtime*). Wiewohl der Kapazitätsbegriff in UMTS aufgrund der Variabilität von Qualitätsparameter wie beispielsweise Durchsatz, Latenzzeit und *Jitter* wesentlich schwerer zu fassen ist, gilt die hier vorliegende Analyse gleichermaßen.

Um einen angestrebten (oder vorgeschriebenen) Versorgungsgrad erreichen und eine bestimmte Dienstequalität anbieten zu können, ist eine Mindestzahl an Funkzellen und Basisstationen notwendig, die bis zur Erreichung der Kapazitätsgrenze konstant bleibt. Damit liegt – zumindest insofern das Funknetz betroffen ist – eine generelle Kostendegression vor, die in Abbildung 3-10 anhand zweier Durchschnittskostenfunktionen (DK für 900 MHz und 1800 MHz) dargestellt ist. Ein Betreiber mit höherer Outputmenge weist gegenüber jenem mit geringerer Outputmenge geringere Durchschnittskosten aus und kann demnach bei einem

---

[67] Department of Justice and Federal Trade Commission (1992), *Horizontal Merger Guidelines*, April (revised in 1997), Section 1.5.

[68] Von den Investitionen in die Netzinfrastruktur dürften ca. 80%-90% auf das Funknetz (Standorte, Antennen BSC, BTS, Übertragungseinrichtungen im Bereich des Funknetzes) und ca. 10%-20% auf das Kernnetz (MSC, HLR, VLR, Übertragungseinrichtungen im Bereich des Kernnetzes) fallen.

[69] Vgl. u.a. Kruse (1997).

gegebenen Marktpreis höhere Deckungsbeiträge (P-DK) erwirtschaften.[70] Bei gleichwertiger Technologie verläuft die Durchschnittskostenfunktion für höhere Frequenzbereiche aufgrund der ungünstigeren physikalischen Eigenschaften oberhalb jener, die aus dem Einsatz niedrigerer Frequenzbereiche resultiert. Bei gleicher Outputmenge X und gegebenem Marktpreis ergeben sich daher unterschiedliche Deckungsbeiträge abhängig vom eingesetzten Spektrum.

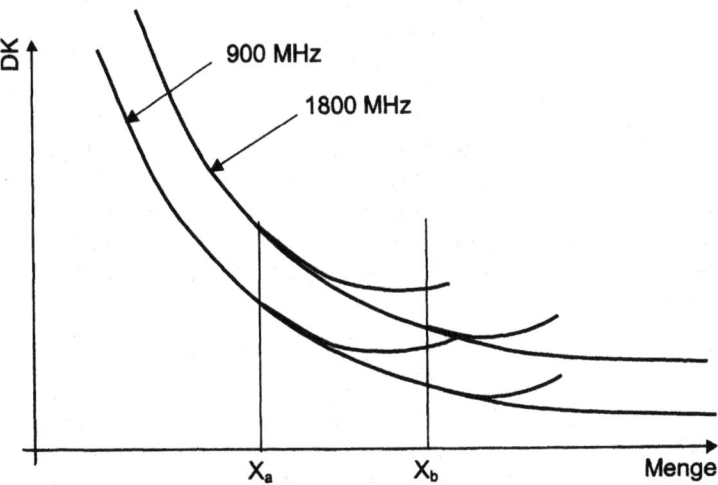

Quelle: Kruse (1997), adaptiert durch den Autor

ABBILDUNG 3-10: DURCHSCHNITTSKOSTENFUNKTION ZELLULARER NETZE

Bei steigendem Verkehrsaufkommen sind kapazitätsfördernde Maßnahmen erforderlich, deren wesentlichste die Netzverdichtung ist.[71,72] Durch die Verdichtung des Netzes steigen die Netzwerkkosten mit Zunahme des Verkehrs.[73] Wesentlich dabei ist, dass ein Betreiber mit einer größeren

---

[70] Unter der Annahme homogener Güter, was jedenfalls bei der mobilen Sprachtelefonie der Fall ist.
[71] Zu kapazitätserhöhenden Maßnahmen in Mobilfunknetzen siehe auch Kapitel 2.4.2.
[72] Die zwei wesentlichsten Kostentreiber in einem Mobilfunknetz sind die Flächenversorgung und das Verkehrsaufkommen. Weniger bedeutsam für die Kosten der Netzinfrastruktur ist die Zahl der Nutzer.
[73] Die hier gewählte Darstellung geht von idealisierten Annahmen aus. Durch jede Zellteilung fallen sprungfixe Kosten an. Bei weiterer Kapazitätsausdehnung kommt es

Frequenzausstattung diese Grenze zu einem späteren Zeitpunkt erreicht als jener mit geringerer Frequenzausstattung (dargestellt durch die Mengen X_b und X_a in Abbildung 3-10). Im Ergebnis ergibt sich für das Funknetz die in Abbildung 3-10 dargestellte Durchschnittskostenfunktion: Bis zur Erreichung der Kapazitätsgrenze weist die DK Funktion einen degressiven Verlauf auf. Dies hat zur Folge, dass ein Betreiber mit größeren Marktanteilen Kostenvorteile hat. Der weitere Verlauf der DK – nach Erreichen der Kapazitätsgrenze – hängt primär von der (geografischen) Verteilung des Verkehrs ab. Jedenfalls aber werden die Durchschnittskosten durch die Kapazitätsrestriktion nach unten begrenzt.[74] Beim Einsatz gleichwertiger Technologie verläuft die Durchschnittskostenfunktion für 900 MHz (aufgrund günstigerer elektromagnetischer Eigenschaften) unterhalb jener für 1800 MHz. Ein Betreiber mit besserer Frequenzausstattung erreicht zu einem späteren Zeitpunkt die Kapazitätsgrenze und befindet sich länger in der Kostendegression. Der zweite wesentlichste Kostenblock sind die Ausgaben für Marketing und Werbung (Einführung der Marke), die wie auch ein Großteil der Infrastrukturinvestitionen irreversiblen Charakter haben.[75]

Wie ist dies aus wettberblicher Sicht zu beurteilen, und welche Konsequenzen sind für die Lizenzierung zu ziehen:

- Existierten keine Frequenzrestriktionen, läge die Vermutung subadditiver Kosten im Bereich des Funknetzes auf dem gesamten Outputbereich – d.h unabhängig von der Nachfrage – nahe. Netzverdichtung wäre nicht notwendig. In diesem Fall könnte die Nachfrage kosteneffizienter durch einen Betreiber erbracht werden.

- Die generelle Kostendegression ist im Rahmen von Lizenzierungsverfahren zu berücksichtigen. Dies gilt insbesondere für die Bestimmung der Zahl an Lizenzen. Hier liegt ein *trade-off* zwischen volkswirtschaftlichen Gesamtkosten (Aufbau mehrerer Infrastruktu-

---

innerhalb dieser Zellen wieder zu einer Kostendegression. Der Verlauf der Gesamtkostenfunktion hängt letztlich von der geografischen Verteilung des Verkehrs ab.

[74] Bei einer vorgegebenen Dienstequalität werden die geringsten theoretisch möglichen Stückkosten dann erzielt, wenn der Verkehr gleichverteilt ist und in allen Zellen (unabhängig von der Zahl an Zellen) die Kapazitätsgrenze gerade erreicht ist.

[75] Zur Bedeutung von Marketingausgaben in Industrien mit hohen versunkenen Kosten vgl. Sutton (1996).

ren) und dynamischen Wettbewerbseffizienzen (geringere Kollusionsneigung bei einer höheren Zahl an Lizenzen) vor.[76]

- Die für UMTS oder GSM-1800 verwendeten Spektren weisen aufgrund der höheren Dämpfung einen ungünstigeren Kostenverlauf gegenüber GSM-900 MHz Frequenzen auf. Würden gleichwertige Technologien zum Einsatz kommen, wären diese Netze als inferior gegenüber GSM-900 zu beurteilen. Dies ist allerdings aus einer Reihe von Gründen zu relativieren. Zum Ersten führt der spätere Markteintritt zu günstigeren Lernkurven und zu einer besseren Ausnutzung von Skaleneffekten im Bereich von Infrastrukturelementen. Zum Zweiten weist UMTS eine verbesserte Spektraleffizienz – zumindest für Datendienste – aus.

- Ein Betreiber mit besserer Frequenzausstattung befindet sich ceteris paribus länger in der Kostendegression. Dies verbessert seine wettbewerbliche Position. Für die Lizenzierung kann abgeleitet werden, dass für den Fall einer asymmetrischen Frequenzausstattung – insbesondere bei der Vergabe von Zusatzfrequenzen – Marktpreise für Frequenzen eine wesentliche Rolle spielen, da für deren Ermittlung die Kosten der Zellverdichtung als Opportunitätskosten einfließen.

- Zusammenfassend kann festgehalten werden, dass Frequenzen partiell durch andere Inputfaktoren substituierbar sind. Dazu zählt insbesondere die Netzverdichtung. Beide Inputfaktoren führen zu einem höheren Verkehrswert. Ein Betreiber muss nun entscheiden, was für ihn die kostenoptimale Inputrelation ist. Eine gesamtwirtschaftlich optimale Faktorallokation setzt allerdings voraus, dass Frequenzpreise ihren richtigen ökonomischen Wert reflektieren.

3.4.3 Marktbarrieren – wie bestreitbar sind Mobilfunkmärkte?

Im Rahmen der vorliegenden Analyse wird die Frage von Markteintrittsbarrieren aus zwei Blickwinkeln thematisiert. Zum Ersten werden potenzielle Markteintrittsbarrieren untersucht. Zum Zweiten wird analysiert, inwieweit die Theorie der bestreitbaren Märkte, die in einem engen Zusammenhang mit Markteintrittsbarrieren steht, auf Mobilfunkmärkte anwendbar ist.

---

[76] Auf diesen Aspekt wird noch im Kapitel 4.4.2 eingegangen.

Langfristige *Markteintrittsbarrieren* (MEB) existieren dann, wenn bestehende Unternehmen nachhaltig supranormale Profite erwirtschaften können, ohne dass dies zum Eintritt eines (weiteren) Mitbewerbers führen würde. In der industrieökonomischen Literatur wird eine Unterscheidung zwischen natürlichen und strategischen Markteintrittsbarrieren getroffen.[77,78] Eintrittsbarrieren, die unabhängig vom Verhalten eines der etablierten Unternehmen vorliegen, werden als natürliche MEB bezeichnet. Natürliche Markteintrittsbarrieren sind beispielsweise Kostenvorteile bestehender Betreiber aufgrund von Lerneffekten oder *economies of scope*, das Vorliegen von Produktdifferenzierungsvorteilen (Kundenbindung), etc. Demgegenüber sind strategische MEB Ergebnis der Strategie eines (oder mehrerer) bestehenden (bestehender) Marktteilnehmer(s), mit dem Ziel den Eintritt weiterer Unternehmen zu verhindern (*strategic entry deterrence*). Neben entsprechenden Preisstrategien (*limit pricing*) seien hier exemplarisch strategische Überkapazitäten, Patentrechte, die Realisierung von *first mover advantages* oder hohe Marketingausgaben erwähnt. Ein weiterer wesentlicher Faktor im Zusammenhang mit Markteintritt sind irreversible Kosten (*sunk cost*). *Sunk cost* sind Kosten, die ein Unternehmen im Falle eines nichterfolgreichen Markteintritts zu tragen hat (*Marktaustrittsbarrieren*). Hohe irreversible Kosten erhöhen das Risiko eines Markteintritts und stellen somit indirekt eine Markteintrittsbarriere dar.

Im Bereich des Mobilfunks stellt die knappe Ressource Frequenzen eine unüberwindbare (natürliche) Markteintrittsbarriere dar. Damit ist der Grad an intermodalem (systemspezifischem) Wettbewerb durch die Lizenzzahl beschränkt.[79] Die ökonomische Wirkung, auf die noch eingegangen wird, ist vergleichbar mit jener von administrativen Eintrittsbarrieren. Der Mobilfunkmarkt ist weiters durch hohe irreversible (versunkene) Kosten, bedingt durch Lizenzkosten, hohe Werbeaufwendungen und Investitionen in die Netzinfrastruktur aufgrund von Versorgungspflicht charakterisiert. Die Netzinfrastruktur weist eine hohe Spezifizität aus. Nur ein sehr geringer Anteil der Produktionsmittel ist in anderen Industrien einsetzbar. Auch innerhalb des Telekommunikationssektors ist ein hoher Grad an Irreversibi-

---

[77] Diese Unterscheidung ist primär gedanklicher Natur. Die Zuordnung bestimmter MEB ist im konkreten Fall schwer vorzunehmen und oft willkürlich.

[78] An dieser Stelle sei auf die einschlägige industrieökonomische Literatur verwiesen. Vgl. u.a. Armstrong et.al. (1998), Borrmann & Finsinger (1999), Carlton & Perloff (2000), George et. al. (1991) und Tirole (2000).

[79] Als *intermodaler Wettbewerb* wird Wettbewerb zwischen Anbietern bezeichnet, die die gleiche Technologie einsetzen.

lität aufgrund räumlicher (Sites, Linientechnik) oder sachlicher (Nutzung für andere Dienste) Irreversibilität zu konstatieren, so dass insgesamt von einer hohen Spezifizität des Kapitals und damit hohen versunkenen Kosten im Bereich der Infrastruktur auszugehen ist. Allerdings spielen diese Barrieren gegenüber der Frequenzknappheit eine untergeordnete Rolle, solange die Zahl der Bewerber im Rahmen der Lizenzvergaben jene der verfügbaren Lizenzen übersteigt.

TABELLE 3-5: TECHNOLOGISCHE ALTERNATIVEN ZU GSM UND IMT-2000/UMTS

System	Spektrum	Verwendung	Mobilität	Zell-radius	Daten-raten[a]
Bluetooth (802.15)	2,4 GHz unlizenziert	persönliches Umfeld, peer-to-peer	keine	5-10 m	721 kbit/s
WLAN (802.11)	2,4 GHz unlizenziert	geringe Mobilität, hauptsächlich indoor	gering	10-500 m	1-11 Mbit/s
Hiperlan	5 GHz unlizenziert	geringe Mobilität, hauptsächlich indoor	gering	10-200 m	23,5 Mbit/s
WLL	3,4-3,6 GHz	drahtlose Anbindung im Festnetz	keine	2,8-26,6 km	4-25 Mbit/s
Tetra	450 MHz	Mobilfunk	hoch	30 - 60 km	26,4 kbit/s
GSM	900 MHz 1800 MHz	Mobilfunk	hoch	<30 km	384 kbit/s
UMTS	2 GHz	Mobilfunk	hoch	< 4 km	2 Mbit/s

Quelle: Durlacher (2001), Diehl & Held (1994). Adaptiert durch den Autor.
[a] Theoretische Obergrenze

Eine *Angebotssubstitution* ist nur durch *alternative Technologien (intermodaler Wettbewerb)* bzw. durch den Eintritt von *Diensteanbietern* wie Verbindungsnetzbetreibern *(long distance calls)*, *Mobile Virtual Network Operatoren* oder *Service Provider* (Endkundenmarkt) möglich. Die disziplinierende Wirkung, die von Diensteanbietern ausgeht, ist aus zwei Gründen beschränkt. Zum einen sind sie nur in Teilbereichen der Wertschöpfungskette aktiv, zum anderen sind sie auf Vorleistungen von Mobilfunkanbietern (z.B. „Nationales Roaming") angewiesen und möglichen wettbewerbsbehindernden Maßnahmen ausgesetzt.[80] Eine Aufstellung ausgewählter Technologien, die gegenwärtig mehr oder weniger als Substitut für Mobilfunktechnologien (intermodaler Wettbewerb) in Frage kommen, findet sich in Tabelle 3-5. Wie die Tabelle zeigt, ist eine Angebotssubstitution von (breitbandigen) Mobilkommunikationsdiensten (UMTS und GSM Phase 2+) durch technologische Alternativen gegenwärtig nicht wirklich gegeben. Die Kombination aus hoher Mobilität – im Sinne ubiquitärer Kommunikationsverfügbarkeit – und hoher Übertragungsrate wird durch keine alternative Technologie geleistet.

Die Theorie der bestreitbaren Märkte (*contestable market theory*) ist ein wesentlicher Bestandteil der industrieökonomischen Literatur und geht auf Baumol, Panzar und Willig zurück (Baumol et.al., 1988).[81] Im Rahmen der Theorie der bestreitbaren Märkte wird unterstellt, dass unter bestimmten (idealisierten) Annahmen die Drohung eines potenziellen Markteintritts (potenzieller Wettbewerb) eine hinreichend disziplinierende Wirkung auf die aktiven Marktteilnehmer ausübt, so dass auch auf Märkten mit geringer Zahl an aktiven Marktteilnehmern bzw. einer asymmetrischen Verteilung der Marktanteile sowohl allokative wie technische Effizienz sichergestellt ist. Im Rahmen der *contestable market* Theorie werden zwei wesentliche – als *hit-and-run* bezeichnete – Annahmen getroffen: (1) wird von der Abwesenheit jeglicher Markteintritts- und Marktaustrittsbarrieren (z.B. irreversibler Kosten) ausgegangen und (2) wird angenommen, dass die Reaktionszeit der etablierten Unternehmen hinreichend lang ist, so dass ein Neueinsteiger in den Markt eintreten und die (von ihm vor dem Eintritt beobachteten) Profite realisieren kann. Ist die Theorie der bestreitbaren Märkte für den Mobilfunkbereich anwendbar? Unmittelbar nein. Zum Ersten stellt die knappe Ressource Frequenzen eine absolute Markteintrittsbarriere dar. Zweitens ist der Mobilfunkmarkt durch hohe irreversible Fixkosten charakterisiert und drittens ist die Annahme, dass die Reaktionszeit der etablierten Unternehmen länger ist als der *entry lag* eines Neueinsteigers – die Dauer von der Lizenzierung bis zur Betriebsaufnahme ist gegenwärtig zumindest 1 Jahr – übersteigen würde, nicht haltbar.

---

[80] Der Markteintritt von Diensteanbietern hängt von deren Verhandlungsposition gegenüber den Mobilfunkbetreibern und/oder von den regulatorischen Rahmenbedingungen ab. Die zentrale Frage ist, ob ein oder mehrere Unternehmen, die im Besitz einer Bottleneck-Ressource (Frequenzen) sind, ihre Stellung auf dem Vorleistungsmarkt (Upstream-Market) derart ausnutzen, dass sie durch diskriminierendes Verhalten den *Downstream-Markt* für Diensteanbieter schließen.

[81] Siehe Anhang zu diesem Kapitel.

Insgesamt ist die Bestreitbarkeit und damit der Grad an potenziellem Wettbewerb von Mobilfunkmärkten als eher gering einzuschätzen.

3.4.4 Oligopolmärkte – Cournot- oder Bertrand-Wettbewerb?

Wie bereits ausgeführt, haben Frequenzknappheit und hohe Marktzutritts- bzw. –austrittsbarrieren zur Folge, dass die Zahl der Mobilfunkbetreiber gering ist und die Marktstruktur oligopolistischen Charakter hat. Darüber ist auch der Grad an potenzieller Konkurrenz niedrig einzuschätzen, so dass der oligopolistischen Interaktion eine hohe Bedeutung zukommt. Oligopole beschreiben allgemeine Zwischenformen zwischen monopolistischen und vollkommen kompetitiven Marktstrukturen. Erwartungsgemäß können die Marktergebnisse zwischen Monopol (*collusion* bzw. *joint profit maximization*) und Wettbewerb (statisches Bertrand Gleichgewicht) liegen. Weder die statische mikroökonomische Oligopoltheorie noch moderne spieltheoretische Modelle vermögen eindeutigen Aussagen über das Marktergebnis zu treffen. Allerdings liefern insbesondere spieltheoretische Modelle Erkenntnisse über kollusionsfördernde bzw. -hemmende Faktoren, die auch in den zukünftigen sektorspezifischen Regulierungsrahmen Eingang finden werden.[82] Solche Faktoren sind insbesondere wenige Anbieter am Markt, kein freier Marktzutritt, hohe Tariftransparenz, Kapazitätsrestriktionen bzw. Überkapazitäten, *multimarket contact*, homogene Produkte, hohe Chancen von Konkurrenten verdrängt zu werden und eine unelastische Marktnachfrage.[83] Eine allgemeine Beurteilung der Wettbewerbsintensität des Mobilfunkmarktes würde eine den Rahmen dieser Arbeit sprengende Wettbewerbsanalyse – d.h. die Untersuchung marktstruktureller Faktoren und anderer SMP-Indikatoren – voraussetzen. Darüber hinaus ist davon auszugehen, dass eine solche Wettbewerbsanalyse – die auch eine Marktabgrenzung beinhaltet – als Ergebnis nicht einen singulären Mobilfunkmarkt liefern würde, sondern eine Reihe von Märkten, wie beispielsweise den Mobilfunkendkundenmarkt, den Terminierungsmarkt oder den Vorleistungsmarkt für internationales Roaming. Auf diesen Märkten herrschen unterschiedliche Wettbewerbsbedingungen, wobei es sich bei einigen davon,

---

[82] Vgl. u.a. Directive of the European Parliament and of the Council on a common regulatory framework for electronic communications networks and services COM (2000)393 bzw. European Commission (2002a).

[83] Vgl. u.a. Church & Ware (2000, S 340 ff) und Tirole (2000, S 239 ff).

wie beispielsweise dem Terminierungsmarkt, um wettbewerbliche Ausnahmebereiche handeln dürfte.[84]

Die Anzahl der Anbieter ist ein wesentlicher Strukturfaktor von Märkten und ein zentraler Parameter der Lizenzierung. Aus diesem Grund interessiert hier insbesondere der Zusammenhang zwischen der Zahl an Lizenzen und dem Grad an Wettbewerb, wobei zur Wahrung der analytischen Klarheit Wettbewerb auf reinen Preiswettbewerb reduziert wird. Wie im vorangegangenen Kapitel herausgearbeitet wurde, ist der Mobilfunkmarkt durch ein hohes Maß an versunkenen Kosten charakterisiert. Eine fundierte ökonomische Analyse des Zusammenhangs zwischen Marktstruktur und Wettbewerb in Märkten mit hohen irreversiblen Kosten findet sich in den Arbeiten von Sutton (1996), auf die hier primär rekurriert wird.

Die Wirtschaftswissenschaft kennt verschiedene Oligopolmodelle, die einen unterschiedlichen Zusammenhang zwischen Marktpreis und Zahl an Anbietern unterstellen.[85] Dieser Zusammenhang ist in Abbildung 3-11 dargestellt. Das Preisniveau P^M bezeichnet den Preis, bei dem die industrieweiten Profite maximal sind (Monopolpreis bzw. *Joint Profit Maximization*). Dieses Preisniveau ist für das/die am Markt aktive(n) Unternehmen nur im Falle einer monopolistischen Marktstruktur oder durch ein explizites oder implizites Kartell (Kollusion) erreichbar. Das kooperative Gleichgewicht ist unsensitiv gegenüber der Anbieterzahl.[86] Alle anderen Oligopolmodelle unterstellen eine negative Korrelation zwischen Preis und Zahl an Anbietern. Im Extremfall bei Vorliegen eines perfekt bestreitbaren Marktes (*contestable markets*) bzw. im Falle eines Bertrand-Wettbewerbs stellt sich bereits bei einem respektive zwei Anbieter das kompetitive Preisniveau ein. Im Falle eines Cournot-Wettbewerbs nähert sich der Marktpreis mit der Zahl der Anbieter asymptotisch an die Grenzkosten an. In der Realität ist davon auszugehen, dass sich weder das Bertrand-Modell noch das kollusive Gleichgewicht in reiner Form einstellen wird, sondern diesen Marktergebnissen allenfalls nahe kommt. Darüber hinaus ist neben den hier dargestellten Verläufen eine Vielzahl an (negativ geneigten) funktionalen Zusammenhängen zwischen Preis und Marktstruktur möglich.

---

[84] Vgl. dazu die Abgrenzung relevanter Märkte nach dem neuen Rechtsrahmen und die Wettbewerbsanalyse ebendieser.

[85] Zum formalen Hintergrund dieser Modelle siehe Anhang.

[86] Abgesehen davon, dass ab einer bestimmten Anbieterzahl eine kooperative Lösung aufgrund von Koordinationsproblemen nicht mehr möglich ist.

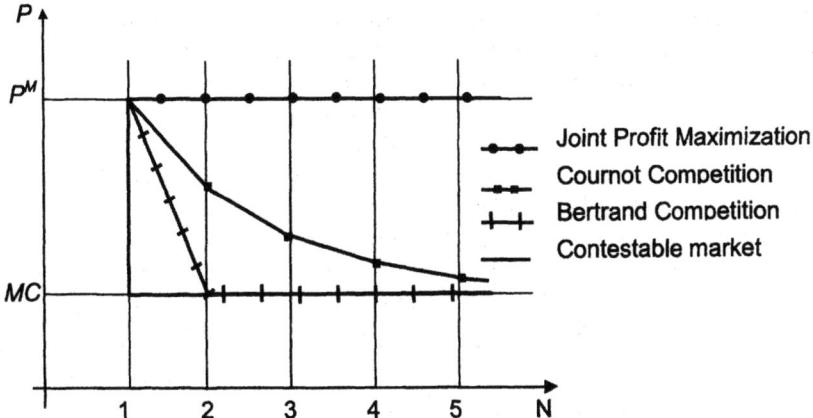

ABBILDUNG 3-11: MARKTPREIS, ANBIETERZAHL UND WETTBEWERBSINTENSITÄT

Der Übergang vom kollusiven Gleichgewicht, über das Cournot-Gleichgewicht hin zum Bertrand-Wettbewerb kann als Intensivierung des „Grads an Preiswettbewerb" interpretiert werden, der hier für spätere Ausführungen in dem funktionalen Zusammenhang

$$P = P(N,\omega) \text{ mit } \frac{\partial P}{\partial N} < 0 \text{ und } \frac{\partial P}{\partial \omega} < 0 \tag{3.3}$$

exogenisiert wird. Dabei beschreibt N die Zahl der Marktteilnehmer und ω die Wettbewerbsintensität (Übergang von JPM zum Bertrand-Wettbewerb). Die Industrieprofite sind maximal bei einem Preisniveau von P^M. Mit der Annäherung der Preise an die marginalen Kosten sinken auch die (industrieweiten) Profite:[87]

$$\frac{\partial \pi(N,\omega)}{\partial N} < 0 \text{ und } \frac{\partial \pi(N,\omega)}{\partial \omega} < 0 \tag{3.4}$$

Welches Wettbewerbsmodell beschreibt den Mobilfunkmarkt am adäquatesten? Eine definitive Antwort auf diese Frage würde eine entsprechende empirische Überprüfung – basierend beispielsweise auf dem Modell der konjekturellen Variation – erfordern. Reiner Bertrand-Wettbewerb ist aus logischer Sicht aufgrund der Kapazitätsrestriktionen (Fre-

---

[87] Siehe auch Anhang.

quenzknappheit) und aus empirischer Sicht aufgrund der Tatsache, dass in nahezu allen Mobilfunkmärkten bereits seit einigen Jahren mehr als ein Marktteilnehmer aktiv war, auszuschließen.[88]

3.4.5 Ökonomische Effekte der Frequenzknappheit

Wie viele Mobilfunkanbieter würden bei freiem Marktzutritt in den Mobilfunkmarkt eintreten? In Kapitel 3.4.3 wurde ausgeführt, dass die Mobilfunkindustrie durch ein hohes Maß an irreversiblen Kosten gekennzeichnet ist. Diese spielen sie bei kurzfristigen Preisentscheidungen eine untergeordnete Rolle. Eine zentrale Bedeutung kommt ihnen im Rahmen langfristiger Investitionsentscheidungen, deren wesentlichste die Markteintrittsentscheidung ist, zu.[89] Formal kann diese Unterscheidung zwischen kurzfristiger Preisentscheidung und langfristiger Investitionsentscheidung als zweistufiges Spiel formuliert werden: in der ersten Stufe entscheiden potenzielle Neueinsteiger über den Markteintritt. In der zweiten Stufe setzen die in den Markt eingetretenen Unternehmen ihre Preise. Wesentlich dabei ist, dass bei der Preisentscheidung die *Setup-Kosten* keine Berücksichtigung finden und daher aus den Überschüssen der 2. Stufe finanziert werden müssen. Je höher der Grad an Preiswettbewerb in der 2. Stufe, desto geringer sind die Überschüsse in dieser Stufe und desto geringer wird die Zahl der Unternehmen sein, die in den Markt eintreten. Bei symmetrischen Unternehmen ist folgende Markteintrittsbedingung

$$\pi(N) \geq F \qquad (3.5)$$

ein teilspielperfektes Gleichgewicht.[90] N^*, die Zahl der in den Markt eintretenden Anbieter, resultiert aus folgender Gleichung:

---

[88] Dies bestätigt beispielsweise eine empirische Untersuchung von Parker & Röller (1997) für die Mobilfunkmärkte in den USA.

[89] Zum Zusammenhang von versunkenen Kosten und Marktstruktur vgl. u.a. Sutton (1996).

[90] Die Strategiemenge einer Firma in der ersten Stufe besteht aus der Strategie ‚in den Markt eintreten' und der Strategie ‚nicht in den Markt eintreten'. Die Auszahlung einer Firma, die nicht in den Markt eintritt, ist Null. Die Auszahlung einer Firma, die in den Markt eintritt ist der – vom Grad an Preiswettbewerb der 2. Stufe abhängige – Profit abzüglich der Fixkosten. Ein Unternehmen wird in den Markt eintreten, wenn der Eintritt – gegeben die optimale Strategie in der Stufe 2 – profitabel ist. Das ist ein teilspielperfektes Gleichgewicht.

$$\Phi\big(\pi(N^*,\omega),F\big) = \pi(N^*,\omega) - F = 0 \qquad (3.6)$$

Durch totale Differenzierung lässt sich leicht zeigen, dass wegen (3.4)

$$\frac{dN^*}{d\omega} < 0 \text{ und } \frac{dN^*}{dF} < 0 \qquad (3.7)$$

ist. In einer Industrie mit (hohen) versunkenen Kosten gibt es ein Spannungsverhältnis zwischen den (irrversiblen) Setup-Kosten, der Wettbewerbsintensität und der Zahl an Anbietern. Ceteris paribus gilt, dass je höher die Setup-Kosten sind bzw. je intensiver der (erwartete) Wettbewerb sein wird, desto geringer wird die Zahl an Unternehmen sein, die in diesen Markt eintreten werden. Insgesamt ist zu erwarten, dass gerade so viele Unternehmen in den Markt eintreten, dass das zuletzt eingetretene Unternehmen die versunkenen Kosten gerade noch erwirtschaften kann.

Wie bereits erwähnt, stellt die knappe Ressource Frequenzen eine unüberwindbare (natürliche) Markteintrittsbarriere dar. Die ökonomische Wirkung ist vergleichbar mit jener von administrativen Eintrittsbarrieren. Abhängig von der Zahl an Lizenzen im Verhältnis zur Zahl an Anbietern bei freiem Marktzutritt N^* können drei Fälle unterschieden werden: Der offensichtlich ideale und nicht weiter zu diskutierende Fall ist, wenn die Zahl an Lizenzen L gleich N^* ist. Ist die Zahl an Lizenzen größer als die Zahl an Anbietern bei freiem Marktzutritt ($L>N^*$), ist davon auszugehen, dass nur N^* der L Lizenzen nachgefragt werden und $L-N^*$ Lizenzen zurückfallen.[91] Ist die Zahl an Lizenzen größer als die Zahl an Anbietern bei freiem Marktzutritt ($L<N^*$), tritt eine geringere Zahl an Unternehmen in den Markt ein als bei freiem Marktzutritt eintreten würden. Damit sind die Lizenznehmer in der Lage, supranormale Profite[92] in der Höhe von

$$\Pi = \pi(L,\omega) - F \qquad (3.8)$$

zu erwirtschaften, die im Fall eines freien Marktzutritts zum Eintritt eines oder mehrerer weiterer Unternehmen führen würden. Wegen (3.4) gilt $\partial \Pi / \partial L < 0$ und $\partial \Pi / \partial \omega < 0$. Je geringer die Zahl an Lizenzen im Verhältnis zu N^* (bzw. je weniger wettbewerbsintensiver die Industrie), desto höher sind die supranormalen Profite. Werden die Lizenzen auktioniert, bestimmen die (erwarteten) supranormalen Profite die maximale Zahlungs-

---

[91] Auf etwaige Lizenzierungsprobleme, z.B. wenn die Lizenzen simultan vergeben werden, wird noch eingegangen.
[92] Siehe auch Fußnote 40.

bereitschaft eines Lizenzwerbers.[93] Somit ist von einer negativen Korrelation zwischen der Zahl an Lizenzen bzw. der Wettbewerbsintensität und dem Auktionserlös auszugehen.

3.5 Zusammenfassung

Der Mobilfunk ist aufgrund der Frequenzknappheit durch eine geringe Bestreitbarkeit, enge Marktstrukturen, einen hohen Anteil an versunkenen Kosten sowie durch eine generelle Kostendegression charakterisiert. Insgesamt fördern diese Faktoren die Existenz von supranormalen Profiten (Renten), die wiederum die maximale Zahlungsbereitschaft eines Bieters in einer Frequenzauktion bestimmen. Die supranormalen Profite sinken mit der Zahl an Lizenzen und der Wettbewerbsintensität. Je größer der Grad an tatsächlichem und potenziellem Wettbewerb ist, desto geringer werden die Erlöse in einer Frequenzauktion sein.

Die generelle Kostendegression ist im Rahmen von Lizenzierungsverfahren zu berücksichtigen. Dies gilt insbesondere für die Bestimmung der Zahl an Lizenzen. Hier liegt ein *trade-off* zwischen volkswirtschaftlichen Gesamtkosten (Aufbau mehrerer Infrastrukturen) und dynamischen Wettbewerbseffizienzen (geringere Kollusionsneigung bei einer höheren Zahl an Lizenzen) vor. Frequenzen sind partiell durch andere Inputfaktoren substituierbar. Dazu zählt insbesondere die Netzverdichtung. Beide Inputfaktoren führen zu einem höheren Verkehrswert. Ein Betreiber muss entscheiden, was für ihn die kostenoptimale Inputrelation ist. Eine gesamtwirtschaftlich optimale Faktorallokation setzt allerdings voraus, dass Frequenzpreise ihren richtigen ökonomischen Wert reflektieren.

---

[93] Siehe auch Fußnote 41.

Anhang zu Wettbewerbsmodellen[94]

Bestreitbare Märkte

Die Theorie der bestreitbaren Märkte (*contestable market theory*) ist ein wesentlicher Bestandteil der industrieökonomischen Theorie und geht auf Baumol, Panzar und Willig zurück (Baumol et.al., 1988).[95] Im Rahmen der Theorie der bestreitbaren Märkte wird unterstellt, dass unter bestimmten (idealisierten) Annahmen die Drohung eines potenziellen Markteintritts (potenzieller Wettbewerb) eine hinreichend disziplinierende Wirkung auf die aktiven Marktteilnehmer ausübt, so dass auch auf Märkten mit geringer Zahl an aktiven Marktteilnehmern bzw. einer asymmetrischen Verteilung der Marktanteile sowohl allokative wie technische Effizienz sichergestellt ist.[96]

Baumol, Panzar und Willig definieren einen *bestreitbaren Markt* (*contestable market*) als Gleichgewichtskonzept: Als *feasible industry configuration* werden Preise und Outputmengen bezeichnet, für die gilt, dass alle Unternehmen zumindest den Break Even erreichen und der Markt geräumt ist. Eine Industriekonfiguration ist stabil (*sustainable industry configuration*), wenn ein Neueinsteiger, der Zutritt zur gleichen Technologie hat, nicht durch Unterbieten des Preises der bestehenden Betreiber profitabel in den Markt eintreten kann. Ein Markt ist bestreitbar, wenn die Industriekonfiguration stabil ist. Dabei werden zwei wesentliche – als *hit-and-run* bezeichnete – Annahmen getroffen: (1) wird von der Abwesenheit jeglicher Markteintritts- und Marktaustrittsbarrieren (z.B. irreversibler Kosten) ausgegangen und (2) wird angenommen, dass die Reaktionszeit der etablierten Unternehmen hinreichend lang ist, so dass ein Neueinsteiger in den Markt eintreten und die (von ihm vor dem Eintritt beobachteten) Profite realisieren kann. In einem solchen, als *perfekt bestreitbar* bezeichneten Markt würde jedwede (auch noch so kurzfristige) Profit-

---

[94] Für eine weitergehende Erörterung von Marktgleichgewichten in Oligopolmärkten sei hier auf folgende Literatur verwiesen. Vgl. u.a. Church & Ware (2000, S 231 ff) und Tirole 2000, S 205 ff). Zu Marktgleichgewichten von Oligopolmärkten mit hohen Fixkosten und irreversiblen Kosten vgl. u.a. Grossman (1991) und Sutton (1996). Im Folgenden werden die üblichen Annahmen, wie eine negativ geneigte Nachfragefunktion, getroffen.

[95] Zur Bedeutung der Theorie der bestreitbaren Märkte in Netzwerkindustrien vgl. Knieps et. al. (2000).

[96] Vgl. u.a. Baumol et.al. (1988), Carlton & Perloff (2000), Church & Ware (2000), George et. al. (1991), Tirole (2000).

möglichkeit, die aus überhöhten Preisen bzw. ineffizienter Produktion resultiert, unmittelbar zum Eintritt eines Marktteilnehmers führen. Die einzige Strategie seitens der etablierten Unternehmen den Eintritt zu verhindern, ist die Sicherstellung, dass keine solchen supranormalen Profite existieren. Potenzieller Wettbewerb hat demnach die gleiche Wirkung wie perfekter Wettbewerb. Wesentlich dabei ist auch, dass dieses Prinzip auch bei hoher Marktkonzentration (bei Vorliegen hoher Skaleneffekte) gilt. In einem *perfekt bestreitbaren Markt* stellt sich demnach die optimale Zahl an Marktteilnehmern ein und die Verteilung der Produktionsmengen erfolgt derart, dass die Gesamtproduktion zu minimalen Kosten erfolgt.

Die Theorie der bestreitbaren Märkte hat – insbesondere in jüngster Zeit – eine Reihe von Kritik erfahren.[97] Der Hauptkritikpunkt zielt auf die geringe Robustheit der Theorie ab. Bei Vorliegen von irreversiblen Kosten im Umfang von K, der Zeitverzögerung beim Marktzutritt des Neueinsteigers[98] τ_e (*entry lag*) und der Zeitverzögerung der Preisanpassung[99] der (des) etablierten Betreiber(s) τ_i (*price adjustment lag*) kann die Markteintrittsbedingung wie folgt formuliert werden:

$$\int_0^{\tau_i} e^{-rt} \pi(t) dt > K \quad \text{für } \tau_i \geq \tau_e$$

Mit $\pi(t)$ wird der – mit dem Zinssatz r – auf den gegenwärtigen Zeitpunkt abdiskontierte (erwartete) Cashflow des Neueinsteigers zum Zeitpunkt t bezeichnet. Wenn der bis zum Zeitpunkt der Reaktion des etablierten Anbieters aggregierte Cashflow-Strom die irreversiblen Kosten übersteigt, ist ein Markteintritt profitabel. In einer sehr kurzfristigen Betrachtung (konstantes π und $r=0$) kann die Eintrittsbedingung vereinfacht werden zu:

$$\pi > \frac{K}{(\tau_i - \tau_e)} \quad \text{für } \tau_i \geq \tau_e \qquad (3.9)$$

---

[97] Überblick über die wichtigsten Kritikpunkte vgl. u.a. George et. al. (2000 S 279 ff) und Borrmann & Finsinger (1999 S 301 ff) aber auch Tirole (2000), Armstrong et. al. (1998), Carlton & Perloff (2000).

[98] Gemeint ist der Zeitraum zwischen dem Zeitpunkt, zu dem die etablierten Unternehmen vom Markteintritt erfahren (z.B. Lizenzerteilung), und dem Zeitpunkt zu dem der Neueinsteiger seine Leistungen am Markt anbietet (Marktauftritt).

[99] Gemeint ist die Zeitspanne, die zwischen dem Entschluss den Preis zu ändern und dem Zeitpunkt einer tatsächlichen Preisänderung vergeht.

Aus der Ungleichung (3.9) können folgende Schussfolgerungen gezogen werden: (1) ist die Reaktionszeit der etablierten Unternehmen kürzer oder gleich der Dauer bis zur Betriebsaufnahme ($\tau_f \leq \tau_e$), findet unter keinen Umständen (auch bei noch so hoher Profitabilität) ein Markteintritt statt, (2) bei Abwesenheit von irreversiblen Kosten und wenn $\tau_f \geq \tau_e$, findet ein Markteintritt bei positiver Profitabilität auf jedem Fall statt, (3) je höher die irreversiblen Kosten (ceteris paribus) sind, desto unwahrscheinlicher ist ein Markteintritt und (4) auch dann, wenn geringe irreversible Kosten vorliegen, findet ein Markteintritt nicht statt, wenn die Zeitspanne τ_f-τ_e entsprechend kurz ist.

Wirkung und Grenzen eines bestreitbaren Marktes sollen an dieser Stelle kurz anhand eines Beispiels mit einer (Fixkosten-) degressiven Kostenfunktion C(q)=F+cq demonstriert werden. Ist der Markt bestreitbar – es existieren keine Markteintrittsbarrieren, die Fixkosten sind reversibel und der *entry lag* ist nicht länger als der *price adjustment lag* –, dann existiert nur eine stabile Industriestruktur (*sustainable industry configuration*): es tritt ein Unternehmen in den Markt ein und dieses Unternehmen setzt den Preis in der Höhe der Durchschnittskosten. Würde das Unternehmen den Preis über den DK setzen, wäre die Industriestruktur nicht stabil; es könnte ein anderes Unternehmen in den Markt eintreten, die Profite akquirieren und wieder aus dem Markt austreten. Dies gilt nicht mehr, wenn die *Hit-and-run-Annahme* verletzt ist; z.B. wenn die Fixkosten F irreversibel sind. In diesem Fall kann das am Markt befindliche Unternehmen den Preis über die DK setzen und maximale Profite in der Höhe F-ε erwirtschaften, ohne dass ein Unternehmen profitabel in den Markt eintreten könnte.

Joint Profit Maximization (Kollusion)

Von *Joint Profit Maximization* (JPM) wird gesprochen, wenn alle oder mehrere auf einem Markt aktiven Unternehmen ihr Marktverhalten, mit dem Ziel den (industrieweiten) Gesamtprofit zu maximieren, aufeinander abstimmen. Dies setzt ein explizites oder implizites Kartell (Kollusion) voraus. Die Existenz eines solchen Gleichgewichts kann formal durch ein nichtkooperatives wiederholtes Spiel in unendlich vielen Perioden (Superspiel) gezeigt werden. Die Auszahlung der Firma i ergibt sich aus dem mit dem Faktor δ abdiskontierten Cashflow-Strom:

$$NPV = \sum_{t=1}^{\infty} \delta^t \pi_t \qquad (3.10)$$

Die Firma *i* kann in jeder Periode zwischen zwei alternativen Strategien wählen: Die kollusive Strategie (Monopolpreis oder Cournot-Punkt P^M) mit der Auszahlung $\pi^i(P^M)$, welche aus der Maximierung der Industrieprofite

$$\max_{q_1,q_2,\ldots,q_N} \pi(q_1,q_2,\ldots,q_N) = P(\sum_{i=1}^{N} q_i) * \sum_{i=1}^{N} q_i - \sum_{i=1}^{N} C_i(q_i) \qquad (3.11)$$

resultiert. Die zweite Strategie (*Cheating*) ist je nach Modellannahme entweder das Bertrand-Gleichgewicht ($P^W=MC$) oder das Cournot-Gleichgewicht.[100] Es kann gezeigt werden, dass die nachfolgende *Trigger-Strategie* unter bestimmten Rahmenbedingungen ein nichtkooperatives (Nash-) Gleichgewicht und gleichzeitig eine kooperative Lösung dieses wiederholten Spiels ist:

- Jede Firma setzt in jeder Periode den Monopolpreis P^M, wenn in der vorangegangenen Periode keiner der Mitbewerber einen Preis kleiner P^M gesetzt hat,
- andernfalls setzt die Firma den Preis gleich den marginalen Kosten (P^W).

Diese Trigger-Strategie ist dann ein Gleichgewicht, wenn der langfristige Nutzen der kollusiven Strategie den kurzfristigen Nutzen des Abweichens dominiert. Bezeichnet man mit $R^i(P^M)$ das Abweichen des Spielers *i* von der Strategie P^M und mit $\pi^i(R^i(P^M))$ die daraus resultierende Auszahlung (Mehrgewinn für eine Periode), dann ist das ständige Spielen von P^M ein *teilspielperfektes Nash-Gleichgewicht*, wenn gilt:

$$\delta > \frac{\pi^i(R^i(P^M)) - \pi^i(P^M)}{\pi^i(R^i(P^M)) - \pi^i(P^W)}, \quad \delta \in [0,1]. \qquad (3.12)$$

Dies ist ein Beispiel für eine Gruppe von Theoremen, die als *Folk Theorem* Eingang in die Literatur gefunden haben.[101]

---

[100] Als alternative Strategie (*Cheating*) sind grundsätzlich alle Mengen bzw. Preise, die vom JPM-Gleichgewicht abweichen, denkbar. Allerdings ist nicht jede Strategie im selben Maße glaubwürdig und daher als Drohstrategie geeignet.

[101] Vgl. u.a. Church & Ware (2000, S 331 ff), Holler & Illing (200, S 138 ff) und Tirole (2000, S 245 ff).

Im Falle eines kollusiven Gleichgewichts bei N symmetrischen Unternehmen gilt folgender Zusammenhang zwischen Preis (bzw. Profiten) und Zahl an Marktteilnehmern:

$$P(N) = P^M \quad \text{mit} \quad \frac{dP}{dN} = 0 \tag{3.13}$$

$$\pi(N) = \frac{\pi^M}{N}, \tag{3.14}$$

wobei π^M die industrieweiten Profite bezeichnet. Mit (irreversiblen) Fixkosten von $F>0$ lautet die Markteintrittsbedingung:

$$\pi(N) \geq F \tag{3.15}$$

Insgesamt treten so viele Unternehmen in den Markt, dass das zuletzt eingetretene Unternehmen die versunkenen Kosten F gerade noch erwirtschaften kann. Im Falle identer Unternehmen und einem industrieweiten Profit von $\pi(P^M)$ ist dies der ganzzahlige Teil von

$$\frac{\pi^M}{F}. \tag{3.16}$$

Bertrand Wettbewerb

Statische Spiele, in denen Firmen den Preis als alleinigen Wettbewerbsparamter einsetzen, werden als Bertrand Wettbewerb bezeichnet. Es gibt eine Vielzahl an unterschiedlichen Bertrand-Modellen. Im einfachsten Modell haben alle N Firmen die gleichen marginalen Kosten c, die Produkte sind homogen und es existieren keine Kapazitätsrestriktionen. Der Preisvektor $(\tilde{p}_1, \tilde{p}_2, ..., \tilde{p}_N)$ ist ein Bertrand-Nash-Gleichgewicht (Gleichgewicht in Preisen oder Bertrand Paradoxon), wenn für jeden Spieler i gilt:

$$\pi_i(\tilde{p}_i, \tilde{p}_{-i}) \geq \pi_i(p_i, \tilde{p}_{-i}) \; \forall \; \tilde{p}_i \neq p_i. \tag{3.17}$$

Es lässt sich durch Untersuchung aller denkmöglichen Varianten überprüfen, dass die Strategiekombination

$$p_1 = p_2 = ... = p_N = c \tag{3.18}$$

das einzige (Nash-) Gleichgewicht dieses Spiels ist: Die Strategie $p_i > \min(p_j) > c$ für $i \neq j$ kann aus Sicht der Firma i kein Gleichgewicht sein, denn Erlös und Gewinn der Firma *i* ist Null. Diese kann gewinnbringend von dieser Strategie abweichen und den niedrigsten Preis um einen kleinen Betrag ε mit p_i=min(p_j)-ε unterbieten und die gesamte Nachfrage bedienen. Aus dem selben Grund ist auch die Strategiekombination p_i=p_j>c für *i*<>*j* kein Gleichgewicht. Jedes der Unternehmen kann profitabel von dieser Strategiekombination abweichen. Schließlich ist auch die Strategiekombination min(p_j)>p_i=c kein Gleichgewicht, da die Firma *i* zwar den ganzen Markt bedient, aber keine Profite erwirtschaftet und profitabel mit p_i=min(p_j)-ε von dieser Strategie abweichen kann.

In einem Bertrand-Spiel stellt sich bereits bei zwei Anbietern ein wettbewerbliches Marktergebnis ein. Es gilt also folgender Zusammenhang zwischen Preis (bzw. Profiten) und Zahl an Marktteilnehmern:

$$P(1) = P^M \quad \text{und} \quad P(2) = MC \qquad (3.19)$$

$$\pi(1) = \pi^M \quad \text{und} \quad \pi(2) = 0 \qquad (3.20)$$

Allerdings sind Grenzkostenpreise als Nash-Gleichgewicht nicht robust gegen Variationen. Das Marktergebnis ändert sich grundsätzlich, wenn Kapazitätsrestriktionen oder Produktdifferenzierung eingeführt werden.[102] In einem Markt mit irreversiblen Kosten (*F*>0) und ohne Kapazitätsrestriktionen tritt genau ein Unternehmen in den Markt ein. Für ein zweites Unternehmen wäre der Markteintritt nicht mehr profitabel. Ist der Markt nicht bestreitbar, kann das am Markt befindliche Unternehmen den Preis in der Höhe des Monopolpreises setzen.

Cournot Wettbewerb

Das Cournot-Spiel ist ein statisches Spiel mit vollständiger Information. Die Produkte sind homogen, der zentrale Wettbewerbsparameter ist die Outputmenge; der Marktpreis bestimmt sich aus der Markträumungsbedingung.[103] Der Vektor $(\tilde{q}_1, \tilde{q}_2, ..., \tilde{q}_N)$ ist ein *Cournot-Nash-Gleichgewicht* (Nash-Gleichgewicht in Mengen), wenn für jeden Spieler *i* gilt:

---

[102] Vgl. u.a. Church & Ware (2000, S 256 ff) und Tirole (2000, S 205 ff)

[103] Für die etwas kontraintuitive Annahme des Cournot-Modells, die Outputmenge als den zentralen Aktionsparameter heranzuziehen, haben Kreps und Scheinkman (1983) eine realistischere Cournot-Story entwickelt, die im Ergebnis zum elementaren Cournot-Gleichgewicht führt. Dabei treffen die Unternehmen in der ersten Stufe des zweistufigen Spiels eine Kapazitätsentscheidung, um dann anschließend in der zweiten Stufe ein Bertrand Spiel in Preisen zu spielen.

$$\pi_i(\tilde{q}_i, \tilde{q}_{-i}) \geq \pi_i(q_i, \tilde{q}_{-i}) \; \forall \; \tilde{q}_i \Leftrightarrow q_i \;. \tag{3.21}$$

Formal kann das Nash-Gleichgewicht durch Berechnung der optimalen Reaktionsfunktion $q_i=R_i(q_{-i})$ jedes Unternehmens i aus der individuellen Maximierung der Profitfunktion

$$\pi_i(q_i, q_{-i}) = q_i P\left(q_i + \sum_{j \neq i} q_j\right) - C_i(q_i) = q_i P(q_i, q_{-i}) - C_i(q_i) \tag{3.22}$$

bei gegebener Mengenentscheidung der Mitbewerber q_{-i} ermittelt werden, wobei $P(.)$ die *inverse Nachfragefunktion*, d.h. die Umkehrfunktion der Nachfragefunktion $Q(.)$, bezeichnet. Ein Cournot-Spieler agiert als Monopolist in Bezug auf seine individuelle Nachfragefunktion (*residual demand function*)

$$Q_i^d(P) = Q(P) - \sum_{j \neq i} q_j \;, \tag{3.23}$$

deren Umkehrfunktion hier mit $P(q_i, q_{-i})$ bezeichnet ist. Aus der Bedingung 1. Ordnung[104]

$$\frac{\partial \pi_i}{\partial q_i} = q_i \frac{\partial P(q_i, q_{-i})}{\partial q_i} + P(q_i, q_{-i}) - \frac{dC_i(q_i)}{dq_i} = 0 \tag{3.24}$$

lässt sich durch Umformung der sogenannte Lerner-Index (*Price-Cost-Margin*)

$$\frac{s_i}{\varepsilon} = \frac{P - C_i'}{P} \tag{3.25}$$

ermitteln, wobei s_i den Marktanteil $s_i=q_i/Q$ des Unternehmens i und ε die Elastizität der Nachfragefunktion bezeichnet. In einem Cournot-Markt haben die Unternehmen Marktmacht – d.h. sie sind im Stande, den Preis über den marginalen Kosten zu setzen – allerdings ist diese durch zwei Faktoren, nämlich die Nachfrageelastizität und den Marktanteil begrenzt. Mit sinkendem Marktanteil (steigender Zahl an Anbietern) nähern sich die Preise den marginalen Kosten und damit strebt auch der Lerner-Index gegen Null. Ein *symmetrisches Cournot-Nash-Gleichgewicht* ist ein

---

[104] Zu Fragen der Existenz und Eindeutigkeit des Cournot-Nash-Gleichgewichts vgl. u.a. Tirole (2000, S 205 ff).

Cournot-Nash-Gleichgewicht bei N identen Unternehmen. In diesem Fall wird der Lerner-Index zu

$$\frac{1}{N\varepsilon} = \frac{P-C'_i}{P}.$$ (3.26)

Aus (3.26) ist unmittelbar ersichtlich, dass der Lerner-Index (und damit das Ausmaß der Marktmacht und damit Profitabilität) mit steigender Anbieterzahl ($N\to\infty$) gegen Null strebt. Mit der Annäherung an die marginalen Kosten sinken auch die Profite:

$$\frac{d\pi(N)}{dN} < 0$$ (3.27)

Wie viele Anbieter treten in den Markt ein? Mit (irreversiblen) Fixkosten von $F>0$ lautet die Markteintrittsbedingung:

$$\pi(N) \geq F$$ (3.28)

Insgesamt treten so viele Unternehmen in den Markt, dass das zuletzt eingetretene Unternehmen die Fixkosten F gerade noch erwirtschaften kann. Der Eintritt eines weiteren Unternehmens wäre nicht mehr profitabel.

Um dies an einem Beispiel zu demonstrieren: Es lässt sich leicht überprüfen, dass sich mit einer isoelastischen Nachfragefunktion $Q=S/P$ und einer (Fixkosten-) degressiven Kostenfunktion $C(q)=F+cq$ (die gesamten Fixkosten sind irreversibel) folgendes von der Teilnehmerzahl abhängiges Marktgleichgewicht einstellt:

$$P(N) = c\left\{1 + \frac{1}{N-1}\right\}$$
$$\pi(N) = \frac{S}{N^2}$$ (3.29)

Insgesamt treten N^* Unternehmen in den Markt ein, wobei N^* der ganzzahlige Teil von

$$\sqrt{\frac{S}{F}}$$ (3.30)

ist.

4 Frequenzverwaltung und Frequenzvergabe

Der für die Funkübertragung geeignete Abschnitt des elektromagnetischen Spektrums (hier kurz als *Spektrum* bezeichnet) ist ein notwendiger Input zur Erbringung einer Vielzahl an Kommunikationsdiensten. Gemäß der Radio Regulation der ITU[105] sind gegenwärtig Frequenzen bis 275 GHz international zur Nutzung alloziert. Auf nationaler Ebene sind Frequenzen bis 80 GHz zur Nutzung zugewiesen.[106] Aufgrund unterschiedlicher physikalischer Ausbreitungseigenschaften sind nicht alle Frequenzen gleich gut geeignet bestimmte Funkdienste umzusetzen. Manche Bereiche sind mittlerweile eine knappe und wertvolle Ressource, wobei die Bereiche 300 MHz bis 3GHz als besonders knapp gelten. In diesem Bereich liegen auch die kommerziell bedeutsamsten Anwendungen (Mobilfunk, Rundfunk, etc.)

Im Gegensatz zu vielen anderen Gütern kommt es durch die Frequenznutzung zu keiner Verminderung des Vorrats an Frequenzen. Allerdings können sich Funksignale gegenseitig stören (Interferenzen). Das Störpotenzial reicht von einer Verminderung der Dienstequalität (z.B. Rauschen) bis hin zum Zusammenbruch eines Funksystems mit möglicherweise lebensbedrohenden Konsequenzen. Die Sicherstellung eines störungsfreien Betriebs ist eine der zentralen Aufgaben der Frequenzverwaltung. Daneben kommt der Frequenzverwaltung die Aufgabe zu, das Spektrum unter unterschiedlichsten – um Spektrum rivalisierenden – Anwendungen und Nutzern aufzuteilen. Damit ist der gesellschaftliche Nutzen dieser Ressource in hohem Maße von Entscheidungen der Frequenzverwaltung abhängig. Kapitel 4.1 liefert einen Überblick über den institutionellen Rahmen und die wesentlichsten Aufgaben der Frequenzverwaltung.

Eine Lösung für das Interferenzproblem ist die Vergabe von exklusiven Nutzungsrechten an bestimmte Nutzer. Dabei wird einem Nutzer das Recht auf exklusive Nutzung – innerhalb eines vorgegebenen Interferenzrahmens – und das Recht auf Ausschluss der Nutzung durch andere für einen bestimmten Frequenzbereich eingeräumt. Im Regelfall steht innerhalb einer Nutzungsart (z.B. Mobilfunk) nur eine begrenzte Zahl an Nutzungsrechten zur Verfügung. Übersteigt die Zahl der Nachfrager jene der verfügbaren Nutzungsrechte, ist ein Auswahlverfahren notwendig. In

---

[105] *Radio Regulation Edition of* 2001.
[106] Frequenznutzungsverordnung BGBl. II Nr. 364/1998.

der Geschichte der Frequenzvergaben sind vier Auswahlverfahren zum Einsatz gelangt: das vergleichende Auswahlverfahren (Kriterienwettbewerb oder *beauty contest*), das Prinzip *first-come-first-served*, die Lotterie und das Auktionsverfahren. Eine Gegenüberstellung dieser Verfahren sowie weitere Aspekte der Frequenzvergabe sind der inhaltliche Schwerpunkt von Kapitel 4.2.

Fasst man die wesentlichsten Zielvorgaben der nationalen und internationalen Frequenzverwaltung zusammen, können diese mit der Sicherstellung einer *störungsfreien* und *effizienten Nutzung des Spektrums* umschrieben werden. Womit sich die Frage aufdrängt, was unter einer effizienten und störungsfreien Nutzung zu verstehen ist. Eine ökonomische Analyse kann nicht ohne einen Maßstab auskommen, anhand dessen die Ergebnisse beurteilt werden. Die Wirtschaftswissenschaft kennt eine Reihe unterschiedlicher Effizienzkonzepte. Im Kapitel 4.3 werden einige dieser Konzepte dargestellt und in den Kontext dieser Arbeit gestellt.

In einem funktionsfähigen Wettbewerbsmarkt (ohne Markteintrittsbarrieren) bildet sich langfristig eine effiziente Anbieterstruktur heraus. In Märkten, in denen exklusive Frequenznutzungsrechte erteilt werden, wie dies bei Mobilfunkmärkten der Fall ist, existiert – zumindest im Rahmen der gegenwärtigen Lizenzierungspraxis – kein freier Markteintritt. Damit kommt der Auswahl des/der effizientesten Betreiber(s) ein wesentlicher Stellenwert zu. Dieser Aspekt und die Frage nach der optimalen Zahl an Lizenzen ist ein Schwerpunkt von Kapitel 4.4. Der zweite Schwerpunkt ist eine ökonomische Analyse von Vergabeverfahren, vor dem Hintergrund der im Kapitel 4.3 dargelegten Effizienzkriterien. Zu diesem Zweck werden anhand eines einfachen (spieltheoretischen) Modells die Vergabeverfahren Lotterie, Auktion und Kriterienwettbewerb diskutiert und hinsichtlich folgender Aspekte untersucht: Sicherstellung einer pareto-effizienten Zuteilung bzw. Auswahl des effizientesten Nutzers, Kosten der Rentensuche, Erzeugung von Marktpreisen, Verteilungseffekte und das Problem des *winner's curse*.

Der Umfang an staatlichen Eingriffen im Zusammenhang mit der Allokation von Frequenzen ist im Vergleich zu ähnlichen Ressourcen hoch. Die Wirtschaftswissenschaft rechtfertig staatliche Interventionen mit dem Vorliegen eines Marktversagens. Im Zusammenhang mit Frequenzen werden immer wieder folgende – nicht in allen Fällen gerechtfertigte – potenzielle Ursachen eines Marktversagens genannt: (1) Frequenzen sind der Natur nach öffentliche Güter und daher nicht marktwirtschaftlich allozierbar, (2) das Vorliegen von Externalitäten führt zu einer gesellschaftlich ineffizienten Allokation, (3) eine marktwirtschaftliche Ressourcenallokation führt zu einer marktbeherrschenden Stellung einiger weniger Unternehmen bzw. fördert diese, und (4) die mittels der Frequenzen erbrachten Dienste sind meritorische Güter. Demgegenüber gibt es eine Reihe von möglichen Ursachen für Effizienzverluste, die im Zusammenhang mit der gegenwärtigen Praxis der Frequenzverwaltung auftreten können. Konkret sind dies: (1) eine suboptimale Allokation von Spektrum, (2) Markteintrittsbarrieren und mangelnder potenzieller Wettbewerb und (3) Ineffizienzen aufgrund sich ändernder Rahmenbedingungen. Eine Gegenüberstellung von Markt- und Regulierungsfehlern und mögliche Anwendungsfelder für marktbasierte Verfahren in der Frequenzverwaltung bilden den Schwerpunkt von Kapitel 4.5. Die Einführung marktbasierter Verfahren (*Spectrum Trading*) wird gegenwärtig sowohl auf europäischer Ebene wie auch in einzelnen Mitgliedstaaten diskutiert. Auslöser waren die hohen Auktionserlöse, die insbesondere in Großbritannien und in Deutschland im Rahmen der Versteigerung der Lizenzen für die dritte Mobilfunkgeneration erzielt wurden.

Im Anhang zu diesem Kapitel finden sich einige wichtige Frequenzzuweisungen in den Bereichen 20 MHz bis 2,2 GHz.

4.1 Institutioneller Rahmen

Die Verwaltung des elektromagnetischen Spektrums ist eine komplexe Angelegenheit. Neben der Sicherstellung einer effizienten und störungsfreien Nutzung kommt der Frequenzverwaltung auch die Aufgabe zu, eine optimale Aufteilung des Spektrums zwischen einer Vielzahl an rivalisierenden Nutzungen, die von rein kommerziellen (Telekommunikation) über Nutzungen mit öffentlichen Interessen (Rundfunk) bis hin zur rein staatlichen Nutzung (z.B. militärische Nutzung) reichen. Die Tatsache, dass diese Aufgabe neben der techno-ökonomischen insbesondere auch eine politische Dimension hat, ist mit ein Grund dafür, dass die Frequenzverwaltung in nahezu allen Ländern hoheitlich organisiert ist.

Aus Sicht der rein kommerziellen Nutzung sind insbesondere folgende Aspekte der Frequenzverwaltung hervorzuheben:

- Sicherstellung einer effizienten Nutzung, damit eine möglichst gute Auslastung der knappen Ressource gewährleistet ist.

- Interferenzmanagement, um zu vermeiden, dass sich Dienste und Nutzer gegenseitig stören. Das Interferenzmanagement hat eine nationale und – da Funkwellen keinen Halt an nationalen Grenzen machen – internationale Dimension.

- Internationale Harmonisierung der Nutzung zur Sicherstellung grenzüberschreitender Mobilität und zur Realisierung von Skaleneffekten im Bereich der Geräte.
- Sicherstellung von Stabilität in der Nutzung, um einen Anreiz für Investitionen in Netze und Geräte zu bieten. Dieser Aspekt ist insbesondere deshalb von hoher Bedeutung, da Funkgeräte nur in einem sehr begrenzten Frequenzbereich operieren.

Die Verwaltung von Frequenzen ist grundsätzlich eine nationale Angelegenheit. Jeder Staat hat für eine störungsfreie Nutzung des Frequenzspektrums innerhalb seines Hoheitsgebietes zu sorgen. Für die Wahrnehmung internationaler Koordinierungs- und Harmonisierungsmaßnahmen sind internationale Organisationen, wie etwa die Internationale Fernmeldeunion (ITU), zuständig.

4.1.1 Nationale Frequenzverwaltung

Für das Frequenzmanagement auf nationaler Ebene sind die Verwaltungen der jeweiligen Regierungen zuständig. Die Aufgaben dieser Frequenzverwaltungsbehörden liegen in der Erstellung von Frequenzplänen, der Lizenzierung von Funkanlagen und der Überwachung der Frequenznutzung.[107]

➤ *Erstellung von Frequenzplänen*

Die Frequenzverwaltungsbehörde weist Frequenzbändern (Teilbereichen des Frequenzspektrums) bestimmte Funkdienste (*Radiocommunication Services*), wie beispielsweise Mobilfunk (*Mobile*) oder Rundfunk (*Broadcasting*) zu und erstellt eine Tabelle der nationalen Frequenzzuweisungen. Die Frequenzzuweisung wird – soweit dies möglich ist – mit der internationalen Zuweisungstabelle der ITU (VO Funk) abgestimmt.

---

[107] Vgl. u.a. Cave (2002), Withers (1999).

➢ *Lizenzierung von Funkanlagen und Erteilung von Nutzungsrechten*

Das Aussenden von Funksignalen ist üblicherweise nur mit einer entsprechenden Lizenz – einem *Nutzungsrecht*[108] – zulässig, welche durch die Frequenzverwaltungsbehörde erteilt wird. Dieses Nutzungsrecht umfasst die Erlaubnis zur Nutzung eines bestimmten Frequenzbereichs für ein geografisches Gebiet für eine oder mehrere Funkanlagen, wobei die Einhaltung bestimmter Parameter (*Nutzungsbedingungen*) vorgeschrieben ist. Dadurch sollen gegenseitige Störungen (Interferenzen) von unterschiedlichen Funksystemen vermieden und eine effiziente Nutzung des Frequenzspektrums sichergestellt werden.

In Bezug auf den Adressatenkreis kann zwischen drei verschiedenen Formen von Nutzungsrechten – für ein bestimmtes Frequenzband und geografisches Gebiet – unterschieden werden:

- Exklusives Nutzungsrecht für nur einen Lizenzinhaber
- Nutzungsrecht für eine bestimmte Anzahl von Lizenzinhabern
- Nutzungsrecht für alle Lizenzinhaber, die bestimmte Auflagen einhalten

In der Praxis kommen exklusive Nutzungsrechte, die beispielsweise an Mobilfunkbetreiber oder Rundfunkbetreiber erteilt werden, am häufigsten vor.

Bei Mobilfunksystemen kommt eine spezifische Form von exklusiven Nutzungsrechten, die sogenannte *Blockzuweisung*, zum Einsatz. Im Rahmen einer Blockzuweisung werden nicht einzelne Funkanlagen lizenziert – wie dies z.B. im Rundfunkbereich[109] der Fall ist – sondern einem Betreiber unter bestimmten Auflagen ein Frequenzbereich für ein geografisches Gebiet (meist bundesweit) zur exklusiven Nutzung für beliebig viele Funkanlagen zugeteilt. Die erforderliche Frequenzplanung zur Vermeidung von Gleichkanal- und Nachbarkanalinterferenzen innerhalb des zugewiesenen Frequenzbereichs und Versorgungsgebietes wird in diesem Fall nicht von der Frequenzverwaltungsbehörde, sondern vom Betreiber selbst durchgeführt.[110] Um Störungen am Rande des Versorgungsgebiets und an den

---

[108] Siehe auch Kapitel 4.2.1.

[109] De facto gelangen sowohl im Rundfunkbereich wie im Telekommunikationsbereich Blockzuweisungen und Einzelstandortbewilligung zur Anwendung. Ein typischer Fall für Einzelstandortbewilligungen im Telekommunikationssektor sind Frequenzen für Richtfunk.

[110] Zu unterschiedlichen Formen von Interferenzen siehe auch Kapitel 2.2.1.

Staatsgrenzen zu vermeiden, muss der Betreiber spezifische Auflagen (Nutzungsbedingungen) einhalten. Um Nachbarkanalinterferenzen mit anderen Betreibern innerhalb eines geografischen Gebietes zu vermeiden, werden Begrenzungen in Bezug auf die Aussendungen eines Systems außerhalb des zugeteilten Frequenzbandes (*Spektrumsmasken*) vorgeschrieben sowie Mindestschutzabstände zwischen den Frequenzbereichen der beiden Nutzer (Schutzbänder) festgelegt.

Im Falle der *Bewilligung* von einzelnen *Funkanlagen* ist es Aufgabe der Frequenzverwaltung, durch geeignete Maßnahmen (Standortkoordination, Mindestabstände) Gleichkanal- und Nachbarkanalinterferenzen zu minimieren und damit einen störungsfreien Betrieb sicherzustellen.

> *Überwachung der Frequenznutzung*

Eine weitere Aufgabe, die der nationalen Frequenzverwaltung zufällt, ist die Überwachung der Frequenznutzung. Zu diesem Zweck führt die Frequenzverwaltungsbehörde Messungen zur Ortung von nicht lizenzierten Sendeanlagen und zur Überprüfung der Einhaltung der Maximalwerte für Aussendungen durch.

4.1.2 Frequenzverwaltung in Österreich

In Österreich ist der Bundesminister für Verkehr, Innovation und Technologie (BMVIT) als Oberste Fernmeldebehörde für die Verwaltung des Frequenzspektrums zuständig[111] und hat durch geeignete Maßnahmen eine effiziente und störungsfreie Nutzung desselben zu gewährleisten. Der BMVIT ist für strategische Bereiche wie die Erstellung der nationalen Frequenzpläne und die internationale Abstimmung bezüglich Frequenznutzung zuständig.[112] Die Frequenzpläne umfassen den Frequenzbereichszuweisungsplan[113] und den Frequenznutzungsplan[114], welcher eine Tabelle von Frequenzteilbereichen mit Festlegungen von Funkdiensten und Nutzungsbedingungen für jeden Frequenzteilbereich enthält.

Für die Erteilung von Bewilligungen zur Errichtung und zum Betrieb von Funkanlagen sowie die Überwachung der Frequenznutzung sind dem

---

[111] Vgl. § 105 iVm § 47 Abs 1 TKG 1997 bzw. die entsprechenden Nachfolgebestimmungen im TKG 2003.
[112] Mit Ausnahme von Rundfunkfrequenzen. Die Kompetenz für die Frequenzverwaltung von Rundfunkfrequenzen liegt bei der KommAustria.
[113] Frequenzbereichszuweisungsverordnung, BGBl. II Nr. 149/1998.
[114] Frequenznutzungsverordnung BGBl. II Nr. 364/1998.

BMVIT untergeordnete Dienststellen mit Sitz in Graz, Innsbruck, Linz und Wien, die sogenannten Fernmeldebüros, zuständig.[115] Zum Zeitpunkt der hier untersuchten Vergabeverfahren war die Telekom-Control-Kommission (TKK) für die Zuteilung von Frequenzen zur Erbringung von öffentlichen Mobilfunkdiensten und die RTR-GmbH für die Zuteilung von Frequenzen zur Erbringung anderer öffentlicher Telekommunikationsdienste zuständig.[116,117]

4.1.3 Internationale Organisationen

> *Internationale Fernmeldeunion (ITU)*

Für die internationale Frequenzkoordinierung ist die Internationale Fernmeldeunion ITU[118], eine Unterorganisation der UN (United Nations), zuständig. Die Mitgliedschaft eines Staates bei der ITU – beinahe alle Staaten weltweit sind Mitglieder – verpflichtet diesen, alle einschlägigen Vereinbarungen umzusetzen. Die ITU ist in Sektoren für Telekommunikationsstandardisierung, Telekommunikationsentwicklung und Funkkommunikation (ITU-R) unterteilt (Withers,1999).

Die ITU-R ist für den Bereich der Koordinierung der Frequenznutzung zuständig. Zu den Aufgaben der ITU-R zählt die Erstellung von Empfehlungen, sowie die Überarbeitung der Vollzugsordnung für den Funkdienst (VO Funk[119]). Die VO Funk stellt die Grundlage für die Frequenzverwaltung in den Mitgliedstaaten der ITU dar und wird im Drei-Jahres-Rhythmus im Rahmen von Weltfunkkonferenzen (WRC[120]) überarbeitet. Die VO Funk umfasst im Wesentlichen eine Tabelle der Frequenzzuweisungen (Funkdienste) für das gesamte derzeit verwendete Funkfrequenzspektrum, Verfahren zur Nutzung des Frequenzspektrums unter Berücksichtigung akzeptabler Interferenzniveaus und Maßnahmen zur Steigerung der Effizienz der Frequenznutzung. Die Zuweisung von Funkdiensten erfolgt in

---

[115] Ausgenommen davon ist der Rundfunk, vgl. § 49 Abs 1 TKG 1997 sowie § 83 Abs 5 TKG 1997 bzw. die entsprechenden Nachfolgebestimmungen im TKG 2003.

[116] Vgl. § 49 Abs 4 iVm § 111 Abs 9 TKG 1997.

[117] Nach dem seit August 2003 gültigen Rechtsrahmen ist die Telekom-Control-Kommission für die Vergabe von Frequenzen zuständig, die im Frequenznutzungsplan als „knapp" ausgewiesen sind. Vgl. § 54 TKG 2003.

[118] International Telecommunication Union

[119] VO Funk, Radio Regulations, Volumes 1,2, 3 and 4; 1998 edition, ITU, Geneva, 1998.

[120] World Radiocommunication Conference

Form von Primär- und Sekundärallokationen. Systeme gemäß der Primärallokation bieten Interferenzschutz in Bezug auf zukünftige Primär- und Sekundärallokationen, wohingegen der Interferenzschutz von Sekundärdiensten lediglich gegenüber zukünftigen Sekundärallokationen gegeben ist.

Um den erheblichen Koordinationsaufwand bewältigen zu können, wird die Welt in drei Regionen unterteilt. Die Region 1 setzt sich aus Europa, dem Mittleren Osten, den Ländern der früheren Sowjetunion und Afrika zusammen. Die Region 2 umfasst Grönland, Nord- und Südamerika und Region 3 die Länder des Fernen Ostens, Australien und Neuseeland.

> *Europäische Konferenz der Verwaltungen für Post und Telekommunikation (CEPT)*

Ende der 50er Jahre wurde die Europäische Konferenz der Verwaltungen für Post und Telekommunikation (CEPT[121]) gegründet. Die CEPT, welche 44 Mitgliederstaaten zählt, ist in drei Ausschüsse – für Post, Regulierungsfragen für Telekommunikation, sowie Funkangelegenheiten (ERC[122] bzw. ERO[123], das ständige Büro des ERC) – unterteilt. CEPT/ERC-Empfehlungen und -Entscheidungen dienen – obschon nicht verbindlich – als Grundlage für die Harmonisierung der Frequenznutzung in Europa.[124] Die CEPT veröffentlicht die *European Allocation Table (ECA)*, eine Liste aller Frequenzzuweisungen der Mitgliedstaaten.

Zu den Aufgaben des ERO gehört die Ausarbeitung langfristiger Pläne zur künftigen Nutzung des Frequenzspektrums auf europäischer Ebene, die Durchführung von Konsultationen über bestimmte Themen bzw. Bereiche des Frequenzspektrums, sowie Kommunikation mit den nationalen Frequenzmanagementbehörden und der Europäischen Union.

> *European Telecommunications Standards Institute (ETSI)*

Bei Mobilfunksystemen sind Standards (im Bereich der Funkschnittstelle) eine wesentliche Voraussetzung für die Kompatibilität von Mobilgeräten

---

[121] Conference Européenne des Administrations des Postes et des Télécommunications
[122] European Radiocommunication Committee. In Zukunft European Communications Committee (ECC).
[123] European Radiocommunications Office
[124] Quelle: Homepage CEPT, URL : http://www.cept.org/

unterschiedlicher Hersteller mit dem Netz und für die Interoperabilität von Mobilgeräten mit Fremdnetzen (Roaming).

Das ETSI[125] ist für die Ausarbeitung von technischen Standards für Telekommunikation und verwandte Bereiche auf europäischer Ebene verantwortlich.[126] Die von ETSI verabschiedeten Europäischen Normen (EN – European Norms) bilden die Basis für harmonisierte Normen, welche die Schnittstellen für Endgeräte im Rahmen der Endgeräterichtlinie definieren (Richtlinie 1999/5/EG).

➢ *Europäische Union*

Die Europäische Union hat eine nicht unerhebliche Rolle bei der europaweiten Harmonisierung der Frequenznutzung. So wurden im Bereich der Mobilkommunikation eine Reihe spezifischer Richtlinien erlassen: Mit der GSM-Richtlinie (RL 87/372/EWG) wurden Mitgliedstaaten ab 1991 zur Widmung von Frequenzbereichen für GSM-900 verpflichtet. Entsprechend einer Richtlinie für DECT (RL 90/544/EWG) müssen Frequenzbereiche ab 1992 für das System DECT gewidmet werden. Gemäß Entscheidung (128/1999/EG) mussten Mitgliedstaaten bis zum 1. Jänner 2000 Genehmigungsverfahren für die Einführung von UMTS einrichten. Die Mitgliedstaaten hatten dabei dafür zu sorgen, dass Frequenzbänder genutzt werden, die durch die CEPT/ERC harmonisiert wurden.

Weitere Richtlinien betreffen Lizenzierung und Frequenzzuweisung an Betreiber. Die Mobilfunkrichtlinie (RL 96/2/EG) sieht unter anderem vor, dass Mitgliedstaaten die Anzahl an Lizenzen nur aufgrund fehlender Frequenzen begrenzen dürfen. Die Richtlinie 97/13/EG (Genehmigungsrichtlinie) legt fest, dass Einzelgenehmigungen für die Nutzung von Funkfrequenzen durch offene, nichtdiskriminierende und transparente Verfahren erteilt werden müssen, die für alle Antragsteller gleich sind.

Der in den meisten Mitgliedstaaten im Jahr 2003 in Kraft getretene „neue" Rechtsrahmen für Kommunikationssysteme beinhaltet auch Regelungen, die das Frequenzmanagement betreffen. Demnach dürfen exklusive Nutzungsrechte nur dann erteilt werden, wenn dies z.B. aufgrund von Interferenzen erforderlich sein sollte, andernfalls sind Allgemeingenehmigungen zu erteilen. Andererseits wird den Mitgliedstaaten freigestellt, Frequenzhandel unter bestimmten Bedingungen (Beibehaltung einer harmonisierten

---

[125] European Telecommunications Standards Institute
[126] Article 4, Statutes of the European Telecommunications Standards Institute adopted by General Assembly 36 on 22 November 2000.

Nutzung, Sicherstellung von funktionsfähigem Wettbewerb) einzuführen. Die Übertragung von Frequenznutzungsrechten wurde in Österreich im „neuen" Rechtsrahmen für Kommunikationssysteme umgesetzt.[127]

4.1.4 Phasen des Frequenzmanagements

Der gesamte Prozess der Frequenzkoordination kann in folgende Phasen untergliedert werden:[128]

- In der ersten Phase, die als *Allokation*[129] bezeichnet wird, werden die (langfristigen) Nutzungsmöglichkeiten und –bedingungen eines Frequenzbereichs festgelegt.[130] Dieser Prozess umfasst sowohl internationale wie auch nationale Koordinationsmaßnahmen, die von den nationalen Frequenzverwaltungsbehörden in Zusammenarbeit mit internationalen Organisationen, wie ITU, CEPT, ETSI durchgeführt werden. Frequenzen werden zunächst auf internationaler Ebene im Rahmen der Weltfunkkonferenzen der ITU für bestimmte (abstrakte) Nutzungskategorien gewidmet. Auf Basis dieser international abgestimmten Nutzungskategorien werden in der Folge auf nationaler bzw. regionaler Ebene (z.B. CEPT, EU) die konkreten Frequenznutzungen festgelegt (Frequenznutzungsplan). Diese kann die Verwendung eines konkreten Standards (z.B. GSM) obligatorisch vorschreiben oder breiter formuliert sein (z.B. öffentliche Mobilfunkdienste) und dem Nutzer die Wahl der Technologie freistellen. Neben dem Dienst werden auch weitere Nutzungsbedingungen festgelegt. Diese umfassen die Nutzungsdauer, das Nutzungsgebiet[131], funktechnische Nutzungsbedingungen (zur Vermeidung von Interferenzen), wie Kanalbreite, Sendeleistung, Feldstärkegrenzwerte und Vorzugsfrequenzregelungen zu Nachbarländern sowie Auflagen zur Umsetzung öffentlicher Interessen, wie beispielsweise Mindestversorgungsauflagen.

---

[127] Vgl. dazu § 55 und 56 TKG 2003.
[128] Vgl. u.a. Flach & Tadayoni (2002), Withers (1999) und Webb (1998).
[129] Der in diesem Zusammenhang verwendete Begriff der Allokation ist nicht zu verwechseln mit Allokation im ökonomischen Sinn. Um Missverständnisse zu vermeiden wird daher in der Folge hauptsächlich der Begriff Widmung anstelle von Allokation verwendet.
[130] Siehe auch Kapitel 4.1.
[131] Die Aufteilung in geografische Gebiete sowohl innerhalb eines Landes wie auch zwischen Ländern wird auch als *Allotment* bezeichnet.

- Im Rahmen der Zuteilung oder Zuweisung (*Assignment*) werden die (international) allozierten Frequenzbereiche – bzw. die entsprechenden Nutzungsrechte – von nationalen Regulierungsbehörden (innerhalb deren rechtlichen Zuständigkeitsbereich) einem oder mehreren Nutzern zur Nutzung überlassen. Abhängig von der Art der Nutzungsrechte kommen dabei unterschiedliche Verfahren zur Anwendung. Sind Nutzungsrechte exklusiv und die Zahl beschränkt, ist ein Auswahlverfahren notwendig.

- Spektrum *Clearance* oder *Refarming*, die dritten Phase, bezeichnet die vorzeitige – d.h. vor Ablauf der regulären Nutzungsdauer – Räumung des Spektrums für neue Nutzungen bzw. ggf. auch neue Nutzer, mit dem Ziel eine effizientere Nutzung des Spektrums sicherzustellen. Damit im Zusammenhang steht die möglicherweise notwendige Migration gegenwärtiger Nutzer in alternative Frequenzbänder.

Die vorliegende Arbeit konzentriert sich mit wenigen Ausnahmen auf die Zuteilung von exklusiven Nutzungsrechten für Frequenzen, wobei die Begriffe Zuteilung, Zuweisung, Vergabe, Konzessionserteilung und Lizenzierung, wenn nicht gesondert erwähnt, synonym verwendet werden.[132]

4.1.5 Interferenzmanagement

Funksignale können sich gegenseitig stören.[133] Das Störpotenzial reicht von einer Verminderung der vom Benutzer wahrgenommenen Dienstequalität (z.B. Rauschen) bis hin zum Zusammenbruch eines Funksystems mit möglicherweise lebensbedrohenden Konsequenzen – etwa beim Ausfall eines Flugnavigations- oder Notrufsystems. Interferenzen haben, da Funkwellen an Grenzen nicht Halt machen, auch eine internationale Dimension. Das Interferenzmanagement ist eines der obersten Ziele der Frequenzverwaltung. Die Optimierung andere Ziele erfolgt immer unter der Nebenbedingung eines *akzeptablen Interferenzniveaus*.

Unter Interferenzmanagement werden jene Maßnahmen verstanden, die sicherstellen, dass die Feldstärke eines Funksignals in jenem Gebiet, in dem der Empfang erwünscht ist, die Summe der Feldstärken aller Störsignale inklusive Rauschen um einen bestimmten Anteil überschreitet.

---

[132] Dies ist aus rechtlicher Sicht unpräzise. Beispielsweise wird im TKG 1997 eine Unterscheidung zwischen Konzessionserteilung und Frequenzzuteilung getroffen (siehe auch Kapitel 4.2.4).
[133] Siehe auch Kapitel 0.

Erzielt wird dies durch die Separierung in den Dimensionen Raum (Schutzzonen), Zeit (Nutzungsdauer) und Frequenzen (Frequenzmasken, Schutzbänder). Dabei sind eine Reihe von Aspekten wie das Koordinationsgebiet (Topographie), die Charakteristika von Stör- und Nutzsignalen (Modulationsart, Richtcharakteristik der Antenne, etc.), Ausbreitungseigenschaften der entsprechenden Frequenzen, die technischen Charakteristika der Empfangsgeräte (notwendige Rausch-Nutzabstand) und *Spillover-Effekte* in andere Frequenzbereiche in Betracht zu ziehen. Diese Planung, die auch als Koordination bezeichnet wird, ist hochkomplex und umfasst drei Dimensionen: die Koordination innerhalb eines Dienstes, die Koordination zwischen Diensten und die internationale Koordination.

Die Koordination zwischen Diensten (*inter-service coordination*) erfolgt im Rahmen der Aufteilung des Spektrums in unterschiedliche Funkdienste. Dabei werden *spill overs* auf andere Nutzer und Dienste in anderen Frequenzbändern (Nachbarkanalinterferenzen) durch entsprechende Schutzabstände (Schutzkanäle) bzw. Begrenzungen des maximalen Ausstoßes in andere Bänder (Spektrummasken) auf ein akzeptables Niveau begrenzt.

Die Koordination innerhalb eines Dienstes (*intra-service coordination*) erfolgt entweder zentral durch die Verwaltung oder im Falle der Blockzuteilung durch den Betreiber selbst.[134] Der erste Ansatz erlaubt die Zuweisung eines Frequenzbereichs an mehrere Nutzer. Diese Form der Koordination findet insbesondere bei einer geografisch eingeschränkten Nutzungen (Richtfunksysteme, einzelne Rundfunkanlagen, etc.) Anwendung. Durch die Zuweisung an verschiedene Nutzer wird die Effizienz der Nutzung erhöht. Der zweite Ansatz findet häufig für Dienste mit Flächenversorgungscharakter Anwendung (Mobilfunk, bundesweite Rundfunkversorgung). Dabei werden von der Frequenzverwaltung Frequenzpakete gebildet, die mit anderen Anwendungen und Nutzern koordiniert werden, indem Schutzkanäle, Spektrummasken und Schutzzonen vorgesehen werden. Die Frequenzpakete werden dann einem Nutzer zugeteilt, der diese innerhalb des Nutzungsgebiets selbst koordiniert. Für den Mobilfunk ist diese Form der Koordination schon aufgrund der hohen Zahl an Standorten (in Österreich 3000-4000 je Betreiber) notwendig.

Die *internationale Koordination* erfolgt entweder durch formale Prozeduren im Rahmen der ITU-R oder durch multilaterale bzw. bilaterale Verhandlung zwischen Staaten. Dabei werden die maximalen Feldstärken in den Grenzbereichen abgestimmt. Häufig werden dabei die Frequenzbereiche

---

[134] Siehe auch Kapitel 4.1.1.

in Vorzugs- und Nichtvorzugsfrequenzen getrennt. Vorzugsfrequenzen haben einen höheren Grenzfeldstärkewert im Grenzbereich und dienen der Versorgung grenznaher Regionen. Die entsprechenden Interferenzkalkulationen, die Grundlagen für bilaterale und multilaterale Verhandlungen, werden durch internationale Organisationen wie die CEPT eingebracht. Die internationale Koordination ist aufgrund der Ausbreitungseigenschaften in niedrigeren Frequenzbereichen (z.B. Rundfunk) von größerer Bedeutung als in höheren Frequenzbereichen.

Die internationale Koordination und die Koordination zwischen Diensten wird (gegenwärtig) ausschließlich von den Frequenzverwaltungen durchgeführt. Im Bereichen der Koordination zwischen Diensten werden aufgrund der stark steigenden Nachfrage nach Spektrum zunehmend auch Modelle mit *dezentralem Charakter* – stärkere Verschiebung von Kompetenzen in Richtung Nutzer – diskutiert bzw. in manchen Ländern auch bereits eingesetzt.[135] Diese reichen von der reinen Auslagerung bestimmter Koordinationsaufgaben bis zur Übertragung konzentrierter Verfügungsrechte inklusive der Möglichkeit, den Interferenzrahmen durch Verhandlungslösungen zu bestimmen (Cave, 2002; Hazlett, 2001). In diesem Fall wird von der Frequenzverwaltung ein bestimmter Interferenzrahmen bei der Primärzuteilung festgelegt, der dann im Zuge von Verhandlungen zwischen den Betreibern benachbarter Regionen/Bänder – unter Einbeziehung von Kompensationszahlungen – neuverhandelt werden kann (*Coase Theorem*).

Das (zentrale) Interferenzmanagement ist nach wie vor eine der wesentlichsten Aufgaben nahezu aller Frequenzverwaltungen auf der Welt. In diesem Fall kommt der Frequenzverwaltung die Aufgabe zu, das *optimale Interferenzniveau* zu bestimmen. Dabei liegt – wie noch näher ausgeführt wird – ein *trade-off* zwischen unterschiedlichen Zielen vor. Eine restriktive Interferenzpolitik vermeidet zwar Störungen, behindert aber die Etablierung innovativer und neuer Dienste. Umgekehrt kann ein zu hohes Interferenzniveau zum vollständigen Ausfall eines Funksystems führen. Ein weiterer *trade-off* liegt zwischen Geschwindigkeit und Flexibilität auf der einen Seite und Effizenz der Nutzung auf der anderen Seite vor. Um die maximale Effizienz zu erreichen, müsste die Koordination auf Basis eines der Realität nahekommenden Ausbreitungsmodells mit exakten Daten (über Geräte, Standorte, Topographie, etc.) durchgeführt werden. Häufig erfolgt die Planung mangels Verfügbarkeit exakter Daten auf Basis von generischen Daten über Ausbreitungsverhalten, Systeme und Geräte. Da-

---

[135] Siehe auch Kapitel 4.2.1.

durch geht zwar ein Teil der Effizienz verloren, dafür wird aber die Flexibilität für den Betrieb (Technologiewahl, Standorte, Systeme) erhöht und die Planungsdauer (und damit auch die *time to the market* neuer Technologien) erheblich verkürzt.

Aufgrund der stark steigenden und sich schnell ändernden Nachfrage nach Frequenzen werden zunehmend auch dezentrale Modelle diskutiert. Hinsichtlich der Frage, ob ein zentrales oder dezentrales System besser geeignet ist, sind aus frequenztechnischen Gesichtspunkten zwei Dinge anzumerken: Nimmt man den gegenwärtigen internationalen Koordinationsrahmen (der ITU-R) als gegeben hin, sind Frequenzen in höheren Bereichen des Spektrums (z.B. Mobilfunk, *Wireless Local Loop*) aufgrund des geringeren internationalen Koordinationsaufwands tendenziell besser für eine dezentrale Koordination geeignet als Frequenzen in niedrigeren Bereichen (z.B. Rundfunk).[136] Das gilt auch für Funkdienste mit Flächendeckung im Vergleich zu Funkdiensten mit einem einzigen Standort.

4.1.6 Internationale Harmonisierung der Frequenznutzung

Die internationale Harmonisierung der Nutzung hat sich als allgemeines Prinzip in der Frequenzverwaltung durchgesetzt. Neben einer Vereinfachung des grenzüberschreitenden Interferenzmanagements, das leichter durchführbar ist, wenn Frequenzen in Nachbarländern für dieselben Dienste gewidmet werden, wird dadurch vor allem auch die grenzüberschreitende Mobilität von Sende- und Empfangsgeräten ermöglicht (*single market in service*). Damit können Netzwerkexternalitäten auf der Nachfrageseite realisiert, wie auch Skaleneffekten bei der Entwicklung und Produktion auf der Angebotsseite ausgeschöpft werden. Darüber hinaus werden Unsicherheit bezüglich der (globalen) Verfügbarkeit von Spektrum für Investitionen (*single market in good*) reduziert.

Die internationale Harmonisierung wird auf mehreren Ebenen durchgeführt. Auf globaler Ebene werden im Rahmen der ITU-R (bzw. der Weltfunkkonferenz) Frequenzbereiche für bestimmte, breit gehaltene Anwendungsfelder (z.B. FIXED, MOBILE, BROADCASTING) alloziert. Dabei werden Primär- und Sekundärnutzungen festgelegt, die entsprechend koordiniert werden. Auf europäischer Ebene erfolgt die Koordination, die häufig wesentlich spezifischer (auf Ebene konkreter Funkdienste und Technologien) erfolgt, durch die Abstimmung mehrerer internationaler

---

[136] Eine entsprechende ökonomische Analyse folgt noch im Kapitel 4.5.

Institutionen (ITU, CEPT und EU). Der Europäischen Union kommt dabei die Aufgabe zu, den rechtsverbindlichen Rahmen für die europäische Harmonisierung bestimmter Funkdienste (z.B. UMTS, GSM) zu schaffen.[137] Neben den bereits erwähnten Institutionen spielen in diesem Zusammenhang noch internationale Handelsabkommen im Rahmen der WTO eine Rolle. Diese schränken den Spielraum für die europaweite Harmonisierung zum Teil (z.B. auf Ebene konkreter Technologien bei IMT-2000/UMTS) ein.

Die internationale Harmonisierung der Nutzung hat nicht nur Vorteile. Neben der Einschränkung der nationalen Flexibilität – es wäre wohl sehr verwunderlich, wenn die Nachfrage nach Funkdiensten in allen Ländern gleich gestaltet wäre – ist insbesondere die lange Dauer der Harmonisierung, die reduzierte Innovationsgeschwindigkeit und die reduzierte Offenheit gegenüber neuen Diensten und Technologien zu erwähnen. Beispielsweise wurde mit den ersten Arbeiten zum globalen Standard der dritten Mobilfunkgeneration (IMT-2000) innerhalb der ITU bereits in den 80er Jahren begonnen. Bis zur Dienstaufnahme ist also mehr als eine Dekade verstrichen.

In diesem Zusammenhang stellen sich zwei zentrale Fragen: Für welche Dienste und Anwendungen übersteigen die Kosten der Harmonisierung den gesellschaftlichen Nutzen? Gibt es Möglichkeiten, die Harmonisierung flexibler zu gestalten? Darauf wird im Kapitel 4.5 näher eingegangen.

4.2 Erteilung von exklusiven Frequenznutzungsrechten

4.2.1 Frequenznutzungsrechte

Für die Erbringung eines Funkdienstes ist die Nutzung eines Teils des elektromagnetischen Spektrums ein notwendiger Inputfaktor. Das Grundproblem liegt nun darin, dass sich Funksignale – wie bereits ausgeführt – gegenseitig stören können und dadurch der Nutzwert vermindert oder möglicherweise gänzlich beseitigt wird. Damit besteht Nutzungsrivalität hinsichtlich einzelner Frequenzen. Dies hat zwei wesentliche ökonomische Implikationen: zum Ersten liegt der ökonomische Wert nicht in den Produktionskosten, die für das Gut Frequenzen sehr gering sein

---

[137] Siehe auch Kapitel 4.1.3.

können,[138] sondern in den *Opportunitätskosten*, die durch die Nichtrealisierung der besten alternativen gesellschaftlichen Verwendung hervorgerufen werden.[139] Zum Zweiten können diese Interferenzen als *externe Effekte* angesehen werden. Nach dem *Coase Theorem* könnte man unter bestimmten Bedingungen erwarten, dass das optimal zu tolerierende Interferenzniveau vertraglich zwischen den betroffenen Teilnehmern vereinbart werden kann.[140]

Als Lösung für die Interferenzproblematik wurden schon sehr früh rechtlich durchsetzbare *exklusive Nutzungsrechte* für bestimmte Frequenzen (und Dienste) definiert und aus-gewählten Nutzern gewährt.[141] Das Fehlen eines kollektiven Koordinationsinstruments (wie etwa die Erteilung von Verfügungsrechten) kann zu einer Übernutzung des Spektrums führen (*Tragedies of the Commons*).[142] Frequenznutzungsrechte können unterschiedlich breit ausgestaltet sein. Je nach Art des Rechtsanspruches kann nach Minasian (1975) unterschieden werden in:

- *emission rights* (Erlaubnis zum Senden von Signalen)
- *admission rights* (Ausschluss der Nutzung durch andere)
- *use rights* (freie Wahlmöglichkeit für die Art der Nutzung)
- *transferability* (Recht auf Veräußerung der Nutzungsrechte)

Zum Zeitpunkt der hier untersuchten Frequenzvergaben beschränkten sich in Österreich – wie auch in den meisten anderen europäischen Ländern – die exklusiven Nutzungsrechte auf die Erlaubnis zum Senden von

---

[138] Das sind die Kosten, die im Rahmen der Bereitstellung von Frequenzen (Frequenzkoordination, Definition und Durchsetzung von Verfügungsrechten, etc.) anfallen.

[139] Die Frage nach der besten alternativen gesellschaftlichen Verwendung hat eine Reihe unterschiedlicher Dimensionen. Zum einen kann die alternative Verwendung innerhalb einer vorgegebenen Technologie bzw. Dienstart betrachtet werden (intramodale Vergabe), zum anderen können auch alternative Dienstarten bzw. Technologien mit in Betracht gezogen werden (intermodale Vergabe). Darüber hinaus – wie bereits im vorangegangen Kapitel ausgeführt wurde – können Frequenzen partiell durch alternative Inputfaktoren, wie beispielsweise die Netzverdichtung im Bereich zellularer Mobilfunksysteme substituiert werden.

[140] Siehe auch Kapitel 4.5.

[141] Bereits Anfang des 19. Jahrhunderts wurde die internationale Radiotelegraphie-Union gegründet, die eine Liste aller Funkstationen zusammen mit den verwendeten Trägerfrequenzen und dem Datum der Inbetriebnahme laufend veröffentlichte und aktualisierte. Es galt als allgemeines Prinzip, dass das Recht eine bestimmte Funkfrequenz ohne inakzeptable Interferenzen zu benutzen, jener Funkstation vorbehalten war, die früher errichtet worden war.

[142] Siehe auch Kapitel 4.3.4 und Kapitel 4.5.

Signalen (*emission right*) und auf das Recht auf Ausschluss der Nutzung durch andere (*admission right*).[143,144] Zu diesem Zeitpunkt wurden in anderen Ländern wie beispielsweise in Australien oder Neuseeland bereits konzentriertere Verfügungsrechte vergeben.[145] In Neuseeland gibt es zwei Klassen von Verfügungsrechten: *Licence rights* und *management rights*.[146] Im Rahmen sogenannter *management rights* werden an den Inhaber große Teile der Frequenzmanagement-Aufgaben übertragen bzw. auf 20 Jahre verpachtet. Die Rechte selbst regeln nicht die Nutzungsart sondern nur den Interferenzrahmen. Dem *Manager* wird das Recht eingeräumt, Nutzer und Art der Nutzung – nach Maßgabe des Interferenzrahmens und der internationalen Verpflichtungen – selbst zu bestimmen. Er kann beliebige Teile des Spektrums bzw. des Gebietes sich selbst oder anderen durch die Erteilung von *licence rights* zur Nutzung übertragen. Es gibt keine Restriktionen hinsichtlich der Nutzungen, außer dass der vorgegebene Interferenzrahmen einzuhalten ist. *Management rights* sind grundsätzlich frei handelbar. Dem *Manager* obliegt es auch, mit dem *Manager* eines Nachbarbandes neue Interferenzbedingungen auszuhandeln. Für manche Bänder hat sich das Ministerium das *management right* selbst vorbehalten und erteilt lediglich *licence rights* für einzelne Nutzer.[147] Konzentriertere Verfügungsrechte, sogenannte *spectrum licences*, gibt es auch in Australien.[148] *Spectrum licences* werden auf 15 Jahre vergeben und setzen sich aus unteilbaren kleinsten (Raum-Spektrum-) Einheiten, sogenannten *STUs* (*standard trading units*), zusammen. Sie sind aggregierbar, teilbar (bis auf STU Ebene) und handelbar. Dem Inhaber ist die

---

[143] Siehe auch Kapitel 4.1.

[144] Im „neuen" Rechtsrahmen für Kommunikationssysteme wurde das Tranferrecht für einige Frequenzbereiche implementiert. Vgl. § 55 und 56 TKG 2003.

[145] Viele Autoren bevorzugen im Bereich der Frequenzverwaltung den Begriff der *usage rights* (Nutzungsrechte) oder *spectrum access rights* und lehnen den Begriff der *property rights* ab. Dies mag aus rechtlicher Sicht geboten sein. Aus ökonomischer Sicht ist der Unterschied rein semantischer Natur. Zur ökonomischen Diskussion von *property rights* vergleiche Schäfer & Ott (1995) und Richter & Furubotn (1999).

[146] Daneben gibt es noch die aus dem alten Regime übernommenen Einzelbewilligungen (*apparatus licences*), die gegenwärtig schrittweise in das neue Regime überführt werden. Zu den Verfügungsrechten in Neuseeland vgl. u.a. ITU-R SM.2012 und http://www.med.govt.nz/index.html

[147] Der Hauptgrund dafür dürfte wohl die Wahrnehmung internationaler Harmonisierungsverpflichtungen sein. Dies und die noch bestehenden *apparatus licences* sind vermutlich der Hauptgrund dafür, dass gegenwärtig für einen geringeren Teil des Gesamtspektrums *management rights* vergeben wurden.

[148] Vgl. u.a. Cave (2002, S 99) sowie ITU-R SM.2012 und http://www.aca.au

Wahl der Nutzung freigestellt. Die *Australien Communications Authority* (ACA) hat mittlerweile für ca. 10 Bänder *licence rights* vergeben. Der überwiegende Teil sind traditionelle *apparatus licences*.

Frequenznutzungsrechte in stark konzentrierter Form und ohne zeitliche Beschränkung sind de facto dem Privateigentum gleichzusetzen.[149] Die Diskussion über die Ausgestaltung von Nutzungsrechten reicht weit zurück. Bereits 1959 wurde von Coase (1959) vorgeschlagen, die zentrale Koordination des Spektrums zugunsten eines dezentralen (marktbasierten) Systems mit konzentrierten Verfügungsrechten (*property rights*) aufzugeben (*Frequenzmarkt* bzw. *Spectrum Trading*). Diese Diskussion hat die letzten Jahre, nachdem sie einige Zeit von der Agenda verschwunden war, insbesondere durch die Bedeutung des Spektrums für die Telekommunikation und die Nutzungsrivalität zwischen verschiedenen Wirtschaftssektoren (Medien, Telekommunikation, Militär) wieder an Dynamik gewonnen.[150] Ein Argument, das seitens der Befürworter einer zentralen Koordination häufig angeführt wird, ist jenes, dass Frequenzen aufgrund ihrer Charakteristika nicht handelbare Güter seien.[151] Dieses Argument ist insofern von Interesse, als damit auch die Frage aufgeworfen wird, ob Nutzungsrechte versteigert werden können. Sind Frequenzen handelbar? Aus ökonomischer Sicht ist diese Frage eindeutig mit ja zu beantworten. Frequenzen, obschon im Eigentum der Öffentlichkeit, sind als private Güter zu charakterisieren. Sowohl *Ausschliessbarkeit* wie auch *Nutzungsrivaltität* sind gegeben.[152] Im Grunde sind es die Nutzungsrechte, die das Ausschlussprinzip implementieren und damit Frequenzen zu einem privaten Gut machen.

Neben exklusiven Nutzungsrechten – auf die sich die bisherigen Ausführungen in diesem Kapitel beziehen – die einem einzigen Nutzer erteilt werden, gibt es hinsichtlich des Adressatenkreises noch zwei weitere Formen von Nutzungsrechten: Nutzungsrecht für eine bestimmte Anzahl von Lizenzinhabern, und Nutzungsrecht für alle Lizenzinhaber, die bestimmte Auflagen einhalten. Die vorliegende Arbeit konzentriert sich auf-

---

[149] Privateigentum ist eine stark konzentrierte Form von Verfügungs- oder Handlungsrechten (*property rights*), die dem Eigentümer die umfassende Kompetenz zur Nutzung einräumen (usus, usus fructus, abusus und Übertragung).

[150] Siehe auch Kapitel 4.5.

[151] Es gibt eine Reihe weiterer Argumente, die für eine zentrale Koordination sprechen, die wesentlich bedeutsamer sind, wie beispielsweise die internationale Koordination einheitlicher Standards oder die Verhinderung von Marktmacht im Zusammenhang mit der Monopolisierung von Spektrum (siehe auch Kapitel 4.5.1 und Kapitel 4.5.1.).

[152] Siehe auch Kapitel 4.5.1.

grund der hohen Bedeutung fast ausschließlich auf exklusive Nutzungsrechte.

4.2.2 Mechanismen zur Vergabe von Nutzungsrechten

Unter Vergabe (*Assignment*) wird die Zuweisung von exklusiven Frequenznutzungsrechten an einen konkreten Nutzer (Betreiber) verstanden. Solange die Zahl der potenziellen Nutzer jene der verfügbaren Lizenzen nicht übersteigt, ist dieser Prozess relativ trivial. Üblicherweise werden die Nutzungsrechte an den oder die Antragsteller zugeteilt; implizit kommt der Mechanismus *first-come-first-served* zum Einsatz. Aus ökonomischer Sicht spricht wenig gegen die Anwendung dieses Prinzips. Da kein Nachfrageüberhang vorliegt, sind die Opportunitätskosten einer möglichen alternativen Verwendung gleich Null.[153]

Die Situation stellt sich grundsätzlich anders dar, wenn die Zahl der potenziellen Nutzer jene der verfügbaren Lizenzen bzw. deren Nachfrage nach Spektrum das Angebot übersteigt. In diesem Fall ist ein Auswahlverfahren erforderlich. Im Rahmen von Frequenzvergaben sind insbesondere vier Auswahlverfahren zum Einsatz gekommen:

- *First-come-first-served*
- Lotterie
- Kriterienwettbewerb
- Auktionsverfahren

Der Mechanismus *first-come-first-served* wurde bereits eingangs beschrieben. Dieser Mechanismus ist insofern zu problematisieren, als dass die technische oder wirtschaftliche Qualifikation der potenziellen Nutzer in den Auswahlprozess nicht einbezogen wird. Dieser Kritikpunkt gilt im Wesentlichen auch für das *Lotterieverfahren*. Im Zuge eines Lotteriewettbewerbs werden die Betreiber, denen die Nutzungsrechte zugewiesen werden durch Losentscheid ermittelt. Beide Verfahren weisen geringe Verfahrenskosten auf und sind aufgrund des objektiv einfach nachvollziehbaren Auswahlkriteriums bei ordnungsgemäßer Abwicklung als rechtssicher zu betrachten. Lotterieverfahren wurden in den Vereinigten Staaten zwischen 1982 und 1993 eingesetzt. Der Kongress entschied sich für dieses Verfahren, nachdem die Verfahrensdauer, der bis zu diesem Zeitpunkt zur Anwendung gekommenen *comparative hearings* (Kriterienwett-

---

[153] Davon unberührt sind Frequenzgebühren zur Abdeckung der administrativen Kosten des Frequenzmanagements.

bewerb) ein vertretbares Maß überschritten hatte. Der Grund für die lange Verfahrensdauer (vgl. Abbildung 4-1) waren primär Rechtsstreitigkeiten. Im Zeitraum von 1986 bis 1989 teilte die FCC über 1400 Lizenzen mittels Lotterieverfahren zu (Hazlett, 2001, S 41).

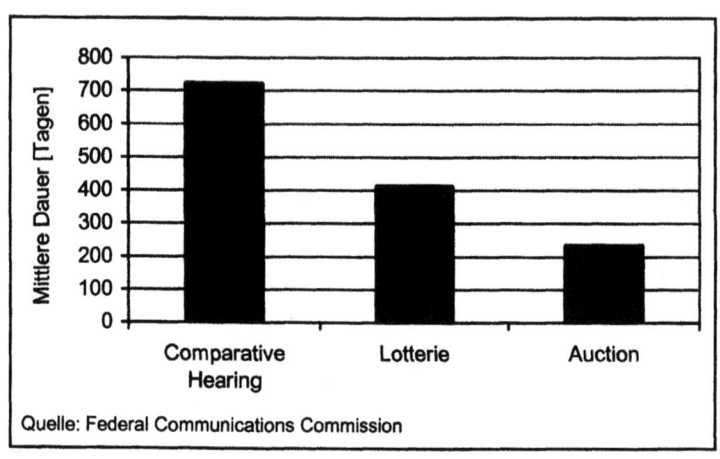

ABBILDUNG 4-1: DAUER VON VERGABEVERFAHREN IN DEN USA[154]

Den Lizenznehmern stand es frei, die Lizenzen zu verkaufen. Das Lotterieverfahren beschleunigte zwar den Vergabeprozess, zog aber in großem Umfang Antragsteller mit spekulativen Motiven an. Insgesamt stieg die Zahl der Antragsteller auf 400.000 (McMillan, 1995, S 192). Die Mehrzahl waren neu gegründete Unternehmen ohne Telekommunikationserfahrung, die primär an *windfall profits* interessiert waren und ihre Lizenzen unmittelbar nach Zuteilung an etablierte Telekommunikationsunternehmen weiterveräußerten.[155] In einem Extremfall realisierte ein Lizenznehmer einen Profit von 41 Mio. US$ (McMillan, 1995, S 192). Der ökonomische Wert des (entgeltlos) zugeteilten Spektrums wurde auf 46 Mrd. US$ geschätzt (McMillan, 1994, S 147; Kwerel & Felker, 1985). Aus ökonomischer Sicht sind zwei Faktoren als Ursache für diesen hohen Anteil an Antragstellern mit spekulativen Motiven zu nennen: das Fehlen

---

[154] Quelle: Federal Communications Commission, *The FCC Report on Spectrum Auctions*, FCC 97-353 (Oct. 1997, URL: http://www.fcc.gov/wtb/reports/)

[155] Für den Verkauf ist weder das Recht zur Übertragung der Lizenz noch die Existenz eines Sekundärmarktes notwendig. Der Verkauf kann auch durch Übertragung der Unternehmensanteile erfolgen.

von Marktpreisen und die mangelnde Einbeziehung der Qualifikation der Antragsteller.

Im Rahmen eines *Kriterienwettbewerbs*[156] formuliert die Vergabestelle (Vergabe-) Kriterien, die im Regelfall auch gewichtet werden. Üblicherweise werden dabei Kriterien wie die Finanzkraft eines Unternehmens, die technischen Erfahrungen, Innovation, Ausbaupläne, geplante Flächendeckung, angestrebte Marktdurchdringung und Endkundenpreise herangezogen. Die Anträge der Bewerber werden anhand dieser Kriterien bewertet, gereiht und jene Unternehmen ausgewählt, denen die Nutzungsrechte zugewiesen werden. Der wesentlichste Vorteil gegenüber den vorher genannten Verfahren liegt in der Einbeziehung der Qualifikation der Unternehmen in den Auswahlprozess. Demgegenüber sind die Verfahrenskosten, die zum Teil schwierige Operrationalisierbarkeit der Kriterien sowie der hohe diskretionäre Spielraum der Vergabestelle und die damit verbundene Rechtsunsicherheit als Nachteile anzuführen. Ein weiterer, aus ökonomischer Sicht aber weit wesentlicherer Kritikpunkt liegt darin, dass die im Rahmen der Bewerbung genannten Angaben ex post meist sehr schwer zu überprüfen sind und damit umgekehrt ein hoher Anreiz besteht, für vergleichende Auswahlverfahren unrealistische Geschäftsmodelle zu präsentieren.

Ein in der Literatur häufig genannter Vorteil von Kriterienwettbewerben ist die Flexibilität hinsichtlich der Umsetzung von (politischen) Vergabezielen (Genty, 1999). Demnach ist ein auf komplexen Kriterien basierendes Vergabeverfahren wie ein Kriterienwettbewerb besser geeignet öffentliche Interessen umzusetzen, als ein eindimensionales Auswahlverfahren. Darüber hinaus erlaubt ein administrativer Prozess noch Anpassungen während der Vergabe: *„With an administrative process the regulator has the ability to adjust and improve the process at the same time it runs"* (Genty, 1999). Diesem Vorteil steht allerdings der Nachteil der mangelnden Transparenz gegenüber. Nicht zuletzt wegen der oft vage formulierten Kriterien und schwer nachvollziehbaren Gewichtung dieser Kriterien hängt dieser Vergabeform der Nimbus der Willkürlichkeit und politischen Einflussnahme an: *„The winner, it often seems, is the firm that has hired the most effective lobbyists."* (McMillan, 1995, S 192). Grundsätzlich existiert ein *trade-off* zwischen Flexibilität und Transparenz. Je

---

[156] In der englischsprachigen Literatur wird dieses Verfahren als *comparative hearing* oder *comparative selection*, in der deutschsprachigen Literatur auch als *vergleichendes Auswahlverfahren* bezeichnet. In der öffentlichen Diskussion wird auch häufig die Bezeichnung *beauty contest* verwendet.

höher der diskretionäre Spielraum für die Vergabestelle, desto geringer die Transparenz. Dies schafft Rechtsunsicherheit und erhöht in der Folge die Kosten des Rentenstrebens (*cost of rent-seeking*).[157] Ein Kriterienwettbewerb zieht regelmäßig langwierige und kostspielige (gerichtliche) Auseinandersetzungen über Definitionen, Auslegung und Anwendung des Zuteilungsmaßstabs nach sich, wofür die anderen drei Verfahren in wesentlich geringerem Maße Anknüpfungspunkte bieten. Die Kosten des Rentenstrebens spielen im Zusammenhang mit der Vergabe von Frequenznutzungsrechten eine große Rolle (Kwerel & Felker, 1985; Hazlett, 2001). Wenn Preise als Koordinationsinstrument fehlen, werden diese durch andere Mechanismen ersetzt, beispielsweise durch – gesamtwirtschaftlich nicht sinnvolle – Ausgaben für Lobbying und Rechtsstreitigkeiten.

Keiner dieser drei Mechanismen ist geeignet, Marktpreise zu erzeugen. Damit soll nicht unterstellt werden, dass die entsprechenden Nutzungsrechte zwangsläufig entgeltlos zugeteilt werden müssen. Beispielsweise könnte eine Frequenzgebühr im Umfang der Administrationskosten eingehoben werden.[158] Allerdings ist, wie bereits im vorhergehenden Kapitel ausgeführt wurde, der Marktpreis nicht durch die Verwaltungskosten bestimmt, sondern durch die Opportunitätskosten einer alternativen Verwendung.

Über diese Kosten hat die Vergabestellung im Gegensatz zu dem betroffenen Nutzer kaum oder nur unzureichende Informationen. Aufgrund dieser Informationsasymmetrie ist eine *Auktion*[159] der einzige dieser vier Vergabemechanismen, der imstande ist, Marktpreise zu erzeugen.[160] Die Qualifikation der potenziellen Nutzer wird bei einer Versteigerung der Frequenznutzungsrechte in den Auswahlprozess miteinbezogen. Dies begründet sich im Wesentlichen damit, dass ein Nutzer mit einer höheren Zahlungsbereitschaft über Effizienzvorteile gegenüber seinen Mitbewerbern verfügt, die beispielsweise aus Kostenvorteilen (Skaleneffekte oder auch Synergieeffekte aufgrund einer bestehenden Infrastruktur)

---

[157] Siehe auch Kapitel 4.3.3.
[158] Siehe auch Kapitel 4.2.3.
[159] In der Literatur wird auch häufig der Begriff wettbewerbliche oder marktliche Vergabeverfahren verwendet. Damit sind im Regelfall Auktionen gemeint. Dies ist nicht ganz korrekt, da neben Auktionen noch andere Marktinstitutionen existieren.
[160] Auktionen im Bereich des Frequenanagements zu nutzen, wurde erstmals von Leo Herzel (1951) und Ronald Coase (1959) vorgeschlagen.

resultieren.[161] Auktionen gelten als rechtssicher. In einer Auktion ist der Preis das einzige Entscheidungskriterium und dieses Kriterium ist objektiv nachvollziehbar. Daher bietet diese Form der Vergabe wenig Anknüpfungspunkte für (gerichtliche) Auseinandersetzungen. An Auktionsverfahren wird immer wieder kritisiert, dass die im Auswahlverfahren erfolgreichen Bieter den Wert der Lizenz überschätzen und demnach ein zu hohes – wenn nicht gar ruinöses – Gebot abgeben. Ursache dafür kann sowohl eine kollektive wie auch eine individuelle Fehleinschätzung der Ertragserwartung sein. Im zweiten Fall, wenn die kollektive Einschätzung richtig, aber die individuelle Einschätzung des erfolgreichen Bieters – der in diesem Fall den wahren Wert am meisten überschätzt – zu hoch ist, spricht man vom sogenannten Problem des *winner's curse* (Fluch des Gewinners), auf das noch näher eingegangen wird.[162]

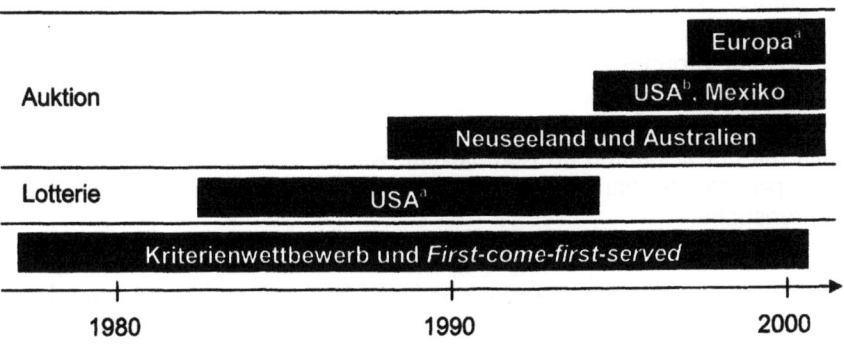

ᵃ nahezu ausschließlich Telekommunikation
ᵇ anfänglich Telekommunikation später auch Rundfunk
ᶜ Telekommunikation und Rundfunk

ABBILDUNG 4-2: ZEITLICHE ENTWICKLUNG VON VERGABEVERFAHREN

Gibt es einen Trend hin zu einem bestimmten Vergabeverfahren? Wie Abbildung 4-2 verdeutlicht, werden marktbasierte Vergabeverfahren im Bereich der Zuteilung von Nutzungsrechten noch nicht sehr lange eingesetzt. Erstmals 1989 in Neuseeland, kurz darauf in Australien und Mitte

---

[161] Siehe auch Kapitel 4.4.1.
[162] Siehe auch Kapitel 4.4.2 und Kapitel 5.

der 90er Jahre in den USA. Mittlerweile ist insbesondere in Westeuropa ein Trend hin zu dieser Vergabeform zu erkennen.[163] In vielen Ländern gab oder gibt es sektorale Unterschiede hinsichtlich des Vergaberegimes. Eine Sonderrolle spielt dabei der Rundfunk.[164] Der Grund liegt darin, dass im Bereich des Rundfunks nicht marktliche Vergabekriterien, wie Meinungspluralismus und der (öffentlich-rechtliche) Informationsauftrag als bedeutsam für das Funktionieren eines demokratischen System erachtet werden. Damit wird von einem Marktversagen ausgegangen und Rundfunkdiensten der Status öffentlicher (insbesondere meritorischer) Güter eingeräumt.[165] Dies wirft die Frage auf, ob nur vergleichende Auswahlverfahren aufgrund ihrer Mehrdimensionalität geeignet sind, gesellschaftliche oder politische Vergabeziele – jenseits einer ökonomisch effizienten Allokation – umzusetzen. Im Rahmen aller vier Vergabeverfahren können soziale und politische Vergabeziele in Form von Mindestauflagen umgesetzt werden. Ein typisches Beispiel hierfür sind Mindestversorgungsauflagen.[166] Sollte das Ziel allerdings eine simultane Optimierung unterschiedlicher Dimensionen sein, dann ist ein Kriterienwettbewerb der einzige Mechanismus, der dies leisten kann.[167] Allerdings sinkt mit der Zunahme an Komplexität, wie bereits ausgeführt wurde, die Transparenz und damit steigt die Rechtsunsicherheit und die Kosten für Rentensuche.

In Tabelle 4-1 findet sich eine Gegenüberstellung der einzelnen Vergabemechanismen. Eine ökonomisch fundierte Analyse der Vergabeverfahren vor dem Hintergrund des Konzepts der ökonomischen Effizienz findet sich im Kapitel 4.4.1.

---

[163] Gelangten Auktionen im Rahmen der Erteilung von Nutzungsrechten für den Standard GSM nur in drei von 15 Ländern in Westeuropa zum Einsatz, so wurde diese Form der Vergabe im Rahmen der UMTS-Lizenzierung bereits in acht dieser Länder eingesetzt (siehe auch Kapitel 9.1.3).

[164] Zu Versteigerungen von Rundfunkfrequenzen vgl. u.a. Grünwald (2001).

[165] Siehe auch Kapitel 4.5.1.

[166] Weitere Möglichkeiten der Umsetzung sozialer Ziele in Auktionen wie beispielsweise Abschläge vom Gebot, werden in Kapitel 5 erörtert.

[167] Grundsätzlich wäre auch der Einsatz eines mehrdimensionalen Auktionsverfahren denkbar. Ein solches Verfahren wirft aber eine Reihe von Problemen auf, insbesondere hinsichtlich der Interdependenzen zwischen den einzelnen Dimensionen.

TABELLE 4-1: GEGENÜBERSTELLUNG EINZELNER VERGABEVERFAHREN

	First-come-first-served	Kriterien-wettbewerb	Lotterie	Auktionen
Transparenz	hoch	variiert	hoch	hoch
Diskriminierungs-potenzial	nein	möglich	nein	nein
Qualifikation des Bewerbers	nein	ja	nein	ja
Komplexe Vergabeziele	teilweise	ja	teilweise	teilweise
Erzeugung von Marktpreisen	nein	nein	nein	ja
Verfahrensdauer	gering	hoch	mittel	gering
Verfahrenskosten	gering	hoch	hoch	mittel

4.2.3 Frequenzgebühren und Preismechanismen

Gebühren und Abgaben können mehrere unterschiedliche Funktionen erfüllen. So auch im Bereich der Frequenzverwaltung. Im vorliegenden Zusammenhang ist insbesondere zwischen zwei Funktionen zu unterscheiden: Die Finanzierung des administrativen Aufwands der Frequenzverwaltung auf der einen und Gebühren und Abgaben als ökonomischer Anreizmechanismus zur Sicherstellung einer effizienteren Allokation respektive Nutzung auf der anderen Seite. Primäres Ziel von kostenorientierten Frequenzgebühren (*cost based pricing*) ist die Finanzierung der Frequenzverwaltung.[168] Diese Gebührenform ist allerdings kein adäquates Mittel zur Förderung einer effizienten Allokation und Nutzung, da der Wert der Frequenzen – die wahren Kosten der Nutzung sind die Opportunitätskosten – keine Berücksichtigung findet. Hinsichtlich der zweiten Funktion – Anreiz für eine effizientere Allokation – werden in jüngerer Zeit eine Reihe von Preismechanismen diskutiert.[169] Neben *Auktionsverfahren* sind dies:

---

[168] Wobei Aufgaben der Frequenzverwaltung nicht zwangsläufig durch Gebühren finanziert werden müssen. Grundsätzlich möglich – und zum Teil auch praktiziert – ist eine Finanzierung aus dem öffentlichen Budget.

[169] Vgl. u.a. ITU-R (SM.2012-1), Webb (1998), ERC (1999) und UMTS Forum (1998b).

- Das Konzept des *revenue based pricing* knüpft am Erlös des betroffenen Nutzers an. In der Regel wird dabei eine Frequenzgebühr in der Höhe eines bestimmten Anteils des erzielten Umsatzes eingehoben. Diese Form der Frequenzgebühr ist aus zwei Gründen zu problematisieren. Zum einen ist der Umsatz kein geeigneter Indikator für die Opportunitätskosten und damit ein falsches Preissignal. Zum anderen ist dieser Mechanismus nicht generell anwendbar. Ein Beispiel dafür sind betriebsinterne Nutzungen, wie die Verwendung von Richtfunkstrecken zur Anbindung von Mobilfunkbasisstationen.

- Auf die Opportunitätkosten und damit den ökonomisch richtigen Sachverhalt stellt *opportunity bases pricing* ab. Allerdings ist dieser Ansatz als wenig praktikabel zu bewerten. Der Frequenzadministration käme die Aufgabe zu, den Marktpreis, der sich bei Anwendung eines Marktmechanismus (Auktion oder Sekundärmarkt) einstellen würde, zu ermitteln. Wie bereits oben ausgeführt wurde fehlen der Vergabestelle die entsprechenden Informationen.

- Als *administrative incentive fees* werden Frequenzgebühren bezeichnet, die den Wert des Spektrums anhand einer Reihe von Faktoren wie Frequenzknappheit, Verkehrslast, Bandbreite, Bevölkerungsabdeckung und Versorgungsgebiet, um einige wenige exemplarisch anzuführen, approximieren. Diese Form von Frequenzgebühren, die beispielsweise in Kanada Anwendung finden, sind zwar aus ökonomischer Sicht positiver zu bewerten als das Konzept des *revenue based pricing*, allerdings ist auch dieser Mechanismus insofern zu problematisieren, als dass die gewählten Kriterien nicht zwangsläufig die Opportunitätskosten widerspiegeln.

Insgesamt ist festzuhalten, dass administrativ festgesetzte Preise beschränkt tauglich sind, um eine effiziente Allokation bzw. Nutzung sicherzustellen. Zwar bietet jeder Preis größer Null einen ökonomischen Anreiz, die Nachfrage nach Spektrum zu reduzieren und ggf. gegen alternative Faktoren zu substituieren. Ein optimale Allokation setzt allerdings ökonomisch korrekte Preissignale voraus, die durch administrative Gebühren nicht entfaltet werden. Die wahren Kosten der Nutzung sind die Opportunitätskosten, die im Regelfall einer Vergabestelle aufgrund hoher Informationsasymmetrien nicht zugänglich sind. Die Ermittlung des Nutzwerts von Frequenzen ist nur durch Etablierung eines anreizkompatiblen Marktmechanismus (Auktion oder Frequenzmarkt) möglich.

4.2.4 Vergabeverfahren in Österreich

In Österreich gibt es kein einheitliches Vergaberegime für alle Nutzungsformen. Abhängig vom Funkdienst kommt entweder ein Kriterienwettbewerb (terrestrischer Rundfunk), eine Zuteilung nach dem *first-come-first-served* Prinzip (z.B. Richtfunkfrequenzen) oder eine Auktion (z.B. öffentliche Mobilfunkdienste) zur Anwendung.[170]

Für die in dieser Arbeit behandelten Frequenzvergabeverfahren fand das Telekommunikationsgesetzes (TKG) BGBl. I Nr. 100/1997 idF BGBl. I Nr. 26/2000 bzw. die am 1. Juni 2000 in Kraft getretene Novelle zum TKG (BGBl I Nr. 26/2000), sowie einige weitere in Österreich geltende Verfahrensvorschriften, insbesondere das Allgemeine Verwaltungsverfahrensgesetz 1991 (AVG) BGBl Nr. 51, in der geltenden Fassung (BGBl I Nr. 29/2000) Anwendung. Die am 1. Juni 2000 in Kraft getretene Novelle zum TKG (BGBl I Nr. 26/2000) sieht eine Trennung von Konzessionsvergabeverfahren und Frequenzzuteilungsverfahren vor. Ausgeschrieben wird von der Regulierungsbehörde gemäß § 49a Abs 2 TKG 1997 die Zuteilung von Frequenzen. Das Frequenzzuteilungsverfahren ist in § 49a TKG 1997 geregelt. Gemäß § 49a Abs 1 TKG 1997 hat die Regulierungsbehörde die ihr überlassenen Frequenzen demjenigen Antragsteller zuzuteilen, der die allgemeinen Voraussetzungen gemäß § 15 Abs 2 Z 1 und 2 TKG 1997 erfüllt und die effizienteste Nutzung der Frequenzen gewährleistet. Diese wird durch die Höhe des angebotenen Frequenznutzungsentgeltes festgestellt. Das Frequenzzuteilungsverfahren gliedert sich in zwei Stufen:[171]

- Nach Einlangen der Anträge wird von der Regulierungsbehörde das Vorliegen der Voraussetzungen gemäß § 15 Abs 2 Z 1 und 2 TKG 1997 (technische und wirtschaftliche Eignung) geprüft. Jene Antragsteller, welche die Voraussetzungen nicht erfüllen, werden gemäß § 49a Abs 6 TKG 1997 vom Frequenzzuteilungsverfahren ausgeschlossen.

---

[170] Die Ausführungen beziehen sich auf den Rechtsrahmen, der zum Zeitpunkt der hier behandelten Vergabeverfahren in Kraft war (TKG 1997). In dem seit August 2003 gültigen TKG 2003 gibt es einige Neuerungen. Unter anderem wird das Vergabeverfahren nicht mehr nur durch die Nutzungsform bestimmt sondern ist auch abhängig davon, ob die Frequenzen knapp sind.

[171] Das Vergabeverfahren von „knappen" Frequenzen bleibt im „neuen" Rechtsrahmen für Kommunikationssysteme im Wesentlichen unverändert. Vgl. § 55 TKG 2003.

- Die zweite Stufe – die Ermittlung der Höhe des angebotenen Frequenznutzungsentgelts – wird in Form einer Auktion durchgeführt.

Zum Zeitpunkt der hier untersuchten Vergabeverfahren unterlag die Erbringung des mobilen Sprachtelefondienstes und anderer öffentlicher Mobilkommunikationsdienste mittels selbst betriebener Mobilkommunikationsnetze gemäß § 14 Abs 1 TKG 1997 der Konzessionspflicht.[172] Das entsprechende Verfahren ist im §15 TKG 1997 geregelt. Von den Bewerbern ist in diesem Fall neben dem Antrag auf Frequenzzuteilung auch ein Antrag auf Konzessionserteilung für die Erbringung von Mobilfunkdiensten einzubringen.

Im Zusammenhang mit der Vergabe von Frequenzen und Konzessionen für öffentliche Mobilfunksysteme und andere öffentliche Telekommunikationsdienste sowie der Erbringung dieser Dienste kommen drei verschiedene Arten von Gebühren und Entgelten zur Anwendung:

- Zur Abdeckung der Verwaltungskosten, die bei der Erteilung der Konzession anfallen *(Konzessionsgebühr)*, ist eine Gebühr gemäß § 17 Abs 1 TKG 1997 zu entrichten. Die Höhe dieser Gebühr wurde in der Telekommunikationsgebührenverordnung (TKGV, BGBl II Nr.29/1998) im 2. Abschnitt, Kapitel C. (Konzessionsgebühren) Z 2 mit ATS 100.000 (€ 7.267) festgesetzt.[173]

- Von den erfolgreichen Bietern einmalig als *upfront payment* zu entrichten ist das – im Rahmen der Auktion angebotene – *Frequenznutzungsentgelt*.

- Gemäß § 51 TKG 1997 sind für die Nutzung von Frequenzen auch *Frequenznutzungsgebühren* zu entrichten. Die entsprechende Vorschreibung erfolgt im Rahmen der Erteilung der Betriebsbewilligung durch die Fernmeldebüros.

4.3 Was ist eine effiziente Nutzung?

Nach der Darstellung des gegenwärtigen Rahmens folgt nun in den weiteren Teilen dieses Kapitels eine ökonomische Analyse der Frequenzvergabe und -verwaltung. Eine solche Analyse kann nicht ohne einen Maßstab auskommen, anhand dessen die Ergebnisse beurteilt werden.

---

[172] Im „neuen" Rechtsrahmen für Kommunikationssysteme (TKG 2003) wurde das Konzessionsregime durch Allgemeingenehmigungen ersetzt.

[173] Vgl. dazu Fussnote 172.

Die Wirtschaftswissenschaft kennt eine Reihe unterschiedlicher Effizienzkonzepte. In den nächsten Unterkapiteln werden einige dieser Konzepte dargestellt und in den Kontext dieser Arbeit gestellt.

4.3.1 Technische Effizienz versus ökonomische Effizienz

Fasst man die wesentlichsten Zielvorgaben der nationalen und internationalen Frequenzverwaltung zusammen, können diese mit der Sicherstellung einer *störungsfreien* und *effizienten Nutzung des Spektrums* umschrieben werden.[174] Womit sich die Frage aufdrängt, was unter einer effizienten und störungsfreien Nutzung zu verstehen ist. Effizienzüberlegungen aus rein technischen Gesichtspunkten könnten beispielsweise an das Konzept der *Spektraleffizienz* anknüpfen (Bits pro Sekunde pro Hz). Das Ziel könnte somit maximale Spektraleffizienz bei minimalem Interferenzniveau lauten. Eine solche Betrachtungsweise ist aus einer Reihe von Gründen problematisch: Zum einen dürfen Effizienzüberlegungen nicht wirtschaftliche und soziale Faktoren, wie beispielsweise die Konsumentennachfrage ignorieren. Konsumenten fragen in der Regel nicht eine bestimmte Technologie nach, sondern (Endkunden-)Dienste. So wäre durchaus vorstellbar, dass Konsumenten einer Technologie mit geringerer Spektraleffizienz den Vorzug geben, wenn die damit angebotenen Dienste für sie (in Relation zum Preis) attraktiver sind. Zum anderen sind Interferenzen zwar grundsätzlich unerwünscht, deren (vollkommene) Beseitigung technisch kaum machbar bzw. zu kostenintensiv, als dass sie gesellschaftlich sinnvoll wäre. Vielmehr gilt es die Frage nach dem *gesellschaftlich optimalen* bzw. *effizienten Interferenzniveau* zu stellen.

Diese und ähnliche Fragen sind typische Probleme, für deren Analyse die Wirtschaftswissenschaft Effizienzkonzepte anbietet. Nach dem Konzept der *ökonomischen Effizienz* ist eine bestimmte Ressourcenverwendung dann effizient, wenn die Ressourcen der produktivsten Nutzung zugeführt werden und dadurch der soziale Nutzen maximiert wird. Dabei kommt insbesondere der (potenziellen) Pareto-Effizienz eine Schlüsselrolle zu. In vielen Fällen wird eine technische effiziente Ressourcenverwendung auch ökonomisch effizient sein, allerdings wie bereits illustriert wurde, nicht in allen Fällen.

---

[174] Vgl. z.B. § 47 Abs 1 TKG 1997 bzw. § 51 TKG 2003. Siehe auch Kapitel 4.1.

4.3.2 Effiziente Zuteilung von Lizenzen

Zunächst soll das Konzept der *ökonomischen Effizienz* im (partialanalytischen) Kontext der *Lizenzvergabe* untersucht werden. Formal kann der Prozess der Vergabe wie folgt formuliert werden.[175] Aus einer Menge X mit $K=\{1,...,k\}$ Lizenzen ist jedem Nutzer i einer Menge $I=\{1,...,n\}$ von Nutzern eine Teilmenge $X_i \subseteq X$ zuzuteilen. X_0 repräsentiert die Menge der nichtzugeteilten Lizenzen. Eine Zuteilung $a=(X_0,...,X_n)$ wird als *zulässige Allokation* (oder Zuteilung) bezeichnet, wenn folgendes gilt:

$$\bigcup_{i=0}^{n} X_i = X \quad \text{und} \quad X_i \cap X_j = \varnothing \quad \forall i, j \in I, i \neq j \tag{4.1}$$

Eine zulässige Allokation (Zuteilung) ist eine Allokation, die möglich ist. Das ist der Fall, wenn alle Lizenzen verwendet werden und jede Lizenz maximal einem Nutzer zugeteilt wird oder bei der Vergabestelle verbleibt.

Die Präferenzen der Nutzer in Bezug auf unterschiedliche Zuteilungen werden durch die Funktion $U^i(X_i)$ beschrieben. Für die weitere Arbeit wird davon ausgegangen, dass diese Funktion den Geldwert jenes Nutzens repräsentiert, den die Zuteilung X_i dem Nutzer i stiftet. Dies ist in der vorliegenden Arbeit aus zwei Gründen gerechtfertigt. Zum einen werden in der Auktionstheorie die individuellen Präferenzen in Bezug auf Güter typischerweise in Geldeinheiten (Zahlungsbereitschaft, Reservationspreis, Wert(ein)schätzung) angegeben.[176] Zum anderen sind die Nutzer von Frequenzen in der Regel Unternehmen und deren Nutzen ist der Profit (*Net Present Value* der Investition), den sie aus der Lizenz ziehen können.[177]

Eine *effiziente zulässige Allokation*

$$a = (X_1,...,X_n) \text{ liegt dann vor,}$$

wenn es keine andere *zulässige Allokation*

$$\tilde{a} = (\tilde{X}_1,...,\tilde{X}_n) \text{ gibt,}$$

für die gilt

---

[175] Vgl. in der Folge Bykowski et. al. (2000) und Varian (1994).
[176] Siehe dazu Kapitel 5.
[177] Siehe dazu weiter unten, sowie in den Kapiteln 3 und 6.1.

$U^i(\tilde{X}) > U^i(X)$ für alle i. (4.2)

In diesem Fall existiert keine andere zulässige Allokation, die eine *Pareto-Verbesserung* gegenüber der *effizienten zulässigen Allokation* darstellt und damit einen der potenziellen Nutzer besser stellen würde.[178] Eine Entscheidung nach dem (schwachen) Pareto-Kriterium ist dann nicht möglich, wenn eine Partei durch die Entscheidung schlechter gestellt wird. In diesem Fall müssten entweder Transferzahlungen (Kompensationen) eingeführt werden, oder das *potenzielle Pareto-Kriterium* zur Anwendung gelangen.[179]

Die *effiziente zulässige Allokation* könnte theoretisch von der Vergabestelle wie folgt berechnet werden:

$$\max_{X_1,\ldots,X_n} \sum_i U^i(X_i)$$ (4.3)

unter der Nebenbedingung $\bigcup_{i=1}^{n} X_i \subseteq X$

und $X_i \cap X_j = \emptyset \quad \forall i,j \in I \wedge i \neq j$.

Diese Entscheidungsregel setzt allerdings Informationen über die Verteilung des Nutzens einzelner Marktteilnehmer voraus. Diese sind der Vergabestelle weder zugänglich noch besteht seitens der potenziellen Nutzer ein Anreiz, sie bekannt zu geben.

Eine Alternative zu einem zentralen Zuteilungsmodell ist die Einführung eines Marktes mit einem Preis p_k für jede Lizenz k. Wenn nicht anders erwähnt, wird in der weiteren Arbeit eine im Geld lineare Nutzenfunktion unterstellt.[180]

---

[178] Zu Sozialentscheidungen und zum Pareto-Kriterium (Pareto-Verbesserung) vgl. u.a. Varian (1994, S 408 ff) sowie Schäfer & Ott (1995, S 21 ff).

[179] Das in der Literatur auch *als Kaldor-Hicks-Kriterium* bekannte Entscheidungskriterium der potenziellen Pareto-Verbesserung bedeutet, dass die Benachteiligten entschädigt werden könnten. Die Anwendung der Regel bedeutet nur, dass alle Benachteiligten entschädigt werden können, nicht aber, dass sie tatsächlich entschädigt werden (Varian, 1994, S 408 ff; Schäfer & Ott, 1995, S 29). Ob nun das Pareto-Kriterium oder das potenzielle Pareto-Kriterium Anwendung findet, hängt von der konkreten Entscheidungssituation ab. Im Falle, dass das zu vergebende Spektrum bereits genutzt wird, ist das potenzielle Pareto-Kriterium heranzuziehen.

[180] Diese Annahme ist in der Auktionstheorie ebenfalls üblich.

Mit dem Preisvektor $P=(p_1,... p_k)$ ist der Nettonutzen[181] eines Nutzers in Bezug auf die Allokation $\tilde{X}_i$

$$U^i(\tilde{X}_i) - \sum_{k \in \tilde{X}_i} p_k .\tag{4.4}$$

Eine zulässige Allokation $a^0 = (X_1^0, ..., X_n^0)$ und der Preisvektor $P=(p_1,...,p_k)$ stellen ein *Marktgleichgewicht (Walras-Gleichgewicht)* dar, wenn für alle *i* und alle $\tilde{X}_i$ gilt:

$$U^i(X_i^0) - \sum_{k \in X_i^0} p_k \geq U^i(\tilde{X}_i) - \sum_{k \in \tilde{X}_i} p_k \tag{4.5}$$

In diesem Fall existiert keine andere Zuteilung, die einer der Nutzer bevorzugen würde und die er – gegeben den Markträumungspreisen – auch erwerben könnte. Nach dem ersten Wohlfahrtstheorem ist ein solches Gleichgewicht, falls es existiert, eine *effiziente Allokation* (Varian, 1994, S 328 ff). Der Vollständigkeit halber sei hier auch erwähnt, dass, falls es keinen solchen Preisvektor für die effiziente Allokation gibt, auch kein Marktgleichgewicht existiert. In Kapitel 5 wird gezeigt, dass dies beispielsweise bei Vorliegen von komplementären Werteinterdependenzen zwischen Lizenzen der Fall sein kann.

Die unterschiedlichen Werteinschätzungen (Zahlungsbereitschaft) einzelner Unternehmen resultieren aus unterschiedlichen unternehmensindividuellen Gewinnerwartungen. Bei gegebener Marktnachfrage ist in der Regel davon auszugehen, dass jenes Unternehmen eine höhere Gewinnerwartung und somit Zahlungsbereitschaft haben wird, welches diese Nachfrage in effizienterer Form befriedigen kann. Umgangssprachlich kann ein Unternehmen als effizient bezeichnet werden, wenn es die nachgefragten Güter schnell, reibungslos und mit dem geringst notwendigen Ressourceneinsatz produziert. Die Industrieökonomie kennt in diesem Zusammenhang eine Reihe von Effizienzkonzepten, auf die im nächsten Kapitel eingegangen wird.

Was bedeutet das Konzept der pareto-effizienten Allokation im Kontext der Frequenzvergabe? Ist die Zuteilung einer *gegebenen Zahl an Lizenzen bei gegebener Widmung des Spektrums* im ökonomischen Sinn effizient, existiert keine alternative Zuteilung, die eine Pareto-

---

[181] Insbesondere in den Kapiteln zu Auktionen werden für den Nettonutzen auch die Begriffe Auszahlung, Überschuss oder Profit verwendet.

Verbesserung darstellen würde – das Ergebnis entspricht demnach der Zuteilung, die ein perfekt informierter zentraler Planer nach der Entscheidungsregel (4.3) vornehmen würde. Ist eine Zuteilung nicht effizient, kann zumindest einer der potenziellen Nutzer durch einen Tausch oder eine Kauftransaktion besser gestellt werden.[182] Unter bestimmten Umständen ist – wie beispielsweise die Erfahrungen mit dem Lotteriesystem in den USA zeigen – davon auszugehen, dass bei einer ineffizienten (Primär-) Zuteilung die Lizenz durch Verkauf oder, falls dies nicht erlaubt sein sollte, durch Übertragung von Unternehmensanteilen transferiert wird.[183] Dabei fallen in der Regel Transaktionskosten an, die bei einer effizienten Primärallokation vermeidbar gewesen wären. Eine solche Übertragung ist – wie noch ausgeführt wird – im Regelfall auch die volkswirtschaftlich sinnvollere Alternative. Allerdings weisen einigen Autoren darauf hin, dass Sekundärmärkte für Frequenzen aufgrund von strategischem Verhalten bedingt durch Informationsasymmetrien und Marktmacht nicht immer zu einem effizienten Marktergebnis führen.[184] In diesem Fall kommt einer effizienten Primärallokation eine große Bedeutung zu.

4.3.3 Effiziente Unternehmen und Märkte

Die bisher vorgenommene Betrachtungsweise geht von einer vorgegebenen Zahl an Lizenzen und einer gegebenen Widmung des Spektrums aus. Dabei wird in keiner Weise auf die Marktergebnisse der dem jeweiligen Frequenzmarkt nachgelagerten *Downstream-Märkte*, wie beispielsweise dem Mobilfunkendkundenmarkt, abgestellt. Üblicherweise wird bei der partialanalytischen Betrachtung der *Effizienz eines Marktes* der soziale Überschuss, der sich aus der Summe aus Konsumentenrente und Gewinn ergibt, als Wohlfahrtsmaß herangezogen. Die Summe aus Konsumenten- und Produzentenrente ist dann maximal, wenn der Markt-

---

[182] Um dies kurz an einem Beispiel zu erläutern: Angenommen es wird eine Lizenz vergeben und zwei Antragsteller (A und B) bewerben sich um die Lizenz. Antragsteller A kann aus der Nutzung der Lizenz einen Gewinn von 100 GE erwirtschaften und Antragsteller B 50 GE. Angenommen die Lizenz wird dem Antragsteller B entgeltlos zugeteilt. In diesem Fall könnte sowohl A wie auch B besser gestellt werden, wenn B die Lizenz um einen Preis zwischen 50 und 100 GE an A verkauft.

[183] Siehe auch Kapitel 4.2.2.

[184] Beispielsweise vertritt Milgrom (2002) die Meinung, dass der Wiederverkauf von Frequenzen in den USA nicht immer zu einem effizienten Ergebnis geführt hat.

preis gleich den marginalen Kosten ist.[185] Dieses – als *first-best outcome* bezeichnete – Marktergebnis realisiert sich auf einem Markt mit perfektem Wettbewerb. Auf Märkten mit eingeschränktem Wettbewerb (Monopol bzw. Oligopolmärkte) treten in der Regel eine Reihe von Effizienzverlusten auf, die im Ergebnis zu einer Verminderung der Summe aus Konsumenten- und Produzentenrente und damit zu einem Wohlfahrtsverlust führen. Das Konzept der *allokativen Effizienz* stellt auf den Preis und die Output-Menge, die sich als Marktergebnis einstellen, ab. In Abbildung 4-3 sind mehrere unterschiedliche Marktergebnisse graphisch dargestellt. Im Falle eines kompetitiven Marktes entspricht die Angebotsfunktion den marginalen Kosten (*MC*). Als Marktgleichgewicht stellt sich der Preis p^c und die Menge x^c ein. In diesem Fall kann die Summe aus Konsumenten- und Produzentenrente formal beschrieben werden durch

$$\underbrace{\int_{p^c}^{p^2} D(p)dp}_{\text{Konsumentenrente}} + \underbrace{p^c x^c - \int_0^{x^c} MC(x)dx - K}_{\text{Gewinn=Erlös-Kosten}}, \qquad (4.6)$$

wobei K die Fixkosten und p^2 den Prohibitivpreis bezeichnet. Die (wohlfahrtsökonomische) Optimalität des *first-best* Ergebnisses lässt sich unmittelbar durch Differenzierung und Umformung aus (4.6) ableiten. In Abbildung 4-3 entspricht dies der Fläche *ADGA*. Das Marktergebnis in einem Markt mit einem profitmaximierenden Monopolisten (x^m, p^m) oder einem (kollusiv agierenden) Oligopol[186] (x^o, p^o) liegt aus Sicht der Preise über den Grenzkosten und aus Sicht der Menge unter jenem eines Wettbewerbsmarktes. Dies führt einerseits zu höheren Profiten (Fläche *ACEF*), andererseits zu einer Verringerung der Konsumentenrente. Im Gesamtergebnis entsteht ein Wohlfahrtsverlust (*dead weight loss*) im Umfang der schraffierten Fläche (*EGF*) in Abbildung 4-3.

Auf Märkten mit steigenden Skalenerträgen liegen die Grenzkosten im gesamten Output-Bereich unter den Durchschnittskosten. In diesem Fall

---

[185] Hinsichtlich dieses Konzepts und möglicher Kritikpunkte wie beispielsweise jener der mangelnden Berücksichtigung von Einkommenseffekten bzw. der sozialen Gewichtung von Gewinn und Konsumentenrente vgl. u.a. Armstrong et.al. (1998), Borrmann & Finsinger (1999), Carlton & Perloff (2000), Church & Ware (2000), George et. al. (1991), Jacobson & Andréosso-O'Callaghan (1997), Schmidt (1999) und Tirole (2000).

[186] In einem Oligopolmarkt als Zwischenform zwischen perfektem Wettbewerb und Monopolmarkt ist letztlich jedes Marktergebnis zwischen Wettbewerb (p^c, x^c) und Monopol (p^m, x^m) möglich. In der Abbildung wird mit (p^o, x^o) lediglich ein mögliches Marktergebnis exemplarisch herausgegriffen.

würde ein Unternehmen bei Preisen nach der first-best Regel nicht kostendeckend operieren können. Unter der Prämisse der Eigenwirtschaftlichkeit (Kostendeckung) ist auf Märkten mit steigenden Skalenerträgen aus wohlfahrtsökonomischer Sicht die nächstbessere Alternative (*second-best outcome*) jene, bei der der Marktpreis den Durchschnittskosten entspricht (vgl. dazu den Punkt Q_1 in Abbildung 4-4).

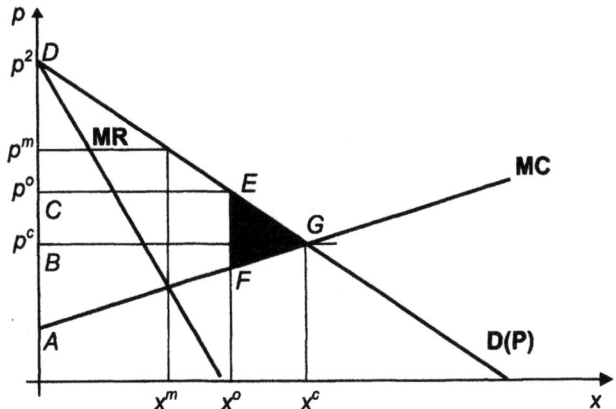

ABBILDUNG 4-3: WOHLFAHRTSVERLUST DURCH EINGESCHRÄNKTEN WETTBEWERB

Die Konzepte der produktiven Effizienz, der X-Effizienz und der dynamischen Effizienz stellen auf die individuelle Effizienz der Leistungserbringung eines Unternehmens ab.[187] Das Konzept der *produktiven Effizienz* leitet sich aus der neoklassischen Theorie ab und ist erfüllt, wenn ein Unternehmen den maximalen Output bei einer gegebenen Menge an Inputfaktoren und einer gegeben Technologie produziert (*technische Effizienz*) sowie bei gegebenen Marktpreisen die optimale Inputrelation (*Faktorpreiseffizienz*) wählt. Effizienzverluste dieser Art führen zu einer Kostenfunktion, die oberhalb jener verläuft, die aus dem optimalen Einsatz der Produktionsfaktoren sowie der Wahl der optimalen Technologie resultiert.[188] In der Abbildung 4-4 sind zwei unterschiedliche Durchschnittskosten eingezeichnet (AC_1 und AC_2). Es ist unmittelbar einsichtig, dass der soziale Überschuss im Falle der effizienteren Kostenfunktion (AC_1)

---

[187] Vgl. u.a. George et. al. (1991, S 323 ff), Jacobson & Andréosso-O'Callaghan (1997, S 229 ff), Schmidt (1999, S 94 ff) und Tirole (2000, S 75 ff).

[188] Kostenminimierung unter dem Gesichtspunkt der technischen Effizienz ist nicht zu verwechseln mit Kosteneffizienz im Sinne der Ausnutzung von Skaleneffekten.

höher ist, als im Falle der ineffizienten (AC_2).[189] Das Konzept der *dynamischen Effizienz* stellt auf die Anpassungsfähigkeit auf sich ändernde Rahmenbedingungen (technologischer Fortschritt, Produktinnovation, etc.) ab. Dies umfasst auch die Wahl der optimalen Technologie (Standard).

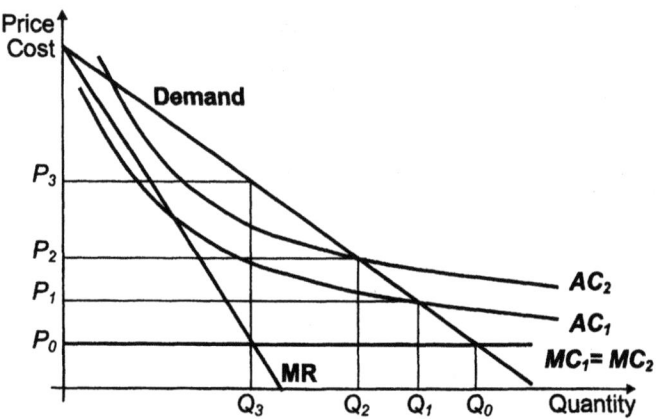

ABBILDUNG 4-4: DURCHSCHNITTSKOSTEN UND EFFIZIENZUNTERSCHIEDE

Auf vorwiegend motivationale Einflussfaktoren stellt das Konzept der *X-Effizienz* ab.[190] Demnach verhalten sich einzelne Individuen nicht grundsätzlich immer effizient, sondern der Anreiz zur effizienten Leistungserbringung ist von organisatorischen und externen Faktoren (Hierarchien, Bürokratie, anreizkompatible Entgeltsysteme, etc.) abhängig. Von *X-Effizienz* wird gesprochen, wenn ein Unternehmen auf seiner (minimalen) Durchschnittskostenfunktion produziert. Je weiter die tatsächlichen Produktionskosten aufgrund X-Ineffizienzen davon abweichen, desto X-ineffizienter ist es. Das Konzept der X-Ineffizienz steht in einem engen Zusammenhang mit eingeschränktem Wettbewerb. Auf einem Markt mit eingeschränktem Wettbewerb werden Unternehmen aufgrund der fehlenden Disziplinierung durch Mitbewerber in der Regel einen geringeren Anreiz (Motivation) haben, eine kostenoptimale Produktion sicherzustellen. Dies ist auf fehlende Effizienz-Anreize (Kostenkontroll-

---

[189] Der unterschiedliche Verlauf der Durschschnittskostenfunktion könnte aber auch aus dem Einsatz unterschiedlicher Frequenzen resultieren. Siehe Kapitel 3.4.2.

[190] Die X-Effizienz wird auch als Leibenstein-Effizienz bezeichnet und geht auf Leibenstein (1966) zurück.

funktion des Wettbewerbs), aber auch auf mangelnde Kontrollmöglichkeiten seitens der Eigentümer zurückzuführen.[191]

Eine weitere im Zusammenhang mit eingeschränktem Wettbewerb zu nennende Ineffizienz stellt auf die sozialen Kosten ab, die in Verbindung mit der Erreichung und Sicherung einer marktbeherrschenden Stellung – bzw. der damit verbundenen Rente[192] – stehen. Diese, als „Kosten durch Rentensuche" (cost of rent-seeking) bezeichneten Kosten, umfassen Aufwendungen für beispielsweise Lobbying, Bestechung, Interventionen bei Regulierungsbehörden, Rechtsstreitigkeiten, Patentkosten und Kosten, die anfallen, um Rechtsfrieden zu schaffen.[193] Die Untersuchung dieser Art von Kosten geht unter anderem auf Posner (1975) zurück. Dieser unterstellt (Rent-seeking-Hypothese), dass (1) zur Sicherung einer Monopolstellung (nahezu) die gesamte Rente verzehrt werden kann und (2) die dabei aufgewendeten Ressourcen aus gesellschaftlicher Sicht eine Verschwendung darstellen, da sie nicht in die Produktion eines (gesellschaftlich) sinnvollen Produkts fließen. Damit wäre auch der Wohlfahrtsverlust höher als der *dead weight loss* in Abbildung 4-3 zu bewerten. Dieser umfasst demnach den *dead weight loss* inklusive der gesamten Rente. Dieser Ansatz ist nicht ganz unumstritten.[194] Zum einen beinhaltet die Klassifikation der Ausgaben für rentensuchendes Verhalten als Wohlfahrtsverlust ein Werturteil, nachdem die aus der Rentensuche resultierenden Einkommen von geringerem Wert sind als andere Einkommen. Zum anderen ist ohne Kenntnis des institutionellen Rahmens, wie beispielsweise des eingesetzten Lizenz-Vergabeverfahrens und einem darauf abstellenden Gleichgewichtsmodell schwer möglich, Aussagen über den Umfang an Ressourcen für rentensuchendes Verhalten zu machen. Dennoch ist davon auszugehen, dass dort, wo durch natürliche oder künstliche Knappheit Renten (Oligopol- oder Monopolprofite) erwirtschaftet werden können, für Unternehmen ein Anreiz besteht, reale Ressourcen für die Sicherung dieser Renten einzusetzen. Natürlich wird ein Unternehmen versuchen so wenige Ressourcen wie möglich aufzubringen. Allerdings - können – wie noch gezeigt wird – unter bestimmten institutionellen Rah-

---

[191] Die Kontrollfunktion ist umso wirkungsvoller gestaltbar, je mehr Vergleichsmöglichkeiten (Mitbewerber) existieren.

[192] Siehe auch Kapitel 3.4.5.

[193] Vgl. u.a. Carlton & Perloff (2000, S 94 ff), George et. al. (1991, S 328 ff), Neumann (2000, S 105 ff), Posner (1975) und Tirole (2000, S 76 ff).

[194] Vgl. u.a. George et. al. (1991, S 332 ff), Neumann (2000, S 105 ff) und Tirole (2000, S 76 ff).

menbedingungen durchaus erhebliche Teile der Rente in Form von rentensuchendem Verhalten verzehrt werden.[195]

Was bedeutet das im Kontext der Frequenzverwaltung und -vergabe? Zum Ersten ist, um allokative und X-Effizienz sicherzustellen, bei der Bestimmung der Zahl an Lizenzen und des Umfangs an Spektrum, das für die entsprechende Technologie gewidmet werden soll, auf die Wettbewerbssituation auf den relevanten *Downstream-Märkten* (z.B. Mobilfunkmarkt) abzustellen. Dabei spielt neben dem tatsächlichen Wettbewerb (Zahl an Lizenzen) auch der Grad an potenziellem Wettbewerb eine Rolle. Die Bedeutung der Bestreitbarkeit von Märkten und von Marktzutrittsbarrieren wurde bereits in Kapitel 3 thematisiert. Damit in engem Zusammenhang steht die Auswahl des effizientesten Leistungserbringers. Das ist der Betreiber, der die Leistung (langfristig) im Sinne produktiver und dynamischer Effizienz am effizientesten erbringt. In einem Markt mit geringen Markteintrittsbarrieren wird durch den Wettbewerb sichergestellt, dass langfristig nur die effizientesten Anbieter am Markt verbleiben. In Märkten, in denen exklusive Frequenznutzungsrechte erteilt werden, wie dies bei Mobilfunkmärkten der Fall ist, existiert – zumindest im Rahmen der gegenwärtigen Lizenzierungspraxis – kein freier Markteintritt. Damit kommt der Auswahl des/der effizientesten Betreiber ein wesentlich höherer Stellenwert zu. Zum Zweiten ist in Betracht zu ziehen, dass Frequenzen partiell durch andere Inputfaktoren substituierbar sind.[196] Dazu zählt insbesondere die Netzverdichtung. Ein Betreiber muss entscheiden, was für ihn die kostenoptimale Inputrelation ist. Um eine volkswirtschaftlich effiziente Faktorallokation sicherzustellen, müssen Frequenzpreise ihre Lenkungs- und Signalfunktion erfüllen und den richtigen ökonomischen Wert reflektieren. Das adäquate Marktpreiskonzept ist hier dasjenige der Opportunitätskosten. Das sind die Kosten der Nichtrealisierung der besten alternativen Verwendung, in diesem Fall entweder eines alternativen Nutzers oder eines substitutiven Inputfaktors (Netzverdichtung). Zum Dritten gilt es zu berücksichtigen, dass dort, wo der Zugang zur Ressource Frequenzen den Marktzutritt beschränkt, Renten (Gewinne über einer Normalentlohnung der Faktoren) erwirtschaftet werden können und ein Auswahlverfahren notwendig ist. Renten können aus zwei Gründen entstehen: durch naturgegebene oder durch künstlich herbeigeführte Knappheit. Im ersten Fall wird von einer Frequenzrente, im zweiten von

---

[195] Siehe auch Kapitel 4.4.2.
[196] Siehe auch Kapitel 3.4.2.

einer Lizenzrente gesprochen.[197] Künstliche Knappheit ist immer bedingt durch staatliche Maßnahmen (z.B. durch die Widmung des Spektrums). Unabhängig vom Grund kann die Knappheit – besser gesagt die daraus resultierende Rente – die Mobilisierung von Ressourcen (Aufwendungen für Rentensuche) zur Sicherung von Frequenznutzungsrechten oder Lizenzen zur Folge haben. Die Entscheidung wie viel Ressourcen ein Unternehmen mobilisiert, ist eine Entscheidung unter Unsicherheit. Aus ökonomischen Gesichtspunkten wird ein (risikoneutrales) Unternehmen bereit sein, maximal den erwarteten Profit – das ist die erwartete Rente multipliziert mit der Wahrscheinlichkeit, dass das Unternehmen den Zuschlag im Rahmen der Erteilung der Nutzungsrechte erhält (*Probability to Win*) – einzusetzen. Mit steigendem Einfluss der Aufwendungen für Rentensuche auf die *Probability to Win* steigen damit auch – ceteris paribus – die Kosten für Rentensuche.

4.3.4 Das optimale Interferenzniveau

Funksignale können sich gegenseitig stören. Dadurch kann der Nutzwert der Ressource vermindern oder möglicherweise gänzlich beseitigt werden. Aus ökonomischer Sicht sind Interferenzen als externe Effekte zu qualifizieren. Sie verursachen Kosten auf Seiten Dritter. Interferenzen sind zwar grundsätzlich unerwünscht, deren (vollkommene) Beseitigung technisch aber kaum machbar bzw. zu kostenintensiv, als dass sie gesellschaftlich sinnvoll wäre. Vielmehr gilt es die Frage nach dem *gesellschaftlich optimalen bzw. effizienten Interferenzniveau* zu stellen. Diese Frage ist ein typisches ökonomisches Optimierungsproblem: wo liegt das *soziale Optimum* bei Vorliegen eines *trade-off* zwischen *sozialen Gewinnen* (intensiverer Wettbewerb, Angebotsvielfalt, geringere Zahl und Breite von Schutzbändern) und *sozialen Verlusten* (Verminderung der Dienstgüte durch Interferenzen), die aus einer unterschiedlich intensiven Nutzung des Spektrums resultieren.

Eine graphische Darstellung des „optimalen Interferenz Problems" findet sich in Abbildung 4-5. Mit zunehmender Intensität der Nutzung nehmen auch die individuellen Vorteile (*private gains*) zu, allerdings mit einer abnehmenden Rate. Umgekehrt nehmen die Verluste, bedingt durch Interferenzen (*private losses*), mit der Intensität der Nutzung zu.[198] Das soziale Optimum liegt im Punkt T*, im Maximum der Differenz aus privaten

---

[197] Zur Unterscheidung von Frequenz- und Lizenzrente siehe auch Hazlett (2001) und Valletti (2001).

[198] Vgl. u.a. Hazlett (2001) und Valletti (2001).

Gewinnen und privaten Verlusten (*net social value*). In diesem Punkt entspricht der Nutzen einer zusätzlichen Intensitätseinheit den Kosten, die diese Intensitätseinheit verursacht. Rechts von T* (z.B. im Punkt T_2) liegt eine – aus sozialer Sicht – zu intensive Nutzung, links davon (z.B. im Punkt T_1) wiederum eine zu geringe Nutzung vor.

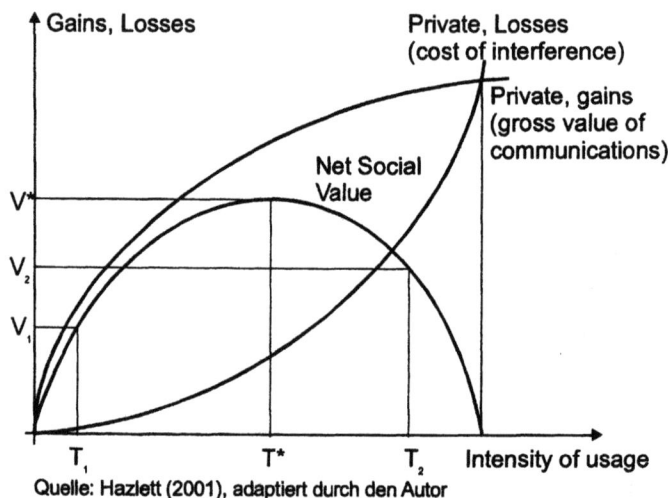

Quelle: Hazlett (2001), adaptiert durch den Autor

ABBILDUNG 4-5: NUTZEN UND KOSTEN VON FUNKDIENSTEN

Eine typische Ursache für eine zu intensive Nutzung (Übernutzung) einer Ressource ist der (unregulierte) offene Zugang zu dieser. Dieses in der wirtschaftswissenschaftlichen Literatur als *Problem of the Commons* oder *Trauerspiel der Allmende* bezeichnete Allokationsproblem im Zusammenhang mit Gemeineigentum bzw. Ressourcen mit offenem Zugang (*open access*) geht auf Hardin (1986) zurück.[199] Die Übernutzung resultiert aus dem Ungleichgewicht zwischen privaten und sozialen Kosten. Im individuellen Kalkül finden die sozialen Kosten keine adäquate Berück-

---

[199] Im Mittelalter waren große Teile der Bodenfläche als Gemeindeland (Allmende) allen Gemeindeeigentümern frei zugänglich. Mit zunehmender Bevölkerung wurde das Land überweidet. Für jeden einzelnen Bauern war es individuell vorteilhaft, Vieh auf die Weide zu treiben, auch wenn dadurch das gesamte Produktionsergebnis pro Flächeneinheit nicht zu-, sondern abnahm. Die Allmende wurde im Laufe der Zeit fast überall zugunsten individueller Verfügungsrechte über den Boden abgeschafft (Schäfer & Ott, 1995, S 27). Vgl. auch Richter & Furubotn (1999, S 109 ff).

sichtigung. In den USA war der Zugang zum Spektrum in den ersten Jahren des Rundfunks unreguliert. Dies führte in kurzer Zeit zu einer Übernutzung (zu viele Sendestationen und keine Koordination), die treffend als ‚chaos in the ether' bezeichnet wird (Hoffmann, 1996).

Im vorliegenden Zusammenhang sind es die Interferenzen, die Kosten auf Seiten Dritter verursachen und nicht in das individuelle Kalkül des Verursachers eingehen. Ohne einen kollektiven Koordinationsmechanismus ist (längerfristig) von einem zu hohen Interferenzniveau und damit einer – aus sozialer Sicht – zu geringen Dienstequalität auszugehen. Kollektive Koordination heißt aber nicht zwangsläufig regulatorische Festsetzung des Interferenzniveaus. Unter bestimmten Bedingungen könnte das optimale Interferenzniveau – gemäß dem *Coase Theorem* – auch vertraglich zwischen den betroffenen Parteien vereinbart werden. Eine notwendige Voraussetzung für das Funktionieren beider Lösungen ist eine hinreichend exakte Spezifikation der (exklusiven) Nutzungsrechte sowie deren Durchsetzbarkeit.[200]

Es gibt auch kollektive Koordinationsmechanismen, die nicht auf (rechtlich durchsetzbaren) Verfügungsrechten, sondern auf Zugangsbeschränkungen durch interne Regelungen bzw. soziale oder technische Normen (Standards) basieren. Dies ist meist dann der Fall, wenn die Kosten der Spezifikation und Durchsetzung von Verfügungsrechten deren Vorteile übersteigen. Solche Regelungen finden beispielsweise im Zusammenhang mit der unlizenzierten Nutzung von Frequenzen (*license-exempt use*) Anwendung.[201] Die unlizenzierte Nutzung realisiert zwar grundsätzlich das Konzept des offenen Zugangs, allerdings existieren im Regelfall – zur Vermeidung eines zu hohen Interferenzniveaus (*Problem of the Commons*) – alternative Zugangsbeschränkungen. Meist ist die Nutzung nur auf ein sehr enges geografisches Gebiet (interne Nutzung) eingeschränkt und die maximal erlaubte Sendeleistung stark begrenzt. Zudem gibt es keinen Schutz vor Interferenzen (*admission right*).[202] Für die (nahezu)

---

[200] Eine weitere Voraussetzung für das Funktionieren des *Coase Theorems* ist die Abwesenheit von (hohen) Transaktionskosten. Darauf wird in Kapitel 4.5.1 noch näher eingegangen.

[201] Beispiele dafür sind der (privaten) Mobilfunkstandard DECT sowie diverse Funk-LAN Standards, wie WLAN und Hiperlan im Bereich 2,4 und 5 GHz.

[202] In der Frequenznutzungsverordnung findet sich beispielsweise für die – unter anderem für WLAN – vorgesehenen Bereiche 2300-2450 MHz/2450-2483,5 MHz ein Fußnotenverweis (S5.150) auf die Vo Funk der ITU, die besagt, dass die Nutzung für industrial, scientific and medical applications (ISM) reserviert ist. Zudem findet sich der Hinweis „.... *Radiocommunication services operating within these bands*

flächendeckende Erbringung von Funkdiensten für eine breite Öffentlichkeit ist diese Form der Nutzung ungeeignet.[203] Allerdings zeigt die gegenwärtige Entwicklung im Bereich von WLAN-Technologien, dass die unlizenzierte Nutzung in jenen Bereichen, in denen die Interferenzproblematik von untergeordneter Bedeutung ist, ein sinnvoller alternativer Regulierungsansatz sein kann.

Das dem *Problem of the Commons* entgegengesetzte Problem ist jenes einer zu geringen Nutzung (Punkt T_1 Abbildung 4-5). Verursacht wird diese primär durch eine zu vorsichtige Widmung vor dem Hintergrund der Interferenzproblematik (zu breite Schutzkanäle, etc.). Diese Form von Effizienzverlust ist im Regelfall weniger auf einen Marktfehler als vielmehr auf einen Regulierungsfehler, verursacht durch Informationsunvollkommenheit, zurückzuführen.

4.4 Ökonomische Aspekte der Frequenzvergabe

4.4.1 Auswahl des effizienteren Leistungserbringers

In einem Markt ohne Markteintrittsbarrieren wird durch den Wettbewerb sichergestellt, dass langfristig nur die effizientesten Anbieter am Markt verbleiben. In Märkten, in denen exklusive Frequenznutzungsrechte erteilt werden, wie dies bei Mobilfunkmärkten der Fall ist, existiert – zumindest im Rahmen der gegenwärtigen Lizenzierungspraxis – kein freier Markteintritt. Damit kommt der Auswahl der/des effizientesten Betreiber(s) ein wesentlicher Stellenwert zu.

Wer ist der effizienteste Leistungserbringer? Vor dem Hintergrund der neoklassischen Theorie ohne Unsicherheit und bei perfekter Information lässt sich diese Frage primär auf die Kosteneffizienz reduzieren. In der Abbildung 4-4 sind die Durchschnitts-Kostenfunktionen von zwei unterschiedlichen Betreibern dargestellt (AC_1 und AC_2). Der ökonomischen Realität des Mobilfunks in einer groben Annäherung Rechnung tragend, verläuft die Durchschnittskostenfunktion oberhalb der Grenzkosten. Diese Kostenfunktion resultiert aus hohen Fixkosten, bedingt durch Investitionen in die Netzinfrastruktur gepaart mit vergleichsweise geringen (konstanten) marginalen Kosten. Das wohlfahrtsökonomisch zu bevorzugende *first-best*

---

must accept harmful interference which may be caused by these applications ...". Siehe auch Kapitel 4.2.1.

[203] Aus diesem Grund dürften öffentliche Mobilfunkdienste auf Basis von WLAN-Technologien nur ein sehr eingeschränktes Substitut für IMT-2000/UMTS sein.

Marktergebnis, Preis gleich Grenzkosten (P_0,Q_0) ist für den Betreiber nicht kostendeckend und unter der Prämisse der Eigenwirtschaftlichkeit nicht zu erbringen. Das *second-best* Marktergebnis, die nächstbeste Alternative (P_1,Q_1), liegt im Schnittpunkt der Nachfragefunktion und der Durchschnittskostenfunktion des effizienteren der beiden Betreiber. Aber auch wenn sich ein aus wohlfahrtsökonomischer Sicht schlechteres Marktergebnis einstellen sollte, beispielsweise das Monopolgleichgewicht (P_3,Q_3), ist der soziale Überschuss größer, wenn der effizientere der beiden Betreiber den Zuschlag erhält. In dem in der Abbildung 4-4 (auf Seite 132) dargestellten Beispiel erwirtschaftet das Unternehmen mit den Durchschnittskosten AC_2 bei gegebenem Marktpreis P^3 einen geringeren Stückkostengewinn als das Unternehmen mit den Durchschnittskosten AC_1. Eine wesentliche Konsequenz aus diesem Kostenvorteil ist die höhere Profitabilität und damit auch Zahlungsbereitschaft im Rahmen einer Frequenzauktion. In der dynamischen Betrachtung sind Technologie und Größe des Produktionsapparates variabel. In einer primär auf die Kosten fokusierten Sicht stellt sich das Problem analog zur statischen Sicht dar: Langfristig ist jener Betreiber der effizienteste, der – durch die optimale Wahl von Technologie und Größe des Produktionsapparates – mit den geringsten Durchschnittskosten produziert (optimale Innovationsgeschwindigkeit[204]). Dieser wird wiederum derjenige Betreiber sein, der den höchsten akkumulierten Profit (NPV) erwirtschaften wird und damit die höchste Zahlungsbereitschaft für die Lizenz hat.[205]

In dieser vereinfachten Betrachtung lässt sich *Wettbewerb im Markt* durch *Wettbewerb um den Markt* (Wettbewerb um Lizenzen) ersetzen. In einer Welt, in der Unsicherheit bezüglich Nachfrage, Technologie und Kosten herrscht, kommt Wettbewerb eine komplexere Funktion zu. Wettbewerb wird zu einem dynamischen (Erfahrungs-)Prozess, in dem sich die Anbieter (durch Erfolg und Misserfolg) den optimalen Produktionsbedingungen lediglich annähern.[206] Es stellt sich erst – unter der Voraussetzung, dass keine hohen MEB existieren – langfristig heraus, wer der/die effizientesten Leistungserbringer ist/sind. In einem solchen

---

[204] Allerdings sind dynamische Effizienzüberlegungen für Mobilfunkmärkte – zumindest in Europa – in Bezug auf die technologische Innovation zu relativieren, da die Technologiewahl durch die Nutzungsbedingungen restringiert ist. In diesem Fall sind alle Betreiber im Bezug auf die eingesetzte Technologie gleich effizient.

[205] Siehe auch Fußnote 41.

[206] Dieses dynamische Konzept von Wettbewerb geht auf die österreichische Schule der Nationalökonomie zurück (Hayek, 1948, 1978; Schumpeter, 1950). Vgl. u.a. Kriszner (1997).

Konzept ist die Funktion von Wettbewerb nur eingeschränkt durch Wettbewerb um den Markt substituierbar. Dem Auswahlprozess (des langfristig effizientesten Leistungserbringers) zum Zeitpunkt der Lizenzierung sind Grenzen gesetzt. Dies trifft alle Auswahlverfahren, allerdings mit unterschiedlichen Konsequenzen. In einer Auktion tragen die Unternehmen das Risiko und es ist ihre Aufgabe bzw. insbesondere auch die des Kapitalmarktes, die Unsicherheit in Bezug auf künftige Marktbedingungen im Rahmen der Kalkulation der Zahlungsbereitschaft entsprechend zu berücksichtigen. Sollte der Kapitalmarkt funktionieren, ist davon auszugehen, dass jene Unternehmen die höchsten Finanzmittel mobilisieren können, denen seitens der Finanzinstitutionen die höchsten Marktchancen eingeräumt werden.[207] Beim vergleichenden Auswahlverfahren kommt neben der Unsicherheit zum Zeitpunkt der Lizenzierung – die in wesentlich höherem Maße auch die Vergabestelle trifft – ein weiterer Aspekt hinzu: Die Prämissen, unter denen eine Lizenz einem bestimmten Antragsteller erteilt wurde, können sich ex post ändern. Ein Lizenznehmer, der im Rahmen eines vergleichenden Auswahlverfahrens ermittelt wurde, ist wesentlich stärker durch die Lizenzierung restringiert und kann sich weniger flexibel an geänderte Rahmenbedingungen anpassen.[208] Das Dilemma, das eine dynamische Sicht von Wettbewerb aufwirft – es stellt sich erst langfristig heraus, wer der Beste ist – ist eines, vor dem alle Auswahlverfahren stehen. Weshalb diesem Konzept am adäquatesten Rechnung getragen wird, indem den Lizenznehmern ein höheres Maß an Flexibilität in Bezug auf die Anpassung an geänderte Rahmenbedingungen eingeräumt wird. Dafür ist aber eine Neuordnung der Nutzungsrechte erforderlich, so dass Lizenznehmer die Möglichkeit haben, Nutzungsrechte zu veräußern (Transferrecht), falls ihr Geschäftsmodell unprofitabel wird, eine neue Technologie zu adaptieren (Wahlmöglichkeit der Technologie), falls die bestehende Technologie durch Innovation entwertet wird oder aber auch den Interferenzrahmen neu zu verhandeln, wenn technologische Änderungen dies erfordern. Auf Vor-

---

[207] Sollte diese Bewertung nicht funktionieren, ist das Problem primär bei der Ursache (unperfekter Kapitalmarkt) und nicht beim Vergabeverfahren zu suchen.

[208] Hier tut sich das große Dilemma eines Kriterienwettbewerbs auf. Die im Rahmen eines Kriterienwettbewerbs von einem Bewerber angebotenen Dienste bzw. Dienstequalitäten fließen in einen Vertrag zwischen Vergabebehörde und Lizenznehmer ein. Je exakter der Vertrag spezifiziert ist, desto geringer ist die Anpassungsflexibilität an geänderte Marktbedingungen. Je flexibler der Vertrag gestaltet ist, desto mehr Spielraum wird für opportunistisches Verhalten (hold-up Problem) eröffnet.

und Nachteile im Zusammenhang mit der Flexibilisierung von Nutzungsrechten wird noch im Kapitel 4.5 näher eingegangen.

4.4.2 Die optimale Zahl an Lizenzen

Im Folgenden werden die generellen Probleme einer diskretionären Lizenzierung dargestellt und mit den Vor- und Nachteilen der Versteigerung einzelner schmaler Frequenzpakete (flexibles Versteigerungsverfahren) verglichen. Diskretionäre Lizenzierung bedeutet, dass die Regulierungsbehörde die Zahl an Konzessionen und deren Ausstattung festsetzt. Die damit verbundenen Kernfragen müssten also lauten:
- wie viele Konzessionen sind optimal und
- wie sollten diese Konzessionen ausgestattet sein?

Die Frage nach der optimalen Zahl an Konzessionen ist eine rein theoretische, deren Beantwortung, aufgrund der Informationsunvollkommenheit auf Seiten der Vergabestelle, in der Praxis nicht möglich ist, weshalb sie auch nur kurz erörtert werden soll. Die *gesellschaftlich optimale Zahl an Lizenzen* ist jene Zahl bei der die (gewichtete) Summe aus Konsumenten- und Produzentenrente maximal ist:

$$\max_{N} W(N) = \alpha \cdot CS(N) + (1-\alpha) \cdot PS(N) \tag{4.7}$$

mit

$$CS(N) = \int_{P(N)}^{\bar{P}} Q(u)\,du \tag{4.8}$$

und

$$PS(N) = \sum_{i=1}^{N}\left[P(N) \cdot Q^i(P(N)) - C^i(Q^i(P(N)))\right] \tag{4.9}$$

Dabei bezeichnet N die Anzahl an Anbietern, $Q(.)$ die Gesamtnachfrage, P den Marktpreis, $\bar{P}$ den Prohibitivpreis, $Q^i(.)$ den individuellen Output des Unternehmens i und $C^i(.)$ die Kostenfunktion des Unternehmens i. Bei einer Gleichgewichtung von Produzenten- und Konsumentenrente und unter Einbeziehung der Annahmen, die im vorangegangenen Kapitel getroffen wurden (idente Unternehmen, Trennung in reversible Grenzkosten und irreversible Fixkosten, etc.), lässt sich der soziale Überschuss darstellen als[209]

$$W(N) = \int_{P(N)}^{\bar{P}} Q(u)\,du + N\bigl[P(N)q(N) - c(q(N))\bigr] - NF,\qquad(4.10)$$

wobei q den individuellen Output jedes Unternehmens, $c(.)$ die (Grenz-) Kosten und F die versunkenen Kosten bezeichnet. Durch Ableitung nach N erhält man:[210]

$$W' = -QP' + NqP' + [Pq - c] + \frac{dq}{dN}N\left[P - \frac{dc}{dq}\right] - F = 0$$

Daraus folgt

$$W' = -QP' + QP' + \pi + \frac{dq}{dN}N[P - MC] - F = 0$$

sowie

$$W' = \pi + \frac{dq}{dN}N[P - MC] - F = 0.\qquad(4.11)$$

Wie (4.11) zeigt, ist ein Eintritt eines weiteren Anbieters dann gesellschaftlich wünschenswert, wenn der Nettoprofit eines weiteren Unternehmens – das ist der Profit eines weiteren Anbieters abzüglich dem Gewinntransfer der bestehenden Unternehmen an den Neueinsteiger, der sich aus der Multiplikation des durch den Markteintritt bewirkten Mengeneffekts $N \cdot dq/dN$ mit dem Deckungsbeitrag (P-MC) ergibt – die irreversiblen Fixkosten übersteigt. Je höher die versunkenen Kosten F (Duplikation der Infrastruktur), desto geringer wird die optimale Zahl an Lizenzen sein.

---

[209] Siehe auch Kapitel 4.3.3 und Abbildung 4-3.

[210] Der erste Term lässt sich mittels Ableitung von Parameterintegralen differenzieren. Die Ableitung des Parameterintegrals $CS(N) = \int_{P(N)}^{\bar{P}} Q(u)\,du$ lautet

$$CS'(N) = \int_{P(N)}^{\bar{P}} \frac{\partial Q(u)}{\partial N}\,du + Q(\bar{P}) \cdot \frac{d\bar{P}}{dP} - Q(P(N)) \cdot \frac{dP(N)}{dN}\ \text{und damit}$$

$$CS'(N) = 0 + Q(\bar{P}) \cdot 0 - Q(P(N)) \cdot P'(N) = -Q(P(N)) \cdot P'(N).$$

Für die praktische Regulierung stellt sich aufgrund der Informationsunvollkommenheit auf Seiten der Vergabestelle weniger die Frage nach der optimalen Zahl als vielmehr die Frage nach den Konsequenzen von *zu vielen* und *zu wenigen* Lizenzen. Durch die gewählte Zahl an Konzessionen wird die Obergrenze an Anbietern und damit der Grad an intermodalem (systemspezifischem) Wettbewerb bestimmt.[211] Je weniger Lizenzen vergeben werden, desto höher ist die Gefahr von kollusivem Marktverhalten bzw. allokativen und technischen Ineffizienzen.[212] Je größer die Anbieterzahl, desto größer ist die Wahrscheinlichkeit, dass Skaleneffekte nicht genutzt werden können. Ein Anbieter, der z.B. auf Grund mangelnder Nachfrage Skaleneffekte nicht hinreichend ausschöpfen und damit die mindestoptimale Betriebsgröße nicht erreichen kann, würde langfristig aus dem Markt ausscheiden. Dies wird aber in aller Regel von den Betreibern im Rahmen ihrer Investitionsentscheidung antizipiert.[213] Die unmittelbare Konsequenz von zu vielen Konzessionen ist, dass angebotene Lizenzen nicht nachgefragt werden. Im Falle einer *sequenziellen diskretionären Lizenzierung* ist dies auch problemlos möglich. Angenommen es werden N Lizenzen sequenziell vergeben und der Markt ist nur für $L<N$ Lizenzen profitabel: (d.h. $\pi(L)>0$ und $\pi(L+1)<0$). In diesem Fall würde sich bei der Vergabe der $L+1$ Lizenz kein Unternehmen um diese bemühen. Als Beispiel dafür kann die Vergabe von GSM 1800 Zusatzfrequenzen in Österreich genannt werden.[214] Obwohl für einen potenziellen Neueinsteiger ein entsprechendes Frequenzpaket ausgeschrieben wurde, hat sich kein solcher am Vergabeverfahren beteiligt. Im Falle einer sequenziellen diskretionären Lizenzierung kann die Vergabestelle also nicht zu viele Lizenzen vergeben. Diese Form der Lizenzierung hat allerdings einen entscheidenden Nachteil. Die sequenzielle Lizenzierung schafft in der Regel – entweder durch Preisunterschiede oder durch ungleiche Markteintrittszeitpunkte – ungleiche Ausgangsbedingungen für die Marktteilnehmer und damit unter Umständen Wettbewerbsverzerrungen. Ein Beispiel für ein sequenzielles Vergabeverfahren, bei dem es zu hohen Preisunterschieden zwischen

---

[211] Als ‚intermodal' wird Wettbewerb zwischen jenen Anbietern bezeichnet, die die gleiche Technologie einsetzen. Siehe auch Kapitel 3.4.3.
[212] Siehe auch Kapitel 4.3.3.
[213] Siehe dazu die Ausführungen in Kapitel 3.4.5.
[214] Zu den Modalitäten der Vergabe und zum Ergebnis vgl. die Homepage der Regulierungsbehörde (www.rtr.at).

gleichwertigen Lizenzen gekommen ist, war die Versteigerung von WLL Frequenzen in der Schweiz.[215]

Bei der zweiten Variante, der *simultanen diskretionären Lizenzierung*, besteht zwar nicht die Gefahr, dass ungleiche Ausgangsbedingungen geschaffen werden, dafür besteht die Gefahr, dass zu viele Lizenzen vergeben werden. Angenommen es werden N Lizenzen simultan vergeben, der Markt ist aber nur für $L<N$ Lizenzen profitabel: (d.h. $\pi(L)>0$ und $\pi(L+1)<0$) und die Unternehmen müssten unabhängig voneinander einen Antrag für eine der N Lizenzen stellen bzw. ein Gebot abgeben. Bei einer Bewerberzahl von $I>L$ ist nicht auszuschließen, dass $J>L$ Lizenzen (mit $N \geq J$ und $I \geq J$) vergeben werden, und zumindest ein unglücklicher Lizenzgewinner – wegen $\pi(J)<0$ ist der Markteintritt für diesen unprofitabel – in den Markt eintritt. Da davon auszugehen ist, dass potenzielle Lizenzwerber eine solche Situation antizipieren werden, ist – im Falle, dass der Marktausstieg nicht kostenlos ist – von einer Reduktion der Nachfrage entweder durch Fusionen im Vorfeld der Vergabe oder durch Nichtteilnahme von (schwächeren) Bietern auszugehen.

Komplizierter gestaltet sich die Frage nach der Zahl an Lizenzen, wenn das für die Lizenzierung zur Verfügung stehende Spektrum beschränkt ist. In diese Fall existiert ein *trade-off zwischen dynamischen Wettbewerbseffekten und gesamtwirtschaftlichen Kosten*. Im Falle hoher Wettbewerbsintensität, z.B. wenn Bertrand-Wettbewerb vorliegt, würden bereits zwei Lizenzen reichen, damit sich das kompetitive Marktergebnis einstellt. Im Falle geringer Wettbewerbsintensität wird die optimale Zahl höher sein. Es gibt kaum Studien die diesen *trade-off* näher untersuchen. Die australische Regulierungsbehörde (AUSTEL) hat diese Frage 1990 im Rahmen einer Studie für GSM untersucht. Dabei wurde untersucht, welche gesamtwirtschaftlichen Kostenvorteile vorliegen, wenn die Gesamtproduktion von einer geringeren Zahl an Anbietern (im Extremfall von einem Betreiber) erbracht wird. Die AUSTEL ist zum Ergebnis gekommen, dass sich die Gesamtkosten bei der Leistungserbringung durch 2, 3 und 4 Betreiber um den Faktor 1,12, 1,24 und 1,46 gegenüber einem hypothetischen effizienten Monopolisten[216] erhöhen. Diese Kostenvorteile waren aus der Sicht von AUSTEL allerdings nicht gravierend genug, um nicht durch dynamische Wettbewerbsvorteile (Effizienzsteigerung und Verhinderung von

---

[215] Siehe dazu Kapitel 6.2.5.

[216] Die damit getroffene Annahme eines effizienten Monopolisten ist ein theoretisches Konstrukt. In der Praxis weist ein Monopolist natürliche erhebliche Ineffizienzen auf. Siehe auch Kapitel 4.3.3.

kollusivem Marktverhalten) überkompensiert zu werden. Wie realitätsfern die Annahme eines effizienten Monopolisten ist, zeigen auch die Effekte der Liberalisierung in Europa. Beispielsweise ist der Mitarbeiterstand des Bereichs Festnetz der Telekom Austria zwischen 1998 und 2001 bei annähernd gleichbleibendem Erlös um über 30% zurückgegangen.[217]

Die dritte Variante der Lizenzierung ist die Vergabe schmalerer Frequenzpakete (*flexibles Versteigerungsverfahren*). Dabei wird den Lizenznehmern die Entscheidung über den Umfang an Ausstattung selbst überlassen. Der Vorteil der Verfahrens liegt darin, die Entscheidung über die Anzahl an Lizenzen und deren Ausstattung den Bietern und deren Investitionskalkül zu überlassen; die Gefahr, dass zu viele Konzessionen vergeben werden, besteht somit nicht. Allerdings birgt ein flexibles Versteigerungsverfahren die Gefahr, dass zuwenig Lizenzen vergeben werden. Da im Regelfall die Profitabilität mit der Zahl an Lizenzen abnimmt ($d\pi/dN<0$) existiert eine Tendenz zu engen Marktstrukturen.[218] Dies gilt insbesondere dann, wenn sowohl bestehende Betreiber wie auch potenzielle Neueinsteiger an der Vergabe teilnehmen. Bestehende Betreiber können in der Regel Synergien zwischen bestehender und neuer Technologie realisieren. Darüber hinaus verfügen sie über einen bestehenden Kundenstamm, so dass die Kundenaquisitionskosten geringer sein werden als die eines Neueinsteigers. Die umfangreicheren Infrastrukturinvestitionen, die ein Neueinsteiger tätigen muss erhöhen auch die Finanzierungskosten und – im Falle einer Auktion – die Wahrscheinlichkeit, dass er Budgetbeschränkungen unterliegt. Insgesamt ist davon auszugehen, dass die Zahlungsbereitschaft eines Neueinsteigers geringer sein wird.[219,220] Um wettbewerbliche Strukturen zu sichern, ist es bei dieser Form der Vergabe unbedingt notwendig, eine Untergrenze für die Zahl an Lizenzen festzusetzen bzw. den Umfang an Spektrum, den ein Bieter erwerben darf, zu beschränken sowie die Vergabe ggf. durch spezifische Maßnahmen zur Förderung von Neueinsteigern zu flankieren.[221]

---

[217] Vgl. Geschäftsberichte der Telekom Austria www.telekom.at.
[218] Zum Zusammenhang Profitabilität, Zahl an Lizenzen und Wettbewerbsintensität siehe Kapitel 3.4.
[219] Von diesen Überlegungen auszunehmen sind Investoren, die eine transnationale Geschäftsstrategie verfolgen.
[220] Ein weiterer Grund für eine höhere Zahlungsbereitschaft bestehender Betreiber ist der sogenannte Reputationseffekt. Zu diesem und zur generellen Problematik von Neueinsteigern siehe Kapitel 6.3.2.
[221] Siehe Kapitel 6.3.2.

4.4.3 Ökonomische Analyse von Vergabeverfahren

Eine erste allgemeine Gegenüberstellung der Vor- und Nachteile unterschiedlicher Vergabeverfahren wurde bereits im Kapitel 4.2.2 vorgenommen. Hier soll eine vertieftere ökonomische Untersuchung vor dem Hintergrund der im Kapitel 4.3 dargelegten Effizienzkriterien durchgeführt werden. Zu diesem Zweck werden anhand eines einfachen (spieltheoretischen) Modells die Vergabeverfahren Lotterie, Auktion und Kriterienwettbewerb diskutiert und hinsichtlich folgender Aspekte untersucht:

- Sicherstellung einer pareto-effizienten Zuteilung und Auswahl des effizientesten Nutzers
- Kosten der Rentensuche
- Erzeugung von Marktpreisen und Verteilungseffekte
- Das Problem des *winner's curse*

Gegeben sind N potenzielle Nutzer (Teilnehmer), die sich um eine Lizenz bewerben. Der (erwartete) Erlös, der mit dieser Lizenz verbunden ist, sei V (=1) und ein *common value* sowie *gemeinsames Wissen (common knowledge)*.[222] Jeder der potenziellen Nutzer i hat ein Anfangsinvestment (Aufbau der Netzinfrastruktur) von C_i zu tätigen. Diese Investitionen sind eine *private Information (private value)*.[223] Die einzelnen C_i sind stochastisch unabhängig und werden aus der gleichverteilten Verteilung F aus dem Intervall [0,1] gezogen. Die marginalen Kosten sind 0. Der individuelle (erwartete) Gewinn und damit die maximale Zahlungsbereitschaft des Nutzers i ist gegeben mit:

$$V_i = V - C_i \qquad (4.12)$$

Die Renten V_i sind demnach ebenfalls im Intervall [0,1] verteilt. Der *effizienteste Nutzer* – jener mit den geringsten Kosten – ist gegeben durch

---

[222] Hinsichtlich der verwendeten Terminologien und Definitionen wie jenen von Informationsstrukturen *(gemeinsames Wissen, imperfekte Information, unvollständige Information,* etc.) sei auf die einschlägige spieltheoretische Literatur (vgl. u.a. Fudenberg & Tirole, 1996; Holler & Illing, 2000; Rasmusen, 1989) sowie auf Kapitel 5 verwiesen.

[223] Es soll an dieser Stelle nicht unerwähnt bleiben, dass die hier getroffenen Annahmen, insbesondere jene der statistischen Unabhängigkeit der Zahlungsbereitschaft einzelner Nutzer (Bieter) eine Vereinfachung darstellen, die in der Realität nicht zu halten sein wird. Nichtsdestotrotz liefert das hier vorgestellte Modell einen guten Einblick in die unterschiedliche ökonomische Wirkung einzelner Vergabeverfahren.

die N-te Ordnungsstatistik $V_{(N)}$. Folglich ist eine Zuteilung an ebendiesen Nutzer eine *pareto-effiziente Allokation*. Ganz allgemein gilt hinsichtlich der i-ten Ordnungsstatistik $V_{(i)}$:[224]

$$V_{(1)} \leq V_{(2)} \ldots \leq V_{(i-1)} \leq V_{(i)} \leq V_{(i+1)} \ldots \leq V_{(N-1)} \leq V_{(N)} \qquad (4.13)$$

Im folgenden Modell bezeichnet B die Höhe eines Gebots in einer Auktion, P den Preis, den der Lizenznehmer für die Lizenz zahlt und R die Aufwendungen für Rentensuche. Unter R werden all jene Ausgaben zusammengefasst, die mit dem Ziel eingesetzt werden, das Ergebnis des Auswahlverfahrens zugunsten des Teilnehmers zu beeinflussen. Aus Sicht des Teilnehmers i kann der Vergabeprozess als Spiel mit unvollständiger Information formuliert werden:[225]

$$\pi_i = (V_i - R_i - P)\text{Prob}\{\text{WIN}\} - R_i \text{Prob}\{\text{LOOSE}\} \qquad (4.14)$$

$$= (V_i - R_i - P)\varphi(\ldots) - R_i \left[1 - \varphi(\ldots)\right],$$

wobei π_i den nach Abzug von R und B verbleibenden Gewinn (*Auszahlung* oder *Nutzen*) für Teilnehmer i darstellt.[226] Die Funktion $\varphi(\ldots)$ bildet den Vergabemechanismus ab und beschreibt die (subjektive) Wahrscheinlichkeit mit der ein bestimmter Teilnehmer den Zuschlag erhält (Prob{WIN}). Den Einfluss, den die Aktionsparameter R und B auf das Ergebnis des Verfahrens – genauer gesagt auf die Prob{WIN} – haben, hängt vom institutionellen Rahmen der Vergabe, insbesondere vom Auswahlverfahren ab. Im Fall einer Lotterie verfügen weder die Teilnehmer noch die Vergabestelle über einen Einfluss auf die Wahrscheinlichkeit, dass ein bestimmter Teilnehmer den Zuschlag erhält. Im Falle einer Auktion hat ausschließlich der Teilnehmer einen Einfluss auf $\varphi(\ldots)$. Der entsprechende Aktionsparameter ist das Gebot B. Dem liegen zwei vereinfachende Annahmen zugrunde. Zum einen bieten Auktionen – wie bereits ausgeführt wurde – aufgrund der Reduktion der Entscheidung auf ein transparentes und objektiv nachvollziehbares Kriterium keine Anknüpfungspunkte für Rechtsstreitigkeiten. Zum anderen ist zwar im

---

[224] Zu Ordnungsstatistiken vergleiche Bosch (1998) und Chandra & Chatterjee (2001).

[225] Weiters wird angenommen, dass die Teilnehmer sich hinsichtlich des Risikos neutral verhalten.

[226] Dabei werden eine Reihe von Kosten vernachlässigt, wie beispielsweise die Kosten, die im Zusammenhang mit dem Investitionskalkül anfallen. Ebenfalls vernachlässigt werden mögliche Lizenzkosten, die anstelle oder zusätzlich zum Auktionspreis eingehoben werden könnten.

Rahmen der Gestaltung des Versteigerungsverfahrens (Auktionsregeln) mit einer Einflussnahme zu rechnen, deren Bedeutung für den Ausgang des Verfahrens aber als vergleichsweise gering einzuschätzen. Insgesamt wird von der – vor dem Hintergrund historischer Erfahrungen durchaus haltbaren – Annahme vernachlässigbarer Aufwendungen für Rentensuche ausgegangen. Im Falle eines vergleichenden Auswahlverfahrens (Kriterienwettbewerb) ist die Prob{WIN} von mehreren Faktoren abhängig. Die Vergabestelle hat direkt (durch Auswahl eines Teilnehmers) oder indirekt (durch Formulierung der Entscheidungskriterien) Einfluss auf das Resultat. Die Teilnehmer wiederum werden versuchen, durch Präsentation entsprechender Geschäftsmodelle, Lobbying oder rechtliche Maßnahmen die Entscheidung zu ihren Gunsten zu beeinflussen (Aufwendungen der Rentensuche). Um diesen Sachverhalt formal adäquat formulieren zu können, werden zwei Aktionsparameter in das Modell eingeführt: die Funktion $e(V)$, die den autonomen Einfluss der Vergabestelle – ohne Aktivitäten der Rentensuche und damit einem R_i von 0 – auf das Ergebnis beschreibt und der Parameter R_i, der wiederum die Aufwendungen für Rentensuche beschreibt.[227] Sowohl R_i wie auch $e(V)$ sind in diesem Fall erklärende Variablen der Funktion $\varphi(...)$. Der Einfluss der Teilnehmer auf das Ergebnis und damit der Umfang an Ressourcen, die für Rentensuche aufgebracht werden, hängt letztlich vom institutionellen Rahmen und der Informationslage der Vergabestelle ab. Da eine allgemeine Lösung wenig aussagekräftig ist, werden zwei Extremfälle diskutiert: (1) die Aufwendungen für *rent-seeking* haben keinen Einfluss auf das Ergebnis und (2) das Ergebnis wird ausschließlich durch Aufwendungen für Rentensuche bestimmt.

Die Gleichung (4.14) kann nun als Spiel mit den Aktionsparameter R und B und den nachfolgenden Auszahlungen formuliert werden:

$$\pi_i = \begin{cases} (V_i - P)\varphi(B_i) & \text{im Falle einer Auktion} \\ V_i\varphi(e(V_i), R_i) - R_i & \text{im Falle eines Kriterienwettbewerbs} \\ V_i\varphi() & \text{im Falle einer Lotterie} \end{cases}$$

Es gilt $\partial\varphi/\partial e \geq 0$, $\partial\varphi/\partial R \geq 0$ und $\partial\varphi/\partial B \geq 0$. Zur Bestimmung des optimalen Paramtereinsatzes von R und B wird im Folgenden ein symmetrisches Bay'sches Nash-Gleichgewicht ermittelt.

---

[227] Diese Grenzziehung ist lediglich modelltheoretischer Natur.

➢ *Auktion*

Wie in den nachfolgenden Kapiteln[228] noch ausgeführt wird, erhält in einem Auktionsverfahren dieses Rahmens (*single item independent-private-values auction*) unabhängig vom eingesetzten Auktionsverfahren der Bieter mit der höchsten Zahlungsbereitschaft $V_{(N)}$ den Zuschlag zum Preis der Zahlungsbereitschaft des zweithöchsten Bieters $V_{(N-1)}$.[229] Besonders offensichtlich ist dieses Ergebnis im Falle einer *Vickrey Auktion*. In einer *Vickrey Auktion* geben alle Käufer geheim und unabhängig voneinander ihre Gebote ab. Der Verkäufer wählt die zwei höchsten Gebote aus und erteilt den Zuschlag an den Höchstbieter zum Preis vom zweithöchsten Gebot. Die beste Strategie, die ein Käufer in einer *Vickrey Auktion* wählen kann, ist seine wahre Zahlungsbereitschaft bekannt zu geben – ein Gebot in der Höhe der Zahlungsbereitschaft ($B_i=V_i$) ist spieltheoretisch eine *dominante Strategie* eines rationalen Spielers in einer *Vickrey Auktion*.

Die Wahrscheinlichkeit, dass die Zahlungsbereitschaft des zweithöchsten Bieters $V_{(N-1)}$ (die N-1-te Ordnungsstatistik) kleiner oder gleich v ist, ist gegeben durch:

$$W\left(V_{(N-1)} \leq v\right) = NF(v)^{N-1}[1-F(v)] + F(v)^N \qquad (4.15)$$

Mit der Gleichverteilung F (F(v)=v) vereinfacht sich dieser Ausdruck zu:

$$W\left(V_{(N-1)} \leq v\right) = Nv^{N-1} - (N-1)v^N \qquad (4.16)$$

Die erwarteten Einnahmen sind wiederum gegeben durch den Erwartungswert der N-1-ten Ordnungsstatistik:

$$E\left(V_{(N-1)}\right) = \int_0^1 v \, d\left\{Nv^{N-1} - (N-1)v^N\right\} = \frac{N-1}{N+1}. \qquad (4.17)$$

Im Rahmen einer Vergabe mittels Auktion ist das Gebot der einzige wirkungsvolle Aktionsparameter. Im Ergebnis stellt sich ein Preis (P) in der Höhe der Opportunitätskosten, d.h. der erwarteten Rente des Bieters mit der besten alternativen Verwendung ein. Dies entspricht dem in diesem Zusammenhang relevanten Marktpreiskonzept. Den Zuschlag erhält der

---

[228] Siehe auch Kapitel 5.
[229] Auf Effizienzprobleme im Zusammenhang mit Frequenzauktionen wird noch im Kapitel 5. eingegangen.

Bieter mit der höchsten Zahlungsbereitschaft – die Zuteilung ist paretoeffizient. Aus Sicht der Einkommensverteilung entsteht ein Transfer der Rente vom Lizenznehmer zur Vergabestelle (Staat) im Umfang der (erwarteten) Rente des Bieters mit der zweithöchsten Zahlungsbereitschaft (Opportunitätskosten).

Im vorliegenden Modell wurde von zwei Annahmen ausgegangen: (1) der Bieter kennt seine (zukünftigen) Kosten, d.h. es gibt für ihn keine Unsicherheit und (2) die Kosten sind (stochastisch) unabhängig von den anderen Bietern. Diese Annahmen sind natürlich realitätsfern. Es gibt eine Reihe von Faktoren die für alle Bieter gleich oder ähnlich sind und über die Unsicherheit herrscht.[230] Das Vorliegen solcher Faktoren kann zum Phänomen des *winner's curse* („Fluch des Gewinners") führen. Auf dieses Phänomen wird zwar grundsätzlicher noch in Kapitel 5 eingegangen, dennoch soll das Problem kurz in diesem Kontext erörtert werden. Nehmen wir an, die Kosten der einzelnen Bieter C_i seien Schätzungen und alle Bieter würden letztlich nach Erhalt der Lizenz die gleichen Kosten C zu tragen haben. Damit läge der Extremfall einer *common-value auction* vor. Des Weiteren sei angenommen, es gelte $C_{(1)}<C<C_{(N)}$. In diesem Fall würde ausgerechnet derjenige Bieter den Zuschlag erhalten, der die Kosten am meisten unterschätzt. Bei einem intensiven Bietwettbewerb kann nun das Höchstgebot B über der erwarteten Profitabilität liegen ($V-C_{(1)} \geq B > V-C$). Die Konsequenz wäre – und daher stammt die Bezeichnung –, dass der Dienst für den Lizenznehmer nicht mehr wirtschaftlich erbracht werden kann. Er würde Verluste in der Höhe von $V-B-C<0$ erwirtschaften. Auf das Problem des *winner's curse* wird noch eingegangen. An dieser Stelle sei nur erwähnt, dass Lösungsansätze existieren, die das Problem mindern. Einerseits ist davon auszugehen, dass (informierte) Bieter bei der Kalkulation der Zahlungsbereitschaft einen – vom Risiko abhängigen – Sicherheitsabschlag vornehmen. Andererseits gibt es auch bei der Gestaltung des Versteigerungsverfahrens durch den Einsatz offener und transparenter Verfahren Möglichkeiten, die Gefahr des *winner's curse* zu mindern. Je mehr Informationen über die Einschätzung der (anderen) Bieter freigesetzt werden, desto geringer ist die Gefahr des *winner's curse*.

---

[230] Solche Faktoren sind beispielsweise die Marktnachfrage oder der Zinssatz für Fremdkapital.

➢ *Kriterienwettbewerb*

Die Auszahlung für Teilnehmer *i* in Abhängigkeit von R_i ist gegeben durch:

$$\max_{R_i} \pi_i = \max_{R_i} \left(V_i\, \varphi(e(V_i)), R_i \right) - R_i \right) \tag{4.18}$$

Grundsätzlich kann – wie bereits eingangs erwähnt – zwischen zwei Extremfällen unterschieden werden. Der erste Fall ist jener, bei dem Aufwendungen für *rent-seeking* keinen Einfluss auf das Ergebnis haben. Es gilt $\partial\varphi/\partial R_i=0$. In diesem Fall trifft die Vergabestelle die Entscheidung autonom. Das Ergebnis selbst hängt vom Vergabeziel und dem Informationsstand der Vergabestelle ab. Im Fall perfekter Information seitens der Vergabestelle und dem Vergabeziel „ökonomisch effiziente Allokation" (d.h. $\partial e/\partial V_i>0$) erhält Teilnehmer $V_{(N)}$ die Lizenz – das Ergebnis ist pareto-effizient. Die Rente ($V-C_{(1)}$) verbleibt beim Lizenznehmer. Andernfalls – und das ist der wahrscheinlichere Fall – stellt sich ein ineffizientes Ergebnis ein. In diesem Fall – die Lizenz geht an einen anderen als den effizientesten Teilnehmer ($V_{(i)}$ mit i≠n) – ist (langfristig) von einer Übertragung der Lizenz entweder im Rahmen eines Sekundärmarktes oder durch Übertragung von Unternehmensanteilen auszugehen.[231] Abhängig vom verhandelten Preis (der zwischen $V_{(i)}$ und $V_{(N)}$) liegen wird) wird die Rente zwischen demjenigen, dem die Lizenz ursprünglich zugeteilt wurde und dem finalen Lizenznehmer umverteilt.

Aus ökonomischer Sicht wesentlich interessanter ist allerdings der zweite Extremfall. Wie hoch sind die Ausgaben für Rentensuche, wenn ausschließlich diese den Ausgang des Verfahrens determinieren? In diesem Fall wird der Kriterienwettbewerb zu einem Wettbewerbsverfahren. Formal gilt $\partial\varphi/\partial e=0$ und $\partial\varphi/\partial R_i>0$. Die Zielfunktion für Teilnehmer *i* lautet:

$$\max_{R_i} \pi_i = \max_{R_i} \left(V_i\, \varphi(R_i) - R_i \right) \tag{4.19}$$

---

[231] Wie im Kapitel 4.3.2 ausgeführt wurde, stellt eine solche Übertragung beide Parteien besser. Die Übertragung ist auch die volkswirtschaftlich sinnvollste Reaktion auf eine ineffiziente Zuteilung. Die weniger sinnvolle Option ist die Realisierung eines inferioren Geschäftsmodells. Ob eine Übertragung stattfindet, hängt von einer Reihe von Faktoren, insbesondere aber den Transaktionskosten ab. Auf die Frage, ob Verhandlungslösungen im Bereich der Frequenznutzungsrechte effiziente Ergebnisse liefern, wird in dieser Arbeit nicht näher eingegangen. Beispielsweise weist Milgrom (1998) darauf hin, dass Verhandlungslösungen bei Vorliegen hoher Informationsasymmetrien zwischen den Parteien, wie dies im vorliegenden Zusammenhang der Fall ist, regelmäßig zu ineffizienten Ergebnissen führen.

Durch Ableitung nach R_i erhält man die Bedingung 1. Ordnung:

$$\pi_i' = V_i \varphi'(R_i) - 1 = 0 \qquad (4.20)$$

Teilnehmer *i* erhält dann den Zuschlag, wenn alle anderen Teilnehmer ein geringeres R_i wählen. Das ist der Fall, wenn

$$\varphi(R_i) = W\{R(V_1) < R_i\} \cdot W\{R(V_2) < R_i\}...W\{R(V_N) < R_i\}. \qquad (4.21)$$

An dieser Stelle wird eine naheliegende Annahme getroffen. Die Ressourcen, die Teilnehmer *i* für Rentensuche mobilisiert (R_i), sind eine steigende Funktion in der erwarteten Rente V_i; formal gesprochen, ist die Funktion $R=R(V)$ streng monoton steigend. Demnach existiert die Umkehrfunktion $V=B^{-1}(R)=g(R)$. Damit kann (4.21) auch formuliert werden als:

$$W\{V_1 < g(R_i)\} \cdot W\{V_2 < g(R_i)\}...W\{V_N < g(R_i)\} = \left[F\left(g(R_i)\right)\right]^{N-1} \qquad (4.22)$$

Differenzierung von (4.22) nach R und unter Einbeziehung der Tatsache, dass F gleichverteilt in [0,1] ist, folgt aus der Bedingung 1. Ordnung:

$$(N-1)g(R_i)^{N-1}g'(R_i) = 1 \qquad (4.23)$$

Diese Differentialgleichung ist unmittelbar ableitbar aus

$$\frac{(N-1)}{N}\frac{d}{dR}\{g(R_i)^N\} = 1, \qquad (4.24)$$

womit durch beidseitige Integration und unter Verwendung von $V=g(R)$ das optimale Niveau von R in Abhängigkeit von V wie folgt lautet:

$$g(R)^N = \frac{N}{N-1}R \Rightarrow R(V) = V^N \frac{N-1}{N} \qquad (4.25)$$

Durch Integration erhält man den Erwartungswert für $R(V)$:

$$E(R) = \int_0^1 R(V)dv = \int_0^1 v^n \frac{N-1}{N}dv = \frac{1}{N} \cdot \frac{N-1}{N+1} \qquad (4.26)$$

Mit N Antragstellern ergibt das akkumulierte Kosten für Rentensuche von:

$$\sum_{i=1}^{N} R_i(V_i) = N \cdot \frac{1}{N} \cdot \frac{N-1}{N+1} = \frac{N-1}{N+1} \qquad (4.27)$$

Ein Vergleich von (4.27) mit (4.17) zeigt, dass die über alle Teilnehmer akkumulierten Kosten für Rentensuche dem Preis, den der Höchstbieter in einer Auktion für die Lizenz bezahlt, entsprechen. Es werden also dieselben Ressourcen aufgewendet wie in einer Auktion, allerdings nicht ausschließlich vom erfolgreichen Teilnehmer, sondern verteilt auf alle Teilnehmer. Zu diesem Ergebnis sind eine Reihe von Anmerkungen zu machen: zunächst ist das Ergebnis für jene Leser, die mit der Auktionstheorie vertraut sind, wenig überraschend. Das im zweiten Szenario gewählte *Rent-seeking-Modell* läuft im Ergebnis auf eine *all pay auction* hinaus. Wie das *Revenue Equivalence Theorem* zeigt, sind die erwarteten Einnahmen im Rahmen einer *single item independent-private-values auction* unabhängig vom gewählten Auktionsformat gleich hoch.[232] Das Ergebnis selbst ist nicht als allgemeine Lösung eines *Rent-seeking-Modells* für vergleichende Auswahlverfahren zu interpretieren. Letztlich sind die aufgewendeten Ressourcen abhängig vom institutionellen Rahmen, der eine Vielzahl an Dimensionen umfasst, von denen viele in einem (mathematischen) Modell gar nicht adäquat berücksichtigt werden könnten.[233] Was dieses Modell dennoch zeigt ist, dass in dem Maße, in dem Aufwendungen für Rentensuche an Einfluss auf das Ergebnis eines Auswahlverfahrens (*Probability to Win*) gewinnen, das Verfahren zunehmend den Charakter eines Wettbewerbsverfahren bekommt und im Extremfall – bei einem reinen Wettbewerbsverfahren – ähnliche Ressourcen aufgewendet werden wie in einer Auktion.

> *Lotterie*

In einer Lotterie entscheidet das Los. Weder die Teilnehmer noch die Vergabestelle haben einen Einfluss auf die Wahrscheinlichkeit, mit der ein bestimmter Teilnehmer den Zuschlag erhält. Die Kosten des Rentenstrebens R_i – gemäß dem bisherigen Verständnis – sind Null. Der Preis der Lizenz ist ebenfalls Null. Die Wahrscheinlichkeit, dass der effizienteste Nutzer ausgewählt wird, ist bei einem fairen Los $1/N$. Folglich wird mit der Zunahme an Teilnehmern eine pareto-effiziente Zuteilung unwahrscheinlicher. Sollte der Losentscheid auf einen anderen als den effizientesten Nutzer fallen, ist wiederum von einer Weiterveräußerung der Lizenz auszugehen. Der Preis wird – abhängig von den Verhandlungspositionen – größer als die Zahlungsbereitschaft des Gewinners der

---

[232] Siehe auch Kapitel 5.
[233] Als Beispiel sei hier nur die rechtliche Anfechtbarkeit genannt.

Lotterie und kleiner als die erwartete Rente des effizientesten Nutzers $V_{(N)}$ sein. In diesem Fall fließt ein Teil der Rente dem Gewinner der Lotterie zu.

Im Gegensatz zu einer Auktion und zu einem vergleichenden Auswahlverfahren hat die fachliche Kompetenz eines Teilnehmers keinen Einfluss auf die Wahrscheinlichkeit, den Zuschlag zu erhalten. Wie die Erfahrung in den USA gezeigt hat, ist bei Fehlen einer fachlichen Prüfung bzw. anderen Eintrittsbarrieren mit einer – im Vergleich zu anderen Vergabeverfahren – wesentlich höheren Zahl an Teilnehmern zu rechnen.[234] Die Kosten für Rentensuche resultieren nicht aus hohen Ausgaben einer geringen Zahl an Teilnehmern sondern vielmehr aus der Summe kleiner Aufwendungen einer sehr großen Zahl an Teilnehmern, die durch *windfall profits* angezogen werden. Um dies zu demonstrieren, endogenisieren wir die Zahl der Teilnehmer und führen einen – im Vergleich zum Wert der Lizenz – geringen Betrag T für den Bewerbungsaufwand ein. Mit der Wahrscheinlichkeit $1/N$ und einem Wert der Lizenz von V ist die erwartete Auszahlung für die Teilnehmer V/N. Für die Antragsteller lohnt sich eine Bewerbung solange die erwartete Auszahlung die Kosten der Bewerbung übersteigt: im Gleichgewicht gilt also $V=N\cdot T$. In einer Lotterie mit freiem Zutritt und einem einheitlichen Wert V der Lizenz für alle Teilnehmer ist damit zu rechnen, dass die gesamte Rente durch Aufwendungen für Rentensuche (Bewerbungskosten sind keine sozial sinnvolle Ausgabe) aufgewendet wird. Hazlett & Michaels (1993) untersuchten die Kosten für Rentensuche für die Lotterieverfahren in den USA und schätzten sie bei einem Lizenzwert von 611 Mio. $ auf ca. 325 Mio. $, das sind 50% des geschätzten Wertes der Lizenzen.

4.4.4 Zusammenfassung

Die Existenz von Renten (supranormale Profite) wie auch die Notwendigkeit von Auswahlverfahren begründet sich in einem beschränkten Zugang zur Ressource Frequenzen, entweder aufgrund natürlicher Knappheit (Frequenzrente) oder aufgrund einer durch Widmung des Spektrums künstlich geschaffenen Knappheit (Lizenzrente).

Dort wo unterschiedliche Geschäftsmodelle, Geschäftsideen und Kostenfunktionen eine unterschiedliche Effizienz (bzw. Profitabilität) bedingen, kann das Konzept der pareto-effizienten Zuteilung (Kapitel 4.3.2) als wesentliches Zuteilungskriterium nicht ignoriert werden. In einer groben

---

[234] In einem Verfahren hat es fast 400.000 Teilnehmer gegeben (siehe auch Kapitel 4.2.2).

Annäherung ist davon auszugehen, dass derjenige mit der höchsten Profitabilität und damit Zahlungsbereitschaft auch der effizienteste Leistungserbringer sein wird. Im Falle einer Zuteilung an einen anderen als den effizientesten Nutzer ist – sollte dies nicht durch prohibitiv hohe Transaktionskosten verhindert werden – von einer Übertragung der Lizenz auszugehen. Dabei fließt dem originären Lizenzinhaber ein Teil der Rente zu. Dies eröffnet die Möglichkeit für *windfall profits*. Je stärker der Lizenzpreis der Primärzuteilung vom Marktpreis abweicht, desto stärker wird die Beteiligung von Teilnehmern mit spekulativen Absichten sein. Dabei ist die Übertragung – als Folge einer ineffizienten Zuteilung – die volkswirtschaftlich sinnvollere Option. Die weniger sinnvolle Option ist die Realisierung eines inferioren Geschäftsmodells. Dies ist der Fall, wenn die Transaktionskosten für die Übertragung prohibitiv hoch sind. Jedenfalls ist davon auszugehen, dass die Primärzuteilung und damit das Vergabeverfahren langfristig einen geringen Einfluss auf die Eigentümerstruktur der Lizenznehmer haben wird (Kwerel & Williams, 2001).

Hinsichtlich der Verteilungswirkung der Vergabeverfahren kann folgendes Resümee gezogen werden: Abhängig vom institutionellen Rahmen kann ein (erheblicher) Teil der Rente in Rentensuche fließen. Im Falle einer entgeltlosen pareto-effizienten Zuteilung verbleibt die verbleibende Rente beim Lizenznehmer. Im Falle einer Primärallokation mit wettbewerblichen Vergabeverfahren (Auktionen) wird die Rente (teilweise) an die Vergabestelle transferiert. Im Falle einer pareto-ineffizienten Zuteilung ist von einer späteren Umverteilung der Rente zwischen dem originären Lizenznehmer und dem effizientesten Nutzer auszugehen. Auf eine Beurteilung der Verteilungseffekte wird hier verzichtet, wenn auch hervorgehoben werden muss, dass Kosten im Zusammenhang mit Aktivitäten der Rentensuche vor dem Hintergrund einer möglichst effizienten Vergabe zu problematisieren sind.

Die Mechanismen *first-come-first-served* und *Lotterie* sind praktisch ungeeignet, eine pareto-effiziente Allokation sicherzustellen. Dies und die im Regelfall entgeltlose Zuteilung haben zur Folge, dass der originäre Lizenzinhaber *windfall profits* akquirieren kann. Aus diesem Grund haben beide Verfahren eine hohe Anziehungskraft auf Teilnehmer mit spekulativen Absichten. Dies deckt sich beispielsweise mit den Erfahrungen, die in den USA mit dem Lotteriesystem gemacht wurden.[235] Auch bei sehr geringen Verfahrens- und Bewerbungskosten können alleine schon durch die hohe Zahl an Teilnehmern hohe Kosten anfallen, die als Kosten der Rentesuche

---

[235] Siehe auch Kapitel 4.2.2.

zu qualifizieren sind. Sowohl ein Kriterienwettbewerb wie auch eine Auktion sind theoretisch geeignet, eine pareto-effiziente Allokation sicherzustellen. Allerdings aus zwei unterschiedlichen Gründen: Im Rahmen einer Auktion wird die Entscheidung dezentral durch die Ermittlung des Marktpreises (bzw. Marktgleichgewichts) mittels eines anreizkompatiblen Mechanismus getroffen.[236] Im Rahmen eines vergleichenden Auswahlverfahrens wird diese Entscheidung zentral von der Vergabestelle getroffen. Die Vergabestelle ist dabei auf Informationen angewiesen, die ihr nicht unmittelbar zugänglich sind, weil sie dem unmittelbaren wirtschaftlichen Umfeld der Teilnehmer zuzurechnen sind (Geschäftsstrategien, Kostenfunktionen). Hier liegt auch der große Schwachpunkt des Verfahrens. Bei den hohen Einsätze im Telekommunikationssektor, ist nicht davon auszugehen, dass im Rahmen eines vergleichenden Auswahlverfahrens realistische Geschäftsmodelle präsentiert werden.

Je mehr die Vergabestelle von Informationen aus dem unmittelbaren Geschäftsumfeld der Teilnehmer abhängig ist, desto höher wird der Einfluss von Aktivitäten für Rentensuche auf das Ergebnis des Auswahlverfahrens sein. Damit steigen nicht nur die Kosten von *Rent-seeking-Aktivitäten* (Lobbying, Rechtsstreitigkeiten), sondern auch die Rechtsunsicherheit. Dies ist der zweite Schwachpunkt des vergleichenden Auswahlverfahrens. Ein solches Verfahren zieht regelmäßig langwierige und kostspielige (gerichtliche) Auseinandersetzungen über Definitionen, Auslegung und Anwendung des Zuteilungsmaßstabs nach sich, wofür die anderen drei Verfahren in wesentlich geringerem Maße Anknüpfungspunkte bieten. Die Kosten sind zwar schwierig bis kaum zu quantifizieren, aber nimmt man die Verfahrensdauer – bis zur Beilegung aller Rechtsstreitigkeiten – als groben Indikator, dann decken sich beispielsweise die Erfahrungen in den USA mit dieser Hypothese. In den USA liegt die mittlere Dauer einer Vergabe mittels Kriterienwettbewerb um den Faktor 3 über jener einer Vergabe mittels Versteigerung.

Frequenzen sind partiell durch andere Inputfaktoren substituierbar. Dazu zählt insbesondere die Netzverdichtung. Ein Betreiber muss entscheiden, was für ihn die kostenoptimale Inputrelation ist. Um eine volkswirtschaftlich effiziente Faktorallokation sicherzustellen, müssen Frequenzpreise ihre Lenkungs- und Signalfunktion erfüllen und den richtigen ökonomischen Wert reflektieren. Das adäquate Marktpreiskonzept ist hier dasjenige der Opportunitätskosten. Das sind die Kosten, die durch die Nicht-

---

[236] Liegt ein Marktgleichgewicht vor, ist auch die Zuteilung pareto-effizient (siehe Kapitel 4.3.2).

realisierung der besten alternativen Verwendung entstehen. Die alternative Verwendung kann entweder die eines alternativen Nutzers oder eines substitutiven Inputfaktors (Netzverdichtung) sein. Über diese Kosten hat die Vergabestellung im Gegensatz zu den potenziellen Nutzern kaum oder nur unzureichende Informationen. Aufgrund dieser Informationsasymmetrie ist nur ein (dezentraler) Marktmechanismus imstande, Marktpreise zu erzeugen.

Frequenzauktionen bergen die Gefahr des *winner's curse*. Darunter wird das Phänomen verstanden, dass im Selektionsverfahren der Bieter mit dem optimistischten Investitionskalkül den Zuschlag erhält; damit kann für diesen das Geschäftsmodell aufgrund eines zu hohen Gebotes unprofitabel werden. Allerdings existieren Lösungsansätze, die das Problem mindern. Auf das *Winner's-curse-Problem* wird noch in Kapitel 5 eingegangen.

Die Bestimmung der Zahl der Lizenzen ist eine der zentralen Fragen im Rahmen der Lizenzierung. Wie in Kapitel 3.4 ausgeführt wurde, ist von einer negativen Korrelation zwischen der Zahl an Lizenzen bzw. der Wettbewerbsintensität und dem Auktionserlös auszugehen. Eine rein auf Erlösmaximierung ausgerichtete Vergabepraxis würde zu einer aus wohlfahrtsökonomischer Sicht zu restriktiven Lizenzierung mit engen kollusiven Marktstrukturen führen. Grundsätzlich gibt es drei Möglichkeiten, die Zahl an Lizenzen zu bestimmen. Bei der diskretionären Lizenzierung wird die Zahl durch die Vergabestelle festgesetzt, wobei bei einer simultanen Vergabe die Gefahr besteht, dass zu viele Lizenzen vergeben werden, bei einer sequenziellen Vergabe, dass ungleiche Ausgangsbedingungen für die Marktteilnehmer geschaffen werden. Die dritte Variante ist ein flexibles Versteigerungsverfahren, das aus Sicht der Regulierungsbehörde das geringste Risiko birgt; die Entscheidung wird den Marktteilnehmern überlassen. Um wettbewerbliche Strukturen sicherzustellen, ist es allerdings notwendig, die Lizenzzahl nach unten zu beschränken.

4.5 Ökonomische Aspekte des Frequenzmanagements

4.5.1 Mögliche Marktfehler der Frequenzallokation

Für Ökonomen ist – jedenfalls im ersten Zutritt – die Sonderstellung, der Ressource Frequenzen innerhalb eines Wirtschaftssystems, das die Mehrzahl der Güter und Ressourcen marktwirtschaftlich alloziert, überraschend. Der Umfang an staatlichen Eingriffen ist im Vergleich zu Ressourcen mit ähnlichem Charakter hoch. Warum ist dem so? In der Literatur finden sich dazu – im Sinne der positiven Regulierungstheorie – eine Vielzahl an Gründen. Viele dieser Gründe stehen in einem engen Zusammenhang mit der gesellschafts- und demokratiepolitischen Bedeutung von Frequenzen für bestimmte Funkdienste, wie etwa Rundfunkdienste. Diese Gründe sind einer wirtschaftswissenschaftlichen Analyse und Kritik nur sehr eingeschränkt zugänglich, weshalb hier davon Abstand genommen wird. Anstelle dessen wird versucht, die Notwendigkeit staatlicher Intervention vor einem ökonomischen Begründungshintergrund zu beurteilen. Der überwiegende Teil der ökonomischen Literatur über staatliche Intervention rechtfertigt diese mit Vorliegen eines Marktversagens.[237] Ausgangspunkt der Analyse wäre – jedenfalls gedanklicher Natur – eine Ressourcenallokation ohne staatlichen Eingriff, um darauf aufsetzend eine ökonomische Begründung für Staatsaufgaben abzuleiten. Im Zusammenhang mit Frequenzen werden immer wieder folgende – nicht in allen Fällen ökonomisch begründbare – potenzielle Ursachen eines Marktversagens genannt: (1) Frequenzen sind der Natur nach öffentliche Güter und daher nicht marktwirtschaftlich allozierbar, (2) das Vorliegen von Externalitäten führt zu einer gesellschaftlich ineffizienten Allokation (3) eine marktwirtschaftliche Ressourcenallokation führt zu einer bzw. fördert die marktbeherrschenden Stellungen einiger weniger Unternehmen und (4) die mittels der Frequenzen erbrachten Dienste sind meritorische Güter.

(1) Öffentliche Güter

Öffentliche Güter sind Güter, die aufgrund bestimmter Eigenschaften marktwirtschaftlich nicht optimal alloziert werden, weshalb ein ordnungspolitischer Handlungsbedarf vorliegt. Im Falle der Frequenzen wird der ordnungspolitische Bedarf meist mit der Knappheit bzw. mit dem be-

---

[237] Vgl. u.a. Musgrave et. al. (1987), Richter & Furubotn (1999) und Stiglitz & Schönfelder (1989).

grenzten Vorrat (Nichtproduzierbarkeit) begründet.[238] Das bloße Vorliegen von Knappheit kann allerdings kein Grund für staatliche Handlung sein, denn die Allokation knapper Güter ist ja gerade der Grund für den Einsatz marktwirtschaftlicher Prinzipien, wie auch der begrenzte Vorrat kein Grund sein kann. Es gibt eine Reihe nichtreproduzierbarer Güter, die marktwirtschaftlich alloziert werden.[239]

Als (reine) *öffentliche Güter*[240] werden in den Wirtschaftswissenschaften Güter bezeichnet, für die

- keine Rivalität hinsichtlich der Nutzung vorliegt und für die
- ein Ausschluss der Nutzung durch Dritte nicht möglich ist.

Güter, für die sowohl das *Ausschlussprinzip* wie auch *Nutzungsrivalität* gegeben sind, sind eindeutig als *private Güter* zu qualifizieren. Im Zusammenhang mit Frequenzen liegt im Regelfall Nutzungsrivalität vor, die Implementierung des Ausschlussprinzips erfordert allerdings kollektiven Handlungsbedarf. Mit der Einführung von exklusiven Nutzungsrechten wird das Ausschlussprinzip implementiert und, sofern die Verfügungsrechte hinreichend exakt bestimmt sind, bekommen Frequenzen (bzw. die Nutzungsrechte) den Status eines privaten und damit handelbaren Gutes.[241]

(2) Externalitätsprobleme

Externe Effekte liegen vor, wenn individuelle Handlungen Nebenwirkungen (positiver oder negativer Art) auf andere haben, ohne dass dem eine monetäre Gegenleistung (Entlohung oder Entschädigung) gegenüberstehen. Überall, wo externe Effekte auftreten, ist die Ressourcenallokation durch den Markt nicht effizient.[242]

---

[238] Dieses Argument ist insofern von Interesse, als damit auch die Frage aufgeworfen wird, ob Nutzungsrechte versteigert werden können. Häufig wird unterstellt, dass Frequenzen aus diesem Grund nicht marktlich allozierbar seien (vgl. u.a. APA, 29.9.1999, „Knatsch in Österreich 2 - UMTS ist öffentliches knappes Gut").

[239] Zudem ist das Angebot nicht gänzlich unelastisch. Neue Technologien lassen die Nutzung immer höherer Frequenzbereiche zu. Der Erfinder der Funkübertragung, Guglielmo Marconi ging noch davon aus, dass innerhalb eines geografischen Gebietes nur ein Sender betrieben werden kann. Noch in den 30er Jahren waren Frequenzen über 3 MHz nicht nutzbar. Mittlerweile gibt es Technologien, die im SHF Bereich (3 GHz – 30 GHz) und darüber operieren.

[240] Vgl. u.a. Musgrave et. al. (1987, S 60 ff).

[241] Zur Diskussion, ob Frequenzen öffentliche Güter sind vgl. auch Götzke (1994).

[242] Vgl. u.a. Stiglitz & Schönfelder (1989, S 112 ff).

Im vorliegenden Zusammenhang gibt es zwei externe Effekte, die von Bedeutung sind, nämlich
- Interferenzen und
- Netzwerkexternalitäten.

Das Interferenzproblem ist vermutlich der Hauptgrund für die zentrale Koordination des elektromagnetischen Spektrums.[243] Nach dem *Coase Theorem* könnte man unter bestimmten Bedingungen erwarten, dass das *optimale Interferenzniveau* vertraglich zwischen den betroffenen Teilnehmern vereinbart werden kann. In seiner *allgemeinen Form* besteht das *Coase Theorem* in der Behauptung, dass sich externe Effekte bei Transaktionskosten von Null durch Verhandlung und Tausch am Markt internalisieren lassen, d.h. die Verhandlungslösung pareto-optimal ist. In seiner *starken Form* besagt das *Coase Theorem*, dass die ursprüngliche Verteilung von Verfügungsrechten für die gesamtwirtschaftliche Effizienz bedeutungslos sei, da sich durch Verhandlung und Tausch immer das gleiche pareto-optimale Niveau von Externalitäten einstellen. Zwei Bedingungen sind für das Funktionieren des *Coase Theorems* notwendig: (1) die Verfügungsrechte müssen hinsichtlich ihrer Rechte und Handlungsmöglichkeiten hinreichend klar spezifiziert sein und (2) es muss die Freiheit geben, die Verfügungsrechte zu tauschen bzw. im Verhandlungsweg zu modifizieren.[244] Um im Bereich der Frequenzen die notwendigen Voraussetzungen für die Entfaltung der Wirkung des *Coase Theorem* zu schaffen, müssten die Frequenznutzungsrechte in Bezug auf ihre Nutzungsbedingungen (Emissionsgrenzen, Interferenzrahmen, etc.) exakt spezifiziert sein. Darüber hinaus müsste den Inhabern die Möglichkeit eingeräumt werden, die Nutzungsrechte zu übertragen und auf Basis von Verhandlungen – die im Regelfall auch Kompensationszahlungen beinhalten – abzuändern.[245]

Formal lässt sich die Funktionsweise des *Coase Theorems* im Bereich von Frequenznutzungsrechten anhand eines einfachen Modells illustrieren: Gegeben sei ein Frequenzblock B_1, der an den Betreiber U_1 zugeteilt wurde, und ein weiterer, angrenzender Block B, der bislang nicht (bzw. nur als Schutzkanal) verwendet wurde. Die Einführung einer neuartigen Technologie erlaubt die Nutzung dieses Blocks durch einen Nutzer U_2. Damit eine möglichst störungsfreie Nutzung sichergestellt ist, muss der Block B in einen geeigneten Schutzkanal S und in den eigentlichen Nutz-

---

[243] Siehe auch Kapitel 4.1.4.
[244] Vgl. u.a. Richter & Furubotn (1999, S 98ff).
[245] Siehe auch Kapitel 4.2.1.

bereich B_2 unterteilt werden. Um das Modell mathematisch möglichst einfach zu halten, wird eine simple Produktionsfunktion angenommen, die einen direkt proportionalen Zusammenhang b zwischen Kommunikationsoutput und verwendeter Frequenzmenge unterstellt. Der Profit für den Betreiber i durch die Nutzung des Frequenzblocks B_i ist demnach gegeben mit

$$\pi_i(B_i) = b_i \cdot B_i \cdot p_i - C_i,$$

wobei p_i den Marktpreis des produzierten Kommunikationsgutes, B_i die verwendete Frequenzmenge und C_i die Kosten bezeichnet. Aus Gründen der Einfachheit wird C_i=0 angenommen.[246]

Durch die Nutzung von Teilen des Spektrums B durch den Nutzer U_2 werden Interferenzen erzeugt, die den Nutzwert für den Nutzer U_1 reduzieren. Je geringer der Schutzkanal S (je größer die durch den Nutzer U_2 genutzte Bandbreite B_2), desto stärker sind die Interferenzen. Unter Berücksichtigung der Interferenzen ist die Profitfunktion für den Betreiber U_1 gegeben mit

$$\pi_1 = b_1 \cdot B_1 \cdot p_1 - a \cdot S^{-\alpha} = B_1^* - a(B - B_2)^{-\alpha},$$

wobei angenommen wird, dass S strikt positiv ist. Der Term $a(B-B_2)^{-\alpha}$ beschreibt die Nutzwertminderung für U_1 durch die Nutzung eines Teils des bislang ungenutzten Spektrums B durch den Nutzer U_2. Je größer der Teil des Spektrums ist, den der Nutzer U_2 verwendet, desto stärker ist die Nutzwertminderung für U_1.

Aus Gründen der Einfachheit wird angenommen, dass die Nutzung durch U_1 keine oder vernachlässigbare Auswirkungen auf den Nutzer der neuen Technologie (U_2) hat. Die Profitfunktion für den Betreiber U_2 ist somit gegeben mit:

$$\pi_2 = b_2 \cdot B_2 \cdot p_2 = b_2 \cdot (B - S) \cdot p_2$$

Zur Demonstration des *Coase Theorems* werden zwei Varianten untersucht. In der 1. Variante (*Variante zentraler Planer*) verbleiben die Verfügungsrechte über B bei der Vergabestelle.[247] Dieser kommt nun die

---

[246] Es kann leicht gezeigt werden, dass diese Annahme keine Auswirkungen auf das Modell hat.

[247] Dies entspricht der Entscheidungssituation vor der ein horizontal integriertes Unternehmen steht, das die Frequenzen optimal auf beide Dienste aufteilen muss. Ein solches wird ebenfalls trachten die externen Effekte zu internalisieren.

Aufgabe zu, B_2 respektive S optimal festzusetzen. Die Zielfunktion (des zentralen Planers) lautet:

$$\max_{B_2}\left(\pi_1(B_2)+\pi_2(B_2)\right) = B_1^* - a(B-B_2)^{-\alpha} + b_2 \cdot B_2 \cdot p_2$$

Die Bedingung 1. Ordnung lautet:

$$-a\alpha(B-B_2)^{-\alpha-1} + b_2 p_2 = 0$$

Daraus folgt eine Nutzbandbreite B_2 von

$$B_2 = B - \left(\frac{b_2 p_2}{a\alpha}\right)^{\frac{1}{1+\alpha}}$$

und ein Schutzabstand S von

$$S = \left(\frac{b_2 p_2}{a\alpha}\right)^{\frac{1}{1+\alpha}}.$$

In der 2. Variante (*dezentrale Lösung*) wird angenommen, dass die Verfügungsrechte über B zusammen mit jenen von B_1 an den Betreiber U_1 zugeteilt wurden und dieser mit der Einführung der neuen Technologie die Möglichkeit hat, einen Teil von B an den Nutzer U_2 zu veräußern. Die Zielfunktion für den Nutzer U_1 lautet

$$\max_{B_2} \pi_1 = B_1^* - a(B-B_2)^{-\alpha} + T \cdot B_2, \qquad (4.28)$$

wobei T den (Transfer-) Preis je Spektrumseinheit, den U_2 an U_1 entrichtet, bezeichnet. Aus der Bedingung 1. Ordnung

$$-a\alpha(B-B_2)^{-\alpha-1} + T = 0,$$

lässt sich die Angebotsfunktion

$$T^* = a\alpha(B-B_2)^{-\alpha-1}$$

ableiten. Aus der Zielfunktion für Nutzer U_2

$$\max_{B_2} \pi_2 = B_2 \cdot p_2 \cdot b_2 - T \cdot B_2,$$

kann die Nachfragefunktion

$$T^{**} = p_2 b_2$$

abgeleitet werden. Aus der Marktgleichgewichtsbedingung T*=T**

$$a\alpha(B-B_2)^{-\alpha-1} = p_2 b_2$$

folgt eine – dezentral verhandelte – Nutzbandbreite B_2 von

$$B_2 = B - \left(\frac{b_2 p_2}{a\alpha}\right)^{\frac{1}{1+\alpha}}$$

sowie ein Schutzabstand S von

$$S = \left(\frac{b_2 p_2}{a\alpha}\right)^{\frac{1}{1+\alpha}},$$

der (wie auch die Nutzbandbreite) exakt jenem entspricht, der sich in der Variante 1 (zentraler Planer) einstellt. Darüber hinaus kann – worauf hier verzichtet wird – gezeigt werden, dass sich dieselbe Allokation einstellt, wenn die Verfügungsrechte über B dem Nutzer U_2 zugeteilt werden und dieser den optimalen Schutzabstand mit U_1 verhandelt. Dies ist der Kern des *Coase Theorems*: Das optimale Interferenzniveau stellt sich unabhängig von der Ausgangsverteilung der Verfügungsrechte an den Frequenzen ein.

Das *Coase Theorem* hat – insbesondere in der starken Form – Kritik erfahren. Die unerlässliche Voraussetzung der Kostenlosigkeit der Transaktionen für das Funktionieren des *Coase Theorems* schränkt seine Anwendbarkeit ein.[248] Typische Transaktionskosten im Rahmen von Vertragsverhandlungen wie Kosten der Information (insbesondere auch asymmetrische Informationskosten) und Kosten der Koordination bei der Übertragung bzw. Durchsetzung von Nutzungsrechten sind auch im gegenständlichen Kontext nicht vernachlässigbar. Diese Kosten können so hoch sein, dass eine wirtschaftliche Entscheidung auf Grundlage individueller Verfügungsrechte und privater Verhandlungen weniger effiziente Resultate liefern kann als staatliche Tätigkeit, auch wenn die regulatorische Entscheidung suboptimal ist.[249]

---

[248] Vgl. u.a. Schäfer & Ott (1995, S 70ff, S 321 ff) und Richter & Furubotn (1999, S 155 ff).

[249] Vgl. u.a. Richter & Furubotn (1999, S 105 ff).

Es gibt eine Reihe von Argumenten, die für ein zentrales Interferenzmanagement sprechen. So dürften internationale Interferenzprobleme insbesondere in niedrigen Frequenzbereichen kaum auf Basis individueller Verhandlungen der Nutzer lösbar sein.[250] Darüber hinaus müsste aus frequenztechnischer Sicht untersucht werden, inwieweit der Interferenzrahmen für das Funktionieren des *Coase Theorems* hinreichend exakt spezifiziert werden kann. Fraglich ist auch, ob die Transaktionskosten ohne ein Minimum an zentraler Koordination (z.B. die Bereitstellung eines zentralen Registers) nicht so hoch sind, dass die Resultate eines dezentralen Informationsmanagements nicht weniger effizient sind als im Falle einer zentralen Koordination. Ein weiteres Argument ist auch der inhärent multilaterale Charakter des Interferenzproblems. Insgesamt stellt sich wohl weniger die Frage, ob ein zentrales oder ein dezentrales System zu einem effizienteren Ergebnis führt, sondern vielmehr jene nach dem richtigen Mix. Aus ökonomischer Sicht sollte jedenfalls bei der Gestaltung des ordnungspolitischen Rahmens die Möglichkeit von Verhandlungslösungen nicht ausgeschlossen werden. Beispielsweise könnte dadurch ein Problem der zentralen Koordination, die mangelnde Anpassungsflexibilität des Interferenzrahmens – was gestern optimal war, muss nicht auch heute optimal sein – abgestellt werden. Die öffentliche Hand behält sich zwar jetzt auch schon das Recht vor, den Interferenzrahmen zu adaptieren, wenn dies zur Sicherstellung einer effizienten Nutzung notwendig sein sollte, allerdings wird davon aus Gründen der Rechtssicherheit praktisch kaum Gebrauch gemacht. Die Etablierung eines Rahmens, der Verhandlungslösungen grundsätzlich nicht ausschließt, könnte die dafür notwendige Flexibilität schaffen. Damit würden auch regulatorische Fehlentscheidungen nachträglich korrigierbar. In einem solchen Rahmen käme der Regulierungsbehörde die Aufgabe zu, den Interferenzrahmen bei der Primärallokation im Einklang mit internationalen Verpflichtungen und in Abstimmung mit Nutzungen in benachbarten Ländern und Bändern festzulegen. Innerhalb dieses Interferenzrahmens hat der Nutzer – so wie bei der Blockzuteilung bereits jetzt – maximale Flexibilität. Darüber hinaus kann der Interferenzrahmen, wenn dies keine Auswirkungen auf Dritte zur Folge hat und im Einklang mit internationalen Verpflichtungen steht, bi- oder multilateral modifiziert werden.

---

[250] Dies gilt umso mehr für Länder mit einem hohen Bevölkerungsanteil in den von Interferenzen betroffenen (grenznahen) Regionen. Insofern mag es wenig überraschen, dass dezentralere Verfahren meist in Länder diskutiert werden, die Inseln sind.

Die zweite Form von externen Effekten, die im vorliegenden Zusammenhang relevant ist, steht in einem engen Zusammenhang mit der Harmonisierung der Spektrumsnutzung. Ein Charakteristikum von Netzwerkindustrien ist das regelmäßige Auftreten einer spezifischen Form von externen Effekten, sogenannter (positiver) Netzwerkexternalitäten. Solche liegen vor, wenn der Nutzen für den einzelnen Konsumenten mit der Größe des Netzwerks (Zahl der Teilnehmer) steigt.[251] Die Interoperabilität von Netzwerken bzw. die Kompatibilität von Standards spielen dabei eine zentrale Rolle.[252] Standards sind regulatorische Einschränkungen oder Übereinkünfte hinsichtlich bestimmter Merkmale eines Gutes, die die Vielfalt einschränken (Knorr, 1993, S 24). Hierbei kann es sich um eine rechtsverbindliche Norm (de jure Standard) handeln, oder um einen Standard, der zwar prinzipiell rechtlich nicht verbindlich ist, der sich aber innerhalb einer Industrie durchgesetzt hat (de facto Standard). Standards sind kompatibel, wenn sie miteinander vereinbar sind. Die ökonomische Wirkung von Kompatibilität ist die der Substituierbarkeit von Gütern hinsichtlich der Schnittstellenfunktion (Knorr, 1993, S 24).

Die Standardisierung bewirkt einer Reihe von ökonomischen Effizienzgewinnen. Dazu zählen die (direkte) Ausschöpfung von nachfrageseitigen Größenvorteilen (Netzwerkexternalitäten), die (indirekte) Ausschöpfung von Größenvorteilen auf der Anbieterseite (z.B. Endgeräteproduktion), Verringerung von Substitutions- und Wechselkosten, Verringerung von Transaktionskosten und eine Intensivierung von tatsächlichem und potenziellem Wettbewerb[253] (Knorr, 1993, S 36 ff; Tirole, 2000, S 405 ff). Mit der Einschränkung von Vielfalt können allerdings auch Effizienzverluste einhergehen, von denen die Wahl einer inferioren Technologie und dynamische Effizienzverluste (Innovationshemmung bei restriktiver Standardisierung) die bedeutsamsten sind. In der Literatur wird daher auch häufig ein Zielkonflikt zwischen Standardisierung und Innovation festgestellt (Knorr, 1993, S 53 ff). Insgesamt ist die wohlfahrtsökonomische Wirkung von Kompatibilität ambivalent zu beurteilen, der Nutzen hängt letztlich vom Umfang der Netzwerkexternalitäten ab. Sind diese verhältnismäßig gering – bzw. sind die Effizienzverluste, die mit der Koexistenz mehrerer

---

[251] Netzwerkexternalitäten werden auch als nachfrageseitige Skaleneffekte bezeichnet. Solche können unternehmensspezifisch oder industrieweit sein.

[252] Vgl. u.a. Katz & Shapiro (1985, 1994), Knorr (1993) und Shapiro & Varian (1999).

[253] Kompatibilität reduziert den Grad an Irreversibilität der Entwicklungs- und Einführungskosten einer Technologie. Die Entwicklung (beispielsweise von Endgeräten) ohne Kompatibilitätsstandard kann im Extremfall (beispielsweise, wenn kein kompatibles Netz vorhanden sein sollte) zur vollkommenen Irreversibilität führen.

(inkompatibler) Standards einhergehen, geringer als die Effizienzgewinne eines (regulatorisch festgesetzten) Kompatibilitätsstandards –, reduzieren sich heterogene Technologiepräferenzen zu einem reinen Fall von Produktdifferenzierung. In diesem Fall wird die Technologieselektion effizienter durch Marktprozesse durchgeführt. Im gegenteiligen Fall, wenn die Effizienzgewinne durch Kompatibilität die Effizienzverluste übersteigen, stellt sich die Frage nach einem effizienten Verfahren zur Vielfaltereduktion. Grundsätzlich existieren drei Verfahren: Regulierung, (wettbewerbliche) Marktprozesse und Kooperation.

Das Grundproblem liegt darin, dass kurzfristige Entscheidungen einen *Lock-In Effekt* (aufgrund irreversibler Kosten auf die installierte Basis) erzeugen können und damit die Wahl der langfristig optimalen Technologie erschweren. Abhängig von der Adaptierungsgeschwindigkeit können dabei zwei Formen von Ineffizienzen auftreten. Eine zu träge Adaptierung einer Technologie (*excess inertia*) liegt vor, wenn die Nutzer auf die Entscheidung jeweils anderer Marktteilnehmer warten. Eine zu rasche Adaptierung (*excess momentum*) liegt vor, wenn die Nutzer übereilt eine inferiore Technologie einsetzen (Tirole, 2001, S 405 ff). Standardisierung birgt die Gefahr einer übereilten Festlegung auf einen inferioren Standard (*excess momentum*). Demgegenüber birgt die Technologiewahl durch Marktprozesse (bei heterogenen Technologiepräferenzen) die Gefahr, dass Ineffizienzen des Typs *excess inertia* auftreten. Darüber hinaus kann Inkompatibilität als strategisches Instrument zur Beschränkung von Wettbewerb[254] eingesetzt werden. Nicht-kooperative Konkurrenzsituationen können zu sogenannten *Standard Wars* führen, für die – wiederum abhängig von den ökonomischen Rahmenbedingungen – alle Lösungen, von der Adaptierung eines Kompatibilitätsstandards (*Kooperation*) über die Koexistenz mehrerer inkompatibler Technologien bis hin zu einem Verdrängungswettbewerb der Technologien (*the winner takes it all*[255]) möglich sind (Shapiro & Varian, 1999, S 261 ff). Standardisierung (durch Regulierung oder Kooperation) kann diese Form von Ineffizienzen verhindern und gleichzeitig bei der Standardwahl Koordinations- und Suchkosten minimieren. Das zugrundeliegende Entscheidungsproblem im Zusammenhang mit der Wahl eines gemeinsamen Standards aus mehreren inkompatiblen Technologien lässt sich anhand einer speziellen Gruppe von Spielen, sogenannter Koordinationsspiele demonstrieren. Ein solches Spiel ist in

---

[254] Katz & Shapiro (1985) zeigen, dass größere Unternehmen einen Anreiz haben, durch Inkompatibilität Marktmacht auszubauen und umgekehrt kleinere Unternehmen einen stärken Anreiz haben, kompatibel zu werden.

[255] In diesem Fall wird von *tipping markets* gesprochen.

Matrix 4-1 dargestellt. Aufgrund positiver Adaptierungskosten auf die jeweils andere Technologie existieren Standardpräferenzen. Die Technologien sind nicht kompatibel und es liegen Netzwerkexternalitäten vor; d.h. die Auswahl von zwei unterschiedlichen Technologien würde beide Spieler schlechter stellen als die Einigung auf einen Kompatibilitätsstandard.[256]

		Firm 2	
		Standard A	Standard B
Firm 1	Standard A	(3,1)	(0,0)
	Standard B	(0,0)	(1,3)

MATRIX 4-1: KOORDINATIONSPROBLEM

Wie aus Matrix 4-1 unmittelbar ersichtlich ist, liegen zwei Nash-Gleichgewichte vor; es existiert keine eindeutige Lösung, auf die sich beide Unternehmen unter wettbewerblichen Entscheidungsbedingungen verständigen könnten. Durch eine geringfügige Modifikation des Koordinationsproblems in Matrix 4-1 lassen sich sowohl Ineffizienzen vom Typ *excess inertia* als auch vom Typ *excess momentum* demonstrieren: $V_i(k,n)$ sei der (Netto-) Nutzen für Spieler i, wenn er die Technologie $k=\{A,B\}$ wählt und insgesamt $n=\{1,2\}$ Unternehmen diese Technologie adaptieren. Die Technologie A sei die bestehende Technologie und B sei eine neue Technologie. Es liegen wiederum positive Externalitäten vor: es gilt $V_i(A,2)>V_i(A,1)$ und $V_i(B,2)>V_i(B,1)$. Weiters sei $V_i(A,2)>V_i(B,1)$ und $V_i(B,2)>V_i(A,1)$. Wie unmittelbar ersichtlich ist, existieren wiederum zwei Gleichgewichte: beide Spieler wählen entweder A oder B. *Excess inertia* liegt vor, wenn $V_i(B,2)>V_i(A,2)$ ist, aber beide Spieler A wählen, weil sie befürchten, dass sie als einzige die neue Technologie wählen könnten. *Excess momentum* liegt vor, wenn $V_i(A,2)>V_i(B,2)$ ist, aber beide Spieler übereilt B wählen.

---

[256] Im reinen Koordinationsfall, d.h. ohne divergierende Standardpräferenzen, ist davon auszugehen, dass sich die Marktteilnehmer auf einen Kompatibilitätsstandard einigen können.

Im Zusammenhang mit Koordinationsproblemen liegt häufig eine Vielzahl an Nash-Gleichgewichten vor und es treten hohe Transaktionskosten (Koordinationskosten) auf, die durch die Entscheidung einer zentralen Entscheidungsstelle minimiert werden könnten.[257] Dies impliziert nicht zwangsläufig einen ordnungspolitischen Bedarf. Neben administrativen Standardisierungsgremien gibt es auch industrienahe Standardisierungsgremien, denen die Aufgabe zukommt, mittels Kooperation (Verträge, Kommunikation, etc.) eines der Gleichgewichte auszuwählen. Ob ein regulatorischer Eingriff in den Standardisierungsprozess ein höheres Maß an Effizienz sicherstellen kann, steht nicht fest. Es gibt Koordinationsprobleme wie die Frage des Rechts- oder Linksverkehrs, bei dem es egal ist, welche Option gewählt wird. In diesem Fall überwiegen die Vorteile geringerer Transaktionskosten die Nachteile der Auswahl eines inferioren Standards. Umgekehrt können die Effizienzverluste bedingt durch die regulatorische Wahl eines inferioren Kompatibilitätsstandards die Transaktionskosten eines marktlichen Standardisierungsverfahrens (Wettbewerb oder Kooperation) übersteigen. Eine allgemeine Beurteilung des Konfliktfalls (divergierende Standardpräferenzen) ist nicht möglich, wiewohl die Frage, ob (unvollkommene) staatliche Institutionen die Ergebnisse unvollkommener Märkte verbessern können, regelmäßig skeptisch beurteilt wird (Knorr, 1993, S 90 ff).

In der Telekommunikation kommt Kompatibilitätsstandards aus einer Reihe von Gründen ein hoher Stellenwert zu:[258] Zum einen sind Netzwerkeffekte eine inhärente Eigenschaft von Telekommunikationsnetzen.[259] Diese liegen primär in der Erreichbarkeit anderer Nutzer; den Nutzen stiftet nicht das Netz selbst, sondern die Erreichbarkeit anderer Teilnehmer. Dieser Netzwerkeffekt ist ein industrieweiter und wird durch die Zusammenschaltung von Netzen gewährleistet, die wiederum nur

---

[257] Ein Aspekt des Koordinationsproblems in Matrix 4-1 resultiert aus der Tatsache, dass die Entscheidungssituation als statisches Spiel modelliert wird. In diesem Fall fehlt den Akteuren die Möglichkeit, bei ihrer Entscheidung die Technologiewahl der Mitbewerber zu berücksichtigen. In Tirole (2001, S 406 ff) bzw. Farell & Saloner (1985) wird gezeigt, dass auch in einem Zweiperioden-Spiel unter bestimmten Bedingungen Gleichgewichte existieren, die Ineffizienzen vom Typ *excess inertia* aufweisen. Farell & Saloner (1985) zeigen auch, dass diese Ineffizienzen durch Mittel wie Verträge (Kooperation) oder regulatorische Intervention beseitigt werden können.

[258] Vgl. u.a. Knorr (1993).

[259] Das zeigt sich auch am Diffusionsverlauf von TK Diensten; üblicherweise weisen diese bis zur Erreichung einer kritischen Masse an Teilnehmern ein moderates Wachstum aus, das dann in ein exponentielles Wachstum übergeht.

möglich ist, wenn einzelne Netzwerke zueinander kompatibel sind. Eine für den Mobilfunk spezifischere Form von Netzwerkexternalitäten resultiert aus dem Leistungsmerkmal Roaming. Roaming erweitert das Versorgungsgebiet eines Betreibers über die Netzgrenzen hinweg. Diese Funktion erfordert allerdings die Kompatibilität von Gast- und Heimnetz und – wie noch ausgeführt wird – eine harmonisierte Widmung von Frequenzen. Je mehr Nutzer (in unterschiedlichen Regionen) eine kompatible Technologie adaptieren, desto größer ist (theoretisch) das Versorgungsgebiet für die Teilnehmer. Neben Netzwerkexternalitäten sind Größenvorteile und irreversible Kosten weitere in diesem Kontext bedeutsame Charakteristika von Telekommunikationsnetzen. Darüber hinaus ist die Sicherstellung von Netz-Interoperabilität ein wesentliches Instrument zur Sicherung von funktionsfähigem Wettbewerb.[260] Die Effizienzgewinne liegen in der Ausschöpfung von nachfrage- und angebotsseitigen Größenvorteilen, in der Reduktion von Wechselkosten und in einem funktionsfähigen Wettbewerb.

Auch im Mobilfunk haben Kompatibilitätsstandards einen großer Stellenwert (Funk & Mehte, 2001), allerdings ist auch dort die Wirkung nicht eindeutig (Shapiro & Varian, 1999). Die 1. Generation war geprägt durch eine Vielzahl an inkompatiblen Systemen, wobei sich gezeigt hat, dass die als offene Standards konzipierten Systeme (AMPS, TACS und NMT) erfolgreicher waren – d.h. einen größeren *bandwagon effect* erzeugen konnten – als die national proprietären Systeme. Einen noch größeren *bandwagon effect* erzeugte GSM mit einem europaweit einheitlichen Standard einer international harmonisierten Frequenzallokation.[261] Dabei wird insbesondere dem Roaming Feature eine große Bedeutung beigemessen. GSM erreichte weltweit eine wesentlich größere Verbreitung als vergleichbare Standards der zweiten Mobilfunkgeneration. Im Gegensatz zu Europa existieren in den USA (gegenwärtig) mehrere unterschiedliche Mobilfunkstandards. Die Markterschließung hat sich in Europa – aufgrund einer frühzeitigeren Realisierung von positiven Netzwerkexternalitäten – wesentlich zügiger entwickelt als in den USA, wenngleich mittlerweile eine Annäherung der Penetrationsraten zu konstatieren ist. Auf der anderen Seite dürfte die in den USA bereits vor der Einführung von IMT-2000 erfolgte Etablierung des CDMA-Standards eine höhere Innovationsdynamik einer wettbewerblichen Technologiewahl bestätigen (Shapiro &

---

[260] Insbesondere in der Übergangsphase vom Postmonopol zu einem Wettbewerbsmarkt mit einer stark asymmetrischen Marktverteilung ist der Eintritt von Neueinsteigern ohne Kompatibilität sehr unwahrscheinlich.

[261] Siehe auch Kapitel 2.3.1.

Varian, 1999). Die Erfahrungen in den USA zeigen auch, dass – sieht man einmal von der Zusammenschaltung ab[262] – Netzwerkeffekte im Mobilfunk als hoch, allerdings als nicht so bedeutsam einzustufen sind, dass ein Verdrängungswettbewerb zwischen Standards stattfinden würde. Es gibt auch Beispiele für einen Misserfolg von Kompatibilitätsstandards im Mobilfunk. ERMES[263] war ein Versuch, den GSM Erfolg zu wiederholen. Im Jahr 1992 wurde der Standard von der ETSI verabschiedet und zwei Jahre später Frequenzbänder gemäß der CEPT/ERC Entscheidung (94)/02 harmonisiert in Europa alloziert. Bis heute gibt es keine nennenswerten Implementierungen von ERMES. Gegenwärtig wird von CEPT untersucht, ob die Frequenzen neu gewidmet werden sollen.

Mit der Umstellung vom Postmonopol zu Wettbewerbsmärkten hat sich auch der institutionelle Rahmen der Standardisierung in der Telekommunikation gewandelt. Zu Zeiten des Postmonopols wurde die Standardisierung vorwiegend von Institutionen wie der ITU (auf globaler Ebene) und der CEPT (auf europäischer Ebene), deren Mitglieder die Postverwaltungen waren, durchgeführt. Aufgrund der nationalen Monopolstellung der Fernmeldeverwaltungen hatte Kompatibilität nur im Bereich der internationalen Netzübergänge eine Bedeutung. Bereits mit GSM ging die Standardisierung von der CEPT auf die ETSI, der eine Vielzahl an Industrieunternehmen angehören, über.[264] Bei IMT-2000 war die Schlüsselpriorität globales Roaming. Die ITU normierte nur die Standardfamilie IMT-2000, die wiederum mehrere Standards umfasst. Einer davon – der europäische Beitrag – ist UMTS, der von 3GPP[265], einem Gremium, dem sechs Organisationsmitglieder (das sind Standardisierungsgremien wie ETSI) und mehr als 400 Einzelmitglieder (im Regelfall Industrieunternehmen) angehören. Insgesamt ist also ein Trend zu industrienahen Standardisierungsgremien festzustellen.

Im Kontext des Frequenzmanagements wird die Standardisierung um eine zweite Dimension, nämlich die international abgestimmte Allokation von Frequenzbändern erweitert. Neben der Unsicherheit in Bezug auf die Technologie kommt bei Funkdiensten noch die Unsicherheit in Bezug auf die Verfügbarkeit von Frequenzbändern hinzu. Die verwendeten Träger-

---

[262] Ohne die Gewährleistung eines End-zu-End-Verbundes durch Zusammenschaltung wären Telekommunikationsmärkte *tipping markets*.

[263] Enhanced Radio Messaging System (ERMES) war eine Initiative zur Etablierung eines europaweiten Mobile Messaging System.

[264] Siehe auch Kapitel 4.1.3.

[265] 3rd Generation Partnership Project (3GPP), URL:http://www.3gpp.org/

frequenzen und deren (physikalisches) Ausbreitungsverhalten haben einen maßgeblichen Einfluss auf die Entwicklung und Realisierung von Funkübertragungssystemen. Sende- und Empfangseinrichtungen werden für den Einsatz in ganz bestimmten Frequenzbändern konzipiert und optimiert. In Bezug auf die Frequenzbänder entsteht ein *Lock-In* Effekt.[266] Die Geräte sind daher nur für einen sehr eingeschränkten Frequenzbereich nutzbar. Dies ist auch der Grund für die zweite wesentliche Aufgabe der Frequenzverwaltung, nämlich die internationale Harmonisierung der Nutzung. Ein wesentliches Ziel der internationalen Harmonisierung ist die Allokation der gleichen Frequenzbänder für einen Dienst bzw. eine Technologie in unterschiedlichen Ländern. Damit sind – insbesondere für den Mobilfunk – eine Reihe von Vorteilen verbunden.[267] Globale Mobilität der Empfangs- und Sendeanlagen ist wesentlich einfacher und wirtschaftlicher realisierbar. Andernfalls müssten sogenannte Multimode-Terminals – für jedes allozierte Frequenzband ein Mode – entwickelt werden. Auch die Planung des Funksystems wäre aufgrund der unterschiedlichen Ausbreitungseigenschaften der verwendeten Frequenzen wesentlich komplexer (z.B. die Zellplanung). Ein weiteres Argument sind Gleichkanalinterferenzen in Nachbarländern. Im Regelfall sind diese innerhalb einer Technologie leichter koordinierbar (z.B. Code-Koordination bei CDMA-Verfahren, Vorzugsfrequenzregelungen bei GSM). Weitere Vorteile sind die Ausnutzung von Skaleneffekten bei der Entwicklung und Produktion von Geräten sowie die Beseitigung der potenziellen Unsicherheit bezüglich der Verfügbarkeit von Spektrum (ob überhaupt und welches) für Investitionen. Demgegenüber stehen die Nachteile der internationalen Harmonisierung. Das sind eine geminderte Innovationsdynamik, regulatorische Verzögerungen und die reduzierte Offenheit für alternative Verwendungen.

Ein aktueller technologischer Trend im Bereich der drahtlosen Kommunikation ist SDR (*Software Defined Radio*).[268] SDR ist ein Forschungsvorhaben, das zum Ziel hat, die Substitution von Hardware durch Software auf immer tiefere Protokollschichten bis hin zur Antenne systematisch weiterzutreiben. Damit werden die Sende- und Empfangs-

---

[266] Beispielsweise werden unmittelbar nach der Antenne durch einen HF-Filter alle Signale, die außerhalb der vorgesehenen Frequenzen liegen, gefiltert. Diese und viele andere Komponenten im HF-Teil (Empfangs- und Sendeverstärker, Modulator, Demodulator, etc.) eines Empfängers (Senders) sind gegenwärtig auf den entsprechenden Frequenzbereich abgestimmt und in Form von Hardware umgesetzt.
[267] Siehe auch Kapitel 4.1.6.
[268] Vgl. u.a. Software Defined Radio Forum, URL: http://www.sdrforum.org

systeme – weil sehr kurzfristig und kostengünstig konfigurierbar – unabhängiger von Modulationsverfahren, Frequenzbändern, etc. Für die Frequenzverwaltung hat dies zur Konsequenz, dass die enge Bindung zwischen Endgerät, Standard und Frequenz gebrochen wird und das für eine bestimmte Technologie nutzbare Spektrum erweitert wird. Allerdings ist SDR im Stadium eines Forschungsvorhabens und Erfolge sind gegenwärtig nicht absehbar.

Vor diesem Hintergrund stellt sich die Frage, wie eng die Nutzung einer Frequenz an die Verwendung eines bestimmten Standards geknüpft werden soll, bzw. in welchem Umfang einem Nutzer Flexibilität in Bezug auf die Wahl von Technologie und Nutzung eingeräumt werden soll.[269] Dabei sind zwei Dimensionen eines regulatorischen Eingriffs voneinander zu trennen: Die Frequenzallokation (zentrale Allokation oder Frequenzmarkt) und die Technologiewahl (Standardisierung oder Wettbewerbsprozesse). Solange die enge Bindung von Technologie und Frequenz gegeben ist, ist die international harmonisierte Allokation von Spektrum eine notwendige Voraussetzung zur Realisierung von Effizienzgewinnen im Zusammenhang mit Kompatibilitätsstandards und zwar ganz unabhängig von den Verfahren (Kooperation, Regulierung oder Wettbewerb). Aus diesem Grund ist für Anwendungsfelder, in denen hohe Effizienzgewinne im Zusammenhang mit Kompatibilitätsstandards zu erwarten sind, wie im Mobilfunk, eine dezentrale Koordination kritisch zu beurteilen. Das gilt natürlich nicht für alle Funkdienste und wird auch in dem Maße irrelevant, in dem die Bindung von Technologie und Frequenz durch technologischen Fortschritt (z.B. SDR) gebrochen wird. In Bezug auf die zweite Dimension – Flexibilität bei der Technologiewahl – ist eine generelle Beurteilung nicht möglich und eine Abwägung von Effizienzgewinnen und –verlusten im Einzelfall vorzunehmen. Die regulatorischen Optionen reichen von der Festsetzung eines Standards (GSM) über die Festsetzung einer Standardfamilie (IMT-2000) bis hin zur Festsetzung einer breiteren Nutzungsart (Mobilfunk).

(3) Marktmacht

Im Zusammenhang mit Frequenzhandel wird immer wieder die Befürchtung geäußert, dass einige wenige Unternehmen durch gezielten Kauf von Spektrum eine marktbeherrschende Stellung erlangen bzw. den Wettbewerb durch eine gezielte Verhinderung des Marktzutritts schließen

---

[269] Siehe auch Kapitel 4.2.1.

könnten.[270] In diesem Zusammenhang stellen sich zwei Fragen. Ist die Gefahr, dass wettbewerbliche Strukturen verloren gehen könnten, in einem dezentral koordinierten System höher? Und lässt sich wettbewerbsbeschränkendes Verhalten in einem solchen System (effektiv) abstellen?

Die erste Frage ist nicht eindeutig zu beantworten und hängt ganz wesentlich von der Flexibilität der Nutzungsrechte ab. Je konzentrierter Verfügungsrechte sind, desto flexibler sind sie einsetzbar. Damit werden die entsprechenden *Downstream-Märkte* bestreitbarer. Der Umfang an Spektrum, das gekauft werde müsste, um längerfristig enge Marktstrukturen sicherzustellen, wird zu groß, als dass diese Strategie wirtschaftlich sinnvoll wäre. Ohne freie Nutzungswahl – die Implementierung lediglich des Transferrechts bei gegebenen Nutzungsbedingungen – ist das Spektrum, das für wettbewerbsbehindernde Maßnahmen akquiriert werden müsste, wesentlich geringer, so dass wettbewerbsbeschränkende Strategien im Zusammenhang mit Frequenzmärkten nicht ausgeschlossen werden können.

Hinsichtlich der zweiten Frage ist anzumerken, dass Marktmacht kein spezifisches Problem von Spektrummärkten ist. Auf allen Märkten gibt es die Gefahr wettbewerbsbehindernder Praktiken, deren Abstellung die Aufgabe von Wettbewerbs- bzw. sektorspezifischen Regulierungsbehörden ist.[271] Bereits jetzt wird bei Vergabe von Nutzungsrechten im Regelfall auch die wettbewerbliche Unabhängigkeit einzelner Lizenznehmer geprüft. Dem Problem von wettbewerbsbeschränkenden Praktiken in Zusammenhang mit Frequenzmärkten trägt auch der neue europäische Rechtsrahmen für Kommunikationssysteme Rechnung. In diesem ist im Rahmen der Weitergabe von Nutzungsrechten eine entsprechende Wettbewerbskontrolle vorgesehen.[272] Dabei wird zu berücksichtigen sein, dass die Nachfrage eine abgeleitete Nachfrage ist; folglich ist der für die Feststellung eines wettbewerbsbeschränkenden Verhaltens relevante Markt nicht der Frequenzmarkt, sondern der entsprechende *Downstream-Markt*, auf dem jene Dienstleistungen

---

[270] Zu den wohlfahrtsökonomischen Implikationen von eingeschränktem Wettbewerb siehe auch Kapitel 4.3.3.

[271] Die Beurteilung, ob diese als ex ante oder als ex post Kontrolle ausgestaltet werden soll, wäre ebenso näher zu untersuchen wie die Frage, ob die Anwendung des allgemeinen Wettbewerbsrechts dem Problem hinreichend Rechnung trägt. Vgl. zu dieser Diskussion Cave (2002, S 111ff).

[272] Vgl. Art 9 Abs (4) Rahmenrichtlinie, Directive of the European Parliament and of the Council on a Common Regulatory Framework for Electronic Communications Networks and Services COM(2000)393.

abgesetzt werden, die durch den Einsatz der betroffenen Frequenzen produziert werden. Die im Rahmen der Marktabgrenzung identifizierten Substitute müssen dabei nicht zwangsläufig Funkdienste sein.

Insgesamt ist nicht davon auszugehen, dass die Gefahr von wettbewerbsbeschränkenden Praktiken im Zusammenhang mit Frequenznutzungsrechten bei einer (rein) marktlichen Allokation höher wäre als im gegenwärtigen ordnungspolitischen Rahmen. Vielmehr würden Wettbewerbsprobleme bei einer freieren Wahl der Nutzung tendenziell sinken.

(4) Meritorische Güter

Meritorische Güter sind Güter, bei denen Nutzungsrivalität und Ausschliessbarkeit grundsätzlich vorliegen, die also aufgrund ihrer technischen Eigenschaften als private Güter zu charakterisieren wären, deren marktmäßige Allokation aber als gesellschaftlich unerwünscht angesehen wird. Diese „paternalistische" Begründung einer Intervention knüpft an die Annahme an, dass die „Konsumentensouveränität" aufgrund beispielsweise zu geringer Information zu einem unerwünschten Marktergebnis führt. Dabei wird nicht zwangsläufig öffentliches Angebot mit Produktion durch die öffentliche Hand gleichgesetzt. Wesentlich ist die Bestimmung von Art und Umfang der Leistung durch die öffentliche Hand. Im Bereich der Frequenzverwaltung und -vergabe ist diese Ursache staatlicher Intervention primär im Zusammenhang mit Frequenzen für Rundfunkdienste zu sehen. Im Bereich der Telekommunikation sind meritorische Güter als Form des Marktversagens von geringerer Bedeutung. Allenfalls haben Auflagen in Bezug auf Versorgungspflichten, Dienstequalitäten, etc. einen solchen Charakter. Diese Verpflichtungen haben allerdings in dem Maße, in dem sich wettbewerbliche Strukturen entwickelt haben, an Bedeutung verloren.[273]

4.5.2 Mögliche Effizienzprobleme

Mögliche Ursachen für Effizienzverluste, die im Zusammenhang mit der gegenwärtigen Praxis der Frequenzverwaltung auftreten können, sind: (1) eine suboptimale Allokation von Spektrum, (2) Markteintrittsbarrieren und mangelnder potenzieller Wettbewerb und (3) Ineffizenzen aufgrund sich ändernder Rahmenbedingungen.

---

[273] Man vergleiche nur die Versorgungsauflagen der IMT-2000/UMTS Konzessionen (50% Bevölkerungsversorgung) mit jenen der GSM Konzessionen (mehr als 90% Bevölkerungsversorgung).

(1) Suboptimale Allokation von Spektrum (der statische Fehler)

Um eine optimale Nutzung des Spektrums – im Sinne der im Kapitel 4.3 dargestellten ökonomischen Effizienz – sicherzustellen, muss die Frequenzverwaltung über detailliertes Wissen über zukünftige Nachfrage- und Angebotstrends, über technologische Innovationen und über die Präferenzen der Konsumenten und Nutzer in Bezug auf – um Spektrum rivalisierende – öffentliche und private Funkdienste verfügen. Naturgemäß sind solche Informationen – nicht nur Verwaltungsbehörden – schwer zugänglich, so dass Fehlentscheidungen aufgrund von Informationsunvollkommenheit, die im Ergebnis zu einer suboptimalen Allokation (Punkte links und rechts von T* in Abbildung 4-5) führen, nicht auszuschließen sind. Mögliche Regulierungsfehler reichen von der Widmung eines (einer) aus gesellschaftlicher Sicht suboptimalen Dienstes (Technologie) für eine bestimmte Frequenz, über eine suboptimale Stückelung (Zahl an Lizenzen) bis hin zu einem zu restriktiven Interferenzrahmen.

Die Frage ist, wie häufig und in welchem Ausmaß diese Fehler auftreten und ob ein dezentrales System eine effizientere Allokation sicherzustellen vermag. Studien belegen, dass es durchaus Evidenzen für ineffiziente Allokationen gibt. Ein Beispiel dürfte nicht zuletzt der Mobilfunk selbst sein. Seit Beginn dieses Dienstes hat es einen Kampf der Telekommunikationsindustrie um Spektrum gegeben. Calhoun (1988) zeigt, welche Schwierigkeiten die Mobilfunkindustrie in den Anfangszeiten (d.h. in den 50er und 60er Jahren) hatte, Frequenzen zu bekommen. Es hat einige Dekaden gedauert, bis für den zellularen analogen Mobilfunk in den frühen 80er Jahren Spektrum gewidmet wurde (Calhoun, 1988; Hazlett, 2001). Das allozierte Spektrum war allerdings noch immer zu knapp und die Spektraleffizienz noch immer zu gering, als dass mehrere Betreiber hätten lizenziert werden können.[274,275] Die gesamtwirtschaftlichen Kosten, die aus der verzögerten Einführung der Mobilfunktechnologie resultieren, werden alleine in den USA auf 50 Mrd. US$ geschätzt (Hausman, 1997). Vergleichsweise rasch wurde Spektrum für die Mobilfunksysteme der zweiten Generation in Europa (GSM) alloziert. In den meisten Ländern wurden in relativ kurzer Zeit zwei bis drei, in manchen Ländern sogar vier

---

[274] Das mag allerdings auch mit der damals verbreiteten Hypothese, der Telekommunikationssektor sei ein natürliches Monopol, in Zusammenhang gestanden sein.

[275] Gruber & Verboven (2001) identifizierten in einem ökonometrischen Diffusionsmodell von 2G Märkten zwei wesentliche Faktoren für eine rasche Marktdurchdringung, nämlich die Kapazitätsausdehnung (mehr Spektrum und eine höhere Spektraleffizienz) und die Marktstruktur.

Betreiber lizenziert. Dies ist nicht zuletzt auf die Tatsache zurückzuführen, dass in Ländern, in denen die Lizenzen versteigert wurden, Mobilfunkunternehmen bereits erhebliche Lizenzentgelte zu zahlen bereit waren, was zusammen mit den moderaten Wachstumsraten in den frühen 90er Jahren die Bedeutung dieses Industriesektors – auch für nachfolgende frequenzpolitische Entscheidungen – untermauerte. Es gab auch Widmungen mit mäßigem kommerziellen Erfolg, wie den auf europäischer Ebene harmonisierten ERMES Standard, um nur ein Beispiel zu nennen. In der Literatur finden sich noch weitere vergleichbare Beispiele, die alle im Ergebnis zu einer ineffizienten Allokation und damit zu einer Abweichung vom Punkt T* in Abbildung 4-5 (auf Seite 136) führen.

Sind diese Fehler systematischer Natur und können sie durch ein stärker marktbasiertes Konzept vermieden werden? Unter bestimmten Bedingungen kann ein Marktmechanismus effizientere Ergebnisse liefern. Das liegt in der dezentralen Natur des hier vorliegenden Entscheidungsproblems. Die Vorteile und Kosten unterschiedlicher Nutzungsmöglichkeiten werden durch die Präferenzen von Nutzern und Konsumenten bestimmt. Märkte sind in der Regel besser geeignet – außer es liegt ein Fall von Marktversagen vor – solche Informationen zu extrahieren und zu verarbeiten. Wie im vorangegangen Kapitel ausgeführt wurde, gibt es durchaus Bereiche, in denen ein Marktversagen zu vermuten ist (z.B. internationales Interferenzmanagement). Insgesamt gibt es sowohl für eine zentrale, auf staatlicher Ordnungspolitik basierte, wie auch für eine dezentrale, auf Tausch und Verhandlungen basierte Allokation, Argumente und Gegenargumente. Sohin stellt sich wohl weniger die Frage nach einem vollkommen zentralen oder vollkommen dezentralen System als vielmehr die nach dem richtigen Mix.

(2) Mangel an potenziellem Wettbewerb

Auf Märkten mit engen Strukturen kommt – wie in Kapitel 3 bereits ausgeführt wurde – dem Grad an potenziellem Wettbewerb eine große Bedeutung zu. Die gegenwärtige Praxis der Widmung von Frequenzen – insbesondere in Europa – sieht eine geringe Flexibilität hinsichtlich der Wahl der eingesetzten Technologie und des gewählten Dienstes vor. Die Konsequenz ist, dass über viele Jahre praktisch unüberwindliche Markteintrittsbarrieren vorliegen. Dies hat nicht nur Auswirkungen auf die erwartete Profitabilität und damit auch auf die bei Frequenzauktionen erzielbaren Erlöse – die in der Regel höher sein werden als auf einem Markt mit geringen Marktzutrittsbarrieren – sondern auf die Allokation weiterer Frequenzbänder. In der Literatur wird immer darauf hingewiesen, dass bestehende Unternehmen Interferenzprobleme und Mindestspektrumsanforderungen als strategisches Instrument für *entry deterrence*[276] einsetzen (Cave, 2002, S 56; Hazlett, 2001, S 46 ff; Kwerel & Felker, 1985; Valletti, 2001). Die Gefahr, dass bestehende Anwendungen und Nutzer gegenüber neuen bevorzugt werden, dürfte in einem zentral koordinierten System höher sein: Erstens besteht ein Anreiz, den Status quo, der aus Sicht des Interferenzmanagements funktioniert, aufrecht zu erhalten. Neue Anwendungen produzieren zusätzliche Interferenzen und bergen immer das Risiko nicht antizipierter Störungen mit ggf. weitreichenden Konsequenzen. Zweitens ist der Nutzen bestehender Anwendungen grundsätzlich leichter demonstrierbar als der mit Unsicherheit behaftete Nutzen zukünftiger Anwendungen. Die Versteigerung von Nutzungsrechten kann dieses Problem noch verschärfen. Zum einen führt eine auf die Maximierung von Lizenzerlösen ausgerichtete Frequenzpolitik in der Regel zu einer – aus wohlfahrtsökonomischer Sicht – zu restriktiven Lizenzierung.[277,278] Zum anderen ist davon auszugehen, dass bestehende Betreiber mit dem Hinweis auf geleistete Zahlungen – insbesondere wenn diese hoch waren – Schutzansprüche geltend machen.

Werden zu wenig Lizenzen vergeben, liegt keine natürliche Knappheit vor, sondern eine durch die (restriktive) Widmung des Spektrums künstlich induzierte. Die im Rahmen von Frequenzauktionen akquirierten Erlöse sind dann dem Charakter nach als Lizenz- und nicht als Frequenzrenten zu qualifizieren.

---

[276] Beispielsweise hat sich das UMTS Forum, eine Organisation, die sich primär aus Industrieunternehmen zusammensetzt, im Vorfeld der Vergaben der 3G Lizenzen in Europa vehement gegen die Lizenzierung von mehr als vier Betreibern und damit gegen die Lizenzierung eines Neueinsteigers in vielen europäischen Mobilfunkmärkten eingesetzt (vgl. u.a. Presseaussendung Mobilkom, 8.9.1999, „UMTS Lizenzen – Mehrheit der Experten lehnt Auktion ab", URL://www.rtr.at; UMTS Forum, 10.9.1999, „Response from the UMTS Forum to the Public Consultation on Essentials of Awarding Licences for Third Generation Systems").

[277] Im Regelfall sinkt der Gesamterlös (Oligopolrenten) mit steigender Zahl an Marktteilnehmern. Siehe auch Kapitel 3.

[278] Auf diese Gefahren weist u.a. auch Hazlett (2001, S 115ff) hin. Er bezeichnet diese Politik in Anlehnung an die Geldtheorie der ökonomischen Schule der Monetaristen (Milton Friedman) treffend als die „Quantity Theory" of Spectrum Management.

(3) Geänderte Rahmenbedingungen (der dynamische Fehler)

Ein zweiter systematischer Fehler entsteht dadurch, dass Nutzungsrechte im Verhältnis zur Dynamik der Telekommunikationsindustrie für einen vergleichsweise langen Zeithorizont vergeben werden.

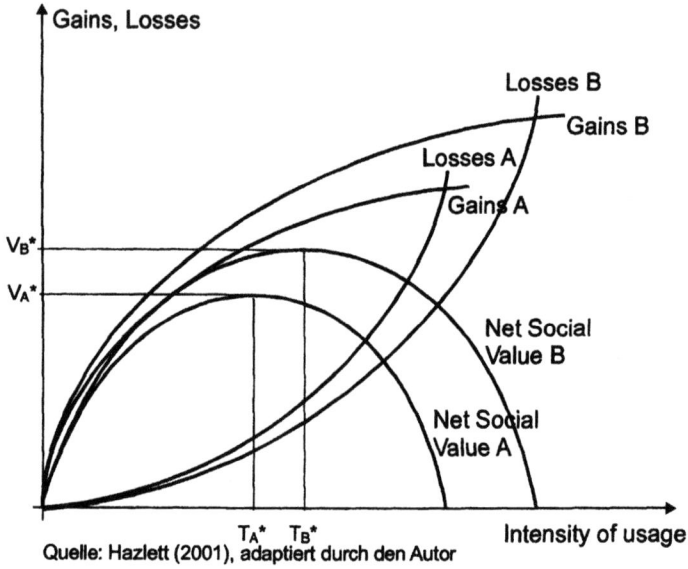

ABBILDUNG 4-6: NUTZEN UND KOSTEN IM DYNAMISCHEN FALL

Im Zusammenspiel mit einer geringen Flexibilität in Bezug auf die Technologiewahl ist mittel- bis langfristig auch dann mit Ineffizienzen zu rechnen, wenn die Allokation des Spektrums zum Zeitpunkt der Erteilung der Nutzungsrechte (Primärallokation) optimal (Punkt T* in Abbildung 4-5 auf Seite 136) war. Dies ist in Abbildung 4-6 veranschaulicht. Zum Zeitpunkt der Vergabe lag das Optimum im Punkt T_A^*. Eine Änderung der Rahmenbedingungen, beispielsweise aufgrund technologischer Innovationen, hat zu einer Verschiebung von Nutzen und Kosten geführt. Das neue Optimum, das nunmehr im Punkt T_B^* liegt, kann allerdings mangels Anpassungsflexibilität nicht realisiert werden.

Ineffizienzen dieser Art resultieren aus dem Zielkonflikt zwischen kurzen Innovationszyklen und einer hinreichend langen Amortisationsdauer für Investitionen in Netzinfrastrukturen, gepaart mit eingeschränkter Flexibilität in Bezug auf Weiterveräußerung und Technologiewahl. Ein Beispiel dafür ist der Systemgenerationswechsel im Bereich des Mobilfunks. Gegenwärtig sind in vielen europäischen Ländern noch analoge Mobilfunksysteme (TACS oder NMT) im Bereich 900 MHz aktiv. Die Teilnehmerstände dieser Netze sind stark fallend und liegen vielfach bereits bei weniger als 1% der Teilnehmer der GSM Netze. Die betroffenen Frequenzen wären auch für GSM nutzbar, allerdings besteht ein mangelnder Anreiz, diese nutzbar zu machen. In den meisten Ländern müssten die Frequenzen an den Staat zurückgegeben bzw. von diesem eingezogen werden, um dann im Rahmen einer neuerlichen Vergabe – mit geänderter Widmung – einer sinnvolleren Nutzung zugeführt werden zu können. Für den Betreiber besteht wenig Anreiz sich einem neuerlichen Auswahlverfahren zu stellen, für die öffentliche Hand ist es rechtlich riskant in bestehende Nutzungsverträge einzugreifen. Mit ähnlichen Problemen ist in einigen Jahren bei der Umstellung von 2G auf 3G zu rechnen. Flexiblere Nutzungsbedingungen würden zweifelsohne zu einer Minderung dieses Problems beitragen. Dies dürfte auch ein Grund dafür sein, dass dieser Themenkomplex mittlerweile unter dem Begriff *Refarming* intensiver diskutiert wird.

Ein weiterer Grund für Effizienzverluste aufgrund mangelnder Flexibilität ist das Auftreten kurzfristiger Lastspitzen. Ein Beispiel dafür sind (kurzfristige) Kapazitätsengpässe in Zusammenhang mit Großveranstaltungen. Die betroffenen Betreiber könnten, falls Nutzungsrechte übertragbar wären, diese temporären Kapazitätsengpässe durch kurzfristigen Zukauf (oder Miete) von Spektrum überbrücken.

4.5.3 Der Übergang zu Frequenzmärkten

Die Diskussion über die Ausgestaltung von Frequenznutzungsrechten reicht weit zurück. Bereits in den 50er Jahren wurde von Coase (1959) selbst vorgeschlagen, die zentrale Koordination des Spektrums zugunsten eines dezentralen Systems mit konzentrierten Verfügungsrechten (*Spectrum Trading*) aufzugeben. Diese Diskussion hat die letzten Jahre, nachdem sie einige Zeit von der Agenda verschwunden war, insbesondere durch die Bedeutung des Spektrums für die Telekommunikation und die Nutzungsrivalität zwischen verschiedenen Wirtschaftssektoren (Medien, Telekommunikation, Militär) wieder an Dynamik gewonnen.[279] Gegenwärtig setzen sich eine Vielzahl an Ökonomen für eine stärkere Etablierung von Marktmechanismen im Bereich der Allokation von Fre-

---

[279] Vgl. zu dieser Diskussion u.a. Hazlett (2001) und Valletti (2001).

quenzen ein (Cave, 2002; Coase, 1998; Hazlett, 2001; Kwerel & Williams, 2001; Rosston & Hazlett, 2001; Roston & Steinberg, 1997; Valletti, 2001). Hauptargument ist eine Verbesserung der ökonomischen Effizienz. Zentraler Motor eines Frequenzmarktes ist der finanzielle Anreiz, der durch die Opportunitätskosten der Nutzung geschaffen wird. Wenn Nutzer die vollen Opportunitätskosten tragen, ist davon auszugehen, dass die Ressource Frequenzen ihrem produktivsten Verwendungszweck zugeführt wird. Das funktioniert allerdings nur, wenn auch alternative gesellschaftliche Verwendung zugelassen werden (maximale Flexibilität in der Wahl der Nutzung); nur dann trägt ein Nutzer die vollen Opportunitätskosten. Damit wird die Ressource Frequenzen ein Inputfaktor wie jeder andere und die entsprechenden Preise entfalten ihre richtige Informationswirkung. Das bisherige System der Frequenzwidmung ist ein administrativ-politischer Prozess und die gegenwärtigen Zuweisungen ein Kompromiss zwischen einer Reihe von rivalisierenden Nutzungen und Anwendungen. Es wäre wohl überraschend, wenn die gegenwärtige Allokation optimal in dem Sinne wäre, dass ein Opportunitätskostenansatz keine Reallokation bewirken würde.

Dies setzt allerdings voraus, dass Märkte funktionieren. Auf mögliche Marktfehler in diesem Zusammenhang wurde bereits in Kapitel 4.5.1 eingegangen. Jedenfalls sollten unnötige Restriktionen, die Verhandlungslösungen (*Coase Theorem*) praktisch im Keim verunmöglichen, beseitigt werden. Das Funktionieren des *Coase Theorems* setzt eine hinreichende Flexibilität, insbesondere aber das Transferrecht voraus. Einschränkungen in Bezug auf die Flexibilität der Nutzung und Weitergabe reduzieren die Effizienz, womit sich die Frage stellt, wie eine solche überhaupt begründet werden kann. Aus ökonomischer Sicht nur mit dem Vorliegen von Marktversagen. Ein möglicher Grund für das Nichtfunktionieren des *Coase Theorems* sind prohibitiv hohe Transaktionskosten.[280] Wenn nun aber prohibitiv hohe Transaktionskosten vorliegen, so dass das *Coase Theorem* keine Anwendung finden kann, kommt der effizienten Primärallokation eine umso größere Bedeutung zu.

Eine abschließende Beurteilung, ob nun eine zentrale auf staatlicher Ordnungspolitik basierte oder eine dezentrale, auf Marktprozessen basierte Frequenzallokation mehr Effizienz bedeuten würde, würde den Rahmen

---

[280] Auf diesen Aspekt wurde in dieser Arbeit nicht eingegangen. Milgrom (1998) weist darauf hin, dass bei Vorliegen hoher Informationsasymmetrien zwischen den Parteien, wie dies im vorliegenden Zusammenhang der Fall ist, Verhandlungen regelmäßig ineffiziente Ergebnisse liefern.

dieser Arbeit sprengen. Insbesondere im Mobilfunk ist diese Frage aufgrund der ökonomischen Charakteristika nicht eindeutig zu beantworten. Der Vorteil der internationalen Harmonisierung in Zusammenhang mit Kompatibilitätsstandards (z.b. Überwindung von *excess inertia*) wurde bereits ausgeführt. Demgegenüber stehen Effizienzverluste einer langfristigen Einschränkung der Nutzungsmöglichkeiten. Insgesamt stellt sich wohl weniger die Frage nach einem vollkommen zentralen oder vollkommen dezentralen System als vielmehr die Frage nach dem optimalen Mix aus Marktinstrumenten und zentraler Koordination im Einzelfall (Funkdienst).

TABELLE 4-2: MARKTMECHANISMEN UND FREQUENZHANDEL

Mechanismen	Effizienzgewinne	Mögliche Effizienzprobleme
Preismechanismen		
Frequenzgebühren	Effizientere Nutzung	Kein Marktpreis
Umstellung der Primärallokation auf Auktionen	Pareto-effiziente Zuteilung, Zuteilung an den effizientesten Betreiber, effizientere Nutzung	Nur kurzfristig
Sekundärmarkt		
Verkauf	Langfristige Sicherstellung einer effizienten Zuteilung	Marktmacht (wenn auch Reduktion der Lizenzen erlaubt ist)
Miete	Effizienzgewinne in Zusammenhang mit kurzfristigen Lastspitzen	
Nutzungsbedingungen		
Bindung an einen Standard	Effizienzgewinne in Zusammenhang mit K-Standards bei Vorliegen von Netzwerkexternalitäten (Vermeidung excess inertia)	Dynamische Effizienzprobleme Inferiorer Standard
Zeitliche Begrenzung der Bindung an einen Standard	Effizienzgewinne in Zusammenhang mit K-Standards bei gleichzeitiger Vermeidung langfristiger dynamischer Effizienzprobleme	Zumindest kurzfristig inferiorer Standard
Standardfamilie	Eingeschränkter Technologiewettbewerb/ Effizienzgewinne in	Dynamische Effizienzprobleme Inferiorer Standard

Mechanismen	Effizienzgewinne	Mögliche Effizienzprobleme
	Zusammenhang mit K-Standards	
Diensteklasse	Technologiewettbewerb	Effizienzverluste in Zusammenhang mit K-Standards (excess inertia)
Vollkommene Freigabe der Nutzung	Effiziente Allokation durch volle Opportunitätskosten (rivalisierende Anwendungen); Potenzieller Wettbewerb (Senkung von Marktbarrieren); Erhöhung der dynamischen Effizienz	Effizienzverluste in Zusammenhang mit K-Standards (excess inertia)

4.5.4 Zusammenfassung

Die Literatur zur Entstehung von Verfügungsrechten sieht die Einführung und Änderung dieser immer im Zusammenhang mit geänderten Rahmenbedingungen.[281] Kann ein bestehendes System nicht mehr geeignet auf neue Rahmenbedingungen wie technologische Fortschritte reagieren, führt dies zur Erodierung bestehender sowie zur Einführung brauchbarer Verfügungsrechte. Vor diesem Hintergrund ist auch die Einführung von Spektrumsmärkten zu sehen. Dabei spielen nicht nur Effizienzüberlegungen eine Rolle, sondern auch Verteilungsfragen, politische und gesellschaftliche Argumente sowie Fragen hinsichtlich der Kontinuität des Rechtsrahmens.

Die hohen Auktionsergebnisse, die insbesondere in Großbritannien und in Deutschland im Rahmen der Versteigerung der Lizenzen für die dritte Mobilfunkgeneration erlöst wurden, und die – wohl nicht nur damit zusammenhängende – Abwertung einzelner Unternehmen auf den Finanzmärkten haben zum Teil heftige (politische) Diskussionen zur Vergabe von Frequenznutzungsrechten ausgelöst. In diesem Zusammenhang wird sowohl auf europäischer Ebene wie auch in einzelnen Mitgliedstaaten die Einführung von Spektrummärkten und damit eine Neugestaltung der Verfügungsrechte von Frequenzen diskutiert.

Dazu sind folgende Dinge anzumerken: Eine notwendige Voraussetzung für hohe Lizenzerlöse ist die geringe (erwartete) Bestreitbarkeit bedingt

---

[281] Vgl. u.a. Richter & Furubotn (1999, S 115 ff).

durch die langwierige Koordination von Spektrum und der damit einhergehenden „Jetzt-oder-Nie-Entscheidungssituation". Auch wenn die Prognosen in Bezug auf die Marktchancen zu optimistisch waren, ohne die Erwartung, dass es über längere Zeit keinen Markteintritt – sowohl intra- wie intermodaler Wettbewerber – geben wird, wären Unternehmen nicht bereit, so hohe Beträge zu zahlen. Um Märkte bestreitbarer zu machen, sollten die Nutzungsrechte in Bezug auf die Weitergabe und die Nutzungswahl so flexibel wie möglich gestaltet werden. Die Grenzen der Flexibilisierung liegen dort, wo Marktfehler auftreten (z.b. Wettbewerbsstrukturen verloren gehen könnten) und wo mit der internationalen Harmonisierung der Nutzung (bzw. auch des Interferenzmanagements) Effizienzgewinne verbunden sind.

Diese Ambivalenz ist insbesondere auch im Mobilfunk gegeben. Den Effizienzgewinnen der internationalen Harmonisierung in Zusammenhang mit Kompatibilitätsstandards stehen Effizienzverluste einer langfristigen Einschränkung der Nutzungsmöglichkeiten gegenüber. Dieser Ambivalenz kann am geeignetsten durch einen optimalen Mix aus Marktinstrumenten und zentraler Koordination Rechnung getragen werden. Dabei ist insbesondere auch auf die Besonderheiten bestimmter Frequenzbereiche (Ausbreitungseigenschaften), Funkdienste und auf den Stand der Technologie Rücksicht zu nehmen. Ein Beispiel für einen optimalen Mix wäre, die Restriktionen bei der Technologiewahl zeitlich auf die Einführungsphase zu beschränken.

Anhang zu Frequenzzuweisungen und -zuteilungen

TABELLE 4-3: FREQUENZZUWEISUNGE IM BEREICH 40 MHZ BIS 2,2 GHZ

Dienste	Frequenzbereiche			Gesamt
	40MHz-100 MHz	100 MHz-1GHz	1GHz-2,2 GHz	
Rundfunk	55,85%	40,90%	0,00%	22,98%
Mobilfunk 2G und 3G	0,00%	6,10%	31,94%	17,51%
Flugfunk	0,67%	26,08%	5,34%	16,07%
Mobilfunk (ohne 2G,3G)	38,45%	16,44%	4,19%	11,57%
Richtfunk	0,00%	7,31%	16,02%	11,01%
Radar	0,00%	0,00%	14,14%	6,34%
Mobilsatellitensystem	0,00%	0,00%	8,32%	3,73%
Funkdienste	0,00%	0,05%	3,65%	1,66%
Satelliten	0,00%	0,00%	3,14%	1,41%
Nicht zivil	5,04%	1,13%	0,00%	0,73%
Wetterhilfenfunk	0,00%	0,00%	1,57%	0,70%
Amateurfunk	0,00%	1,08%	0,00%	0,56%
Meterorological	0,00%	0,52%	0,00%	0,27%
Landfunk	0,00%	0,35%	0,00%	0,18%
Andere	0,00%	0,03%	11,69%	

Quelle: Frequenzzuweisungsverordnung

TABELLE 4-4: EINIGE FÜR DIESE ARBEIT RELEVANTEN FREQUENZZUWEISUNGEN

Funkdienst	Zuweisung laut Verordnung	Frequenzbereich (in MHz)
GSM-900	Mobilfunk (Öffentliches digitales Mobilfunksystem GSM)	890-915 und 935-960
GSM-1800	Mobilfunk (Öffentliches digitales Mobilfunksystem GSM)	1710-1785 und 1805-1880
TETRA (Terrestrial Trunked Radio)	Mobilfunk (Digitales Bündelfunksystem für private Nutzung)	385-390, 395-400
IMT-2000/UMTS	Mobilfunk (UMTS)	1855-2025 und 2110-2200
WLL (Wireless Local Loop)	Richtfunkverteilsysteme	24.549 –25.056,5 und 25.557-26.064,5
D Netz	Mobilfunk (Analoges Mobilfunksystem (TACS)	887-897 und 932-942

Quelle: Frequenzzuweisungsverordnung

5 Auktionen und Auktionstheorie

Auktionen sind – wie in Kapitel 5.1 ausgeführt wird – einer von mehreren marktwirtschaftlichen Allokationsmechanismen; dieser gelangt meist unter bestimmten Rahmenbedingungen, insbesondere aber bei Vorliegen hoher Informationsasymmetrien zwischen Käufer und Verkäufer, zum Einsatz.

Es gibt unterschiedliche Arten von Auktionen (Auktionsformate) und es gibt vor allem unterschiedliche institutionelle Rahmenbedingungen, unter denen eine Auktion abgewickelt wird. Dementsprechend gibt es unterschiedliche Möglichkeiten, Auktionen zu klassifizieren. Ein Überblick über Arten und Klassifikationen von Auktionsverfahren findet sich in Kapitel 5.2.

Die Auktionstheorie stellt neben der experimentellen Ökonomie die wesentlichste Grundlage für die Analyse – und damit auch den Entwurf – von Auktionen dar. Im Zentrum der Auktionstheorie stehen zwei ganz wesentliche Fragen: Sind alle Auktionen im gleichen Maße effizient, bzw. welche Auktionsformate sind unter bestimmten Bedingungen effizienter? Unterscheiden sich die erwarteten Einnahmen, wenn unterschiedliche Auktionsformate zum Einsatz gelangen? Die Auktionstheorie ist zu einem zentralen Forschungsgegenstand der modernen Wirtschaftswissenschaften mit einer kaum überblickbaren Zahl an Veröffentlichungen geworden. Deshalb kann sich der in Kapitel 5.3 zusammengestellte Überblick nur auf – für diese Arbeit relevante – Ausschnitte beschränken.

Im Anwendungsfeld der Versteigerung von Frequenznutzungsrechten hat sich insbesondere das simultane Mehrrundenverfahren (SAA) etabliert. Eine Darstellung der Regeln einer SAA und des theoretischen Hintergrunds findet sich in Kapitel 5.4.

5.1 Auktionen als Marktinstitution

5.1.1 Allgemeines

Auktionen[282] sind einer von mehreren marktwirtschaftlichen Allokationsmechanismen; diese Verfahren, welche auf der Basis von wohldefinierten Regeln Preise und Ressourcenallokation aufgrund eines Vergleichs von Geboten der Marktteilnehmer ermitteln, erfreuen sich einer langen Tradition. Als spektakuläres Beispiel einer Versteigerung vor über zwei

---

[282] Dieser Begriff leitet sich aus dem Lateinischen „augere" (erhöhen) her.

Jahrtausenden ist die Versteigerung des römischen Reiches durch die Prätorianergarde überliefert; den Zuschlag bekam damals Didius Julianus, der sich allerdings nur zwei Monate auf dem ersteigerten Kaiserthron halten konnte (Shubik, 1983; Klemperer, 1999).[283] Im Bereich der Vergabe von Frequenznutzungsrechten wurden Auktionen erstmals in Neuseeland im Jahr 1990 eingesetzt.

Nach McAfee & McMillan (1987) ist eine Auktion,

„... *a market institution with an explicit set of rules determining resource allocation and prices on the basis of bids from the market participants*".

Eine Auktion ist demnach ein spezieller Marktmechanismus, der durch zwei Besonderheiten gekennzeichnet ist:

(1) durch explizit formulierte Regeln und

(2) durch die Ermittlung von Preisen und Allokation auf Basis der Gebote der Marktteilnehmer.

Damit unterscheidet sich dieser Mechanismus von anderen Formen von Markttransaktionen, wie beispielsweise dem Mechanismus *take it or leave it*, bei dem der Verkäufer einen Preis festsetzt und dem/den Käufer/Käufern ein – wie die Bezeichnung suggeriert – *Take-it-or leave-it-Angebot* unterbreitet. Nach einer Untersuchung von McAfee and McMillan (1987) finden Auktionen mehrheitlich auf Märkten statt, die folgende Charakteristika aufweisen:

- eine Monopolstellung auf der Anbieterseite (z.B. Auktionshaus für Kunstgegenstände) oder eine Monopsonstellung auf der Nachfragerseite (z.B. die öffentliche Verwaltung bei Beschaffungsauktionen)

- eine vergleichsweise geringe Zahl an Marktteilnehmern auf der jeweiligen Gegenseite (Oligopson bzw. Oligopol)

- das Vorliegen von Informationsasymmetrien zwischen der Nachfrage- und Angebotsseite hinsichtlich des Wertes der Güter

Idealtypisch für den Einsatz von Auktionen ist demnach eine *Monopol-Oligopson-* bzw. eine *Oligopol-Monopson-Marktkonstellation* und das Vorliegen von *Informationsasymmetrien* zwischen beiden Marktseiten. Unter solchen Rahmenbedingungen führen traditionelle Marktinstitutionen häufig nicht zum gewünschten Allokationsergebnis.

---

[283] Dies kann als frühes Beispiel für das Problem des *winner's curse* gewertet werden.

Umgekehrt stoßen Auktionen an ihre Grenzen, wenn es zu teuer wird, eine solche zu organisieren oder wenn die Nachfrage zeitlich variiert.[284] In diesem Fall gelangen andere Marktinstitutionen zum Einsatz. Bei nicht besonders wertvollen Gütern ist das üblicherweise der Mechanismus *take it or leave it* (*posted prices*). Eine weitere Alternative stellen *Verhandlungen* dar.

5.1.2 Allokation unter Informationsasymmetrie

Wie bereits eingangs erwähnt, gelangen Auktionen primär dann zum Einsatz, wenn Informationsasymmetrien zwischen Marktteilnehmern vorliegen. Im Folgenden soll anhand eines einfachen Beispiels demonstriert werden, welche Schwierigkeiten sich im Zusammenhang mit der Allokation unter Informationsasymmetrien ergeben.

Nehmen wir an, ein Verkäufer verkauft ein Gut an einen von zwei potenziellen Käufern, deren Zahlungsbereitschaft (V_i) mit der Wahrscheinlichkeit p 5 Geldeinheiten und mit der Wahrscheinlichkeit $(1-p)$ 6 Geldeinheiten sei. Den Käufern ist die eigene Zahlungsbereitschaft bekannt. Der Verkäufer wie auch die anderen Käufer kennen nur die Verteilung der Zahlungsbereitschaft eines Käufers. Ziel des Verkäufers ist es, das Gut an jenen Käufer zu verkaufen, der die höchste Zahlungsbereitschaft hat. Der theoretisch höchst mögliche Ertrag für den Verkäufer ist 6 GE. Und zwar dann, wenn zumindest einer der beiden Käufer eine Zahlungsbereitschaft von 6 GE hat. Der erwartete Erlös von

$$= 5p^2 + 6p(1-p) + 6p(1-p) + 6(1-p)^2 = 6 - p^2$$

ist jedenfalls geringer.

Ein Verkäufer, der den Mechanismus *take it or leave it* verwendet, steht nun vor dem Problem, den Preis festzusetzen. Setzt er den Preis größer 6 GE fest, sind die Einnahmen 0 GE, da der Preis die Zahlungsbereitschaft beider Bieter mit der Wahrscheinlichkeit 1 übersteigt. Setzt er den Preis mit 5 GE fest, verkauft er das Gut mit Wahrscheinlichkeit 1, allerdings sind die Einnahmen auch dann nur 5 GE, wenn beide Käufer einen Reservationspreis von 6 GE haben sollten. Den Preis mit 6 GE festzusetzen hat wiederum den Nachteil, dass der Verkäufer mit einer Wahrscheinlichkeit $(1-p)^2$ das Gut nicht verkauft und damit einen Erlös von

---

[284] Wie die Popularität von Internetversteigerungen zeigt, erweitert das Internet die Anwendungsfelder von Auktionen erheblich.

0 GE erzielt. Wenig Sinn macht es auch, den Preis mit 5,5 GE festzusetzen. Sollte einer der beiden Käufer einen Reservationspreis von 6 GE haben, verliert der Verkäufer 0,5 GE, andernfalls sind die Einnahmen 0 GE. Im vorliegenden Beispiel wird der Verkäufer den Preis vermutlich – um auf der sicheren Seite zu sein – mit 5 GE festsetzen. Der Erlös wäre dann 5 GE.

Würde der Verkäufer die tatsächliche Realisierung der Variablen V_i kennen – d.h. bestünde keine Informationsasymmetrie zwischen Käufer und Verkäufer, wäre die Festsetzung des Preises kein Problem. Dies ist allerdings sehr unwahrscheinlich, da die Käufer einen Anreiz haben, ihre Zahlungsbereitschaft nicht bekannt zu geben. Warum? Im vorhergehenden Beispiel kann ein Käufer, der eine Zahlungsbereitschaft von 6 GE hat, mit der Wahrscheinlichkeit $p(1-p)$ eine Rente von 1 GE realisieren, wenn der Verkäufer den Preis mit 5 GE festsetzt. Dies ist allerdings nur möglich, wenn der Verkäufer die Zahlungsbereitschaft des Käufers nicht kennt.

Der Ökonom Vickrey zeigte in den 60er Jahren, dass die *second-price sealed-bid auction*, die auch als *Vickrey Auktion* bezeichnet wird, immer zu einer effizienten Allokation führt (Vickrey, 1961). Er hat für diese Leistung den Nobelpreis erhalten. Im Rahmen einer *Vickrey Auktion* geben alle Käufer geheim und unabhängig voneinander ihre Gebote ab. Der Verkäufer wählt die zwei höchsten Gebote aus und erteilt den Zuschlag an den Höchstbieter zum Preis vom zweithöchsten Gebot. Die beste Strategie, die ein Käufer in einer *Vickrey Auktion* wählen kann, ist es, seine „wahre" Zahlungsbereitschaft zu offenbaren: d.h. ein Gebot in der Höhe der Zahlungsbereitschaft ist spieltheoretisch eine *dominante Strategie* eines rationalen Spielers in einer *Vickrey Auktion*. Um dies zu demonstrieren, greifen wir das vorhergehende Beispiel nochmals auf. Nehmen wir an, ein Bieter hat eine Zahlungsbereitschaft von 5 GE. Hat dieser Bieter einen Anreiz, 6 GE zu bieten? Diese Frage ist mit nein zu beantworten. Sollte der betroffene Bieter mehr als 5 GE bieten, erhält er mit einer positiven Wahrscheinlichkeit den Zuschlag und realisiert damit einen Verlust. Hat ein Bieter mit der Zahlungsbereitschaft von 6 GE einen Anreiz einen geringen Betrag, sagen wir z.B. 5,5 GE, zu bieten? Auch diese Frage ist mit nein zu beantworten. Bietet er beispielsweise 5,5 GE und erhält den Zuschlag, ist sein Überschuss (Zahlungsbereitschaft minus Preis) derselbe als hätte er 6 GE geboten. Diese Strategie hat allerdings einen großen Nachteil für den Bieter. Er reduziert durch ein geringes Gebot als 6 GE die Wahrscheinlichkeit, den Zuschlag zu erhalten, ohne dabei aber einen Vorteil zu haben. Da der Höchstbieter den Preis des

Zweitbieters zahlt, ist der Überschuss immer derselbe, unahbhängig davon, ob dieser 6 GE oder 5,5 GE bietet, wenn das zweithöchste Gebot geringer als 5,5 GE ist . Da der Bieter aber nicht davon ausgehen kann, dass das zweithöchste Gebot geringer als 5,5 GE ist, reduziert er mit einem Gebot von 5,5 GE nur die Wahrscheinlichkeit den Zuschlag zu erhalten ohne dabei aber einen Vorteil zu haben. Aus diesem Grund ist ein Gebot in der Höhe von 6 GE die beste Strategie, die er wählen kann. In einer *Vickrey Auktion* ist demnach ein Gebot in der Höhe des Reservationspreises die dominante Strategie. Aus diesem Grund wird die *Vickrey Auktion* als anreizkompatibler Mechanismus in dem Sinne bezeichnet, als dass die Bieter einen Anreiz haben, ihr wahre Zahlungsbereitschaft zu offenbaren.

Wie hoch ist der erwartete Erlös? Wenn nur einer der beiden Käufer eine Zahlungsbereitschaft von 6 GE haben soll, vermag der Verkäufer auch im Rahmen einer *Vickrey Auktion* nicht, 6 GE zu lukrieren. Der Bieter mit der Zahlungsbereitschaft von 6 GE bietet zwar 6 GE, allerdings nur deshalb, weil sich der Verkäufer zu den Regeln der *Vickrey Auktion* verpflichtet hat. Nur dann, wenn beide Käufer eine Zahlungsbereitschaft – das ist mit der Wahrscheinlichkeit $(1-p)^2$ – von 6 GE haben sollten, kann der Verkäufer diese auch lukrieren. Der erwartete Erlös von

$$= 5p^2 + 5p(1-p) + 5p(1-p) + 6(1-p)^2$$

ist jedenfalls höher als 5 GE.

Eine weitere Marktinstitution sind *Verhandlungen*. Verhandlungen können ein kostspieliger Weg sein, um Preise zu bestimmen und sie können im Zusammenhang mit privaten Informationen entweder zu keinem, oder einem ineffizienten Ergebnissen führen.[285] Aber auch wenn die Marktteilnehmer über vollständige Informationen verfügen, kann eine Verhandlungslösung unter Umständen aus Sicht des Preises unter jenem einer Auktion liegen. Nehmen wir an, im vorliegenden Beispiel verhandelt der Verkäufer individuell mit dem Käufer, der die höchste Zahlungsbereitschaft hat. Bei einem Reservepreis von Null ist der Kuchen, der zu verhandeln ist, 6 respektive 5 GE. Bei einer symmetrischen Verhandlungslösung (Nash Lösung) wird der Preis bei 3 bzw. 2,5 GE liegen.

Bei Vorliegen *asymmetrischer Information* führt eine Transaktion zwangsläufig nur zu einer *zweitbesten Lösung*. Die *erstbeste Lösung* wäre nur

---

[285] Vgl. u.a. Fudenberg & Tirole (1996 , S 397 ff) und Holler & Illing (2000, S 345 ff)

dann möglich, wenn der Verkäufer über *vollständige Information* verfügt. In diesem Fall könnte der Verkäufer den Preis in der Höhe der Zahlungsbereitschaft des Käufers mit der höchsten Wertschätzung (abzüglich eines kleinen Betrages) festsetzen und diesem ein *Take-it-or-leave-it*-Angebot machen. Dies ist per Definition nicht der Fall. Darüber hinaus haben die Käufer einen starken Anreiz, ihre Zahlungsbereitschaft nicht bekannt zu geben. Nur so besteht für sie eine Chance, eine sogenannte Informationsrente (Zahlungsbereitschaft minus Preis) zu akquirieren. Durch einen anreizkompatiblen Mechanismus wie eine Auktion kann jedenfalls die *second best* Lösung realisiert werden, was beim Einsatz von traditionellen Marktmechanismen (wie *take it or leave it* oder Verhandlungen) umso weniger der Fall ist, je höher die Informationsasymmetrie zwischen Käufer und Verkäufer ist.[286] Der Verkauf von Frequenznutzungsrechten ist ein klassisches Beispiel für das Vorliegen von Informationsasymmetrie zwischen Käufer und Verkäufer. Im Regelfall verfügt die Vergabestelle über wesentlich weniger Informationen hinsichtlich der Marktchancen bestimmter Technologien und damit über den Wert der Frequenzen als potenzielle Lizenznehmer. Wie bereits ausgeführt, wird der Marktwert von Frequenzen bestimmt durch die beste gesellschaftliche Alternativverwendung. Dies wäre im vorliegenden Fall der erwartete supranormale Profit jenes potenziellen Nutzers, der im Rahmen eines (effizienten) Auswahlverfahrens gerade nicht den Zuschlag erhalten würde. Es ist unmittelbar einsichtig, dass dieser Wert aus dem individuellen Investitionskalkül des betroffenen Nutzers hervorgeht und damit einer Vergabestelle nicht zugänglich sein kann.

5.2 Arten von Auktionen

Es gibt eine Reihe von Möglichkeiten, Auktionsverfahren zu kategorisieren. Zunächst können Auktionsverfahren nach der Zahl der Güter, die zur Versteigerung gelangen, in Ein- oder Mehrgüterauktionen eingeteilt werden. Mehrgüterauktionen können untergliedert werden in simultane und sequenzielle Verfahren. Im Rahmen einer sequenziellen

---

[286] Zu einem guten Teil ist das negative Image, das Auktionen – nicht erst mit der Versteigerung von Frequenzen – anlastet, auf die hohe Effizienz dieser Marktinstitution zurückzuführen. In der Vergangenheit gab es auch immer wieder Bestrebungen, diesen Mechanismus per Gesetz zu verbieten. Beispielsweise sponserten Textilhändler in den frühen Phasen des Textilhandels Gesetzesentwürfe gegen Auktionen. Offensichtlich realisierten sie, wie effektiv die von Betreibern von Baumwollplantagen organisierten Auktionen ihre Margen reduzierten (Milgrom, 1989).

Versteigerung gelangen die einzelnen Güter hintereinander, d.h. in einer Serie von Eingüterauktionen zur Versteigerung. Im Gegensatz dazu werden bei einer simultanen Auktion mehrere Güter gleichzeitig versteigert. Eine Sonderform der simultanen Versteigerung ist die kombinatorische Auktion. Hierbei haben die Bieter die Möglichkeit sogenannte *package bids* (Gebote auf Kombinationen von Gütern) abzugeben.

Des weiteren können Auktionen in einstufige Verfahren und in mehrstufige Verfahren – auch als Mehrrundenverfahren bezeichnet – unterteilt werden. Bei einem einstufigen Verfahren (*sealed-bid auction*) geben die Bieter ihre Gebote geheim und unabhängig voneinander ab. Diese Gebote werden vom Auktionator ausgewertet und die Höchstbieter ermittelt. Ein Mehrrundenverfahren (*multiple round auction*) erstreckt sich über mehrere Runden, in denen die Bieter die Möglichkeit haben, das geltende Höchstgebot zu überbieten.

Ein weiteres Unterscheidungsmerkmal betrifft die Verteilung der Zahlungsbereitschaft (Reservationspreis oder Wertschätzung). Von einer *independent-private-values auction* wird gesprochen, wenn die Reservationspreise der Bieter unabhängig voneinander sind und die Wertschätzung eine private Information darstellt: das heißt, ein Bieter ändert seine Wertschätzung nicht, wenn diesem Bieter Informationen über die Zahlungsbereitschaft anderer Bieter zur Kenntnis gelangen. Umgekehrt wird von einer *common-value auction* gesprochen, wenn diese Information einen Einfluss auf die Zahlungsbereitschaft eines Bieters hat. Eine *common-value auction* liegt beispielsweise dann vor, wenn ein Sekundärmarkt für das betroffene Gut existiert. Ein sehr wichtiger Aspekt im Zusammenhang mit der *common-value auction* ist das sogenannte *Winner's-curse-Problem*. Hinsichtlich der Verteilung der Zahlungsbereitschaft der einzelnen Bieter wird unterschieden zwischen *symmetrischen* und *asymmetrischen Verteilungen*.

Ein Aspekt, der insbesondere für die ökonomische Analyse von Auktionen von großer Bedeutung ist, ist die Transparenz oder Offenheit eines Verfahrens. Ein einstufiges Verfahren ist ein *one shot game*, das spieltheoretisch in Form eines statischen Spiels modellierbar ist.[287] Demgegenüber werden in einem mehrstufigen Verfahren Informationen über die Strategie der Bieter enthüllt, die wiederum in die Entscheidungssituation miteinfließen.

---

[287] Siehe dazu den Anhang zu diesem Kapitel.

5.2.1 Eingüterauktionen

Wenn nur ein Gut verkauft wird, kann zwischen vier Grundtypen von Auktionen unterschieden werden:

➢ *Englische Auktion*[288]

Die *Englische Auktion* (*english auction*) ist das am häufigsten eingesetzte Versteigerungsverfahren und findet insbesondere bei der Auktionierung von Kunstobjekten und Liegenschaften Anwendung. In ihrer einfachsten Form, wird – ausgehend von einem Ausrufungspreis – das jeweilig aktuelle Höchstgebot solange überboten, bis von keinem der Teilnehmer ein neues Gebot gelegt wird. Der Höchstbieter erhält den Zuschlag zum Höchstgebot. Neben dieser, meist mündlich abgehaltenen Variante, existieren eine ganze Reihe weiterer Spielvarianten der *english auction*. Als Beispiel sei hier die sogenannte *open-exit auction* erwähnt. Im Rahmen dieser Auktion wird vom Auktionator der Preis schrittweise erhöht. In jeder Runde geben die Bieter bekannt, ob sie weiterhin an der Auktion teilnehmen wollen oder nicht. Folglich scheiden Auktionsteilnehmer sukzessive aus dem Verfahren aus, bis nur mehr ein Bieter verbleibt. Im Gegensatz zur klassischen *english auction* ist für die Teilnehmer neben dem aktuellen Preis auch beobachtbar, welche Bieter noch am Verfahren teilnehmen. Bei allen Varianten handelt es sich aufgrund des mehrstufigen Charakters und der Tatsache, dass den Bietern zumindest das jeweilig geltende Höchstgebot bekannt ist, um ein offenes aufsteigendes mehrstufiges Verfahren. Diese zwei Aspekte, der steigende Preis und die Information über das Verhalten der anderen Bieter, sind es auch, die für eine ökonomische Analyse bzw. einen Vergleich mit anderen Typen von Auktionen wesentlich sind. In einer *english auction* werden den Bietern die Gebote der anderen Bieter bekannt und sie können ihre Strategien entsprechend anpassen.

➢ *Holländische Auktion*[289]

Die *Holländische Auktion* stellt in gewisser Weise ein Pendant zur *Englischen Auktion* dar. Ausgehend von einem geschätzten Höchstpreis wird der Preis solange schrittweise gesenkt, bis einer der Teilnehmer den

---

[288] Die *Englische Auktion* wird auch als *ascending auction*, *oral auction*, *progressive auction* bzw. als *open auction* bezeichnet. Zur Bedeutung der *Englischen Auktion* vgl. u.a. Cramton (1998b).

[289] Die *Holländische Auktion* wird auch als *descending auction* bezeichnet.

aktuellen Preis akzeptiert. Dieser erhält den Zuschlag zum aktuellen Preis. Die *Holländische Auktion* stammt – wie der Name suggeriert – aus den Niederlanden und wurde dort zum Verkauf von Blumen eingesetzt. Ein ähnliches Verfahren findet beim Verkauf von Fisch in Israel und Tabakwaren in Kanada, beim Abverkauf in Supermärkten in Boston und auch bei Obstauktionen in Südtirol Anwendung (Klemperer, 1999; Rasmusen, 1989, S 298 ff).

Bei der *Holländischen Auktion* handelt es sich um ein absteigendes mehrstufiges Verfahren.

➢ *First-price sealed-bid auction*

Im Rahmen einer *first-price sealed-bid auction* wird von allen Teilnehmern simultan ein (verdecktes) Gebot gelegt. Derjenige Teilnehmer, der das höchste Gebot abgegeben hat, erhält den Zuschlag zu dem Preis, den er geboten hat. Es handelt sich somit um ein nicht offenes einstufiges Verfahren. Dieses Verfahren findet beispielsweise in den USA beim Verkauf von öffentlichen Schürfrechten, als *reverse auction* in Beschaffungsprozessen und beim Verkauf von Grundstücken Anwendung.

➢ *Vickrey Auktion*

Eine aus ökonomischer Sicht höchst interessante Versteigerungsvariante ist die von Vickrey (1961) vorgeschlagene *second-price sealed-bid auction*, die auch nach ihm benannt wurde. Wie bei der geheimen Höchstpreisauktion werden auch bei der *Vickrey Auktion* die Gebote verdeckt abgegeben. Der Höchstbieter erhält den Zuschlag, allerdings nicht zu dem Preis, den er genannt hat, sondern zum Preis des zweithöchsten Gebots. Die *Vickrey Auktion* führt nicht zwangsläufig zu geringeren Einnahmen, da die Bieter in einer *Vickrey Auktion* grundsätzlich höhere Gebote als in einer *first-price auction* abgeben. Diese Auktion – obschon aus theoretischer Sicht sehr interessant – findet wesentlich seltener Anwendung, als die vorher genannten Formen. Klemperer (1999) nennt Auktionen im Internet und die Veräußerung von Stempelmarken als Anwendungsfelder.

Neben diesen vier Grundtypen gibt es eine Vielzahl weiterer Auktionsformate. Einige seien hier noch kurz erwähnt: Eine Versteigerungsform, die ebenfalls praktisch keine Anwendung findet, ist die sogenannte *all pay auction*. Die Besonderheit dieser Auktionsform liegt darin, dass alle Bieter den von ihnen in der Auktion genannten Preis zahlen müssen. Den Zuschlag erhält der Höchstbieter. In einer *double auction* geben mehrere Käufer und mehrere Bieter gleichzeitig Gebote ab.

5.2.2 Mehrgüterauktionen

Die einfachste Form einer Mehrgüterauktion ist die Abhaltung einer Serie von Eingüterauktionen nach einem der oben beschriebenen vier Grundformaten. Neben dieser als *sequenzielle Auktion* bezeichneten Mehrgüterauktion gibt es eine Reihe spezifischerer Mehrgüterformate:

➤ *Auktionen mit identischen Gütern*

Im Rahmen dieses Formats gelangen identische Güter zur Versteigerung. Die Bieter können eines (oder eine bestimmte Zahl) der offerierten Güter erwerben.[290] Im Gegensatz zu den nachfolgend beschriebenen (Mehrgüter-) Auktionsformaten bezieht sich ein Gebot nicht auf ein konkretes Gut. Im Regelfall werden die Gebote gereiht und der Markträumungspreis ermittelt. Zahlen alle Bieter denselben Preis, spricht man von einer *uniform-price auction,* andernfalls, wenn die Bieter den Preis zahlen, den sie geboten haben, von einer *discriminatory auction*.[291] Dieses Auktionsformat ist für Frequenzauktionen, da diese nahezu immer Auktionen mit heterogenen Gütern sind, von geringer Relevanz.

➤ *Generalized Vickrey Auction*

Die *Generalized Vickrey Auction* (*Groves-Clark mechanism* oder *combinatorial auction*) stellt die natürliche Erweiterung der *Vickrey Auktion* auf mehrere Güter dar (Vickrey, 1961). Dabei wird davon ausgegangen, dass jeder Bieter eine bestimmte Wertschätzung hinsichtlich jeder möglichen Teilmenge dieser Güter hat. Wie auch bei der *Vickrey Auktion* geben die Bieter geheim und unabhängig voneinander Gebote ab – in diesem Fall allerdings ein Gebot für jede mögliche Teilmenge. Diese Gebote werden vom Auktionator ausgewertet und die einnahmenmaximierende Kombination von Geboten ausgewählt. Wie auch bei der *Vickrey Auktion* zahlen die Bieter, die den Zuschlag erhalten, nicht den Preis, den sie geboten haben. Bei der Ermittlung des Preises werden die

---

[290] Eine spezifische Form einer Mehrgüterauktion ist die sogenannte *share auction*. Dabei gelangt ein teilbares Gut zur Versteigerung und die Käufer können einen frei wählbaren Anteil an dem Gut erwerben.
[291] Zur *uniform-price auction* mit mehreren Gütern vgl. Engelbrecht-Wiggans & Kahn (1998).

Gebote der anderen Bieter herangezogen. Der Preis für einen bestimmten Bieter wird bestimmt durch die Differenz aus der einnahmenmaximierenden Teilmenge, die ohne die Teilnahme dieses Bieters zustande gekommen wäre und aus der Summe der Gebote der anderen Bieter der einnahmenmaximierenden Kombination. Ein bestimmter Bieter zahlt sozusagen einen Preis in der Höhe jenes Schadens, den er den anderen Bietern durch seine Teilnahme zufügt.

Die *generalisierte Vickrey Auktion* wurde bisher in der Praxis so gut wie nie eingesetzt. Der wesentlichste Grund liegt in der Komplexität dieses Verfahrens. Bei n Objekten ist die Zahl der Kombinationen 2^n-1.[292]

➤ *Simultane Mehrrundenverfahren*

Das simultane Mehrrundenverfahren – *simultaneous ascendig auction* (SAA) – ist das im Rahmen von Frequenzvergaben am häufigsten eingesetzte Verfahren. Dieses Verfahren wurde von der FCC erstmals verwendet. An der Entwicklung dieses Verfahrens arbeiteten eine Reihe namhafter Ökonomen und Spieltheoretiker mit.[293]

Im Rahmen eines simultanen Mehrrundenverfahrens gelangen alle Auktionsgegenstände simultan zur Versteigerung. Die Bieter sind grundsätzlich frei in der Wahl, für welche der Gegenstände sie ihre Gebote legen. Das Verfahren endet, wenn von keinem Teilnehmer mehr ein Gebot einlangt, d.h. alle Märkte schließen simultan.

Aufgrund der Simultanität und der Mehrstufigkeit des Verfahrens können die Bieter auf die Bietstrategien der anderen Bieter flexibel reagieren. Jeder Bieter kalkuliert auf Basis der aktuellen Preise und der (temporären) Allokation aus der Vorrunde die für ihn optimale Kombination von Gegenständen und stellt seine Gebote für die nächste Runde auf die Kalkulation ab. Dieser Ansatz wurde als großer Vorteil seitens der an der Entwicklung beteiligten Theoretiker gesehen. Ziel war es, einen Mechanismus zu finden, der einerseits die Komplexität der *generalisierten Vickrey Auktion* vermeidet, aber doch genügend Flexibilität bietet, um eine möglichst effiziente Allokation sicherzustellen.

---

[292] Zu kombinatorischen Auktionsverfahren im Allgemeinen und zu Fragen der algorithmischen Lösung des Komplexitätsproblems vgl. u.a. Rassenti et.al. (1982), Rothkopf et.al. (1998), Rothkopf & Pekec (1995), Sandholm (2000), Sandholm et. al. (2001).

[293] Vgl. u.a Milgrom (1995, 1998), Cramton (1997) und Kapitel 6.

➤ *Dynamische kombinatorische Auktion*

Aufgrund einiger Probleme des simultanen Mehrrundenverfahrens, auf die später noch eingegangen wird, hat sich die FCC entschieden, die SAA weiterzuentwickeln und hat wiederum namhafte Experten mit dem Entwurf einer *dynamic combinatorial auction* (DCA) beauftragt.[294] Auch diese Form der Auktion ist ein simultanes Mehrrundenverfahren, allerdings erweitert um die Möglichkeit sogenannter *package bids*. Dabei ist es den Bietern gestattet, Gebote für (ausgewählte) Kombinationen von Auktionsgegenständen abzugeben. Wie auch bei der *generalisierten Vickrey Auktion* errechnet der Auktionator die einnahmenmaximierende Kombination. Nach Abschluss einer Runde wird diese ausgewiesen, allerdings bleiben auch alle anderen Gebote aktiv. Die Bieter haben nun in der nächsten Runde die Möglichkeit, unter Einbeziehung aller aktiven Gebote die einnahmenmaximierende Kombination zu überbieten.

5.2.3 Klassifikation nach der Werteverteilung

Käufer haben häufig eine unterschiedliche individuelle *Wertschätzung* (*Zahlungsbereitschaft* oder *Reservationspreis*) in Bezug auf ein bestimmtes Gut.[295] Dafür gibt es unterschiedlichste Gründe, die sich aber in zwei Kategorien subsumieren lassen. Der erste Grund ist eine unterschiedliche subjektive Wertschätzung eines Käufers in Bezug auf ein bestimmtes Gut. Diese resultiert aus subjektiven Faktoren wie dem persönlichen Geschmack (z.B. bei Kunstgegenständen für den privaten Gebrauch) oder unternehmensindividuellen Produktionsbedingungen (z.B. die eingesetzte Technologie). In diesem Fall ist die Wertschätzung eines Bieters unabhängig von der Wertschätzung der anderen Bieter. Zentral dabei ist, dass die Kenntnis der Wertschätzung der anderen Bieter die eigene Wertschätzung unberührt lässt (die Bietstrategie natürlich nicht). Der andere Grund liegt in einer unterschiedlichen Einschätzung (Schätzung) eines (objektiven) gemeinsamen Wertes. Ein typisches Beispiel ist der Erwerb von Gegenständen mit dem Ziel der Veräußerung auf einem Sekundärmarkt. In diesem Fall hat der Gegenstand für alle Bieter den gleichen Wert (Preis auf dem Sekundärmarkt). Die individuelle Wertschätzung ist lediglich eine Schätzung dieses *(wahren) Wertes*

---

[294] Vgl. u.a Ausubel & Milgrom (2001), CRA (1998a), CRA (1998b), Parkers et.al. (2001), Plott (2000).

[295] Im Folgenden werden die Begriffe Wertschätzung, Zahlungsbereitschaft und Reservationspreis synonym verwendet. Gemeint ist damit der (maximale) Betrag, den ein Bieter zu zahlen bereit ist.

(common value). Wesentlich dabei ist, dass die Kenntnis der Wertschätzung anderer Bieter Schlussfolgerungen auf den (wahren) Wert zulässt und damit zu einer Änderung der Wertschätzung (Zahlungsbereitschaft) führen kann.[296] Diese zwei Gründe für Wertschätzungen markieren auch die Extrempole im Spektrum von Auktionsmodellen: das *independent-private-values model* (IPV) und das *common-value model* (CV). Im Rahmen des IPV Modells hat der Auktionsgegenstand einen unterschiedlichen Wert für die einzelnen Bieter. Im Rahmen des CV-Modell ist der Wert des Auktionsgutes gleich, allerdings haben die Bieter in der Regel eine unterschiedliche Schätzung über den Wert. In der Realität existieren nahezu ausschließlich Mischformen dieser zwei Extremformen. Diese sind allerdings aufgrund ihrer Komplexität einer (spieltheoretischen) Modellierung schwer zugänglich, weshalb auch nur wenige generelle Modelle existieren. Das wesentlichste geht auf Milgrom & Weber (1982) zurück und geht von der Annahme einer (positiven) Korrelation der Wertschätzungen (*affiliated values*) aus. Mehrere Werte sind – in einer groben Annäherung – dann *affiliated*, wenn die Tatsache, dass ein Wert hoch ist, die Wahrscheinlichkeit erhöht, dass auch die anderen Werte hoch sind.[297]

Unterschiedliche Auktionsformen setzen im Laufe des Verfahrens in unterschiedlichem Maße Informationen frei. Zum Beispiel wird im Laufe einer *open-exit auction* mit dem Ausstieg von Bietern deren Wertschätzung bekannt. Im Fall einer *independent-private-values auction* hat diese Information keinen Einfluss auf die Wertschätzung der anderen Bieter, sehr wohl aber im Rahmen einer *common-value* oder *affiliated-values auction*.

---

[296] Im Sinne der auf Hayek (1945) zurückgehenden Theorie der Informationseffizienz von Preisen in einem System, in dem Wissen über viele Agenten verteilt ist.
[297] Genau genommen ist das Konzept *Affiliation* stärker als jenes der Korrelation. Zweiteres stellt nur einen globalen statistischen Zusammenhang zwischen zwei Werten her.

5.3 Auktionstheorie

Die Auktionstheorie[298] umfasst Modelle und Techniken zur Analyse von Effizienzeigenschaften, optimalen Strategien und Gleichgewichten. Neben der experimentellen Ökonomie stellt die Auktionstheorie die wesentlichste Grundlage für den Entwurf von Auktionen dar. Im Zentrum der Auktionstheorie stehen zwei ganz wesentliche Fragen:

- Sind alle Auktionen im gleichen Maße effizient, bzw. welche Auktionsformate sind unter bestimmten Bedingungen effizienter?

- Unterscheiden sich die erwarteten Einnahmen, wenn unterschiedliche Auktionsformate zum Einsatz gelangen?

Zur Bewertung der Effizienz wird das Konzept der *Pareto-Effizienz* herangezogen. Demnach ist eine Auktion effizient, wenn der (die) Bieter mit der höchsten Wertschätzung den Zuschlag erhält (erhalten).[299] Es ist offensichtlich, dass mit dem Ziel der Effizienz das Ziel der Einnahmenmaximierung in einem engen Zusammenhang steht. Der Zuschlag an einen anderen als den Bieter mit der höchsten Zahlungsbereitschaft kann nicht erlösmaximal sein. Im Regelfall sind daher auch diese beiden Ziele gleichzusetzen.[300]

Der Fokus dieses Kapitels beschränkt sich im Wesentlichen auf jene Aspekte der Auktionstheorie, die für diese Arbeit von Relevanz sind. Begonnen wird mit dem am besten erforschten Modell, dem *Benchmark Model* (*single item independet-private-values model*), um dann die im *Benchmark Model* getroffenen Annahmen schrittweise zu problematisieren. Da die meisten Modelle spieltheoretische Modelle sind, findet sich im Anhang eine kurze Einführung in die spieltheoretische Modellierung von Auktionen.

Einrundenverfahren sind statische, Mehrrundenverfahren dynamische Spiele. Die Wertschätzung ist eine *private Informationen* (*hidden Information*) eines Bieters. Auktionen sind daher *Spiele mit unvollständiger Information*. Nach Milgrom & Weber (1982) kann die Wertschätzung in einem allgemeinen Modell wie folgt formuliert werden: jeder der n Bieter

---

[298] Eine umfassende Führung durch die Auktionstheorie findet sich in Klemperer (1999, 2000).

[299] Zum Begriff der Effizienz im partialanalytischen Kontext der Lizenzerteilung siehe Kapitel 4.3

[300] Eine differenziertere Diskussion im Kontext der Versteigerung von Nutzungsrechten findet sich im Kapitel 6.

erhält ein privates Signal x_i (Spielzug von Nature), mit $x=(x_1,...,x_n)$. Der Vektor $s=(s_1,...,s_m)$ misst die (objektive) Qualität des Gutes. Die Bieter können nicht alle der m Qualitätsvariablen beobachten. Die Wertschätzung eines Bieters ist eine Funktion in beiden Variablen $v_i(s,x)$. Mit $m=0$ und $v_i=x_i$ liegt ein *independent-private-value model* vor, mit $m=1$ und $v_i=s_1$ für alle i liegt ein *common-value model* vor. In einem Modell mit *affiliated values* korrelieren die Zufallsvariablen (positiv). Die Informationsasymmetrie ist auch das zentrale Element der Unsicherheit in einer Auktion.

Auktionen sind Entscheidungen unter Unsicherheit. Der erwartete Nutzen u_i des Spielers i, ist die Summe der Einkommen der zwei Zustände (*Win* and *Loose*) multipliziert mit der Wahrscheinlichkeit, dass die jeweiligen Zustände eintreten.

$$u_i = (v_i - p) \cdot \text{Prob}\{\text{WIN}\} - 0 \cdot \text{Prob}\{\text{LOOSE}\}, \qquad (5.1)$$

wobei p den Preis bezeichnet, den der erfolgreiche Bieter zahlen muss. Auktionen werden – – da die für kooperative Spiele typischen Seitenzahlungen und Verträge im Regelfall rechtlich nicht erlaubt sind – als *nicht-kooperative Spiele* analysiert. Wie noch ausgeführt wird, gibt es für Auktionen kein einheitliches Gleichgewichtskonzept. Die *Vickrey Auktion* ist ein Gleichgewicht in *dominanten Strategien*. Das Gleichgewicht einer *first-price sealed-bid auction* ist ein *Bayes-Nash-Gleichgewicht*.

Für die Analyse des *independent-private-value models* spielen Ordnungsstatistiken eine große Rolle.[301] Aus einer Grundgesamtheit, die stetig mit der Verteilfunktion F (Dichte f) im Bereich v_u bis v_o verteilt ist, existieren n unabhängige Realisierungen (Stichproben) v_i der Zufallsvariablen Y mit der Dichte f. Wegen der Stetigkeit gilt für die Ordnungsstatistik mit der Wahrscheinlichkeit eins:

$$v_{(1)} < v_{(2)} < v_{(3)} < ... < v_{(n-1)} < v_{(n)}. \qquad (5.2)$$

Für die k-te Ordnungsstatistik $v_{(k)}$ tritt das Ereignis $(v_{(k)} \leq z)$ ein, wenn von den n Stichproben mindestens k nicht größer als z sind. Die Zufallsvariable, deren Realisierung die Anzahl der Stichproben, die kleiner gleich z sind, ist, ist binomialverteilt. Es gilt:

---

[301] Zu Ordnungsstatistiken vergleiche Bosch (1998) und Chandra & Chatterjee (2001).

$$P(v_{(k)} \le z) = \sum_{i=k}^{n} \binom{n}{i} [F(z)]^i [1-F(z)]^{n-i}. \qquad (5.3)$$

Differenzierung nach z ergibt die Dichte. Aus der Dichte lassen sich auch die Erwartungswerte der einzelnen Ordnungsstatistiken berechnen. Beispielsweise gilt für die (n-1)-te Ordnungsstatistik $E(v_{(n-1)})$:

$$E(v_{(n-1)}) = \int_{v_u}^{v_o} v \, d\{n[F(v)]^{n-1}[1-F(v)] + [F(v)]^n\}. \qquad (5.4)$$

5.3.1 Benchmark Model

In dem am besten analysierten Modell (*Benchmark Model*)[302] wird von folgenden Annahmen ausgegangen: die Bieter sind risikoneutral, hinsichtlich der Werteverteilung gilt die *Independent-private-value-Annahme* ($m=0$ und $v_i=x_i$), die Bieter sind symmetrisch (d.h. die Typen der Bieter werden aus einer gemeinsamen Verteilung gezogen) und es fallen nur Zahlungen an, die aus Geboten resultieren (keine Extrakosten für die Teilnahme). Demnach hat jeder der Bieter eine bestimmte subjektive Wertschätzung, die sich in seiner maximalen monetären Zahlungsbereitschaft (v_i) ausdrückt. Diese Wertschätzung ist nur dem Bieter selbst, nicht aber dem Verkäufer respektive den anderen Käufern bekannt. Des Weiteren wird angenommen, dass die Zahlungsbereitschaft eines Bieters (stochastisch) unabhängig von der Wertschätzung der anderen Käufer ist (*independent-private-values model*). Die v_i werden aus der gemeinsamen Verteilfunktion F gezogen:[303]

$$v_i \sim F[\underline{v}, \overline{v}] \quad \forall \ i = 1, \ldots, n, \qquad (5.5) \text{RefF005}$$

➤ *Gleichgewicht einer second-price sealed-bid auction (Vickrey Auktion)*

Aufgrund des einstufigen Charakters der *Vickrey Auktion* wird diese als nicht-kooperatives statisches Spiel modelliert. Die spieltheoretische Formulierung der Entscheidungssituation – aus Sicht des Bieters *i* – ist in Tabelle 5-1 dargestellt.

---

[302] Vgl. u.a. McAfee & McMillan (1987).
[303] In Bezug auf das allgemeine Modell von Milgrom & Weber (1981), dargestellt im vorangegangenen Kapitel gilt $m=0$ und $v_i=x_i$.

TABELLE 5-1: SECOND-PRICE SEALED-BID AUCTION

Regeln:	Jeder Bieter gibt unabhängig und ohne Kenntnis der Gebote der Mitbewerber ein Gebot ab. Der Bieter, der das höchste Gebot abgegeben hat, erhält den Zuschlag zu dem Gebot, den der zweithöchste Bieter geboten hat.
Spieler:	Bieter 1 bis n vom Typ v_1 bis v_n
Strategie:	Gebot als Funktion der eigenen Zahlungsbereitschaft (sowie der a priori Einschätzung der Werteverteilung der anderen Bieter). Der Strategieraum s_i ist gegeben durch die Menge aller Gebote b_i, die v_i auf den Bidspace R+ abbildet.
Auszahlung:	Differenz aus Zahlungsbereitschaft und Gebot des zweithöchsten Bieters $\pi_i = v_i - \max(b_{-i})$ für denjenigen Bieter, der den Zuschlag erhält, und Null für die anderen Bieter.

Die erwartete Auszahlung[304] π_i des Bieters i ist

$$\pi_i = v_i - \max_{i \neq j}(b_j) = v_i - \max(b_{-i}), \qquad (5.6)$$

falls der Bieter i den Zuschlag erhält, andernfalls

$$\pi_i = 0 \qquad (5.7)$$

Nehmen wir an, die einzelnen v_i's seien *common knowledge*[305] und r_i ist das höchste Gebot aller Bieter bis auf Bieter i

$$r_i = \max(b_{-i}) = \max_{j \neq i}(b_j), \qquad (5.8)$$

dann kann die Entscheidungssituation für Bieter i, wie in der Tabelle 5-2 abgebildet, dargestellt werden. Es ist unmittelbar einsichtig, dass $s_i = b_i = v_i$ eine *schwach dominante Strategie* darstellt. Unabhängig davon, welche Zahlungsbereitschaft die Mitspieler haben bzw. welche Strategie sie wählen, wird der Bieter i durch die Bietstrategie ($s_i = b_i = v_i$) besser gestellt als durch jede alternative Strategie. Ein geringeres Gebot als die Wertschätzung ($b_i < v_i$) hat einen Einfluss darauf, ob der Bieter den Zuschlag erhält oder nicht, beinflusst aber nicht die Höhe des Gewinns. Sollte er ein geringeres Gebot als r_i abgeben, ist der Gewinn Null, was

---

[304] In diesem Fall kann auch von Überschuss (*surplus*), Gewinn oder Rente gesprochen werden.

[305] Diese Annahme wird lediglich zur Demonstration der optimalen Bietstrategie getroffen. Es wird in der Folge einsichtig, dass die Strategie auch dann optimal ist, wenn die Informationen privater Natur sind.

nicht der Fall gewesen wäre, hätte er $b_i=v_i$ geboten. Umgekehrt hat ein Gebot $b_i>v_i$ im Falle, dass $r_i<v_i$ weder einen Einfluss auf den Gewinn noch darauf, ob der Bieter den Zuschlag erhält. Einen Verlust würde der Bieter realisieren, wenn $v_i \leq r_i \leq b_i$.[306]

TABELLE 5-2: OPTIMALE STRATEGIE IN EINER VICKREY AUKTION

Gebot	Varianten	Gewinn	Bemerkung
$b_i > v_i$	$r_i \geq b_i$	$\pi_i = 0$	Der Gewinn ist gleich hoch, als hätte der Bieter v_i geboten.
	$r_i \leq v_i$	$\pi_i = v_i - r_i$	Der Gewinn ist gleich hoch, als hätte der Bieter v_i geboten.
	$v_i \leq r_i \leq b_i$	$\pi_i = v_i - r_i < 0$	Hätte der Bieter v_i geboten, wäre der Gewinn nicht negativ.
$b_i < v_i$	$r_i \leq b_i$	$\pi_i = v_i - r_i$	Der Gewinn ist gleich hoch, als hätte der Bieter v_i geboten.
	$r_i \geq v_i$	$\pi_i = 0$	Der Gewinn ist gleich hoch, als hätte der Bieter v_i geboten.
	$b_i \leq r_i \leq v_i$	$\pi_i = 0$	Hätte der Bieter v_i geboten, wäre der Gewinn positiv.

Da diese Entscheidungssituation für alle n Spieler im selben Maße gilt, beschreibt die Strategiekombination $\{v_1, v_2, ... ,v_n\}$ ein *Gleichgewicht in (schwach) dominanten Strategien*. Es ist unmittelbar einsichtig, dass diese Strategiekombination auch dann ein dominantes Gleichgewicht darstellt, wenn die Bieter die Wertschätzung der anderen Bieter nicht kennen (unvollständige Information). Den Zuschlag erhält in jedem Fall der Bieter mit der höchsten Wertschätzung; die *Vickrey Auktion* ist demnach effizient.

Wie hoch sind die *erwarteten Einnahmen*? Der Preis wird bestimmt durch die Zahlungsbereitschaft des Bieters mit der zweithöchsten Wertschätzung, des sogenannten marginalen Bieters. Die Wertschätzung des marginalen Bieters ($v_{(n-1)}$) kann durch die zweite Ordnungsstatistik beschrieben werden:[307]

$$W\{v_{(n-1)} \leq v\} = n[F(v)]^{n-1} \cdot [1-F(v)] + F(v)^n. \tag{5.9}$$

Der *erwartete Erlös* ist gegeben durch den Erwartungswert der zweiten Ordnungsstatistik $E(v_{(n-1)})$, mit

---

[306] Vgl. auch Vickrey (1961).
[307] Siehe auch Formel (5.3).

$$E(v_{(n-1)}) = \int_{\underline{v}}^{\overline{v}} vd\left\{n[F(v)]^{n-1} \cdot [1-F(v)] + F(v)^n\right\} =$$

$$\int_{\underline{v}}^{\overline{v}} vn(n-1) \cdot [F(v)]^{n-2} \cdot [1-F(v)] f(v) dv.$$

(5.10)

Unter der Annahme, die v_i's seien gleichverteilt im Intervall [0,1], kann (5.10) vereinfacht werden zu

$$E(v_{(n-1)}) = n(n-1)\int_0^1 v\left[v^{n-2}(1-v)\right] =$$

$$n(n-1)\left[\frac{v^n}{n} - \frac{v^{n+1}}{n+1}\right]_0^1 = \frac{(n-1)}{(n+1)}.$$

(5.11)

Die Annahme einer gleichverteilten Wertschätzung dient der Veranschaulichung eines naheliegenden Zusammenhangs: Mit der Zahl der Bieter nimmt der Bietwettbewerb zu und damit – in der Regel – auch die erwarteten Einnahmen, der erwartete Erlös konvergiert gegen die Obergrenze der Verteilfunktion F. Analog zu (5.11) kann auch der Erwartungswert von $v_{(n)}$ und der Erwartungswert der Differenz von $v_{(n)}$ und $v_{(n-1)}$ berechnet werden:

$$E(v_{(n)}) = \frac{n}{(n+1)}$$

(5.12)

sowie

$$E(v_{(n)} - v_{(n-1)}) = \frac{1}{(n+1)}$$

(5.13)

Die Gleichung (5.13) ist die (erwartete) Rente für den erfolgreichen Bieter, die dieser aufgrund der Informationsasymmetrie akquirieren kann (*Informationsrente*). Mit steigender Bieterzahl geht die Rente gegen Null. Der Verkäufer kann mit zunehmendem Bietwettbewerb einen immer höheren Anteil der höchsten Zahlungsbereitschaft $v_{(n)}$ abschöpfen.[308] Bei nur einem Teilnehmer kann dieser – sollte es keinen Reservepreis geben – die gesamte Zahlungsbereitschaft als Rente akquirieren. Ähnliches gilt

---

[308] Für eine allgemeinere Darstellung vgl. auch McAfee & McMillan (1987).

für die Varianz der Verteilung. Je höher die Varianz, desto größer die Informationsrente für den Gewinner (McAfee & McMillan, 1987).

Mangelnder Bietwettbewerb kann durch einen *Reservepreis* substituiert werden. Wenn der Reservepreis R die Wertschätzung des marginalen Bieters $v_{(n-1)}$ übersteigt, kann der Verkäufer einen Teil der Informationsrente akquirieren. Allerdings setzt sich der Verkäufer damit dem Risiko einer ineffizienten Allokation aus: Wenn der Reservepreis $v_{(n)}$ übersteigt, verbleibt das Gut beim Verkäufer. Formal ist der *optimale Reservepreis* ein *trade-off* zwischen dem Verlust, den der Verkäufer realisiert, wenn $R > v_{(n)}$ ist, und dem Teil der Informationsrente, die der Verkäufer akquiriert, wenn $v_{(n-1)} < R < v_{(n)}$. Es lässt sich zeigen, dass der optimale Reservepreis im *Benchmark Model* die Wertschätzung, die der Verkäufer selbst gegenüber dem Gut hat, strikt übersteigt.[309] Der Verlust, der dadurch entsteht, dass der Verkäufer das Gut gelegentlich nicht verkauft, wird dadurch überkompensiert, dass der Verkäufer einen Teil der Informationsrente für sich akquirieren kann.

Ein wesentliches Problem der *Vickrey Auktion* ist die gesellschaftliche Akzeptanz, da sowohl die Zahlungsbereitschaft der Bieter wie auch der tatsächliche Preis und damit die – unter Umständen hohe – Informationsrente dem Verkäufer bzw. einer breiteren Öffentlichkeit bekannt wird.

➢ *Gleichgewicht in der Englischen Auktion (ascending auction)*

Zwischen der *Englischen Auktion* und der *Vickrey Auktion* besteht (im *Benchmark-Model*) ein enger Zusammenhang. Es gibt verschiedene Formen der *Englischen Auktion*. Eine Form, die diesen Zusammenhang besonders deutlich veranschaulicht, ist die *open-exit-auction*. Im Rahmen dieser Auktion wird der Preis vom Auktionator schrittweise erhöht und die Bieter müssen in jeder Runde bekannt geben, ob sie noch an der Auktion teilnehmen (*‚stay'*) oder ausscheiden (*‚quit'*). Die *Englische Auktion* ist ein dynamisches Spiel. Ein Bieter i wird in einer Runde k die Aktion ‚stay' wählen, wenn in diesem Teilspiel gilt $(v_i \geq p(k))$ – d.h. die Zahlungsbereitschaft den aktuellen Preis p übersteigt –, ansonsten die Aktion ‚quit'. Der gesamte Prozess endet, wenn alle bis auf einen Bieter die Auktion verlassen haben. Eine allgemeine Formulierung der Entscheidungssituation ist in Tabelle 5-3 dargestellt.

---

[309] Zur formalen Herleitung des optimalen Reservepreises vgl. u.a. McAfee & McMillan (1987), Myerson (1991) bzw. Riley & Samuelson (1981).

TABELLE 5-3: *ENGLISCHE AUKTION*

Regeln:	Jeder Bieter entscheidet in jeder Runde – falls er nicht der aktuelle Höchstbieter sein sollte –, ob er den aktuellen Preis p(k) (Höchstgebot aus der vorangegangenen Runde) um einen kleinen Betrag ε überbietet.
Spieler:	Bieter 1 bis n vom Typ v_1 bis v_n
Strategie:	Serie von Geboten als Funktion der eigenen Zahlungsbereitschaft (sowie der a priori Einschätzung der Werteverteilung der anderen Bieter) und der vorangegangenen Gebote.
Auszahlung:	Differenz aus Zahlungsbereitschaft und Höchstgebot ($\pi_i = v_i -$ max(b_i)) für denjenigen Bieter, der den Zuschlag erhält und Null für die anderen Bieter.

Es ist offensichtlich, dass folgende Strategie ein *Gleichgewicht in dominanten Strategien* ist: Ein Bieter bietet solange in jeder Runde, in der er nicht der aktuelle Höchstbieter ist, einen kleinen Betrag ε mehr als das Höchstgebot aus der vorangegangenen Runde (=aktuelle Preis p), bis seine Zahlungsbereitschaft erreicht ist. Dies ist eine optimale Strategie. Ein Bieter wird neue Gebote abgeben, solange der Überschuss positiv ist. Der gesamte Prozess endet, wenn keiner der Bieter mehr ein Gebot abgibt. Dies ist der Fall, wenn der Preis die Zahlungsbereitschaft des Bieters mit der zweithöchsten Wertschätzung überschritten hat. Bei hinreichend kleinem ε ist die Auktion effizient und der Bieter mit der zweithöchsten Zahlungsbereitschaft bestimmt den Preis. Das entspricht exakt dem Ergebnis der *Vickrey Auktion*.

> *Gleichgewicht in einer first-price sealed-bid auction*

Die Entscheidungssituation in einer *first-price sealed-bid auction* ist eine unter Unsicherheit. Ein niedriges Gebot B erhöht zwar den Profit (Auszahlung), reduziert aber die Wahrscheinlichkeit den Zuschlag zu erhalten (*Prob{Win}*). Umgekehrt erhöht ein hohes Gebot die Wahrscheinlichkeit, den Zuschlag zu erhalten, reduziert aber den Profit für den Fall, dass der Bieter den Zuschlag erhalten sollte. Aus Sicht des Bieters existiert ein *trade-off* zwischen der Wahrscheinlichkeit, den Zuschlag zu erhalten und dem Profit. Die optimale Strategie hängt von einer Reihe von Faktoren wie dem Verhalten bei Risiko und der Einschätzung der Zahlungsbereitschaft der anderen Bieter ab. Ein risikoneutraler Bieter – wie hier unterstellt – wird den erwarteten Profit maximieren:

$$\pi_i = (v_i - B) \cdot \text{Prob(Win)} + 0 \cdot [1 - \text{Prob(Win)}]$$

Die *first-price sealed-bid auction* ist ein nicht-kooperatives Spiel mit unvollständiger Information, das entsprechende Gleichgewichtskonzept ein Bayes-Nash-Gleichgewicht. Die spieltheoretische Formulierung der Entscheidungssituation ist in Tabelle 5-4 zusammengefasst.

TABELLE 5-4: FIRST-PRICE SEALED-BID AUCTION

Regeln:	Jeder Bieter gibt unabhängig und ohne Kenntnis der Gebote der Mitbewerber ein Gebot ab. Der Bieter, der das höchste Gebot abgegeben hat, erhält den Zuschlag zu dem Preis, den er geboten hat.
Spieler:	Bieter 1 bis n vom Typ v_1 bis v_n
Strategie:	Gebot als Funktion der eigenen Zahlungsbereitschaft und der a priori Einschätzung der Werteverteilung der anderen Bieter.
Auszahlung:	Differenz aus Zahlungsbereitschaft und Gebot ($\pi_i = v_i - b_i(.)$) für denjenigen Bieter, der den Zuschlag erhält, und Null für die anderen Bieter.

Der erwartete Überschuss π_i des Bieters i bei einem Gebot $b_i = B$ lautet

$$\pi_i = (v_i - B) \cdot \text{Prob}(\text{Win}) = (v_i - B) \cdot \text{Prob}(b(v_j) < B), \quad \forall i \neq j \qquad (5.14)$$

Da die einzelnen v_i (stochastisch) unabhängig sind und die optimale Gebotsfunktion $b(.)$ monoton steigend in v ist, kann (5.14) wie folgt dargestellt werden:

$$\pi_i = (v_i - B) \cdot \text{Prob}(b(v_j) < B) = (v_i - B) \cdot \text{Prob}(v_j < b^{-1}(B)) =$$

$$(v_i - B) \left[F(b^{-1}(B)) \right]^{n-1}$$

Aus Sicht des Bieters i gilt es, den erwarteten Gewinn π_i zu maximieren:

$$\max_B = (v_i - B) \left[F(b^{-1}(B)) \right]^{n-1} \qquad (5.15)$$

Die Lösung – die Herleitung findet sich im mathematischen Anhang – lautet:

$$b(v_i) = v_i - \int_{\underline{v}}^{v_i} \frac{F^{n-1}(\tilde{v}_i) d\tilde{v}_i}{F^{n-1}(v_i)} \qquad (5.16)$$

mit

$$F^{n-1}(v) \equiv [F(v)]^{n-1}$$

Wie (5.16) zeigt, ist nunmehr – im Gegensatz zur *second-price sealed-bid auction* – ein Gebot in der Höhe des Reservationspreises keine optimale Strategie. Der zweite Ausdruck der rechten Seite von (5.16) beschreibt, um wie viel der Bieter unter dem Reservationspreis bietet. Durch Umformung (siehe Anhang) von (5.16) erhält man

$$b(v_i) = \frac{\int_{\underline{v}}^{v_i} \tilde{v}_i dF^{n-1}(\tilde{v}_i)}{F^{n-1}(v_i)} \qquad (5.17)$$

Gleichung (5.17) kann als bedingter Erwartungswert aufgefasst werden: konkret handelt es sich bei dem Ausdruck um den Erwartungswert der größten von *n*-1 Zufallsvariablen unter der Bedingung, dass $v_{(n-1)}$ kleiner ist als v_i (das entspricht dem Erwartungswert der *n*-1-ten Ordnungsstatistik $E(v_{(n-1)})$ unter der Bedingung, dass v_i den *n*-ten Rang hat)

$$b(v_i) = \frac{\int_{\underline{v}}^{v_i} \tilde{v}_i dF^{n-1}(\tilde{v}_i)}{F^{n-1}(v_i)} = E\left(v_{(n-1)} \middle| v_{(n-1)} < v_i\right) \qquad (5.18)$$

Wie ist dieses Ergebnis zu interpretieren: Bei der Ermittlung des optimalen Gebots in einer *first-price sealed-bid auction* geht der Bieter *i* von der Annahme aus, dass seine Wertschätzung v_i die höchste ist und versucht die zweithöchste Wertschätzung zu schätzen. Da diese Entscheidungssituation für alle Bieter gleich ist (symmetrisch), erhält der Bieter mit der höchsten Zahlungsbereitschaft den Zuschlag. Das Auktionsverfahren ist effizient. Den Erlös bestimmt, wie auch in der *Vickrey Auktion*, der Bieter mit der zweithöchsten Zahlungsbereitschaft. Für den erwarteten Erlös gilt:

$$E\{b(v_{(N)})\} = E\{E(v_{(n-1)} | v_{(n-1)} < v_i)\} = E(v_{(n-1)}) \qquad (5.19)$$

Im *Benchmark-Model* sind die erwarteten Erlöse von *first-price sealed-bid auction, second-price sealed-bid auction, ascendig auction* und – wie noch gezeigt wird – der *Holländischen Auktion* gleich hoch. Das ist das Ergebnis des *Revenue Equivalence Theorems*. Im *Independent-private-values-Modell* mit risikoneutralen Bietern liefern alle vier Grundtypen von Auktionen den gleichen erwarteten Erlös. Wesentlich dabei ist, dass es sich um einen Erwartungswert handelt. Das Gleichgewicht in der *Vickrey*

Auktion und der *Englischen Auktion* ist ein wesentlich robusteres als das Gleichgewicht in der *sealed-bid auction*. Der Erlös in der *sealed-bid auction* wird einmal höher und einmal weniger hoch sein als bei den anderen Auktionen, im statistischen Mittel aber gleich. Das heißt aber auch, dass die Varianz höher sein wird. Aus diesem Grund wird ein risikoscheuer Verkäufer der *Vickrey Auktion* oder der *Englischen Auktion* den Vorzug geben.

➤ *Strategische Äquivalenz der Holländischen Auktion und der first-price sealed-bid auction*

Die *Holländische Auktion* und die *first-price sealed-bid auction* sind strategisch äquivalent. Zwei Auktionen sind dann *strategisch äquivalent*, wenn es eine 1:1 Abbildung zwischen der Strategiemenge und den Gleichgewichtslösungen der entsprechenden Spiele gibt. Die zentrale Frage bei der Beurteilung der strategischen Äquivalenz der *Holländischen Auktion* und *first-price sealed-bid auction* ist, ob die durch die Mehrstufigkeit der *Holländischen Auktion* freigesetzten Informationen für die Bieter wertvoll sind, d.h. (*a posteriori*) zu einer Revision der Strategie führen können. Dies ist, jedenfalls im Falle einer Eingüterauktion, nicht der Fall. Für den Bieter verwertbare Informationen werden nur am Ende der Auktion, also dann wenn einer der Bieter den Prozess stoppt, freigesetzt.

➤ *Revenue Equivalence Theorem*

Das *Revenue Equivalence Theorem*, das wohl nach wie vor wesentlichste Theorem in der Auktionstheorie, ist eine Generalisierung der Ergebnisse des *Benchmark Models*.

Theorem (5.1): *Jeder (effiziente) Mechanismus der k identische unteilbare Güter, von denen keiner der Bieter mehr als ein Gut erwerben will, den k Bietern mit der höchsten Wertschätzung zuteilt, liefert den selben erwarteten Erlös, wenn die Bieter nur ihre eigene Wertschätzung kennen (private-values model), die Bieter nicht unterscheidbar sind (symmetrische Bieter), Bieter und Verkäufer risikoneutral sind und in Bezug auf die Wertschätzung folgendes gilt: die Wertschätzung aller Bieter wird von derselben kontinuierlichen, strikt monoton steigenden Verteilung F(v) aus dem Bereich $[\underline{v}, \overline{v}]$ gezogen und der erwartete Überschuss aller Bieter mit der Wertschätzung $\underline{v}$ ist Null.*

Für den Beweis siehe Myerson (1981), Klemperer (1999) bzw. Riley & Samuelson (1981), bzw. in vereinfachter Form (Eingüterauktion) im mathematischen Anhang zu diesem Kapitel. Nachdem alle vier Grundformate effizient sind, liefern diese unter den in Theorem (5.1) getroffenen Annahmen den gleichen erwarteten Erlös. Das Ergebnis gilt sowohl für den Einproduktfall wie auch für den Mehrgüterfall, solange keiner der Bieter mehr als ein Gut erwerben möchte und die anderen Annahmen des *Revenue Equivalence Theorems* aufrecht bleiben. Unter den engen Annahmen des *Revenue Equivalence Theorems* sind alle vier Auktionsformate gleich optimal. Experimente zeigen regelmäßig, dass das *Revenue Equivalence Theorem* in vielen Bereichen nicht haltbar ist.[310] Dies lässt unterschiedliche Schlussfolgerungen zu. Eine Schlussfolgerung ist, dass die restriktiven Annahmen des *Benchmark Models* in den seltensten Fällen aufrecht zu erhalten sind. Im Folgenden werden schrittweise einige der Annahmen des *Benchmark Models* problematisiert.

5.3.2 Risikoscheue Bieter

Inwieweit ändern sich die Ergebnisse des *Revenue Equivalence Theorems*, wenn die Bieter risikoscheu sind? Risiko[311] ist – wie Gleichung (5.1) veranschaulicht – ein inhärentes Element von Auktionen. Das Verhalten in Bezug auf Risiko hat einen Einfluss auf Strategie und Ergebnis bei einer *first-price auction* (*sealed-bid* bzw. *dutch auction*), nicht aber bei einer *second-price auction* (aufsteigendes Mehrrundenverfahren oder Vickery Auktion). Dass das Verhalten in Bezug auf Risiko keinen Einfluss auf die Bietstrategie bei einer *second-price auction* hat, ist beim aufsteigenden Mehrrundenverfahren besonders offensichtlich. Für einen Bieter ändert sich die Entscheidungssituation nicht. Er wird – wie auch ein risikoneutraler Bieter – solange ein weiteres Gebot legen, solange der aktuelle Preis seine Wertschätzung nicht übersteigt. Der Verkäufer kann also damit rechnen, zumindest denselben Erlös zu erzielen wie im Falle risikoneutraler Bieter.

Anders ist die Situation in einer *first-price auction*. In diesem Fall liegt für den Bieter ein *trade-off* zwischen der *Probability to Win* und dem Überschuss im Falle, dass er den Zuschlag erhalten sollte, vor. Mit einem höheren Gebot kann der Bieter das Risiko, den Zuschlag nicht zu erhalten, reduzieren, gleichzeitig aber reduziert er damit auch die Auszahlung. Ein risikoscheuer Bieter wird genau diese Strategie wählen und damit den erwarteten Nutzen maximieren. Formal kann gezeigt werden,

---

[310] Vgl. etwa Kagel & Roth (1995).
[311] Formuliert in Form einer von Neumann-Morgenstern Nutzenfunktion.

dass der erwartete Erlös im Benchmark Model mit risikoscheuen Bietern im Falle einer first-price auction höher ist, als im Falle einer second-price auction (Maskin & Riley, 1984; Riley & Samuelson, 1981)

Für den Bieter ist die Unsicherheit im Rahmen einer *first-price* Auktion höher als im Rahmen einer *Second-price-Auktion*. Ein risikoscheuer Bieter wird dieses Risiko durch ein höheres Gebot kompensieren, was wiederum für den Verkäufer zu höheren Erlösen führt.

5.3.3 Asymmetrische Bieter

Inwieweit ändern sich die Ergebnisse des *Revenue Equivalence Theorems*, wenn die Bieter ihre Wertschätzungen aus zwei oder mehreren verschiedenen Verteilungen (Klassen) ziehen?[312] Wie auch im Falle risikoaverser Bieter ändert sich die optimale Bietstrategie nicht für die *secondprice auction (aufsteigende Mehrrundenverfahren oder Vickrey Auktion)*, allerdings für die *first-price auction*. In einer *first-price auction* mit symmetrischen Bietern bietet ein Bieter mit höherer Wertschätzung mehr als ein Bieter mit einer geringeren Wertschätzung. Im Falle einer *first-price auction* mit asymmetrischen Bietern ist dies nicht mehr unbedingt der Fall. Beispielsweise kann es sein, dass ein Bieter aus einer Klasse mit geringerem Wettbewerb weniger bietet als ein Bieter mit geringerer Wertschätzung, der allerdings einer Klasse mit höherem Wettbewerb angehört. Aus diesem Grund kann die *first-price auction* mit asymmetrischen Bietern zu einem ineffizienten Ergebnis führen. Eine *First-price-Auktion* ist aufgrund der Tatsache, dass die Bieter Erwartungen über die Wertschätzung der Mitbieter bilden müssen, grundsätzlich anfälliger für Effizienzprobleme, als dies eine *Second-price-Auktion* ist. Im Fall asymmetrischer Bieter wird, wie sich an einem einfachen Beispiel demonstrieren lässt, das Problem noch verschärft. Angenommen ein Bieter (Bieter A) hat einen Reservationspreis von 101 GE; der zweite Bieter (Bieter B) hat keine Informationen darüber. Umgekehrt hat der Bieter B mit einer Wahrscheinlichkeit von 9/10 einen Reservationspreis von 20 GE und mit einer Wahrscheinlichkeit von 1/10 einen Reservationspreis von 80 GE. Bieter A kennt die Verteilung, nicht aber die Realisierung der Zahlungsbereitschaft von Bieter B. Mit einem Gebot von 21 GE erzielt Bieter A einen erwarten Erlös von 72 GE. Mit einem Gebot von 22 GE oder mehr aber einen geringeren erwarteten Erlös. Insbesondere erzielt Bieter A mit einem Gebot von 81 GE – und einer *Prob{Win}* von 1 – nur mehr einen erwarteten Erlös von 20

---

[312] Wobei einem Bieter nur die eigene Verteilung (der eigene Typ) bekannt ist.

GE. Aus diesem Grund wird Bieter A 21 GE bieten und die Auktion liefert mit einer Wahrscheinlichkeit von 1/10 ein ineffizientes Ergebnis. Die erwarteten Erlöse können sowohl höher wie auch niedriger sein als im Falle der *Englischen Auktion* mit asymmetrischen Bietern.[313] Bei Vorliegen von Asymmetrien bevorzugen „starke" Bieter eher die *second-price auction* und „schwache" Bieter eher die *first-price auction* (Maskin & Riley, 1998).

Auf Asymmetrien zwischen Bietern im Rahmen einer *common-value auction*, ein Spezialfall der insbesondere im vorliegenden Zusammenhang von Interesse ist, wird im nächsten Kapitel eingegangen.

5.3.4 Common-value, correlated-values auction und winner's curse

Bisher wurde davon ausgegangen, dass der Reservationspreis eines Bieters unabhängig von der Wertschätzung der anderen Bieter ist. Dies trifft für die Mehrzahl der Auktionen nicht zu. Häufig existieren Faktoren, die für alle Bieter gleich oder ähnlich sind und über die Unsicherheit herrscht.[314] Darüber hinaus sind die Informationen einzelner Bieter über diese Faktoren von unterschiedlicher Qualität. Das Vorliegen dieser Voraussetzungen kann zum Phänomen des *winner's curse* („Fluch des Gewinners") führen.

Wird der Wert eines Gutes ausschließlich durch gemeinsame Faktoren bestimmt und ist der Wert für alle Bieter gleich hoch, liegt der Extremfall einer „reinen" *common-value auction* vor. In der eingangs gewählten mathematischen Notation gilt in diesem Fall $m=1$ und $v_i=s_1$. Die Bieter empfangen private Signale x_i (Schätzungen) in Bezug auf den Wert v. Der in der Literatur am häufigsten genannte Fall einer solchen Auktion ist die Versteigerung von Ölfeldern. Gegeben, dass alle Bieter dieselben Kosten und Erlösfunktionen haben, hängt die Einschätzung des Werts ausschließlich davon ab, wie viel Öl sich in dem Feld befindet. Da diese Einschätzung naturgemäß falsch sein kann, gibt es keine Garantie, dass der Bieter, der den Ölvorrat am realistischsten einschätzt, im Rahmen der Vergabe (egal unter welchem Regime) den Zuschlag erhält. Schlimmer noch ist aber, dass in einer Auktion derjenige Bieter den Zuschlag erhält, der den Ölvorrat am meisten überschätzt. Als Konsequenz kann das Geschäftsmodell für den Bestbieter ruinös sein. Dieses Problem ist als sogenanntes *Winner's-curse-Problem* in die Auktionstheorie eingegangen.

---

[313] Vgl. u.a. McAfee & McMillan (1987) und Klemperer (2000a).
[314] Solche Faktoren sind beispielsweise die Marktnachfrage oder der Zinssatz für Fremdkapital.

Das *Winner's-curse-Problem* hat mehrere unterschiedliche Dimensionen. Zunächst die bereits ausgeführte Gefahr der Abgabe eines ruinösen Gebotes. Wie hoch ist die Gefahr des Überbietens? Im Falle naiver Bieter ist die Gefahr natürlich hoch. Wenn man davon ausgeht, dass die privaten Signale x_i der einzelnen Bieter eine Schätzung des gemeinsamen Wertes v darstellen und die x_i um den Wert v verteilt sind, würde eine Bietstrategie wie im *Benchmark Model* mit der Wahrscheinlichkeit $P(v_{(N-1)}>v)$ zu einer negativen Auszahlung führen. Diese Sichtweise ignoriert allerdings, dass ein rationaler Bieter das Risiko des *winner's curse* in Betracht ziehen und von dem privaten Signal (Schätzung) einen Sicherheitsabschlag vornehmen wird. Gewinnt ein Bieter mit dem Signal x die Auktion, so muss er befürchten, zuviel geboten zu haben. Formal gilt:

$$E(v|x_i) \geq E(v|x_i, x_i > x_j \text{ für alle } j \neq i)$$ (5.20)

Die linke Seite dieser Ungleichung zeigt den (a priori) Erwartungswert von v vor der Auktion. Das ist der Erwartungswert von v unter der Bedingung, dass der Bieter ein Signal x_i empfängt. Die rechte Seite der Ungleichung zeigt den (a posteriori) Erwartungswert von v, wenn der Bieter die Auktion mit einem Gebot x_i gewonnen hat; das ist der Erwartungswert unter der Bedingung, dass der Bieter ein Signal x_i empfängt und dass alle anderen Gebote (privaten Signale) geringer sind als seines. Dieser Erwartungswert ist geringer als jener vor der Auktion. Als Konsequenz wünscht sich ein erfolgreicher Bieter nicht ein Gebot x_i sondern ein geringeres Gebot – sagen wir ein um einen Sicherheitsabschlag y reduziertes Gebot x_i-y – geboten zu haben. Für einen nichterfolgreichen Bieter ist es egal, ob er mit dem Gebot x_i-y oder x_i die Auktion verliert. Aus diesem Grund ist ein Gebot x_i-y ein optimales Gebot.

Welche Auswirkung hat das Vorliegen von *Common-value-Elementen* und das *Winner's-curse-Problem* auf Erlös und Effizienz einzelner Auktionsformate? In einem reinen *common-value model* spielt das Effizienzziel eine untergeordnete Rolle, da der Wert für alle Bieter gleich ist; der Zuschlag an jeden Bieter ist gleich effizient. In der Realität gibt es allerdings kaum reine *common-value auctions*. Die meisten Auktionen beinhalten sowohl Elemente einer *private-values* als auch Elemente einer *Common-value*-Auktion, so dass sich die Frage der Effizienz sehr wohl stellt. Das *Winner's-curse-Risiko* ist naheliegenderweise bei der *first-price auction* am höchsten. Der Vorteil des aufsteigenden Mehrrundenverfahrens liegt darin, dass die Bieter beobachten können, wann ein Mitkonkurrent aus der Auktion aussteigt (bzw. nicht aussteigt). Diese Information hat einen Einfluss auf die individuelle Wertschätzung. Ein Bieter fühlt sich sicherer, wenn er sieht, dass die Mitbieter seine Schätzung über den Wert des Gutes teilen und reduziert den Sicherheitsabschlag. Im Rahmen eines aufsteigenden Mehrrundenverfahrens ist daher die Gefahr des *winner's curse* geringer als in *sealed-bid* Verfahren, was zu höheren Geboten und Erlösen führt. Die Theorie liefert keine Anhaltspunkte dafür, dass mit dem *Winner's-curse-Problem* auch Effizienzverluste verbunden sein könnten. Da sich dieses Problem in der Regel für alle Bieter gleichermaßen stellt, ist davon auszugehen, dass bei einer symmetrischen Verteilung der Signale (Schätzungen des Werts) alle Bieter eine ähnliche Wertkorrektur vornehmen.

Ein allgemeineres Modell, das diese Intuition bestätigt und das sowohl Elemente einer *Common-value-* als auch einer *Private–values-Auktion* beinhaltet, ist jenes von Milgrom & Weber (1982). Dabei wird von der Annahme sogenannter *affiliated values* ausgegangen.[315] Milgrom und Weber zeigen, dass das *Revenue Equivalence Theorem* bei Vorliegen von *affiliated-values* nicht mehr hält, sondern folgende Reihung der Auktionsformate in Bezug auf den erwarteten Erlös gilt: Das aufsteigende Mehrrundenverfahren liefert bei mehr als zwei Bietern einen höheren Erlös als die *Vickrey Auktion*. Bei nur zwei Bietern liefern beide Formate einen gleich hohen erwarteten Erlös. Beide Formate liefern einen höheren erwarteten Erlös als die *first-price auction* (Milgrom & Weber, 1982). Der springende Punkt dabei ist, dass die Auszahlung in einem aufsteigenden Mehrrundenverfahren für den Bieter, der gewinnt, im Gegensatz zur *first-price auction* nicht nur vom eigenen Gebot abhängt, sondern auch von den Geboten der anderen Bieter, die (auf Grund der *affiliated-values*) wiederum vom Signal des erfolgreichen Bieters abhängen.[316] Das generelle Prinzip, dass der erwartete Erlös steigt, wenn die Auszahlung des erfolgreichen Bieters mit Informationen in Beziehung gesetzt wird, die vom Signal des erfolgreichen Bieters abhängen, wird als *Linkage Principle* bezeichnet (Milgrom, 1989). Dieses Prinzip hat zwei weitere Konsequenzen: Wenn der Verkäufer Zugang zu Informationen über den Wert des Gutes hat, kann er den erwarteten Erlös erhöhen, wenn er diese preisgibt (Milgrom & Weber, 1982).[317] Wenn die Wertschätzungen in Form von *affiliated-values* voneinander abhängen, führen mehr Bieter zu mehr

---

[315] Mehrere Werte sind – in einer groben Annäherung – dann *affiliated*, wenn die Tatsache, dass ein Wert hoch ist, die Wahrscheinlichkeit erhöht, dass auch die anderen Werte hoch sind. Siehe dazu auch die Ausführungen im mathematischen Anhang zu diesem Kapitel.
[316] Siehe dazu auch die Ausführungen im mathematischen Anhang zu diesem Kapitel.
[317] Zu einem ähnlichen Ergebnis kommt auch Goeree & Offerman (1999).

Sicherheit und damit zu einem höheren Auktionserlös. In diesem Fall kann ein hoher *Reservepreis* negative Auswirkungen auf den erwarteten Erlös haben (Klemperer, 1999).

Der Anteil einer (hohen) *Common-value-Komponente*[318] und das Vorliegen des *Winner's-curse-Problems* kann auch einen ganz anderen Effekt haben. Klemperer (1998) zeigt, dass das Vorliegen geringer Vorteile[319] eines oder mehrerer Bieter (kleine Asymmetrien) in einem aufsteigenden Mehrrundenverfahren große Vorteile haben kann.[320] Ist darüber hinaus die Teilnahme an der Auktion nicht kostenlos, kann dies dazu führen, dass die benachteiligten Bieter nicht zur Auktion antreten. Unter diesen Annahmen ist der erwartete Erlös in einer *first-price auction* höher als in einem Mehrrundenverfahren.[321] Grundsätzlich bevorzugen „starke Bieter" eher die *second-price auction* und „schwache Bieter" eher die *first-price auctions* (siehe Kapitel 5.3.3).

5.3.5 Kollusion

Kollusion kann grundsätzlich in zwei verschiedenen Formen stattfinden: Als *explizite Kollusion* bzw. als Kartell oder *bidding ring* bezeichnet man explizite Absprachen – bis hin zu Verträgen und Seitenzahlungen – im Vorfeld der Auktion. Verständigen sich die Bieter während der Auktion auf ein kollusives Gleichgewicht ohne (vorhergehende) explizite Absprachen, wird von *impliziter Kollusion* oder *tacit collusion* gesprochen. Obschon ein kritisches Problem, ist die Theorie zu diesem Thema vergleichsweise wenig entwickelt.

Robinson (1985) zeigt, dass *Second-price-Auktionen* (aufsteigendes Mehrrundenverfahren bzw. *Vickrey Auktion*) stabiler in Bezug auf explizite

---

[318] Klemperer (1997, 1999, 2000) und Bulow & Klemperer (1999) verwenden für ein Modell mit *Common-value*-Anteil den Begriff *Almost-common-value*-Modell. Demgegenüber ist in einer reinen *common value auction* der Wert für alle Bieter gleich. Missverständlicherweise verwenden manche Autoren den Begriff *common value auction* als Bezeichnung für eine *pure common value auction*, andere wiederum als Bezeichnung für eine *almost common value auction.*

[319] Beispielsweise durch das Vorliegen von Reputationseffekten bzw. Kostenvorteilen bereits am Markt befindlicher Anbieter.

[320] Zu *almost common value auctions* mit Asymmetrien vgl. auch Bulow & Klemperer (1999).

[321] Auf diesen Erkenntnissen basiert der Entwurf der Anglo-Dutch-Auction (Klemperer, 1999). Damit soll der Vorteil der *Englischen Auktion* und jener der *First-price-Auktion* in Zusammenhang mit dem *Winner's-curse-Problem* in einem Verfahren vereint werden.

Kollusion (Kartelle) sind als *first-price auctions*. Ein Kartell hat immer das Problem der Durchsetzbarkeit. Es ist dann instabil, wenn es einen Anreiz gibt, vom (vereinbarten) kollusiven Ergebnis abzuweichen. Gibt es keinen solchen Anreiz, ist die kollusive Strategie anreizkompatibel und ein (stabiles) Gleichgewicht. In einer *first-price auction* gibt es einen größeren Anreiz, von der Vereinbarung abzuweichen: Die Bieter müssen einen Gewinner auswählen, der dann einen kleinen Betrag bietet, während alle anderen Bieter Null bieten. Dies schafft einen Anreiz davon abzuweichen. Aufgrund der Einstufigkeit gibt es auch keine Möglichkeit, einen *Cheater* zu bestrafen. Diese Möglichkeit gibt es in einer *Englischen Auktion*, weshalb diese stabiler in Bezug auf explizite Kollusion ist. In einer *Vickrey Auktion* lautet das kollusive Agreement, dass der ausgewählte Bieter einen extrem hohen Betrag bietet, während die anderen Bieter Null bieten. Dieses Abkommen bietet keinen Anreiz, von der Vereinbarung abzuweichen.

Diese Überlegungen zeigen, dass *First-price-Auktionen* in der Theorie weniger anfällig für Kollusion sind als *Second-price-Auktionen*. In der Praxis bestätigt sich das nicht unbedingt. Einer der Gründe liegt darin, dass zwar die *First-price-Auktion* ein *one-shot game* ist, die Bieter sich aber im Regelfall immer wieder in anderen Auktionen (oder auf Märkten) gegenüberstehen. Auch empirisch gibt es immer wieder Evidenz für Kollusion in *first-price auctions* (Cramton, 1998). Im Regelfall, und das gilt insbesondere auch für Frequenzauktionen, ist *explizite Kollusion* per Gesetz verboten und damit von geringerer Relevanz als *tacit collusion*.

Bei Eingüterauktionen ist *implizite Kollusion* (ohne Seitenzahlungen) dann eine dominierte Strategie, wenn die Auktion einmalig ist, d.h keine Wiederholung dieser oder einer ähnlichen Auktion mit denselben Bietern stattfindet und auch auf anderen Märkten kein Kontakt zwischen den Bietern besteht. In diesem Fall wird die Strategie, bis zur Zahlungsbereitschaft zu bieten, von keiner anderen Strategie dominiert. Dies gilt nicht für Mehrgüterauktionen, bei denen ein Bieter mehr als ein Gut erwerben darf. In diesem Fall gibt es, wie in Kapitel 5.4.6 ausgeführt wird, einen Anreiz, die Nachfrage zu reduzieren.

5.3.6 Mehrgüterauktionen

Die Theorie von Mehrgüterauktionen ist wesentlich weniger entwickelt als jene von Eingüterauktionen. Dies gilt insbesondere für Mehrgüterauktionen mit heterogenen Gütern und Werteinterdependenzen zwischen einzelnen Gütern, Rahmenbedingungen, wie sie in der Regel bei Frequenzauktionen vorliegen.

Werteinterdependenzen zwischen einzelnen Auktionsgegenständen können komplementärer oder substitutiver Art sein. Komplementäre Werteinterdependenzen können positiv

$$v(Gut^1, Gut^2) > v(Gut^1) + v(Gut^2)$$

oder negativ

$$v(Gut^1, Gut^2) < v(Gut^1) + v(Gut^2)$$

sein.[322]

Das Vorliegen von Werteinterdependenzen wirft ein gänzlich neues Licht auf die Frage der effizienten Allokation. Wie bereits weiter oben erwähnt wurde, ist die natürliche Erweiterung der *second-price-sealed-bid-Auktionen* die *generalisierte Vickrey Auktion*. Im Rahmen der *generalisierten Vickrey Auktion* gibt ein Bieter für alle Kombinationen von Auktionsgegenständen – für die er eine positive Zahlungsbereitschaft hat – ein Gebot ab. Warum für jede Kombination und nicht für die am meisten präferierten Güter? Wie anhand eines einfachen Beispiels gezeigt werden kann, ist die Information, die in diesem Fall freigesetzt wird, nicht ausreichend, um eine effiziente Allokation sicherzustellen.[323] Nehmen wir an, es gelangen zwei Güter zur Versteigerung. Die Zahlungsbereitschaft der Bieter ist in Matrix 5-1 dargestellt.

	Gut A	Gut B	Gut A + B
Bieter 1	100 GE	40 GE	100 GE
Bieter 2	90 GE	60 GE	90 GE
Bieter 3	80 GE	30 GE	120 GE

MATRIX 5-1: ALLOKATION BEI MEHR ALS EINEM GUT

Würden nun diese Gegenstände gleichzeitig mittels einer normalen Vichrey Auktion vergeben, stünden die Bieter vor folgender Entscheidungssituation: Für welchen Gegenstand gibt ein Bieter – ohne Kenntnis

---

[322] Im Folgenden sind, wenn von komplementären Werteinterdependenzen gesprochen wird, positive komplementäre Werteinterdependenzen gemeint. Darüber hinaus werden die Begriffe Synergieeffekte und komplementäre Werteinterdependenzen synonym verwendet.

[323] Das hier dargestellte Problem trat beispielsweise bei der ersten Frequenzversteigerung in Neuseeland 1990 auf. Siehe auch Kapitel 6.2.

der Präferenz der Mitbewerber – ein Gebot ab? Es ist offensichtlich, dass diese Entscheidungssituation gänzlich anders gelagert ist als im Rahmen einer (normalen) *Vickrey Auktion* mit nur einem Gut. Würde beispielsweise jeder Bieter ein Gebot für jenen Gegenstand abgeben, dem er die höchste Wertschätzung entgegenbringt, würde Gut B nicht vergeben werden, was ganz offensichtlich dem Effizienzziel widerspricht. Andererseits ist es aus Sicht der Bieter sehr gefährlich – quasi als Absicherung – für mehr als ein Gut ein Gebot abzugeben. Nehmen wir beispielsweise an, Bieter 1 und Bieter 3 würden für die Gegenstände A 100 GE bzw. 80 GE sowie für Gut B 40 GE bzw. 30 GE bieten und Bieter 2 würde nur für Gegenstand A 90 GE bieten. In diesem Fall erhielte Bieter 1 den Zuschlag für beide Gegenstände zu einem Preis von 120 GE. Diese würde seine Zahlungsbereitschaft von 100 GE (Gut A+B) übersteigen. Um ein optimales Gebot abzugeben, müssen die Bieter versuchen, die Strategien der Mitbewerber zu antizipieren. Dieses Problem wird im Rahmen von Frequenzauktionen noch zusätzlich dadurch verschärft, dass häufig enge aber nicht perfekte Substitute zur Vergabe gelangen und Bieter nur einige der Lizenzen erwerben möchten (Budgetbeschränkung) oder dürfen (regulatorische Spektrumsbeschränkung).

Das Vorliegen von Werteinterdependenzen ist eines der wesentlichsten Grundprobleme bei der Versteigerung von mehr als einem Gut. Im Rahmen der (einfachen) *Vickrey Auktion*[324] werden in unzureichendem Maße Informationen über diese Werteinterdependenzen freigesetzt. Dabei handelt es sich offensichtlich um zwei verschiedene Formen von Informationsdefiziten:

(1) Dem Auktionator fehlen Informationen über die Werteinterdependenzen der einzelnen Bieter, um die ökonomisch effiziente Allokation zu ermitteln.

(2) Den Bietern fehlen Informationen hinsichtlich der Werteinterdependenzen der Mitbewerber, um ihre Gebote an die Präferenzen anzupassen.

Die *generalisiert Vickrey Auktion* setzt bei Informationsproblem (1) an. Durch die Abgabe je eines Gebotes für jede Kombination von Auktionsgegenständen werden alle theoretisch möglichen Werteinterdependenzen erfasst und können bei der Ermittlung der effizienten Allokation berücksichtigt werden. Das *simultane Mehrrundenverfahren* setzt bei

---

[324] Das gleiche Problem stellt sich für die *first-price sealed-bid auction* bzw. in eingeschränkterem Maße auch für sequenzielle Mehrrundenverfahren.

Informationsproblem (2) an. Durch die Mehrstufigkeit des Verfahrens werden schrittweise Informationen über die Präferenzen der Bieter freigesetzt. Das erlaubt den Mitbietern eine Adaptierung ihrer Strategie in den nachfolgenden Runden.

Im Falle von *private-values auctions* mit mehreren Gütern liefert die *generalisierte Vickrey Auktion* effiziente Ergebnisse. Allerdings sind im vorliegenden Zusammenhang zwei Probleme, die bereits angesprochen wurden, zu nennen: Zum Ersten sind Frequenzauktionen keine *Private-values-Auktionen* – das Problem des *winner's curse* kann also nicht vernachlässigt werden –, zum Zweiten leidet die *generalisierte Vickrey Auktion* unter einem Komplexitätsproblem. Bei n Objekten ist die Zahl der Kombinationen 2^n-1. Würden 35 Auktionsgegenstände versteigert, hieße das, dass jeder Bieter ca. 30 Mrd. Gebote legen müsste. Insbesondere aus dem zweiten Grund ist die *generalisierte Vickrey Auktion* für die meisten Frequenzauktionen praktisch nicht einsetzbar.

Bedauerlicherweise gibt es ansonsten keinen Mechanismus, der im Falle einer Mehrgüterversteigerung mit heterogenen Gütern und Werteinterdependenzen unter allen Umständen eine effiziente Allokation sicherzustellen vermag, allerdings zeigen Auktionstheorie wie auch Experimente (Plott, 1997), dass das simultane Mehrrundenverfahren, wie im nächsten Kapitel gezeigt wird, unter bestimmten Rahmenbedingungen eine effiziente Allokation sicherzustellen vermag, jedenfalls sich einem optimalen Ergebnis annähert.

Eine alternative Variante ist die *sequenzielle Versteigerung* der Güter in einer Serie von Eingüterauktionen.[325] Sequenzielle Auktionen von (nahezu) identischen Gütern zeigen in der Praxis häufig (starke) Preisanomalien:[326] Zunächst ist man von sinkenden Preisen ausgegangen. Die sogenannte *declining-price anomaly* dokumentieren beispielsweise Ashenfelter (1989) und McAfee & Vincent (1993). Allerdings wurde auch das Gegenteil beobachtet, beispielsweise bei Frequenzauktionen in Israel oder in der Schweiz. Weber (1983) zeigt, dass in einer sequenziellen Auktion mit identischen Gütern, risikoneutralen Bietern und *independent-values* die erwarteten Preise aller Güter gleich sein sollten, wohingegen in einer Auktion mit *affiliated-values* die Preise aufgrund des *Winner's-curse-Effekt* steigen sollten. Zwei weitere Gründe für steigende Preise dürfte auch *predatory bidding* und das Vorliegen von komplementären Werte-

---

[325] Vgl. in der Folge Bernhard & Scoones (1994) und Klemperer (1999).
[326] Die Preisanomalien sind auch bei sequenziellen Frequenzauktionen festzustellen. Siehe dazu den Erfahrungsbericht in Kapitel 6.2.

interdependenzen sein. Gegenwärtig gibt es kaum eine entwickelte Theorie zur Frage der Effizienz von sequenziellen Auktionen mit heterogenen Gütern und Werteinterdependenzen.

5.4 Das simultane Mehrrundenverfahren

Die *simultaneous ascending auction* (SAA) wurde von der FCC in Zusammenarbeit mit führenden Auktionstheoretikern entwickelt.[327] Insofern ist es wenig erstaunlich, dass die meisten theoretischen Arbeiten auf diese Theoretiker zurückgehen.[328] Mittlerweile gibt es eine Vielzahl an Spielvarianten der SAA, die sich insbesondere in der Ausgestaltung der Aktivitätsregeln unterscheiden.[329] Die nachfolgenden Ausführungen beziehen sich auf die in Österreich im Rahmen der WLL-Versteigerung zum Einsatz gelangte Variante der SAA.[330]

5.4.1 Beschreibung des Verfahrens

Im Rahmen eines simultanen Mehrrundenverfahrens gelangen mehrere Auktionsgegenstände gleichzeitig zur Versteigerung. Ein Gebot bezieht sich auf jeweils ein Frequenzpaket. Die Versteigerung erstreckt sich über mehrere Runden, in denen Bieter unabhängig voneinander verdeckte Gebote für die Auktionsgegenstände ihrer Wahl abgeben. Die Bieter sind nach Maßgabe ihrer *Bietberechtigung* frei in der Wahl, für welche Gegenstände sie ihre Gebote abgeben. Am Ende der Runde (nach Ablauf der Rundenzeit oder nach Einlangen der Gebote aller Bieter) wertet der Auktionator die Gebote aus und gibt das Rundenergebnis bekannt; für jeden Gegenstand wird das *aktuelle Höchstgebot*, der dazugehörige *Höchstbieter*, sowie Gebote und Identität der anderen Bieter bekannt gegeben. Das Höchstgebot einer Runde ist das höhere Gebot aus dem aktuellen Höchstgebot, dem Mindesteröffnungsgebot (Reservepreis) und dem höchsten aktuellen Gebot. Bei gleichlautenden Geboten wird das Höchstgebot durch eine *tie breaking rule* (Abgabezeitpunkt oder Losentscheid) ermittelt.

---

[327] Siehe auch Kapitel 6.2.3.
[328] Vgl. in der Folge etwa Milgrom (1998).
[329] Siehe auch die Ausführungen zu den einzelnen Vergaben in den Kapiteln 7 bis 10.
[330] Im Rahmen der Vergabe von IMT-2000/UMTS-Lizenzen gelangte eine – insbesondere aus Sicht der Aktivitätsregeln – einfachere Variante der SAA zum Einsatz.

Zu Beginn einer Runde gibt der Auktionator das geringste gültige Gebot (*Mindestgebot*) für jeden Gegenstand bekannt. Geringere Gebote als das Mindestgebot sind ungültig und werden nicht berücksichtigt. Das Mindestgebot errechnet sich aus dem aktuellen Höchstgebot zuzüglich eines vom Auktionator festgelegten *Mindestinkrements*. Ist noch kein gültiges Gebot für ein Gut eingelangt, ist das Eröffnungsgebot (Reservepreis) das geringste gültige Gebot.

Die einzelnen Gegenstände werden nach einem Punktesystem bewertet (*lot rating*). Bei Frequenzauktionen fließen in diese Bewertung die Bandbreite (in MHz) und bei regionalen Lizenzen soziodemografische Indikatoren wie die Bevölkerungszahl ein. Diese Bewertung hat den Zweck, die unterschiedliche Wertigkeit der Güter im Rahmen der Aktivitätsregeln zu berücksichtigen. Bei nahen Substituten kann diese Bewertung entfallen. Sowohl die Aktivität wie auch die Bietberechtigung wird in *lot rating* Punkten angegeben. Die Bietberechtigung für die erste Runde der Auktion wird vor der Auktion beantragt und ist im Regelfall mittels *upfront payment* oder Bankgarantie zu besichern.

Der Kern des Verfahrens ist die Aktivitätsregel. Eine SAA erstreckt sich über mehrere *Aktivitätsphasen* mit steigender Mindestaktivität. Ein Bieter ist auf einem Auktionsgegenstand *aktiv*, wenn er für diesen Gegenstand entweder das aktuelle Höchstgebot aus der abgelaufenen Runde hält oder ein gültiges Gebot in der aktuellen Runde legt. Die *Aktivität* eines Bieters in einer Runde errechnet sich aus der Summe der Punkte jener Frequenzpakete, auf denen ein Bieter aktiv ist. Die *Mindestaktivität* ist definiert als jener Anteil der Bietberechtigung, auf der ein Bieter in einer Runde aktiv sein muss, um seine Bietberechtigung im vollen Umfang zu behalten. Ein Bieter, der die Mindestaktivität unterschreitet, verliert einen Teil seiner Bietberechtigung.

Die Auktion endet, wenn in einer Runde der letzten Aktivitätsphase kein gültiges Gebot abgegeben wird. Der Auktionator behält sich in der Regel das Recht vor, ab einer bestimmten Rundenzahl eine begrenzte Zahl an letzten Runden auszurufen bzw. in einer früheren Aktivitätsphase die Auktion zu beenden, sollte in einer Runde kein neues gültiges Gebot gelegt werden. Den Zuschlag erhalten die Höchstbieter zum jeweiligen Höchstgebot.

Optional gibt es die Möglichkeit, Gebote zurückzuziehen (*withdraw*). In einer Auktion ist ein Gebot eine verbindliche Zusage, den entsprechenden Betrag zu zahlen. Ein Abweichen von diesem Grundsatz würde, wie die

Erfahrungen in Australien belegen, die Funktionsfähigkeit einer Auktion gefährden.[331] Aus diesem Grund ist Zurückziehen nur mit Strafzahlungen erlaubt. Im Regelfall hat ein Bieter, der ein Gebot zurückzieht, die Differenz aus seinem zurückgezogenen Gebot und dem endgültigen Verkaufspreis (falls der Wert positiv ist) als Strafzahlung zu entrichten. Damit wird den Bietern die Möglichkeit eingeräumt, suboptimale Aggregationen bei gleichzeitiger Sicherstellung der Funktionsfähigkeit des Verfahrens zu korrigieren.

Üblicherweise gelangen im Rahmen einer SAA auch sogenannte *Bietbefreiungen* zur Anwendung. Diese dienen dazu, das Verfahren fehlertoleranter zu gestalten. Ein Bieter kann in bis zu *N* Runden – beispielsweise aufgrund technischer Probleme – auf die Abgabe eines Gebotes verzichten, ohne dadurch einen Teil seiner Bietberechtigung zu verlieren oder gar aus dem Verfahren auszuscheiden.

5.4.2 Regeln der SAA

> *Frequenzpakete und lot rating*

Der Vektor $L=\{1..L\}$ beschreibt die einzelnen Auktionsgegenstände (Frequenzpakete, Lizenzen). Jedes Frequenzpaket *j* wird entsprechend seiner Frequenzausstattung, Bevölkerungszahl, etc. bewertet (LR_j). Diese Bewertung wird im Verfahren als *lot rating* bezeichnet.

> *Aktivität*

Ein Bieter ist auf einem Frequenzpaket aktiv, wenn er entweder das geltende Höchstgebot für dieses Paket hält oder in der aktuellen Runde für dieses Frequenzpaket ein valides Gebot legt. Die *Aktivität* des Bieters *i* in der Runde n (hier mit $A_i(n)$ bezeichnet) errechnet sich aus der Summe der *lot ratings* aller Frequenzpakete, auf denen ein Bieter aktiv ist:[332]

$$A_i(n) = \sum_{\substack{aktiven\ Gegenstände\ j \\ des\ Bieters\ i\ in\ der\ Runde\ n}} LR_j$$

---

[331] Zu den Erfahrungen in Australien siehe Kapitel 6.2.2.
[332] Legt ein Bieter, der das Höchstgebot für einen Gegenstand hält, in der aktuellen Runde ein valides Gebot, wird das *lot rating* dieses Gegenstandes bei der Ermittlung der Aktivität nur einmal berücksichtigt.

➤ *Höchstgebot*

Das *Höchstgebot* (bzw. der *aktuelle Preis*) für ein bestimmtes Frequenzpaket *j* (P_j) ist das höchste für dieses Frequenzpaket gelegte Gebot. Werden mehrere gleichlautende höchste Gebote gelegt, wird das Höchstgebot durch Anwendung einer *tie breaking rule* (Abgabezeitpunkt, Losentscheid) ermittelt. Die Höchstgebote ($P=\{P_1..P_J\}$) werden nach Ablauf der Runde ermittelt und zusammen mit der Identität des Bieters veröffentlicht.

➤ *Mindestgebot und Mindestinkrement*

Der unter dem Begriff *Mindestgebot* ausgewiesene Betrag stellt das geringste valide Gebot für einen bestimmten Auktionsgegenstand *j* in einer bestimmten Runde *n* dar ($MG_j(n)$). Das Mindestgebot ist der höhere Betrag aus dem Erstgebot EG_j und dem Betrag, der sich aus der Addition des geltenden Höchstgebots und eines vom Auktionator festgelegten Mindestinkrements (MI_j), mit $MI_j(n)=P_j\cdot\varepsilon$ ergibt:[333]

$$MG_j(n) = \max\left(EG_j, P_j + MI_j(n)\right) = \max\left(EG_j, P_j(1+\varepsilon)\right), \text{ mit } \varepsilon>0.$$

➤ *Bietberechtigung*

Die *Bietberechtigung* des Bieters *i* (hier mit B_i bezeichnet) dient dazu, die maximale Aktivität eines Bieters zu limitieren. Ein Bieter darf auf jeder Kombination von Gegenständen aktiv sein, solange die Summe der Punkte dieser Pakete seine aktuelle Bietberechtigung nicht übersteigt. Es gilt somit in jeder Runde *n* für jeden Bieter *i* die Restriktion

$$A_i(n) \leq B_i(n).$$

Die Bietberechtigung für die erste Runde wird im Vorfeld der Auktion beantragt. Die Bietberechtigung für die weiteren Runden wird gemäß den Aktivitätsregeln ermittelt.

➤ *Aktivitätsregel*

Als Aktivitätsregel wird hier die sogenannte Milgrom-Wilson-Regel verwendet (Milgrom, 1998, 2000). Dieser Regel folgend, wird die Auktion in

---

[333] Das Mindestgebot, das gilt, wenn noch kein Gebot vorliegt, wird hier als Erstgebot bezeichnet. Das Erstgebot hat die Funktion eines Reservepreises. Häufig wird auch die Bezeichnung Mindesteröffnungsgebot oder einfach nur Mindestgebot verwendet.

mehrere Phasen mit unterschiedlicher Mindestaktivität (A^{min}) unterteilt. Jeder Bieter i muss in der Runde n, um die volle Bietberechtigung zu behalten, zumindest im Umfang

$$A_i(n) \geq A_i^{min}(n) = B_i(n) * F$$

aktiv sein, wobei der Faktor F (0<F≤1) von Phase zu Phase zunimmt.[334] Ein Bieter, der die Mindestaktivität unterschreitet, verliert einen Teil seiner Bietberechtigung. Konkret wird die Bietberechtigung für die Runde n+1 – auf Basis der Aktivität der Runde n – wie folgt ermittelt:

$$B_i(n+1) = \frac{A_i(n)}{F}, \text{ wenn } A_i(n) < A_i^{min}(n),$$

ansonsten

$$B_i(n+1) = B_i(n).$$

➤ *Terminierung des Verfahrens*

Die Auktion terminiert jedenfalls in jener Runde der letzten Aktivitätsphase, in der kein valides Gebot gelegt wird und – falls implementiert – keine Bietbefreiung geltend gemacht wird. Sollte in einer früheren Phase der Auktion kein valides Gebot gelegt werden, obliegt es dem Auktionator, die nächste Phase einzuleiten und die Auktion weiterzuführen oder die Auktion zu beenden. Häufig behält sich der Auktionator aus Transaktionskostengründen die Möglichkeit vor, ab einer bestimmten Rundenzahl eine oder mehrere letzte Runden auszurufen.

---

[334] Typischerweise ist eine Auktion in drei Phasen untergliedert, mit einer Mindestaktivität von ca. 50% in der ersten Phase und 95% in der dritten Phase. Zur Gestaltung der Aktivitätsphase in einem konkreten Vergabeverfahren siehe Kapitel 10.

5.4.3 Effizienz und Gleichgewicht einer SAA

Unter bestimmten Bedingungen liefert das simultane Mehrrundenverfahren ein effizientes Ergebnis.[335] Dabei ist, wie gezeigt wird, das Vorliegen von Substituten bzw. das Nichtvorhandensein komplementärer Werteinterdependenzen eine notwendige Grundbedingung.[336]
Im Folgenden repräsentiert die Menge $N=\{1,...,n\}$ die Bieter, die Menge $L=\{1,...,l\}$ die Auktionsgegenstände (Frequenzpakete, Lizenzen), die Menge $S_i \subseteq L$ eine (temporäre) Zuteilung an den Bieter i oder ein Güterbündel und der Vektor $P=(p_1,...,p_l) \in \Re^l_+$ die aktuellen Preise der l Güter, wobei folgendes gilt:

$$p_j \begin{cases} > 0 & j \in \bigcup_{i=1}^{N} S_i \\ = 0 & j \notin \bigcup_{i=1}^{N} S_i \end{cases}$$

Der aktuelle Preis eines Gutes, für das noch kein Gebot abgeben wurde, ist Null. Der aktuelle Preis für das Güterbündel S_i ergibt sich aus der Summe der Preise (Höchstgebote) der Einzelgüter:

$$P_{S_i} = \sum_{j \in S_i} p_j .$$

Es wird angenommen, dass die Bieter unabhängige private Wertschätzungen (*private-values*) für die Güter haben. Der Wert für eine bestimmte Zuteilung S_i ist gegeben durch die Funktion $v_i(S_i)$. Ein Bieter, der die Gütermenge S_i kauft, hat einen Nettonutzen[337]

$$v_i(S_i) - \sum_{j \in S_i} p_j .$$

Dies führt zur Nachfragekorrespondenz:

$$u_i(P) = \arg\max_{S_i} \{v_i(S_i) - P_{S_i}\}$$

---

[335] Intuitiv ist ein Verlauf zu erwarten, der gewisse Ähnlichkeiten mit einem *Tatonnement Prozess* aufweist.
[336] Der nachfolgende Beweis ist eine leichte Modifikation des Beweises, der sich in Milgrom (1998) findet.
[337] Es wird somit eine im Geld lineare Nutzenfunktion unterstellt.

$$D_i(P) = \{s_i \in S_i : v_i(s_i) - P_{s_i} = u_i(P)\}$$

Des Weiteren wird angenommen, dass die Güter frei verfügbar sind, d.h. es gilt $S \subset S' \Rightarrow v_i(S) \leq v_i(S')$. Ein Bieter fragt eine bestimmte Menge T zum Preis P – bezeichnet mit $T \in X(P)$ – nach, wenn ein $S \in D(P)$ existiert, so dass $T \subset S$.

Definition (5.1): Lizenzen sind wechselseitige Substitute, wenn für die Vektoren P und P', mit $p'_i = p_i \, \forall i \in S$ und $p'_i > p_i \, \forall i \in L \setminus S$, $S \in X(P)$ impliziert, dass $S \in X(P')$.

Demnach hat eine Änderung der Preise für die Güter $L \setminus S$ (d.h. alle Güter außerhalb der Menge S) keinen Einfluss auf die Nachfrage nach den Gütern innerhalb der Menge S.

Gemäß den Regeln wird nach Abschluss einer Runde der Vektor der aktuellen Preise P (Höchstgebote) ermittelt und das Mindestgebot für die nächste Runde für jedes Gut j mit $\max(EG_j, p_j(1+\varepsilon_j))$ festgesetzt. Mit $\hat{p}_j \equiv EG_j$ lässt sich das Mindestgebot in der aktuellen Runde für Gut j $\hat{p}_j \vee (p_j \cdot (1+\varepsilon_j))$ und der Vektor der Mindestgebote mit $\hat{P} \vee (P \cdot (1+\varepsilon))$ darstellen, wobei mit $(a \vee b)$ das (komponentenweise) Maximum von a und b bezeichnet wird.

Zu Beginn einer Runde ist der *individuelle Preis* nicht für alle Bieter gleich und abhängig davon, in welchem Umfang ein Bieter Höchstgebote aus der vorangegangenen Runde hält. Hält Bieter i Höchstgebote aus der Vorrunde für die Menge S_i, ist sein *individueller Preisvektor zu Beginn der Runde* $P^i = (p^i_1, ..., p^i_l)$ mit $p^i_j = p_j \forall j \in S_i$ und $p^i_j = \hat{p}_j \vee p_j(1+\varepsilon_j) \, \forall \, j \notin S_i$.

Ein Bieter wird in einer Runde dann ein Gebot legen, und damit u.U. (temporär) ein neues Güterbündel erwerben, wenn er damit seinen Nutzen vergrößern kann, wobei er an die eigenen Höchstgebote aus der vorangegangenen Runde gebunden ist und damit das präferierte Güterbündel nicht gänzlich frei wählen kann. Kann er den Nutzen durch ein Gebot nicht vergrößern, wird er kein weiteres Gebot mehr legen. Demnach ist der Preisvektor $\tilde{P}$ und die Gütermenge $\tilde{S}_i$ ein *lokales Nash Gleichgewicht*, wenn für alle i gilt

$$v_i(\tilde{S}_i) - \tilde{P}_{\tilde{S}_i} \geq v_i(S_i) - \tilde{P}_{S_i} - \sum_{j \in S_i \setminus \tilde{S}_i} (\hat{p}_j - \tilde{p}_j) \vee \tilde{p}_j \cdot \varepsilon_j = v_i(S_i) - \tilde{P}_{S_i}^j \quad \forall \ S_i \supset \tilde{S}_i,$$

andernfalls, wenn zumindest ein $S_i \supset \tilde{S}_i$ existiert, so dass

$$v_i(S_i) - \tilde{P}_{S_i}^j \geq v_i(\tilde{S}_i) - \tilde{P}_{\tilde{S}_i}^j,$$

kann ein Bieter durch ein weiteres Gebot seinen Nutzen vergrößern. Ein *lokales Nash Gleichgewicht* ist ein stationärer Punkt in einer SAA, an dem sich kein Bieter unilateral besser stellen kann. Man spricht von *straightforward bidding*, wenn ein Bieter in einer Runde auf allen Gegenständen aktiv ist, die er zum aktuellen Preis nachfragt. In diesem Fall gibt ein Bieter, der für die Menge S_i die Höchstgebote aus der Vorrunde hält, in der aktuellen Runde Mindestgebote für die Menge T_i, für die gilt $S_i \cup T_i \in D_i(P^i)$, ab.

Die erste zentrale Frage ist, ob ein Bieter, der *straightforward* bietet, Gefahr läuft am Ende eine suboptimale Menge von Gütern zu erwerben. Dies ist dann nicht der Fall, wenn Runde für Runde folgendes sichergestellt ist: Einem Bieter, der in einer Runde *straightforward* bietet, werden am Ende der Runde nur Güter zugeteilt – er hält das Höchstgebot nur für Güter –, die er auch tatsächlich nachfragt.

Theorem (5.2): *Angenommen, alle Güter sind wechselseitige Substitute. Weiters sei angenommen, dass Bieter i am Ende einer Runde (Runde n) Höchstbieter für die Menge $S_i \in X_i(P^i)$ ist. Wenn nun dieser Bieter straightforward in der nachfolgenden Runde (Runde n+1) bietet, dann erfüllt Bieter i's Zuweisung $\overline{S}_i$ (Menge der Höchstgebote von i) am Ende der Runde n+1, unabhängig von den Geboten der anderen Bieter, die Bedingung $\overline{S}_i \in X_i(\overline{P}^i)$, wobei $\overline{P}^i$ der individuelle Preis (am Ende) der Runde n+1 ist.*

Beweis: Aus den Auktionsregeln folgt $\overline{S}_i \subset S_i \cup T_i$. Zusammen mit der Bedingung für *straightforward bidding* folgt weiters $\overline{S}_i \in X_i(P^i)$. Wegen der Tatsache, dass die individuellen Preise am Ende der Runde n+1, $\overline{P}^i$, sich für die Menge $\overline{S}_i$ mit jenen aus der Vorrunde decken – der Bieter hält entweder das HG aus der Vorrunde oder er legt ein erfolgreiches Gebot in der aktuellen Runde – sind nur die Preise für die anderen Güter $L \setminus \bar{S}_i$ höher. Da dies aber wegen Definition der wechselseitigen Substitute (Definition 5.1) keine Auswirkungen auf die Nachfrage in $\bar{S}_i$ hat, gilt $\bar{S}_i \in X_i(\bar{P}^i)$. **QED**

Ein Bieter, der *straightforward* bietet, kann also sicher sein, dass er nach Abschluss jeder Runde Höchstbieter für ein Güterbündel ist, das für ihn nahezu optimal ist. Die nächste Frage ist, was passiert, wenn alle Bieter *straightforward* bieten.

Theorem (5.3): *Angenommen alle Bieter bieten straightforward, dann endet die Auktion innerhalb einer endlichen Zahl an Runden und die endgültigen Höchstgebote und Zuweisungen $(\tilde{P}, \tilde{S})$ sind ein kompetitives Gleichgewicht in den modifizierten Nutzenfunktionen $\tilde{v}_i(T) = v_i(T) - \sum_{j \in T \setminus \tilde{S}_i} \left[(\hat{p}_j - \tilde{p}_j) \vee \varepsilon_j \cdot \tilde{p}_j \right]$ jedes Bieters. Die endgültige Zuteilung maximiert den totalen Nutzen innerhalb einer Mindestinkrementstufe:*

$$\max_{S_i} \sum_i v_i(S_i) - \sum_i v_i(\tilde{S}_i) \leq \sum_{j \in L} \left[(\hat{p}_j - \tilde{p}_j) \vee \varepsilon_j \cdot \tilde{p}_j \right].$$

Beweis: Dass die Auktion nach einer endlichen Zahl an Runden endet, folgt unmittelbar aus den Auktionsregeln, der Tatsache, dass v_i endlich ist und dem Theorem 5.2. Der totale Preis und damit die Rundenzahl ist durch die Summe der Reservationspreise beschränkt. Unter der Voraussetzung, dass $\varepsilon > 0$ ist, erreicht die Auktion eine Runde, in der die Bieter exakt jene Zahl an Lizenzen nachfragen, für die sie die Höchstgebote aus der Vorrunde halten. In diesem Fall legen sie kein neues Gebot, die Auktion terminiert und das Ergebnis $(\tilde{P}, \tilde{S})$ ist ein kompetitives Gleichgewicht. Im Punkt $(\tilde{P}, \tilde{S})$ ist die Nachfrage auf Basis der modifizierten Nutzenfunktion $\tilde{v}_i$ der gleiche, wie für die originäre Nutzenfunktion v_i in Verbindung mit dem individuellen Preisvektor P^j.

Unter zu Hilfenahme der Definition der modifizierten Nutzenfunktion kann der zweite Teil des Theorems wie folgt bewiesen werden.

$$\max_{S_i} \sum_i v_i(S_i) = \max_{S_i} \sum_i \left\{ \tilde{v}_i(S_i) + \sum_{j \in S_i \setminus \tilde{S}_i} \left[(\hat{p}_j - \tilde{p}_j) \vee \varepsilon_j \cdot \tilde{p}_j \right] \right\}$$

$$\leq \max_{S_i} \sum_i \left\{ \tilde{v}_i(S_i) + \sum_{j \in S_i} \left[(\hat{p}_j - \tilde{p}_j) \vee \varepsilon_j \cdot \tilde{p}_j \right] \right\}$$

$$= \max_{S_i} \sum_i \{\tilde{v}_i(S_i)\} + \sum_{j \in L} \left[(\hat{p}_j - \tilde{p}_j) \vee \varepsilon_j \cdot \tilde{p}_j \right]$$

$$= \sum_i \tilde{v}_i(\tilde{S}_i) + \sum_{j \in L} \left[(\hat{p}_j - \tilde{p}_j) \vee \varepsilon_j \cdot \tilde{p}_j \right]$$

$$= \sum_i v_i(\tilde{S}_i) + \sum_{j \in L} \left[(\hat{p}_j - \tilde{p}_j) \vee \varepsilon_j \cdot \tilde{p}_j \right]$$

Da alle Preise nicht negativ sind, gilt

$$\sum_{j \in S_i \setminus \tilde{S}_i} \left[(\hat{p}_j - \tilde{p}_j) \vee \varepsilon_j \cdot \tilde{p}_j \right] \leq \sum_{j \in S_i} \left[(\hat{p}_j - \tilde{p}_j) \vee \varepsilon_j \cdot \tilde{p}_j \right]$$

und damit die Ungleichung in der Zeile zwei. Die dritte Zeile folgt aus der Tatsache, dass L die Vereinigungsmenge aller S_i ist. Da $(\tilde{P}, \tilde{S})$ ein kompetitives Gleichgewicht ist, kann das 1. Wohlfahrtstheorem angewendet werden und es folgt die vierte Zeile. Schlussendlich (5. Zeile) ist die modifizierte Nutzenfunktion $\tilde{v}_i$ im Gleichgewicht $(\tilde{P}, \tilde{S})$ – da $T \setminus \tilde{S} = \{\}$ – die gleiche, wie für v_i. **QED**

Welchen Einfluss hat das Mindestinkrement ε auf die Effizienz? Relevant für das Ergebnis und die Effizienz sind nur die Inkremente in jener Runde, in der das letzte neue Gebot für einen bestimmten Gegenstand einlangt. Das ist normalerweise gegen Ende der Auktion der Fall. Die Inkremente in frühen Phasen der Auktion sind in erster Linie relevant für die Anzahl der Runden, haben damit primär Auswirkungen auf die Transaktionskosten.

Theorem (5.4): *Angenommen, alle Güter sind wechselseitige Substitute für alle Bieter. In diesem Fall existiert ein kompetitives Gleichgewicht. Im Fall, dass ε hinreichend klein ist, ist $\tilde{S}(\varepsilon)$ ein kompetitives Gleichgewicht.*

Für den Beweis siehe Milgrom (1998). Das simultane Mehrrundenverfahren liefert ein effizientes Resultat (d.h. maximiert den totalen Nutzen), wenn die Güter wechselseitige Substitute darstellen, die Bieter *straigthforward* bieten und das Mindestinkrement hinreichend gering ist.

Dem Effizienzbeweis lagen drei Annahmen zu Grunde: Die Bieter bieten *straightforward*, die Güter sind wechselseitige Substitute und die Werteverteilungen der Bieter sind unabhängig voneinander. Die Konsequenzen eines Abgehens von der *Independet-private-values-Annahme* (*winner's curse*) wurden bereits im Kapitel 5.3.4 erörtert. Die Auswirkungen der Einführung von komplementären Werteinterdependenzen werden im nächsten Kapitel diskutiert. Wie gezeigt wird, haben Bieter – aufgrund der Gefahr, sich einem finanziellen Risiko auszusetzen – einen Anreiz, von der Strategie des *straightforward bidding* abzugehen. Die Konsequenz ist, dass unter bestimmten Bedingungen kein Gleichgewicht vorliegt.[338]

Es gibt zwei weitere Gründe, von der Strategie des *straightforward bidding* abzugehen. Ein Grund, auf den im Kapitel 5.4.6 näher eingegangen wird, ist *Kollusion*. Der zweite Grund, das Vorliegen von *Budget-* oder *Spektrums-Beschränkungen*, wird im Zusammenhang mit dem Entwurf von Aktivitätsregeln (Kapitel 6.3) erörtert.

5.4.4 Komplementäre Werteinterdependenzen

Das *Exposure-Problem*[339] soll anhand eines einfachen Beispiels demonstriert werden. Gegeben sei die nachfolgende Auszahlungsmatrix:

	Gut A	Gut B	Gut A + B
Bieter 1	10 GE	10 GE	20 GE
Bieter 2	8 GE	8 GE	**30 GE**
Bieter 3	9 GE	9 GE	22 GE

MATRIX 5-2: EXPOSURE-PROBLEM (SYMMETRISCHE PRÄFERENZEN)

Für Bieter 1 sind die Güter A und B wechselseitige Substitute, wohingegen für Bieter 2 und 3 (positive) komplementäre Werteinterdependenzen vorliegen. Die effiziente Allokation (Bieter 2 erhält den Zuschlag für beide Güter zu einem Preis $P(A)+P(B)=22$ GE) ist in der Tabelle hervorgehoben. Der Einsatz eines *einfachen simultanen Mehrrundenverfahrens* (ohne kombinatorische Gebote) kann in diesem Fall zu Effizienzproblemen führen.

---

[338] Voraussetzungen, unter denen kein Marktgleichgewicht existiert, zeigen auch u.a. auch Banks et.al. (1989).

[339] Vgl. in der Folge auch Bykowski et. al. (2000), Milgrom (1998), Cramton (1998a).

Aus der Marktgleichgewichtsbedingung[340]

$$v_i(\tilde{S}_i) - \sum_{k \in \tilde{S}_i} P_k \geq v_i(S_i) - \sum_{k \in S_i} P_k \qquad (5.21)$$

für alle i und S_i, lassen sich folgende Bedingungen ableiten:

- Für Bieter 1: $P_A \geq 10$ ($B1$), $P_B \geq 10$ ($B2$) und $P_A + P_B \geq 20$ ($B3$)
- Für Bieter 2: $P_A \geq 8$ ($B4$) und $P_B \geq 8$ ($B5$)
- Für Bieter 3: $P_A \geq 9$ ($B6$), $P_B \geq 9$ ($B7$) und $P_A + P_B \geq 22$ ($B8$)

Damit ein Marktgleichgewicht vorliegt, muss Bieter 2 beide Güter zu einem Gesamtpreis von zumindest 22 GE erwerben (Bedingung $B8$). Ein solches Gebot übersteigt aber seine Zahlungsbereitschaft für die einzelnen Güter (das sind jeweils 8 GE) und stellt für ihn ein finanzielles Risiko dar. Bietet er beispielsweise für beide Güter je 15 GE, erhält aber den Zuschlag für nur ein Gut, realisiert er einen finanziellen Verlust von 7 GE. Ein Bieter, der *straightforward* bietet, geht mit dieser Strategie das Risiko ein, am Ende schlechter auszusteigen als dies der Fall wäre, wenn er nicht an der Auktion teilgenommen hätte. Dieses Risiko, bedingt durch das Vorliegen von komplementären Werteinterdependenzen, wird als *Exposure-Risiko* oder *Exposure-Problem* bezeichnet. Im vorliegenden Szenario hat die Strategie des *straightforward bidding* allerdings keine negativen Konsequenzen: Er erhält den Zuschlag für beide Güter und es stellt sich das ökonomisch effiziente Marktgleichgewicht ein. Der Grund liegt darin, dass die Synergieeffekte symmetrisch sind. Allerdings stellt sich ein ineffizientes Marktergebnis ein, wenn Bieter 2 und Bieter 3 – auch Bieter 3 ist mit einem *Exposure-Problem* konfrontiert – das Risiko nicht tragen wollen, vorsichtig bieten und aus der Auktion aussteigen, wenn die Preise ihre Zahlungsbereitschaft für die Einzelgüter erreichen. In diesem Fall ist Bieter 3 der marginale Bieter und Bieter 1 erhält den Zuschlag für beide Güter zu einem Gesamtpreis von 18 GE. Das Ergebnis ist weder effizient noch erlösmaximal. Im Falle symmetrischer Synergien kann sich ein effizientes Marktergebnis einstellen, und zwar dann, wenn die Bieter das *Exposure-Risiko* tragen. Allerdings kann ein Bieter nicht davon ausgehen, dass die anderen Bieter für dieselben Güterkombinationen komplementäre Werteinterdependenzen haben.

---

[340] Siehe auch Gleichung (4.3) in Kapitel 4.3.2.

Das *Exposure-Problem* wird noch verschärft, wenn die Synergien asymmetrisch sind. Gegeben sei die nachfolgende Auszahlungsmatrix:

	A	B	C	A+B+C	A+B	B+C	A+C
Bieter 1	10 GE	8 GE	8 GE	40 GE	**34 GE**	16 GE	18 GE
Bieter 2	8 GE	10 GE	8 GE	41 GE	12 GE	38 GE	16 GE
Bieter 3	8 GE	8 GE	**15 GE**	39 GE	16 GE	28 GE	35 GE

MATRIX 5-3: EXPOSURE-PROBLEM (ASYMMETRISCHE PRÄFERENZEN)

Die effiziente Allokation ($S_1=\{A,B\}$, $S_2=\{\}$, $S_3=\{C\}$ mit dem Gesamterlös von 48 GE) ist in der Tabelle hervorgehoben. Aus der Marktgleichgewichtsbedingung lassen sich unter anderem folgende Preisbedingungen ableiten:

(B1) $P_A+P_B \leq 34$ (Bieter 1)
(B2) $P_C \leq 15$ (Bieter 3)
(B3) $P_B+P_C \geq 38$ (Bieter 2)
(B4) $15-P_C \geq 35-P_A-P_C$ (Bieter 3)

Aus B3 und B2 folgt $P_B \geq 23$. Mit $P_A \geq 20$ (Bedingung B4) folgt folgende Unmöglichkeitsbedingung:

$$34 \geq P_A+P_B \geq 43$$

Das heißt, es existiert kein Preisvektor (für einzelne Güter), der die notwendigen Bedingungen für eine effiziente Zuteilung erfüllt. Damit existiert kein Marktgleichgewicht auf Basis der Preise einzelner Güter. Wenn alle Bieter *straightforward* bieten, realisiert zumindest einer der Bieter Verluste: Damit ein Marktgleichgewicht zustande kommt, müsste $P_A+P_B+P_C \leq 58$ (B3 und B4) gelten, was den Wert der effizienten Allokation (49 GE) übersteigt. Da die Bieter dies antizipieren, werden sie im Gleichgewicht für die einzelnen Pakete kein höheres Gebot legen, als sie diesem Paket zumessen. Damit ist die Gleichgewichtsstrategie kein effizientes Marktergebnis.[341] Der Unterschied zwischen den beiden Szenarien liegt darin, dass die Synergien im ersten Szenario symmetrisch und im zweiten Szenario asymmetrisch verteilt sind. Naturgemäß können die Bieter nicht wissen, welches Szenario vorliegt, werden also die konservative Strategie wählen.

Eine Möglichkeit, dieses Problem auktionstechnisch in den Griff zu bekommen, ist der Einsatz kombinatorischer Verfahren. Neben der

---

[341] Für einen formalen Beweis vgl. Milgrom (1998).

generalisierten Vickrey Auktion, die aus Komplexitätsgründen praktisch nicht anwendbar ist, ist in diesem Zusammenhang die simultane kombinatorische Auktion zu nennen.[342] Im Rahmen dieses Verfahrens können Bieter sogenannte *package bids* für alle (vollkombinatorisches Verfahren) oder ausgewählte (eingeschränkt kombinatorisches Verfahren) Kombinationen von Gütern abgeben. Bedauerlicherweise gibt es auch im Zusammenhang mit dynamisch kombinatorischen Auktionen ein Effizienzproblem, das als *Free-rider*- oder *Threshold*-Problem bezeichnet wird.

5.4.5 Simultane kombinatorische Auktion - Free-rider-Problem

Im Rahmen einer dynamisch kombinatorischen Auktion ist es möglich, ein Gebot für eine Kombination von Gütern (*package bid*) abzugeben. Ein solches Gebot ist dann Höchstgebot, wenn es die Summe der Gebote für die einzelnen Güter übersteigt. Umgekehrt muss die Summe der Gebote für die einzelnen Pakete das entsprechende kombinatorische Gebot übersteigen, um dieses zu überbieten. Hier liegt aus ökonomischer Sicht auch das Grundproblem des dynamisch kombinatorischen Verfahrens.

	A	B	A+B
Bieter 1	10 GE	1 GE	11 GE
Bieter 2	1 GE	10 GE	12 GE
Bieter 3	1 GE	1 GE	4 GE

MATRIX 5-4: THRESHOLD-PROBLEM

Gegeben seien die Reservationspreise in Matrix 5-4. Weiters sei angenommen, dass das absolute Mindestinkrement 2 GE betrage. Bieter 3 halte mit einem kombinatorischen Gebot von 2,5 GE für beide Güter das Höchstgebot, Bieter 1 das individuelle Höchstgebot für Gut A (mit einem Gebot von 1 GE) und Bieter 2 für Gut B (ebenfalls mit einem Gebot von 1 GE). Einer dieser beiden Bieter müsste nun, um das kombinatorische Höchstgebot zu überbieten, ein weiteres Gebot abgeben. Das Problem ist, dass jeder der Bieter einen Anreiz hat, Trittbrettfahrer (*free-rider*) zu sein, d.h. darauf zu warten, dass der jeweils andere Bieter ein Gebot abgibt.

Die Entscheidungssituation in der aktuellen Runde (im aktuellen Teilspiel) ist in der nachfolgenden Matrix dargestellt:

---

[342] Die simultan kombinatorische Auktion wird auch als dynamisch kombinatorische Auktion (DCA) bezeichnet. Siehe auch Kapitel 5.2.2.

		Bieter 1	
		Gebot	Kein Gebot
Bieter 2	Gebot	(7,7)	(7,9)
	Kein Gebot	(9,7)	(0,0)

MATRIX 5-5: THRESHOLD-PROBLEM (PAYOFF MATRIX)

Dieses Spiel hat kein Gleichgewicht in reinen Strategien, sondern nur eines in gemischten Strategien: Mit einer Wahrscheinlichkeit von 49/81 (=7/9*7/9) gibt keiner der beiden Bieter ein Gebot ab. In diesem Fall stellt sich ein ökonomisch ineffizientes Ergebnis ein, den Zuschlag erhält Bieter 3. Die entsprechende Gleichgewichtsstrategie (*ein teilspielperfektes Gleichgewicht*) erhält man durch *Backward Induction*. Wesentlich am Ergebnis ist, dass Bieter 3 im Gleichgewicht mit einer positiven Restwahrscheinlichkeit den Zuschlag erhält und sich damit ein ineffizientes Ergebnis einstellen kann.

Das *Threshold-* oder *Free-rider-Problem* ist neben der Komplexität der zweite wesentliche Grund, dass die FCC viele Jahre den Einsatz kombinatorischer Verfahren gescheut hat. Darüber hinaus sind die komplementären Werteinterdependenzen in den FCC Auktionen als nicht so gravierend beurteilt worden, dass der Einsatz eines kombinatorischen Verfahrens gerechtfertigt gewesen wäre. Auch in einem *einfachen simultanen Mehrrundenverfahren* können, begünstigt durch die im Verfahren freigesetzten Informationen sowie durch die Einführung von Mechanismen zur Korrektur ineffizienter Aggregationen wie *Zurückziehen von Geboten*, komplementäre Werteinterdependenzen bis zu einem bestimmten Grad realisiert werden. Diese Hypothese wird auch von empirischen Studien gestützt (Ausubel et. al. 1997); Cramton, 1998a). Mittlerweile gelangen bei der FCC dynamisch kombinatorische Verfahren zum Einsatz, wenn komplementäre Werteinterdependenzen als sehr stark eingestuft werden (Ausubel & Milgrom, 2001; CRA, 1998a, 1998b; Parkers et.al., 2001; Plott, 2000).

Ein Mechanismus für dynamisch kombinatorische Verfahren ist der sogenannte AUSM (*Adaptive User Selection Mechanism*). Dabei wird zur Überwindung des *Threshold*-Problem eine *stand-by queue* vorgeschlagen, die es Bietern erlaubt, für bestimmte Kombinationen von Gütern öffentlich ihre Zahlungsbereitschaft zu deponieren. Diese Ankündigung kann wiederum von anderen Bietern genutzt werden, um gemeinsam ein kombinatorisches Gebot zu überbieten (Bykowski et. al., 2000*).*

5.4.6 Kollusion und Strategic Demand Reduction

Kollusion kann – wie in Kapitel 5.3.5 ausgeführt wurde – in Form von expliziten Absprachen (explizite Kollusion) oder in Form von *tacit collusion* stattfinden. Im Regelfall – und das gilt insbesondere auch für Frequenzauktionen – ist explizite Kollusion per Gesetz verboten und damit von geringerer Relevanz für den Auktionsentwurf als *tacit collusion*. Im Rahmen von *tacit collusion* treffen die Bieter keine direkte Vereinbarung sondern sie haben bzw. entwickeln ein gemeinsames Verständnis darüber, wie sie die Preise niedrig halten können. Die in diesem Zusammenhang bedeutsamste Form von *tacit collusion* ist die strategische Reduktion der Nachfrage (*Strategic Demand Reduction*).[343]

Unter *Strategic Demand Reduction* versteht man die Strategie eines oder mehrerer Bieter, die individuelle Nachfrage zu reduzieren um den Gewinn zu maximieren.

Dies setzt voraus, dass

- mehr als ein Gut versteigert wird und
- zumindest einer der Bieter die Möglichkeit hat, mehr als ein Gut zu erwerben.

Im Gegensatz zu einer Auktion, in der jeder Bieter nur ein Gut erwerben kann, ist nun nicht mehr zwangsläufig ein (maximales) Gebot im Umfang des Reservationspreises die dominante Strategie.

Folgendes vereinfachtes Szenario soll dies veranschaulichen: Gegeben sei eine Auktion mit zwei Bietern, die um jeweils zwei Güter konkurrieren, und die in der nachfolgenden Matrix dargestellten Reservationspreise.

	Gut A	Gut B	A + B
Bieter 1	100 GE	80 GE	180 GE
Bieter 2	70 GE	90 GE	160 GE

MATRIX 5-6: STRATEGIC DEMAND REDUCTION

Unter der Annahme, dass beide Bieter für beide Güter Gebote legen, würde Bieter 1 Gut A zu einem Preis von 70 GE und Bieter 2 Gut B zu einem Preis von 80 GE erwerben. Die daraus resultierenden individuellen Gewinne wären 30 GE für Bieter 1 sowie 10 GE für Bieter 2. Würde Bieter

---

[343] Vgl. in der Folge Ausubel & Cramton (1998), Cramton & Schwartz (1998), Milgrom (1998), Weber (1997).

1 auf Gut B und Bieter 2 auf Gut A verzichten, wären die Preise beider Güter Null und die Bieter würden einen höheren Gewinn realisieren, und zwar Bieter 1 einen Gewinn von 100 GE und Bieter 2 einen Gewinn von 90 GE (vgl. Matrix 5-7).

		Bieter 1		
		Gut A	Gut B	Gut A + B
Bieter 2	Gut A	(0,30)	(70,80)	(0,110)
	Gut B	(90,100) N_1	(10,0)	(10,100) N_2
	Gut A+B	(90,30) N_3	(80,0)	(10,30) N_4

MATRIX 5-7: STRATEGIC DEMAND REDUCTION (PAYOFF MATRIX)

Das Spiel hat keine eindeutige Lösung. Neben dem *kompetitiven Gleichgewicht* N_4 und dem Gleichgewicht N_1, welches aus der strategischen Reduktion der Nachfrage resultiert, existieren noch zwei weitere Nash-Gleichgewichte, nämlich N_2 und N_3. Aus Sicht der Bieter (nicht aus Sicht des Auktionators) ist N_1 allerdings pareto-optimal. In einer Mehrgüterauktion, in der ein Bieter mehr als ein Gut erwerben kann, hat der Bieter durch die nachgefragte Menge einen Einfluss auf den Preis.[344] Da niedrige Preise im Interesse aller Bieter sind, gibt es einen Anreiz, die nachgefragte Menge zu reduzieren.

Es ist relativ einfach, Szenarien zu konstruieren, für die die Strategie der Nachfragereduktion ein Gleichgewicht ist. Gegeben sei eine SAA mit zwei Gütern und zwei symmetrischen Bietern. Die Wertschätzung der Bieter für jedes der Güter ist 10 GE und 20 GE für beide Güter. Im kompetitiven Gleichgewicht ist der Erlös 20 GE und der Gewinn für die Bieter 0 GE. Folgende Strategie (der Nachfragereduktion) ist ein symmetrisches Gleichgewicht:

In der ersten Runde:
Lege für ein beliebiges Gut ein Gebot von 1 GE.
In den weiteren Runden:
Wenn Du Höchstbieter auf einem Gut bist,
    lege kein weiteres Gebot
andernfalls,
    lege ein Gebot von 1 GE für das Gut, für das noch kein Gebot eingelangt ist.

---

[344] Zur Strategie der Nachfragereduktion in Mehrgüterauktionen in unterschiedlichen Auktionsformaten vgl. insbesondere Ausubel & Cramton (1998).

In diesem Fall erzielt der Auktionator einen Erlös von 2 GE und die Bieter je einen Gewinn von 9 GE. In diesem und auch im vorangegangenen Szenario hat die strategische Reduktion der Nachfrage primär zu einer Verminderung der Einnahmen geführt. Niedrige Erlöse sind eine unmittelbare Konsequenz der strategischen Reduktion der Nachfrage. Das zweite wesentliche Erfolgskriterium, das Effizienzkriterium, wurde in beiden Szenarien nicht verletzt. Es ist allerdings nicht besonders schwierig, Beispiele zu konstruieren, die im Falle einer strategischen Reduktion der Nachfrage auch dieses Kriterium verletzen.[345]

In einer Auktion mit vielen Gütern und heterogenen Präferenzen gibt es eine Vielzahl an Gleichgewichten. Die Koordination der Bieter auf ein kollusives Gleichgewicht mit niedrigen Preisen innerhalb der Auktion ist – explizite Absprachen sind ja verboten – keine triviale Angelegenheit. Die Spieltheorie unterstellt, dass das kollusive Gleichgewicht umso stabiler ist, je mehr Informationen Bieter während der Auktion austauschen können und je wirkungsvoller Mechanismen zur Durchsetzung dieser Gleichgewichte sind.

Im Rahmen eines (offenen) simultanen Mehrrundenverfahrens gibt es Möglichkeiten, Informationen auszutauschen und kollusive Gleichgewichte durchzusetzen.[346] Als Kommunikationsmittel stehen unter anderem folgende Mechanismen zur Verfügung:

- Im Rahmen von *codierten Geboten*, sogenannten *signalling bids*, können Mitteilungen wie beispielsweise der präferierte Markt, das präferierte Frequenzpaket oder die Androhung von Strafgeboten (*retaliatory bids*) in den niedrigen Stellen eines Gebotes codiert werden.[347]

---

[345] In einer Frequenzauktion muss dies nicht unbedingt von Nachteil sein. Die Konsequenzen hängen vom Auktionskontext ab. In einer Frequenzauktion, in der einzelne Frequenzpakete versteigert werden, kann die strategische Reduktion der Nachfrage zum Markteintritt einer höheren Zahl an Unternehmen und damit zu einer Intensivierung des Wettbewerbs führen, was einen Effizienzgewinn auf den *Downstream-Märkten* bedeutet. Siehe auch Kapitel 4.3 zur Diskussion der Effizienzziele im Kontext der Frequenzvergabe

[346] Eine diesbezügliche Untersuchung der FCC Auktionen sowie Strategien, die Kollusion erschweren, finden sich u.a. in Cramton & Schwartz (1998) und Weber (1997).

[347] Zur Evidenz von *signalling bids* im Rahmen der UMTS-Auktion in Österreich siehe Kapitel 9.4.1.

- Gebote über dem Mindestgebot, sogenannte *jump bids,* können zur Mitteilung präferierter Güter oder zur Vergeltung eingesetzt werden.
- Ebenfalls als Kommunikationsmittel eingesetzt werden kann das Zurückziehen von Geboten. Beispielsweise kann ein zurückgezogenes *jump bid* als Drohung für eine mögliche Vergeltung im Falle, dass der Konkurrent weiter für das präferierte Gut bietet, verstanden werden.

Der bedeutsamste Stabilisator eines kollusiven Gleichgewichts ist die Angst vor einer möglichen Vergeltung *(retaliatory bids).* Um eine Vergeltung durchführen und einen Bieter, der vom kollusiven Gleichgewicht abweicht, bestrafen zu können, ist ein Überschuss an Bietberechtigung notwendig. Ein Bieter, der nur die Bietberechtigung für seine präferierten Pakete hat, macht sich angreifbar gegenüber Kollusionsbrechern, weil er auf Attacken nicht mehr reagieren kann. In einer SAA nimmt die Bietberechtigung und damit die Zahl der Pakete, auf denen ein Bieter in einer Runde bieten kann, von Aktivitätsphase zu Aktivitätsphase ab. Demgegenüber nimmt der Anreiz, vom kollusiven Gleichgewicht abzuweichen, gegen Ende der Auktion zu. Die Bieter müssen also, um ein stabiles kollusives Gleichgewicht zu realisieren, ihre Bietberichtigung im Laufe des Verfahrens schrittweise und wechselseitig abbauen.

5.5 Zusammenfassung

In einer *independent private-values auction* mit einem Gut und risikoneutralen Bietern *(Benchmark Model)* sind alle vier Grundtypen von Auktionen effizient. Darüber hinaus zeigt das *Revenue Equivalence Theorem,* dass alle effizienten Auktionsmechanismen denselben erwarteten Erlös liefern. Weicht man die restriktiven Annahmen auf, sind die theoretischen Ergebnisse des *Benchmark Models* nicht mehr zu halten. Dies gilt insbesondere auch für die *Private-values-Annahme.*

Frequenzauktionen weisen sowohl Merkmale einer *common-value auction* (generelle Nachfrage nach Diensten, Technologiekosten) wie auch Aspekte *einer private-values auction* (individuelle Kostenfunktionen, Dienstedifferenzierung) auf. *Common-value auctions* bergen das Risiko des *winner's curse.* Das *Winner's-curse-Problem* führt dazu, dass die Bieter ihre Wertschätzung nach unten korrigieren. In einer *affiliated-values auction,* einem Spezialfall einer Auktion mit Aspekten beider Verteilungsformen, liefert die *Englische Auktion* den höchsten erwarteten Erlös. Der Grund liegt darin, dass durch die Mehrstufigkeit des Verfahrens Informationen freigesetzt werden, die für die Bieter die Gefahr des *winner's curse* reduzieren. Demgegenüber kann das aufsteigende Mehrrundenverfahren in *Almost-common-value-Auktionen* bei Vorliegen von Vorteilen einzelner Bieter oder mehrerer Bieter (Asymmetrien) zu einem geringeren Erlös führen als eine *sealed-bid auction*, insbesondere dann, wenn die Teilnahme an der Auktion nicht kostenlos ist.

Frequenzauktionen sind im Regelfall Mehrgüterauktionen mit heterogenen Gütern und Werteinterdependenzen. Im Falle einer *private-values auction* ist die *generalisierte Vickrey Auktion* der einzige Mechanismus, der in jedem Fall ein effizientes Ergebnis liefert. Allerdings hat die *generalisierte Vickrey Auktion* zwei Nachteile: Zum einen ist sie wegen der enormen Komplexität in der Praxis kaum einsetzbar. Zum anderen ist die *generalisierte Vickrey Auktion* ein einstufiges Verfahren und reduziert nicht die Gefahr des *winner's curse*.

Es gibt keinen Mechanismus, der im Falle einer Mehrgüterversteigerung mit heterogenen Gütern und Werteinterdependenzen unter allen Umständen eine effiziente Allokation sicherzustellen vermag. Die Auktionstheorie und auch Experimente belegen, dass das simultane Mehrrundenverfahren unter bestimmten Rahmenbedingungen sehr gut funktioniert, allerdings hat das Verfahren einige Problembereiche: Beim Vorliegen starker positiver komplementärer Effekte kann das simultane Mehrrundenverfahren unter Umständen aufgrund des *Exposure-Risikos* ein ineffizientes Ergebnis liefern und die SAA hat, wenn Bieter mehr als ein Gut erwerben können, ein gewisses Kollusionsrisiko (*Strategic Demand Reduction*).

Mathematischer Anhang

Spieltheoretische Modellierung von Auktionen

Die Spieltheorie stellt ein formales Instrumentarium zur Analyse von Konflikten und Kooperationen bereit. Die Ermittlung optimaler Strategien und Gleichgewichte in Auktionen ist ein typischer Anwendungsfall für den Zweig der *nicht-kooperativen Spieltheorie*.[348] Um eine Auktion modellieren zu können, muss die individuelle Entscheidungssituation der Bieter in ein Spiel transformiert werden. Formal wird ein Spiel in *Normalform* (*strategischer Form*) formuliert durch das Trippel $\Gamma=(N,S,u)$, wobei $N=\{1..n\}$ die Spieler bezeichnet, S den Strategieraum – das ist die Menge aller möglichen Kombinationen aus Strategien $s_i \in S_i$, wobei S_i die Strategiemenge beschreibt, aus der Spieler i wählen kann – und u den Auszahlungsraum, der jeder zulässigen Strategiekombination eine Nutzenkombination $u(S)$ zuordnet. Modelliert man eine Auktion in Form eines Spiels, sind die Bieter der Auktion die Spieler, die abgegebenen Gebote die Strategie. Der Nutzen (Überschuss oder Auszahlung) u ist abhängig davon, ob der Spieler den Zuschlag erhält oder nicht. Für die nichterfolgreichen Bieter ist die Auszahlung – unter Vernachlässigung der Kosten, die durch die Teilnahme anfallen – Null. Die Auszahlung (Nutzen) der erfolgreichen Bieter ergibt sich – im Falle risikoneutraler Bieter – aus der Differenz aus Zahlungsbereitschaft und dem Preis, den diese zahlen müssen. Der Auktionator formuliert die Regeln des Spiels, ist allerdings kein Spieler im oben dargestellten Sinne.

In der Spieltheorie wird zwischen *statischen* und *dynamischen Spielen* unterschieden. Bei statischen Spielen wählen die Spieler simultan ihre Strategien. Im Gegensatz dazu erstrecken sich dynamische Spiele über mehrere Stufen mit mehreren Spielzügen, in denen die Spieler (unter Umständen) ihre Handlungen von Informationen abhängig machen, die sie in vorangegangenen Stufen (Spielzügen) erhalten haben. Einrundenverfahren sind statische, Mehrrundenverfahren (teilweise) dynamische Spiele.

In einem spieltheoretischen Modell ist die Frage: „Wer weiß wann was?" von essenzieller Bedeutung. Informationen haben einen wesentlichen Einfluss auf die Wahl der optimalen Strategie. Die Spieltheorie kennt eine

---

[348] Vgl. in der Folge Fudenberg & Tirole (1996), Holler & Illing (2000) sowie Rasmusen (1989). Mathematisch weniger versierte Leser seien auf Bierman & Fernandez (1998) sowie Kreps (1997) verwiesen.

Reihe unterschiedlicher Informationskategorien: Unter *gemeinsamem Wissen* (*common knowledge*) werden Dinge verstanden, die jeder weiß und von denen jeder weiß, dass sie jeder weiß, und zudem, dass alle anderen auch wissen, dass sie jeder weiß, ad infinitum. In der Spieltheorie wird davon ausgegangen, dass die Spielregeln gemeinsames Wissen sind. Von einem Spiel mit *vollständiger Information* wird gesprochen, wenn zusätzlich auch allen Spielern die Strategiemengen S_i und die Auszahlungsfunktionen $u_i(s)$ bekannt sind. Sind im Spielverlauf einem Spieler alle vorausgehenden Züge der Mitspieler bekannt, liegt ein *Spiel mit perfekter Information* vor. Können manche Spieler die Handlungen mancher Mitspieler nicht beobachten, liegt ein *Spiel mit imperfekter Information* vor. In einem Spiel mit imperfekter Information sind zwar bestimmte Handlungen nicht beobachtbar, aber jeder kennt die Spielstruktur und die Eigenschaften der Mitspieler (insbesondere die Auszahlungsfunktion). Die Spieler können sich in die Situation der Mitspieler hineindenken und sind im Stande, die optimale Strategie dieser zu berechnen. Aus diesem Grund werden diese Spiele auch zur Kategorie der Spiele mit vollständiger Information gezählt. Als *Spiel mit unvollständiger Information* wird ein Spiel verstanden, in dem zumindest ein Spieler über *private Informationen* (*hidden information*) verfügt. Als private Informationen werden Informationen bezeichnet, die nur bestimmten Spielern bekannt sind. Die anderen Spieler sind unsicher darüber, welche konkreten Informationen (oder Eigenschaften) diese Spieler haben. Ein Spiel mit unvollständiger Information kann allerdings, wie von Harsany gezeigt wurde, in ein Spiel mit imperfekter Information transformiert werden. Dies geschieht dadurch, dass zu Beginn des Spiels ein *dummy* Spieler Namens *Nature* in einem – nicht für alle beobachtbaren – Spielzug jene Charakteristika (als Zufallsvariable) bestimmt, die privater Natur sind. Mit der Wahl legt Nature für jeden Spieler einen konkreten Typ $t_i \in T_i$ fest. Jedem Spieler ist sein eigener Typ bekannt. Die Spieler bilden sich Wahrscheinlichkeitsvorstellungen über die Typen der anderen Spieler $T_{-i} = (T_1,...,T_{i-1},T_{i+1},...T_n)$. Auktionen sind Spiele mit unvollständiger Information. Die Wertschätzung (Zahlungsbereitschaft) eines Bieters ist nur diesem, nicht aber den anderen Bietern bekannt. Diese Informationsasymmetrie ist das zentrale Element der Unsicherheit in einer Auktion. Nach Milgrom & Weber (1982) kann die Wertschätzung in einem allgemeinen Modell wie folgt formuliert werden: jeder der n Bieter erhält ein privates Signal x_i (Spielzug von Nature), mit $x=(x_1,...,x_n)$. Der Vektor $s=(s_1,...,s_m)$ misst die (objektive) Qualität des Gutes. Die Bieter können nicht alle der m Qualitätsvariablen beobachten. Die Wertschätzung eines Bieters ist eine Funktion in beiden Variablen $v_i(s,x)$. Mit $m=0$ und $v_i=x_i$ liegt ein *independent-private-value model* vor, mit $m=1$ und $v_i=s_1$ für alle i liegt ein *common-value model* vor. In einem Modell mit *affiliated-values* korrelieren die Zufallsvariablen (positiv).

Um die optimale Strategie oder besser gesagt ein „Gleichgewicht" – als solches wird in der Spieltheorie eine Lösung bezeichnet, die sich dadurch auszeichnen, dass keiner der Spieler einen Anreiz hat, davon abzuweichen – zu bestimmen, ist ein Optimalitätskalkül notwendig. Die strategische Unsicherheit über das Verhalten der Mitspieler ist ein zentrales Element bei der Bestimmung eines Gleichgewichts; die Lösung hängt sehr stark vom wechselseitigen Erwartungsverhalten hinsichtlich der gewählten Strategien ab. Die Spieltheorie kennt eine Reihe von Gleichgewichtskonzepten, die für die Auktionstheorie wesentlichen werden hier kurz vorgestellt.

Eine Strategiekombination s* ist ein *Gleichgewicht in dominanten Strategien*, wenn alle Spieler ihre dominante Strategie wählen. Es gilt demnach:[349]

$$u_i\left(s_i^*, s_{-i}\right) \geq u_i\left(s_i, s_{-i}\right) \text{ für alle } i, s_i \in S_i \text{ und } s_{-i} \in S_{-i} \quad (5.22)$$

Eine Strategie s_i^* des Spielers i dominiert alle anderen Spielstrategien dieses Spielers, wenn die Strategie s_i^* unabhängig von der Strategiewahl der Mitspieler immer die optimale ist. Wählen alle Spieler die dominante Strategie, liegt ein *Gleichgewicht in dominanten Strategien* vor. Im Regelfall existiert ein solches nicht. In diesem Fall wird auf ein weicheres Gleichgewichtskonzept, das *Nash-Gleichgewicht*, zurückgegriffen.

Ein *Nash-Gleichgewicht* ist eine Strategiekombination s*, bei der jeder Spieler eine optimale Strategie s_i^* wählt, gegeben die optimale Strategie aller anderen Spieler. Formal gilt:[350]

$$u_i\left(s_i^*, s_{-i}^*\right) \geq u_i\left(s_i, s_{-i}^*\right) \text{ für alle } i, \text{ für alle } s_i \in S_i \quad (5.23)$$

---

[349] Ein strikt dominantes Gleichgewicht liegt vor, wenn anstelle des ‚Größer-Gleich' ein ‚Größer' gilt. In der Literatur wird das oben dargestellte Gleichgewicht häufig als *schwach dominant* bezeichnet.

[350] Ein striktes Nash-Gleichgewicht liegt vor, wenn anstelle des ‚Größer-Gleich' ein ‚Größer' gilt. Neben dem hier vorgestellten Nash-Gleichgewicht in reinen Strategien gibt es auch ein Nash-Gleichgewicht in gemischten Strategien.

Ausgehend von einem Nash-Gleichgwicht besteht für keinen Bieter ein Anreiz, davon abzuweichen. Damit werden die gegenseitigen Erwartungen über das Verhalten der Mitspieler bestätigt. Häufig existieren mehrere Nash-Gleichgewichte.

Ein Spiel mit unvollständiger Information kann – nach Harsanyi – als ein Spiel mit vollständiger Information behandelt werden, wenn jeder Typ eines Spielers als eigener Spieler behandelt wird; d.h. die Menge T_i, das sind die für einen Bieter denkbaren Typen, werden in die Spielform aufgenommen. Die Wahl der optimalen Strategie eines Spielers ist von seiner privaten Information t_i und der Erwartungsbildung über die Typen der Mitspieler – das ist die bedingte Wahrscheinlichkeit $p(t_{-i}|t_i)$ – abhängig. Fasst man die Wahrscheinlichkeitseinschätzungen unter F zusammen, hat ein Spiel mit unvollständiger Information – das als *Bayes'sches Spiel* bezeichnet wird – die Form $\Gamma=(N,S,T, F, u)$. Die Auszahlungsform des Spielers i ist dann die Nutzenfunktion des Spielers, gegeben, dass der Spieler i vom Typ t_i ist. Spielt ein Spieler vom Typ t_i die Strategie $s_i(t_i)$ und erwartet er, dass die Mitspieler die Strategie $s_{-i}(t_{-i})$ spielen, dann berechnet sich die Auszahlung als:

$$u_i\left(s_i(t_i),s_{-i}(t_{-i}),t_i\right) = \sum_{t_{-i}} p\left(t_{-i} \mid t_i\right) u_i\left(s_i(t_i),s_{-i}(t_{-i}),t_1,...,t_n\right) \qquad (5.24)$$

Das entsprechende Gleichgewichtskonzept ist ein *Bayes'sche (Nash-) Gleichgewicht*. Eine Strategiekombination $s^* = \left(s_1^*(t_1),...,s_n^*(t_n)\right)$ ist ein Bayes-Nash-Gleichgewicht, wenn folgendes gilt: Angenommen alle Mitspieler spielen ihre Gleichgewichtsstrategie, und es ist auch für den Spieler i optimal, die Gleichgewichtsstrategie zu spielen. Formal:

$$u_i\left(s_i^*(t_i),s_{-i}^*(t_{-i}),t_i\right) \geq u_i\left(s_i(t_i),s_{-i}^*(t_{-i}),t_i\right) \quad \text{für alle } i, s_i \text{ und } t_i. \qquad (5.25)$$

Wie noch ausgeführt wird, gibt es für Auktionen kein einheitliches Gleichgewichtskonzept. Die *Vickrey Auktion* ist ein Gleichgewicht in dominanten Strategien. Das Gleichgewicht einer *first-price sealed-bid auction* ist ein Bayes-Nash-Gleichgewicht.

Wenn die Menge der möglichen Typen zu groß wird, steigt die Komplexität und Spiele lassen sich nicht mehr analysieren. Aus diesem Grund werden die Wahrscheinlichkeitseinschätzungen der verschiedenen Spieler auf eine gemeinsame Grundlage gestellt. Dabei spielt die *Common Prior* Annahme eine ganz zentrale Rolle. Diesem Postulat liegt die Annahme zugrunde, dass für alle Spieler eine gemeinsame Vorstellung (*gemeinsames Wissen*) darüber besteht, wie die Natur ihre Spielzüge wählt. Formal existiert eine *gemeinsame a priori Wahrscheinlichkeitsverteilung*, nach der die bedingten Wahrscheinlichkeitseinschätzungen $p(t_{-i}|t_i)$ nach Kenntnis des eigenen Typs t_i aus T abgeleitet werden können. Im Rahmen des *independent-private-value models* wird von einer stochastischen Unabhängigkeit von t_i und t_{-i} ausgegangen. Damit ist die Wahrscheinlichkeitsverteilung von t_{-i} unabhängig von t_i. Es gilt $p(t_{-i}) = p(t_{-i}|t_i)$. Im Rahmen des *correlated-values model* korrelieren die einzelnen t_i positiv. Auktionsmodelle mit *symmetrischen Bietern* unterstellen, dass die Wertschätzungen der Bieter aus einer gemeinsamen Verteilung gezogen werden, wohingegen bei Modellen mit *asymmetrischen Bietern* die Wertschätzungen aus zwei oder mehreren Verteilungen gezogen werden.

Auktionen sind grundsätzlich Entscheidungen unter Unsicherheit (Risiko). Eine allgemeine Theorie zur Analyse von Entscheidungen bei Risiko liefert die Erwartungsnutzentheorie. Ihr liegt die Erwartungsnutzenhypothese zugrunde, dass die Spieler die Entscheidungsvariante (Lotterie) wählen, die ihnen den höchsten erwarteten Nutzen liefert (*von Neumann-Morgenster Nutzenfunktion*). Für einen *risikoneutralen* Spieler sind alle Einkommenskombinationen mit gleichem erwarteten Nutzen gleich gut, wohingegen ein *risikoscheuer* Spieler das sichere Einkommen einem unsicheren Einkommen mit gleichem Erwartungswert vorzieht. Wenn nicht gesondert erwähnt, wird im Folgenden von risikoneutralen Bietern ausgegangen. In einer Auktion ist der erwartete Nutzen u_i des Spielers i die Summe der Einkommen der zwei Zustände (*Win* and *Loose*) multipliziert mit der Wahrscheinlichkeit, dass die jeweiligen Zustände eintreten,

$$u_i = (v_i - p) \cdot \text{Prob}\{\text{WIN}\} - 0 \cdot \text{Prob}\{\text{LOOSE}\}, \tag{5.26}$$

wobei p den Preis bezeichnet, den der erfolgreiche Bieter zahlen muss.

Auktionen werden als *nicht-kooperative Spiele* analysiert, da – die für kooperative Spiele typischen – Seitenzahlungen und Verträge (bindenden Vereinbarungen) zwischen Bietern in der Regel nicht möglich bzw. rechtlich nicht gestattet sind. Die Gleichgewichte in nicht-kooperativen Spielen sind aus Sicht der Spieler im Regelfall keine *pareto-dominanten Gleichgewichte*.

Benchmark model and first-price sealed-bid auction[351]

Zunächst werden folgende Annahmen getroffen:

$$v_i \sim F[\underline{v},\overline{v}] \quad \forall \ i=1,...,n,$$

$$F(\underline{v})=0 \quad und \quad \lim_{\varepsilon \to 0}[1-F(\overline{v}-\varepsilon)]=0 \qquad (5.27)$$

Die Reservationspreise sind stochastisch unabhängig und werden aus einer gemeinsamen Verteilung *F* aus dem Bereich $[\underline{v},\overline{v}]$ gezogen. Ein Gebot mit $B=\underline{v}$ hat eine Prob{Win} von 0 und ein Gebot mit $B=\overline{v}$ eine Prob{Win} von 1.

Die optimale Gebotsfunktion *b(.)* bildet den Typ des Bieters *v* auf den *Bidspace* ab und ist streng monoton steigend in *v*; ein Bieter mit einer höheren Wertschätzung wird im Gleichgewicht ein höheres Gebot abgeben. Damit existiert auch die Umkehrfunktion

$$\alpha = b^{-1}(\hat{B}) \quad mit \ \alpha \in [\underline{v},\overline{v}] \ und \ b(\underline{v}) \leq \hat{B} \leq b(\overline{v}). \qquad (5.28)$$

Um die optimale Gebotsfunktion *b(.)* des Bieters *i* zu ermitteln, wird der erwartete Überschuss maximiert:

$$\max_B (v_i - B) \ \left[F\left(b^{-1}(B)\right)\right]^{n-1} \equiv \max_B (v_i - B) \ \left[F^{n-1}\left(b^{-1}(B)\right)\right] \qquad (5.29)$$

Aufgrund der streng monotonen Funktion *b(v)* kann anstelle von *B* auch α maximiert werden (d.h. ausgehend von einem bestimmten Gebot wird der dazugehörige optimale Wert *v* ermittelt):

$$\max_\alpha = (v_i - b(\alpha))\left[F\left(b^{-1}(b(\alpha))\right)\right]^{n-1} = \max_\alpha (v_i - b(\alpha))\left[F(\alpha)\right]^{n-1} \qquad (5.30)$$

Die Bedingung 1. Ordnung lautet:

$$(v_i - b(\alpha)) \cdot \frac{d\{F^{n-1}(\alpha)\}}{d\alpha} - F^{n-1}(\alpha) \cdot \frac{db(\alpha)}{d\alpha} = 0 \qquad (5.31)$$

---

[351] Ableitungen des Gleichgewichts einer *first-price sealed-bid auction* finden sich u.a. in Klemperer (2000a) und McAfee & McMillan (1987). Zur Existenz, Eindeutigkeit und Symmetrie von Gleichgewichten vgl. Maskin & Riley (1986) und Milgrom & Weber (1985).

Ein symmetrisches Nash-Gleichgewicht zeichnet sich dadurch aus, dass die Gebotsfunktion *b(v)* für alle Bieter optimal ist, d.h. die beste Reaktion auf ein beliebiges Gebot der anderen Bieter darstellt. Ein Bieter vom Typ *v** bietet *b(v*)*. Umgekehrt wird ein Bieter *i* nur dann α wählen, wenn gilt $\alpha = b^{-1}(b(v_i))$, d.h. $\alpha = v_i$ ist. Damit kann (5.31) auch wie folgt formuliert werden:

$$(v_i - b(v_i)) \cdot \frac{d\{F^{n-1}(v_i)\}}{dv_i} - F^{n-1}(v_i) \cdot \frac{db(v_i)}{dv_i} = 0 \qquad (5.32)$$

Durch Umformung erhält man:

$$b(v_i) \cdot \frac{d\{F^{n-1}(v_i)\}}{dv_i} + F^{n-1}(v_i) \cdot \frac{db(v_i)}{dv_i} = v_i \cdot \frac{d\{F^{n-1}(v_i)\}}{dv_i} \qquad (5.33)$$

Mit d{*uv*}=*u*d*v*+*v*d*u* folgt für den linken Teil der Gleichung

$$\underbrace{b(v_i) \cdot \frac{d\{F^{n-1}(v_i)\}}{dv_i}}_{udv} + \underbrace{F^{n-1}(v_i) \cdot \frac{db(v_i)}{dv_i}}_{vdu} = \underbrace{\frac{d\{b(v_i)F^{n-1}(v_i)\}}{dv_i}}_{d\{uv\}} \qquad (5.34)$$

und somit aus (5.33):

$$\frac{d\{b(v_i)F^{n-1}(v_i)\}}{dv_i} = v_i \cdot \frac{d\{F^{n-1}(v_i)\}}{dv_i} \qquad (5.35)$$

Durch beidseitige Integration

$$b(\tilde{v}_i)F^{n-1}(\tilde{v}_i)\Big|_{\underline{v}}^{v_i} = \int_{\underline{v}}^{v_i} \tilde{v}_i \cdot d\{F^{n-1}(\tilde{v}_i)\}$$

und unter Berücksichtigung von (5.27) erhält man die optimale Gebotsfunktion *b(v)*:

$$b(v_i) = \frac{\int_{\underline{v}}^{v_i} \tilde{v}_i \cdot d\{F^{n-1}(\tilde{v}_i)\}}{F^{n-1}(v_i)} \qquad (5.36)$$

Durch partielle Integration des Zählers

$$\int_{\underline{v}}^{v_i} \tilde{v}_i \cdot d\left\{F^{n-1}(\tilde{v}_i)\right\} = \tilde{v}_i \cdot F^{n-1}(\tilde{v}_i)\Big|_{\underline{v}}^{v_i} - \int_{\underline{v}}^{v_i} F^{n-1}(\tilde{v}_i) \cdot d\tilde{v}_i,$$ (5.37)

kann (5.36) auch wie folgt dargestellt werden:

$$b(v_i) = v_i - \int_{\underline{v}}^{v_i} \frac{F^{n-1}(\tilde{v}_i) \cdot d\tilde{v}_i}{F^{n-1}(v_i)}$$ (5.38)

Revenue Equivalence Theorem

Es gibt eine Vielzahl an Formulierungen und Beweisen dieses Theorems. Im Folgenden wird das *Revenue Equivalence Theorem* für eine Eingutauktion unter den Annahmen des *Benchmark Models* bewiesen.

Theorem (5.5): *Jeder (effiziente) Mechanismus, der das Gut dem Bieter mit der höchsten Wertschätzung zuteilt, liefert unter den Annahmen des Benchmark Models denselben erwarteten Erlös, wenn der erwartete Überschuss aller Bieter mit der Wertschätzung $\underline{v}$ bei allen Mechanismen gleich ist.*

Beweis: Die Auszahlung eines Bieters lässt sich für jedes der vier Formate im *Benchmark Model* in folgender Form beschreiben:

$$U(P,B,V) = (V-B) \cdot P,$$ (5.39)

wobei mit *B* das Gebot und mit *P* die *Prob{Win}* bezeichnet wird. Gemäß dem *Benchmark Model* ist der Reservationspreis *V* eine Realisierung der Verteilung $V \sim F[\underline{v}, \overline{v}]$. Angenommen $B^*(V)$ bzw. $U(P^*(V), B^*(V), V)$ ist die optimale Strategiewahl für einen Spieler vom Typ *V*, dann muss für ihn falls er die Strategie eines Spielers vom Typ $\tilde{V}$ spielt, folgendes gelten:

$$U(V) \geq U(\tilde{V}) + P(\tilde{V}) \cdot (V - \tilde{V}),$$ (5.40)

bzw. bei infinitesimal kleinen Änderungen ($\tilde{V} = V + dV$)

$$U(V) \geq U(V + dV) + (-dV) \cdot P(V + dV).$$ (5.41)

D.h. jede noch so geringe Abweichung von der optimalen Strategie muss den Bieter schlechter stellen. Umgekehrt muss für einen Spieler vom Typ $\tilde{V}$

$$U(V + dV) \geq U(V) + (dV)P(V)$$ (5.42)

gelten. Aus (5.41) und (5.42) folgt wiederum

$$P(V+dV) \geq \frac{P(V+dV)-U(V)}{dV} \geq P(V) \qquad (5.43)$$

Durch Bildung des Grenzwertes $dV \to 0$ und Integration folgt

$$U(V) = U(\underline{v}) + \int_{s=\underline{v}}^{V} P(s)ds. \qquad (5.44)$$

Für jede effiziente Auktion beschreibt P(V) die Wahrscheinlichkeit, dass die Wertschätzung der anderen Bieter kleiner als V ist. Gemäß (5.44) liefern alle Auktionen, bei denen $U(\underline{v})$ gleich ist, für den Bieter denselben erwarteten Überschuss und damit für den Auktionator denselben erwarten Erlös. **QED**

Affiliated-values

Im einfachen Fall mit zwei Werten, sind die Werte t_1 und t_2 *affiliated*, wenn für jede mögliche Realisation t'_i, t''_i aus t_i und alle $t'_1 > t''_1$ und $t'_2 > t''_2$ und der gemeinsamen Dichte $f(t_1, t_2)$ gilt:[352]

$$f(t'_1, t'_2) \cdot f(t''_1, t''_2) \geq f(t'_1, t''_2) \cdot f(t''_1, t'_2). \qquad (5.45)$$

Gegeben die Annahmen im *Benchmark Model*, adaptiert um die *Affiliated-values*-Annahme, lautet eine abgewandelte und vereinfachte Behauptung aus einer Reihe von Theoremen aus dem Modell Migrom & Weber (1992): *In einer Auktion mit affiliated-values ist der totale erwartete Überschuss in einem aufsteigenden Mehrrundenverfahren gleich hoch wie in einer sealed-bid Auktion. Für jedes Signal V ist der erwartete Überschuss für den Bieter geringer und damit der erwartete Erlös höher im aufsteigenden Mehrrundenverfahren als in dem einer sealed-bid auction* (Milgrom, 1989).

Erhält ein Bieter mit einem Signal von X den Zuschlag und ist das höchste Signal der Mitbieter Z, dann hat er eine erwartete Auszahlung von

$$U(Z, B(Z,X), X) = P(Z \mid X)(X - B(Z,X)), \qquad (5.46)$$

---

[352] Vgl. auch Milgrom & Weber (1982), Milgrom (1989) und Klemperer (1999, 2000).

wobei *B* die *erwartete Zahlung* ist, wenn der Bieter gewinnt. *P(Z|X)* ist die bedingte Wahrscheinlichkeit, dass alle anderen Bieter ein geringeres Signal als *Z* haben. Unter Anwendung des *Envelopen-Theorems* und der Gleichgewichtsbedingung *Z*=X* folgt:[353]

$$\frac{dU^*}{dX} = P \cdot \left(1 - \frac{\partial E}{\partial X}\right) + U^* \left(\frac{\frac{\partial P}{\partial X}}{P}\right) \qquad (5.47)$$

Es kann nun gezeigt werden, dass U^* fällt, wenn die partielle Ableitung E_x steigt. Im Gegensatz zur *sealed-bid auction* führt ein höheres Signal in einer *english auction* aufgrund der stochastischen Abhängigkeit zu einem höheren Gebot der Mitkonkurrenten, das erhöht die *erwartete Zahlung* (E_x), reduziert die Auszahlung für den Bieter und erhöht den erwarteten Erlös für den Verkäufer.

---

[353] Für die Herleitung sei der Leser auf Milgrom (1989) verwiesen.

6 Frequenzauktionen

Wie in Kapitel 5 ausgeführt wurde, ist eine *Monopol-Oligopson-* bzw. eine *Oligopol-Monopson*-Marktkonstellation und das Vorliegen von *Informationsasymmetrien* zwischen beiden Marktseiten der idealtypische Rahmen für den Einsatz von Auktionen. Unter solchen Rahmenbedingungen führen traditionelle Marktinstitutionen häufig nicht zum gewünschten Allokationsergebnis. Der Verkauf von Frequenznutzungsrechten ist ein klassisches Beispiel für das Vorliegen dieser Voraussetzungen. Zum einen liegt ein Monopol-Oligopson vor, zum anderen bestehen Informationsasymmetrien zwischen Käufer und Verkäufer. Im Regelfall verfügt die Vergabestelle über wesentlich weniger Informationen hinsichtlich der Marktchancen bestimmter Technologien und damit über den Wert von Frequenzen als (potenzielle) Lizenznehmer. Der Marktwert von Frequenzen bestimmt sich durch die Opportunitätskosten. Dies ist im Falle der Frequenzvergabe der (erwartete) supranormale Profit jenes potenziellen Nutzers, der im Rahmen eines (effizienten) Auswahlverfahrens gerade nicht den Zuschlag erhält. Dieser Wert geht aus dem individuellen Investitionskalkül der Unternehmen hervor und ist der Vergabestelle normalerweise nicht bekannt.

Im Bereich der Vergabe von Frequenznutzungsrechten wurden Auktionen erstmals in Neuseeland im Jahr 1990 eingesetzt. Weitere Auktionen folgten in Australien, den USA, Indien, Kolumbien, Australien und Argentinien. Vor der Vergabe der UMTS/IMT-2000 Lizenzen fanden in Europa bereits Frequenzauktionen in Deutschland, den Niederlanden, Österreich, der Schweiz und Ungarn statt.

Zentrales Thema dieses Kapitels ist der Entwurf von Frequenzauktionen. Behandelt werden wesentliche Elemente des Auktionsentwurfs, wobei sich diese Ausführungen aufgrund der Relevanz für diese Arbeit nahezu ausschließlich auf (simultane) Mehrrundenverfahren beziehen. Der Entwurf von Frequenzauktionen kann eine komplexe Aufgabe sein, die eine Reihe von Fragestellungen aufwirft. Für manche Fragen bietet die Auktionstheorie zum Teil gute Antworten, für andere keine. In solchen Bereichen muss Erfahrungswissen als Substitut fungieren. Nicht zuletzt aus diesem Grund findet sich im Kapitel 6.2 eine empirische Analyse von ausgewählten Frequenzauktionen. Dabei werden Problembereiche identifiziert, die im Zusammenhang mit Frequenzauktionen auftreten können.

6.1 Allgemeines

6.1.1 Frequenzauktion und Vergabeziele

Während bei Markttransaktionen von Privaten der Verkaufserlös als zentrales Interesse im Vordergrund steht, spielen bei der Vergabe von Nutzungsrechten eine Reihe anderer gesellschaftlicher oder wohlfahrtsökonomischer Zielsetzungen eine Rolle. Einige davon sind:[354]

- die Auswahl der (des) effizientesten Leistungserbringer(s)[355]
- die Schaffung bzw. Sicherstellung wettbewerblicher Marktstrukturen bzw. die damit in Zusammenhang stehende Förderung von Marktzutritt (Abbau von Markteintrittsbarrieren)[356]
- eine möglichst rasche Vergabe zur Sicherstellung einer zügigen Einführung einer neuen Technologie (*time to the market*)
- die Reduktion von Transaktionskosten
- die Umsetzung rechtlicher Vergabestandards wie das Nichtdiskriminierungs-, Objektivitäts- und Transparenzgebot[357]
- die Erzielung von Einnahmen für den öffentlichen Haushalt[358]
- Anreiz für eine effiziente Allokation der Ressource Frequenzen (Ermittlung der Opportunitätskosten)[359]
- die Förderung ausgewählter Bietergruppen (*designated entities*)

Aus ökonomischer Sicht sind insbesondere zwei Ziele von Bedeutung: die *Erlösmaximierung* und die *allokative Effizienz*. Auf den Zusammenhang

---

[354] Vgl. auch Keuter et. al. (1996, S 39 ff).
[355] Siehe dazu Kapitel 4.4.1.
[356] Siehe dazu Kapitel 4.4.2.
[357] Siehe dazu Kapitel 4.1.3.
[358] Dass Frequenzauktionen einen nicht zu vernachlässigenden Beitrag für das öffentliche Budget darstellen können, zeigen die Versteigerungen von 3G Lizenzen in Deutschland und Großbritannien bzw. auch die Versteigerung von Mobilfunklizenzen Mitte der 90er Jahre in den USA. Die 3G Auktion in Großbritannien hat beispielsweise 2,5% des BIP erlöst. Auf eine entsprechende (verteilungstheoretische) Diskussion wird hier verzichtet, allerdings ist in diesem Zusammenhang auf die volkswirtschaftlichen Kosten – durch die negative Anreizwirkung – von leistungsabhängigen Steuern wie der Einkommensteuer hinzuweisen, die beim Verkauf von Frequenznutzungsrechten nicht anfallen.
[359] Siehe dazu Kapitel 4.2.

zwischen effizienter Allokation und der Auswahl des effizientesten Leistungserbringers wurde bereits in Kapitel 4.3 eingegangen. Das Ziel der effizienten Allokation steht in einem engen Zusammenhang mit dem Ziel der Erlösmaximierung: Im engen Kontext der Zuteilung einer vorgegebenen Zahl an Lizenzen ist – wie in Kapitel 4.3 ausgeführt wurde – die pareto-effiziente Zuteilung gleichzeitig jene Zuteilung, die den Erlös maximiert. In einem breiteren Kontext, in dem auf die Effizienz auf den nachgelagerten *Downstream-Märkten* (z.B. Mobilfunkendkundenmarkt) abgestellt wird, kann die Erlösmaximierung nicht mehr alleiniges Ziel sein. In einer groben Annäherung sinkt der Gesamterlös mit steigender Zahl an Marktteilnehmern. Eine rein auf Erlösmaximierung ausgerichtete Vergabepolitik birgt die Gefahr einer aus volkswirtschaftlicher Sicht zu restriktiven Lizenzierung.[360] Vor diesem Hintergrund ist die Schaffung bzw. Sicherstellung wettbewerblicher Marktstrukturen sowie die Förderung von Marktzutritt (Abbau von Markteintrittsbarrieren) als Vergabeziel zu sehen. Im Rahmen von Frequenzauktionen lassen sich auch andere über die Förderung von Wettbewerb hinausgehende gesellschaftspolitische Ziele umsetzen. Ein Beispiel dafür ist die Förderung ausgewählter Bietergruppen (*designated entities*).

Einige der oben genannten Vergabeziele lassen sich mittelbar oder unmittelbar aus dem geltenden Rechtsrahmen ableiten. Beispielsweise lässt sich die Sicherstellung wettbewerblicher Marktstrukturen und die Förderung von Marktzutritt unmittelbar aus den Zielbestimmungen des Telekommunikationsgesetzes ableiten. Das TKG normiert auch den rechtlichen Standard, dem Auswahl- und Vergabeverfahren zu genügen haben. Demnach haben diese *offen, fair, transparent* und *nichtdiskriminierend* zu sein. Abgesehen davon, dass das Auswahlverfahren „Auktion" per se diesen Kriterien genügt, stellt sich die Frage, inwieweit diese in der weiteren Ausgestaltung eines Versteigerungsverfahrens zu berücksichtigen sind. Vor diesem Hintergrund könnte beispielsweise die Frage des Einsatzes (Preis-) diskriminierender Auktionsverfahren diskutiert werden. Ist die Sicherstellung eines einheitlichen/ähnlichen Frequenznutzungsentgelts für gleiche/ ähnliche Frequenzpakete (*one-price-rule*) eine notwendige Voraussetzung, um dem Gebot der Nichtdiskriminierung zu genügen, schließt dies den Einsatz von Verfahren mit hohem (Preis-) Diskriminierungspotenzial aus.

---

[360] Siehe dazu Kapitel 3.4 und 4.5.

6.1.2 Auswirkungen auf die Downstream-Märkte

Seitens der Befürworter eines Kriterienwettbewerbs wurde eine Reihe von Argumenten gegen Auktionen ins Feld geführt, wobei aus ökonomischer Sicht zwei Argumente eine nähere Betrachtung wert sind:

- Auktionen bewirken bedingt durch die Lizenzkosten höhere Endkundentarife.
- Auktionen verhindern sinnvolle Investitionen in die Netzinfrastruktur.

Aus Sicht der ökonomischen Standardtheorie sind diese Behauptungen in dieser Form nicht zu halten.[361] Vielmehr ist davon auszugehen, dass sich Preis und Menge unabhängig vom Vergabemechanismus als Ergebnis der Interaktionen auf einem oligopolistischen Markt einstellen. Darüber hinaus sind die Lizenzkosten versunkene Kosten und finden bei der Preisentscheidung keine Berücksichtigung. In Abbildung 6-1 sind die Kostenfunktionen (Durchschnittskosten und Grenzkosten) sowie die Nachfragefunktion aufgetragen.

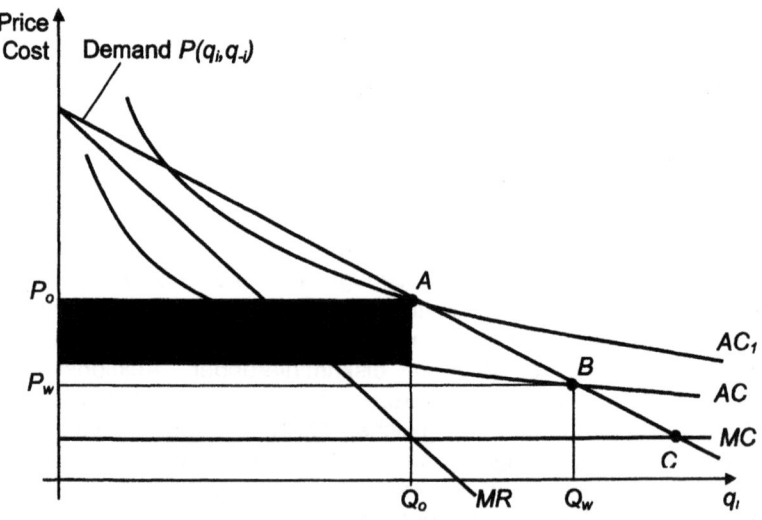

ABBILDUNG 6-1: LIZENZKOSTEN UND MARKTGLEICHGEWICHT

---

[361] Vgl. u.a. Bennett (2000), Binmore & Klemperer (2001), McMillan (1984).

In einer Annäherung an die ökonomischen Gegebenheiten des Mobilfunks wird von einem degressiven Kostenverlauf ausgegangen. Des Weiteren wird unterstellt, dass die Grenzkosten unter den Durchschnittskosten liegen. Auf einem Markt mit perfektem Wettbewerb würde sich ein Marktgleichgewicht im Schnittpunkt der Durchschnittskosten (*AC*) und der negativ geneigten individuellen Nachfragefunktion (*residual demand function*) einstellen. Demnach würde die Menge Q_W zum Preis P_W angeboten und nachgefragt. Das aus wohlfahrtsökonomischer Sicht erstbeste Ergebnis liegt im Schnittpunkt zwischen Grenzkosten und Nachfragefunktion (Punkt *C* in der Abbildung). In einem Markt, in dem die Grenzkosten über den Durchschnittskosten liegen, würde sich dieses Ergebnis bei vollkommenem Wettbewerb einstellen. In dem hier skizzierten Fall ist es eigenwirtschaftlich nicht realisierbar, da die Erlöse die Fixkosten nicht decken. Die *Second-best-Lösung*, die einen entsprechenden Aufschlag zur Abdeckung der Fixkosten beinhaltet, liegt im Schnittpunkt zwischen Durchschnittskosten und Nachfragefunktion (Punkt *B*).[362]

Wie bereits im Kapitel 3 ausgeführt wurde, sind Mobilfunkmärkte aufgrund der Frequenzknappheit oligopolistische Märkte und unterliegen anderen Preisfestsetzungsmechanismen.[363] Aus Gründen der Einfachheit wird an dieser Stelle ein sogenanntes *symmetrisches Nash-Gleichgewicht* angenommen.[364] Gegeben die Mengenentscheidung aller Mitbewerber, maximiert jeder Anbieter seinen individuellen Profit: Das Marktgleichgewicht wird durch das Maximierungskalkül – Grenzerlös entspricht Grenzkosten – bestimmt. In der Regel stellt sich auf einem Oligopolmarkt ein Marktgleichgewicht mit einem höheren Aufschlag auf die Grenzkosten ein als unter vollkommenen Wettbewerb (Punkt *A* in Abbildung 6-1). Dieses Gleichgewicht ist, verglichen mit jenem, das sich bei perfektem Wettbewerb einstellt, durch eine geringere Outputmenge, einen höheren Preis und einen zusätzlichen Profit von $Q_O^*(P_O\text{-}AC(Q_O))$ (dargestellt durch die grau hinterlegte Fläche in der Abbildung) gekennzeichnet sein. Dieser (supranormale) Profit geht über die marktübliche Verzinsung des Eigenkapitals, die bereits als kalkulatorische Zinsen in den *DK* berücksichtigt ist, hinaus.

---

[362] Siehe dazu auch die Ausführungen im Kapitel 3.4.

[363] Neben der Tatsache, dass nur eine beschränkte Zahl an Anbietern auf dem Markt aktiv ist, existieren durch die Frequenzknappheit unüberwindliche Markteintrittsbarrieren, wodurch die disziplinierende Wirkung von potenziellem Wettbewerb wegfällt (siehe dazu Kapitel 3.4).

[364] Siehe auch Kapitel 3 (insbesondere den Anhang zu Wettbewerbsmodellen).

Nehmen wir nun den Fall an, die Lizenzen werden im Rahmen eines Kriterienwettbewerbs vergeben und nehmen wir weiters an, die Lizenzkosten seien Null. Hätte einer der Anbieter einen Anreiz von dem Marktgleichgewicht (P_o, Q_o) abzuweichen? Aus ökonomischer Sicht nein, denn dieses Marktgleichgewicht stellt sich unter der Prämisse der Profitmaximierung ein. Ein Abweichen vom Nash-Gleichgewicht würde den Profit (unnötigerweise) reduzieren. Nehmen wir nun den Fall an, die Lizenzen werden auktioniert. In diesem Fall bestimmt der erwartete supranormale Profit die maximale Zahlungsbereitschaft des Bieters. Ein Gebot jenseits des supranormalen Profits hätte nur zur Folge, dass der Bieter auf dem zukünftigen Mobilfunkmarkt Verluste realisieren würde.[365] Diese könnten allenfalls durch ein kollusives Marktgleichgewicht abgewendet werden – eine Strategie, die mit einem erheblichen Investitionsrisiko verbunden wäre.

Wie hoch die Lizenzkosten tatsächlich sind, hängt vom Bietwettbewerb und den individuellen Bietstrategien ab. Nehmen wir aber an, das in der vorliegenden Analyse betrachtete Unternehmen würde im Rahmen der Auktion ein Gebot im Umfang des gesamten erwarteten supranormalen Profits legen. In diesem Fall erhöhen sich die Durchschnittskosten auf

$$AC^1(Q_o) = AC(Q_o) + \frac{Q_o(P_o - AC(Q_o))}{Q_o} = P_o$$

und damit exakt auf das Niveau des (antizipierten) Marktpreises; die in Abbildung 6-1 dargestellte Durchschnittskostenkurve AC verschiebt sich nach oben auf das Niveau AC_1.

Diese *ex ante Betrachtung* ist um ein weiteres Argument, auf das hier nicht näher eingegangen wird, zu ergänzen: Bei der tatsächlichen Preisfestsetzung stellen die Unternehmen auf *forward looking cost*, erwartete Erlöse und das erwartete Verhalten der anderen Marktteilnehmer ab. Lizenzkosten sind versunkene Kosten und finden dabei keine Berücksichtigung. Die Lizenzvergabe mittels Auktion hat also primär Auswirkungen auf die Profitabilität. Zu diesem Ergebnis kommt auch das National Audit Office (2001), das die Auswirkungen der 3G Versteigerung in Großbritannien analysiert hat.

---

[365] Eine Analyse möglicher Ursachen, die dazu führen, dass Bieter über das Nash-Gleichgewicht hinausbieten (*past profit bidding*) finden sich in Bennett (2000). Eine mögliche Ursache könnte ein imperfekter Kapitalmarkt – aufgrund eines *Principle-Agent-Problems* zwischen der Unternehmensleitung und den Kapitaleignern – sein, eine weitere Ursache, steigende Finanzierungskosten aufgrund hoher Schulden.

Ähnlich auch die Argumentation hinsichtlich der Investitionen. Um einen bestimmten Output zu produzieren, ist ein Minimum an Investitionen in die Netzinfrastruktur notwendig. Diese Investitionen orientieren sich am (erwarteten) Marktgleichgewicht und nicht an der Art der Lizenzvergabe. Auch hier hält das National Audit Office (2001) fest: *„although most major telecommunication companies, including the 3G licensees in the UK have experienced greater difficulty in raising finance, Hutchison, One2One, Vodafone and Orange have already arranged funding for their new UK networks. Vodafone and Hutchison told us the high cost of their licence gave them an added commercial incentive to roll out 3G services more quickly than if the spectrum had been given away. Difficulties that remain to be overcome for roll-out to proceed are mainly technical, for example the development of suitable base station and hand-set equipment"*.

Dem stehen zum Teil Erkenntnisse neuerer Forschungsarbeiten entgegen. Beispielsweise zeigt Offerman & Potters (2000) im Rahmen von Experimenten, dass Auswirkungen des Vergabeverfahrens auf das Preisniveau von *Downstream-Märkten* nicht ausgeschlossen werden können. Der kritische Punkt ist die oligopolistische Interaktion auf den *Downstream-Märkten*. Ist diese weniger von marktstrukturellen Faktoren als vielmehr von den Entscheidungsträgen selbst (bzw. deren Erwartungen) geprägt, dann ist eine logische Konsequenz einer Frequenzauktion, dass die Unternehmen mit der höchsten Kollusionsneigung ausgewählt werden. Das sind diejenigen, die das höchst Preisniveau erwarten und über den Profit, der sich im Nash-Gleichgewicht einstellt, hinausbieten. Die zentrale Frage ist dann aber, ob sich diese Erwartungen ex-post auch einstellen.

Gibt es eine volkswirtschaftlich sinnvollere Alternative zu Frequenzauktionen? In einer partialanalytischen Betrachtung des Endkundenmarktes wäre diese Frage mit ja zu beantworten. Im regulierungstheoretischen Kontext ist die erstbeste Lösung der Schnittpunkt zwischen Grenzkosten und Nachfragefunktion (Punkt *C* in Abbildung 6-1). Dieses Marktgleichgewicht ist unter den hier getroffenen Annahmen eigenwirtschaftlich nicht realisierbar. Die zweitbeste Lösung liegt im Schnittpunkt zwischen Durchschnittskosten und Nachfragefunktion (Punkt *B* in der Abbildung). Beide Marktergebnisse sind aus wohlfahrtsökonomischer Sicht – in einer partialanalytischen Betrachtung des Endkundenmarktes – gegenüber dem Punkt *A*, der sich bei einer Frequenzauktion – und jedem anderen Vergabemechanismus ohne Regulierung – einstellt, zu bevorzugen. Unter diesem Gesichtspunkt wäre die Alternative der entgeltlosen Zuteilung gepaart mit (traditionellen) Preisregulierungsverfahren, wie *rate-*

of-return regulation oder *rate-on-cost regulation* auf den Endkunden-Märkten zu bevorzugen.[366] Dies würde allerdings eine Änderung des ordnungspolitischen Rahmens voraussetzen.[367] Darüber hinaus ist in diesem Zusammenhang auch auf die Kritik der modernen Regulierungstheorie an den klassischen Instrumenten der Preisregulierung, wie die Probleme der „optimalen Regulierung unter Informationsasymmetrie", zu verweisen.[368]

6.2 Empirische Analyse von ausgewählten Frequenzauktionen

Ziel der nachfolgenden Untersuchung ist es, einen Erfahrungsbericht zu einigen Frequenzauktionen, die in der Praxis durchgeführt wurden, vorzulegen. Diese Analyse erhebt nicht den Anspruch der Vollständigkeit. Vielmehr sollen anhand einiger ausgewählter Frequenzauktionen, in denen unterschiedliche Auktionsformate zur Anwendung gekommen sind, die im vorangegangenen Kapitel dargestellten theoretischen Grundlagen empirisch verifiziert, sowie Problembereiche identifiziert werden. Diese Problembereiche sind ein wesentlicher Inputfaktor beim Entwurf von Frequenzauktionen. Der Erfolg einer Frequenzauktion kann immer nur im Lichte der von der Vergabestelle gewählten Ziele beurteilt werden. Solche Ziele können – wie in Kapitel 6.1.1 ausgeführt – vielfältig sein. Aus ökonomischer Sicht stehen zwei Ziele im Mittelpunkt des Interesses: *Einnahmenmaximierung* und *allokative Effizienz*. Eine Allokation wird als effizient bezeichnet, wenn der Bieter mit der höchsten Zahlungsbereitschaft den Zuschlag erhält.[369] Eine Analyse in Bezug auf diese beiden Ziele ist ohne Kenntnis der Zahlungsbereitschaft der Bieter nur einge-

---

[366] Um Missverständnisse zu vermeiden. Der Punkt A stellt sich bei Abwesenheit von Regulierung unabhängig vom Vergabeverfahren ein. Allerdings steigen bei einer Frequenzauktion im Gegensatz zu einer entgeltlosen Zuteilung bei ansonst identen Infrastrukturen die Durchschnittskosten, so dass der Spielraum für eine ex-post Regulierung abnimmt.

[367] Und eine konsequente Umsetzung, unter Bedachtnahme der im Kapitel 3.4.2 ausgeführten Charakteristika des Mobilfunks, würde dann wohl auch eine Rückführung in einen regulierten Monopolmarkt nahelegen.

[368] Bei asymmetrischer Informationsverteilung hinsichtlich der Kosten- und Nachfragebedingungen ist es für eine Regulierungsinstanz – unter anderem aufgrund des Anreizes einer falschen Kostenberichterstattung (*hidden information* oder *hidden action*) – nicht ganz einfach, die richtige Preisstruktur anzuordnen. Zur modernen ökonomischen Regulierungstheorie vgl. u.a. Armstrong et.al. (1998, S 27 ff), Borrmann & Finsinger (1999, S 388 ff) und Laffont & Tirole (1993).

[369] Siehe auch Kapitel 4.3.

schränkt möglich. Allerdings gibt es eine Reihe von Indizien, die herangezogen werden können:

- Frequenzauktionen sind im Regelfall Mehrgüterauktionen. Bedeutsam dabei ist, dass zwischen unterschiedlichen Lizenzen oder Frequenzpaketen Werteinterdependenzen bestehen. Substitutive Werteinterdependenzen liegen beispielsweise dann vor, wenn annähernd gleichwertige Frequenzpakete vergeben werden. Komplementäre Effekte resultieren aus Synergieeffekten, die einem Lizenznehmer dadurch entstehen, dass er eine bestimmte Lizenz in Kombination mit einer oder mehreren anderen Lizenzen erwirbt. Ein typisches Beispiel für Synergien sind Frequenzbänder, die im Spektrum nebeneinander liegen oder Frequenzbänder in benachbarten Regionen.[370] Die Realisierung von Synergien im Rahmen einer Zuteilung führt zu einer intensiveren Nutzung und steht damit im Einklang mit Zielsetzungen der Frequenzverwaltung. Die nachfolgende Analyse beschäftigt sich unter anderem mit der Frage, in welchem Umfang in einzelnen Auktionsformaten Synergieeffekte realisiert werden konnten.

- In einem perfekt kompetitiven Markt stellt sich ein einheitlicher Marktpreis für gleichwertige Güter ein. Für ähnliche Güter stellt sich ein ähnlicher Preis ein (*one-price-rule*). Die *one-price-rule* ist aber nicht nur aus reinen Effizienzüberlegungen heraus von Interesse, sondern kann sich unter Umständen aus dem Rechtsrahmen ableiten und der Sicherstellung einer fairen, diskriminierungsfreien Zuteilung der Frequenzen/Lizenzen mit gleichen Ausgangsbedingungen für alle Lizenznehmer (*level playing field*) dienen. Wie nachfolgend gezeigt wird, unterscheiden sich die Preise bei manchen zur Anwendung gekommenen Auktionstypen sehr stark.

6.2.1 Frequenzauktionen in Neuseeland

Im Bereich der Vergabe von Frequenznutzungsrechten wurden Auktionen erstmals in Neuseeland im Jahr 1989 eingesetzt. Insgesamt wurden im Zeitrahmen von Dezember 1989 bis Dezember 1998 zehn Auktionen durchgeführt. Die rechtliche Basis wurde durch den *Radio Communications Act* 1989 geschaffen, der eine im internationalen

---

[370] Komplementäre Beziehungen zwischen zwei aneinander angrenzenden Frequenzbändern liegen beispielsweise dann vor, wenn ein Lizenznehmer, der zwei benachbarte Frequenzbänder erwirbt, auch die Schutzbänder zwischen diesen Frequenzbändern nutzen und damit seine Kapazität erhöhen kann.

Vergleich breitere Einführung marktbasierter Mechanismen vorsieht. Neben der rechtlichen Verankerung von Auktionen als Zuteilungsverfahren wurden gesetzliche Regelungen zur Etablierung konzentrierterer Verfügungsrechte, so genannte ‚*Management Right*' geschaffen. Diese sind übertragbar und räumen dem Lizenznehmer ein höheres Maß an Wahlfreiheit hinsichtlich der Nutzungsmöglichkeiten ein.[371]

Mit Unterstützung des Beratungsunternehmens National Economic Research Association (NERA) vergab die Neuseeländische Regierung zwischen 1989 und 1991 in mehreren Regionen zum Teil unterschiedlich ausgestaltete Nutzungsrechte mittels einer Reihe von sogenannten *second-price sealed-tender auctions*.[372] Das gewählte Verfahren orientierte sich an den Arbeiten von Vickrey (1961). Der Erlös wurde als sekundäres Ziel gegenüber der effizienten Vergabe angesehen. Eine *second-price sealed-bid auction* ist in der Regel effizient.[373] Allerdings, und das ist in diesem Zusammenhang nicht unwesentlich, unterschieden sich die Rahmenbedingungen der Frequenzauktion in Neuseeland von den Grundannahmen, die Vickrey seinen Arbeiten zu Grunde legte. Vickrey untersuchte Eingüterauktionen, in Neuseeland hingegen gelangten mehrere Frequenznutzungsrechte zur Vergabe. Für jede Lizenz wurde eine separate *Vickrey Auktion* durchgeführt. Die Bieter mussten – und das war eines der zentralen Probleme – zumindest für ähnliche Lizenzen die Gebote gleichzeitig abgeben.[374] Die Auktion wurde zwar insgesamt als erfolgreich bewertet, hatte aber seitens von Experten als auch seitens der Politik und Öffentlichkeit an Kritik erfahren. Zwei Kritikpunkte sind besonders hervorzuheben.[375] Zum einen lag die Vermutung nahe, dass das Verfahren zu einer ineffizienten Allokation geführt hat. Diese Vermutung begründet sich – wie oben bereits angedeutet – in den Versteigerungsregeln, die in unzureichendem Maße die für Mehrgüterauktionen spezifische Problematik der wirtschaftlichen Interdependenzen berücksichtigen. Aufgrund der Einstufigkeit und Simultanität des Ver-

---

[371] Siehe auch Kapitel 4.2.1.

[372] De facto wurde ein Mix aus sequenziellen und simultanen Versteigerungen gewählt. In den Jahren 1989 und 1990 wurden insgesamt drei getrennte *Tender Auctions* durchgeführt. Im Rahmen eines *Tenders* gelangten mehrere Nutzungsrechte simultan zur Vergabe. Zum Verfahren in Neuseeland vgl. auch Milgrom (1995), McMillan (1994) und Salant (2000).

[373] Siehe auch Kapitel 5.3.

[374] Wie in Kapitel 5 ausgeführt wurde, ist die *generalisierte Vickrey-Auktion* die natürliche Erweiterung der Vickrey-Auktion auf Mehrgüterauktionen.

[375] Vgl. auch Milgrom (1995).

fahrens mussten die Bieter, ohne Informationen über die Präferenz der anderen Bieter zu haben, die Entscheidung treffen, für welche Lizenzen sie ihre Gebote abgaben. Dies war sogar für einen Bieter, der nur eine Lizenz erwerben wollte, ein schwieriges Unterfangen. Da einzelne Lizenzen enge Substitute darstellten, musste ein solcher Bieter für den Fall, dass er den Zuschlag für die bevorzugte Lizenz nicht erhalten sollte, auch für eines oder mehrere Substitute – quasi als Absicherung – Gebote legen. Diese Strategie erhöhte wiederum die Gefahr, zu viele Lizenzen zu erwerben. Dies führte in der Folge auch zu einigen Ergebnissen, die eine ineffiziente Allokation vermuten lassen. Zum Beispiel erzielte die Mobilfunklizenz TACS-A einen Preis von 25,1 Mio. NZ$ und die ökonomisch gleichwertige TACS-B-Lizenz trotz vergleichbarer Höchstgebote einen Preis von 5000 NZ$. Die Regierung brach in der Folge das Vergabeverfahren für diese Lizenz ab und wiederholte sie 1993 in Form einer *firstprice sealed-bid auction*. Dabei wurden 13 Mio. NZ$ erlöst.[376] Ohne Kenntnis über die Werteinschätzung der Bieter kann eine Effizienzbeurteilung nur mit erheblichem spekulativem Anteil vorgenommen werden. Betrachtet man die Ergebnisse im Detail, kann man durchaus Evidenz für diese Vermutung finden.

TABELLE 6-1: BUNDESWEITE 8 MHZ UHF-TV LOTS

Lot	Winning Bidder	High Bid (NZ$)	Second Bid (NZ$)
1	Sky Network TV	2.371.000	401.000
2	Sky Network TV	2.371.000	401.000
3	Sky Network TV	2.371.000	401.000
4	BCL	255.124	200.000
5	Sky Network TV	1.211.000	401.000
6	Totalisator Agency Board	401.000	100.000
7	United Christian Broadcast	685.200	401.000

Quelle: Milgrom (1995)

In Tabelle 6-1 ist die Zuteilung von acht bundesweiten *lots* für UHF-TV Dienste, die unter anderem in dem ersten Tender vergeben wurden, dargestellt. So ist beispielsweise schwer vorstellbar, dass die Bieter in Kenntnis der Präferenzen und Gebote der anderen Bieter nicht eine andere Strategie gewählt hätten. Totalisator Agency Board hat für fünf Lizenzen je Lizenz 401.000 NZ$ geboten und den Zuschlag für nur eine Lizenz um 100.000 NZ$ erhalten. BCL hingegen hat für eine Lizenz 255.000 NZ$ geboten und für diese den Zuschlag erhalten. Hätte

---

[376] Vgl. Ministry of Economic Development, New Zealand, http://auction.med.govt.nz

beispielsweise Totalisator Agency Board statt auf *Lot* 1 zu bieten ein Gebot für *Lot* 4 gelegt, hätte dies die Effizienz und möglicherweise auch die Einnahmen erhöht.[377] Auffallend sind auch die hohen Preisunterschiede zwischen den von ihrer Ausstattung vergleichbaren Lizenzen. Sky Network TV hat für alle Lizenzen erheblich mehr bezahlt als die anderen Bieter. Wesentlich extremere Preisunterschiede sind im Bereich der regionalen UHF-TV *lots* festzustellen. In Tabelle 6-2 ist das Ergebnis in der Region Christchurch dargestellt.

TABELLE 6-2: REGIONALE 8 MHZ UHF-TV LOTS IN CHRISTCHURCH

Dienst	Kanal	Höchstbieter	Preis (NZ$)
UHF-TV	28	Sky Network Television Ltd	201,00
UHF-TV	32	Sky Network Television Ltd	201,00
UHF-TV	44	Joanna McMenamin	47.000,00
UHF-TV	48	Broadcast Communications Ltd	201,00
UHF-TV	52	Christchurch Polytechnic	1.000,00
UHF-TV	56	Shureview Radio & Television Services	1,00
UHF-TV	60	Sophomore Holdings Ltd	21.124,00

Quelle: Ministry of Economic Development, New Zealand, URL: http://auction.med.govt.nz

Das zweite Problem war weniger ökonomischer als vielmehr politischer Natur. Aufgrund des gewählten Verfahrens (*second-price sealed-bid rule*) erlangte die Öffentlichkeit Einblick in die wahre Zahlungsbereitschaft der einzelnen Bieter. Diese aus ökonomischer Sicht grundsätzlich wünschenswerte Eigenschaft einer *second-price sealed-bid auction* führte allerdings zu Akzeptanzproblemen. Durch die Offenlegung der wahren Zahlungsbereitschaft wurde der Öffentlichkeit auch die in manchen Fällen extrem hohe Differenz zwischen der Zahlungsbereitschaft des Höchstbieters und dem Preis, den dieser zu zahlen hatte, bekannt. In einem Extremfall bot ein Unternehmen 100.000 NZ$ und zahlte einen Preis im Umfang des zweithöchsten Gebots von 6 NZ$.[378] Dies war letztlich auch der Grund dafür, dass die neuseeländische Regierung nach drei *second-price sealed-bid auctions* das Verfahren änderte und einer *first-price auction*

---

[377] Gegeben die Zahlungsbereitschaft in der Tabelle, hätte der Einsatz eines alternativen Auktionsverfahrens jedenfalls zu höheren Einnahmen geführt. Im Rahmen eines simultanen Mehrrundenverfahrens oder einer Auktion mit homogenen Gütern wäre der Preis für alle lots durch den marginalen Bieter Totalisator Agency Board (401.000 NZ$) bestimmt worden.

[378] Vergleiche McMillan (1994).

den Vorzug gab.[379] Die eingangs erwähnten Effizienzprobleme in Zusammenhang mit der Vergabe mehrerer Lizenzen fanden dabei allerdings keine Berücksichtigung. Zwischen Oktober 1991 und November 1994 fanden drei *first-price sealed bid tender* Verfahren statt. Im Jahr 1995 wurden die Regeln überarbeitet und das Vergabeverfahren auf ein *aufsteigendes* – später auch – *simultanes Mehrrundenverfahren* umgestellt.[380]

Da Neuseeland eines der wenigen Länder ist, in denen nahezu alle Grundtypen von Auktionen zur Anwendung gekommen sind, drängt sich ein empirischer Vergleich zwischen unterschiedlichen Auktionsformaten auf. In Tabelle 6-3 findet sich eine Darstellung ausgewählter Ergebnisse, wobei gleichwertige Nutzungsrechte zusammengefasst sind. In den ersten fünf Spalten finden sich Angaben zu Art und Gegenständen des Verfahrens: Bezeichnung des Vergabeverfahrens, gewähltes Auktionsformat,[381] Angaben zu den Diensten, für die das Spektrum alloziert wurde, Nutzungsgebiet und die Zahl an (gleichwertigen) Lizenzen, die zur Vergabe gelangten.

---

[379] Wie in Kapitel 5 gezeigt, führt die *first-price sealed-bid auction* nicht zwangsläufig zu höheren Einnahmen. Allerdings ist die gesellschaftliche Akzeptanz einer geheimen Höchstpreisauktion im Regelfall höher, da der Öffentlichkeit die wahre Zahlungsbereitschaft der Bieter und somit auch die Differenzen zwischen Zahlungsbereitschaft und bezahltem Preis nicht bekannt wird.

[380] Mit Einführung dieses Verfahrens wurde auch die Bezeichnung geändert. Das Vergabeverfahren wurde nun nicht mehr als *Tender*, sonder als *Auction* bezeichnet.

[381] Das Kürzel SPSB steht für *second-price sealed-bid tender*, FPSB für *first price sealed bid tender* und SAA für ein aufsteigendes, simultanes Mehrrundenverfahren.

TABELLE 6-3: AUSGEWÄHLTE ERGEBNISSE DER AUKTIONEN IN NEUSEELAND

Vergabe (Format)	Dienst/Region	Liz.	Mittelwert	min	max	Std. Abw.	max-min/min
Tend. 1 (SPSB)	UHF-TV/National	7	$329.286	$100.000	$401.000	$116.497	301%
Tend. 1 (SPSB)	UHF-TV/Auckland	7	$48.429	$35.000	$52.000	$5.551	48%
Tend. 1 (SPSB)	UHF-TV/Hamilton	7	$4.018	$2.000	$10.124	$2.816	406%
Tend. 1 (SPSB)	UHF-TV/Napier/Hast.	7	$364	$26	$1.124	$448	4223%
Tend. 1 (SPSB)	UHF-TV/ Paimerston N.	7	$2.392	$1.115	$10.054	$3.128	801%
Tend. 1 (SPSB)	UHF-TV/Wellington	7	$18.319	$1.115	$31.000	$14.646	2680%
Tend. 1 (SPSB)	UHF-TV/ Christchurch	7	$9.961	$1	$47.000	$16.741	4699900%
Tend. 1 (SPSB)	UHF-TV/Timaru	7	$1.207	$1	$7.000	$2.387	699900%
Tend. 1 (SPSB)	UHF-TV/Dunedin	7	$1.350	$0	$8.000	$2.735	undefined
Tend. 1 (SPSB)	UHF-TV/Invercargill	7	$780	$1	$5.000	$1.725	499900%
Tend. 2 (SPSB)	AMPS (10MHz)/Nat.	1	$11.158.800	$11.158.800	$11.158.800	$0	0%
Tend. 2 (SPSB)	TACS (7,5MHz)/Nat.	2	$12.602.500	$5.000	$25.200.000	$12.597.500	503900%
Tend. 2 (SPSB)	UHF-TV/Queenstown	14	$467	$52	$1.576	$441	2930%
Tend. 3 (SPSB)	MDS (8MHz)/National	12	$115.533	$45.000	$211.000	$66.258	368%
Tend. 4 (FPSB)	UHF-TV/Rumuera	3	$102	$101	$104	$1	2%
Tend. 4 (FPSB)	UHF-TV/Pukepoto	2	$7.500	$4.000	$11.000	$3.500	175%
Tend. 4 (FPSB)	UHF-TV/Kaiti Hill	4	$1.130	$1.130	$1.130	$0	0%
Tend. 4 (FPSB)	UHF-TV/Whakapunk.	3	$330	$222	$517	$133	132%
Tend. 4 (FPSB)	UHF-TV/Forest H.	2	$15.800	$10.000	$21.600	$5.800	116%
Tend. 4 (FPSB)	UHF-TV/Grampians	3	$11.144	$6.666	$16.600	$4.114	149%
Tend. 4 (FPSB)	UHF-TV/Mt Campbell	3	$7.622	$6.200	$10.000	$1.692	61%
Tend. 4 (FPSB)	DMS/Waiatarua	3	$5.349	$2.000	$7.023	$2.368	251%
Tend. 4 (FPSB)	MF-AM/Rotorua	2	$6.265	$5.530	$7.000	$735	26%

Vergabe (Format)	Dienst/Region	Liz.	Mittelwert	min	max	Std. Abw.	max-min min
Tend. 4 (FPSB)	MF-AM/Highcliff	2	$55.830	$10.160	$101.500	$45.670	899%
Tend. 4 (FPSB)	VHF-FM/Bluff Hill	2	$11.630	$2.100	$21.159	$9.530	907%
Tend. 4 (FPSB)	VHF-FM/Whariti	2	$46.104	$31.104	$61.104	$15.000	96%
Tend. 4 (FPSB)	VHF-FM/Forst H.	2	$16.970	$15.261	$18.679	$1.709	22%
Tend. 4 (FPSB)	VHF-FM/Picton	2	$13.105	$5.100	$21.109	$8.005	313%
Tend. 4 (FPSB)	VHF-FM/Mt Studholm	2	$51.130	$51.000	$51.260	$130	0,51%
Tend. 4 (FPSB)	VHF-TV/Forest Hills	2	$35.325	$35.000	$35.650	$325	1,86%
Auct. 1 (SAA)	VHF-TV/Lyttelton	5	$7.280	$5.900	$8.000	$717	35%
Auct. 1 (SAA)	LMDS(150MHz)/N.	3	$316.331	$308.792	$322.300	$5.625	4,37%
Auct. 2 (SAA)	LMDS(500MHz)/N.	3	$762.581	$739.443	$808.000	$32.118	9,27%
Auct. 2 (SAA)	VHF-FM Sound/Timaru	2	$6.996	$6.655	$7.336	$341	10%

Quelle: Ministry of Economic Development, New Zealand; URL: http://auction.med.govt.nz (adaptiert durch den Autor).

In den weiteren Spalten finden sich einige Variabilitätskennzahlen zu den erzielten Erlösen (Angaben zur Spannweite und Standardabweichung) innerhalb einer Gruppe vergleichbarer Lizenzen. Bemerkenswert sind die zum Teil extrem hohen Preisunterschiede zwischen engen Substituten, die sich im Rahmen des *Second-price-sealed-bid-tender-Verfahrens* eingestellt haben. Eine deutliche Reduktion der Streuung hat sich mit der Umstellung auf eine *First-price-sealed-bid-Regel* eingestellt. Nahezu gleiche Preise für ähnliche Güter wurden im Rahmen des *aufsteigenden simultanen Mehrrundenverfahrens* (SAA) erzielt.

6.2.2 Frequenzauktionen in Australien

Im Jahr 1993 wurde in Australien die erste Frequenzauktion durchgeführt. Ermöglicht wurde dies durch den Broadcasting Services Act von 1992.[382] Zur Vergabe gelangten zwei Lizenzen für Satellitenübertragungen von Pay-TV Sendern. Um öffentliche Akzeptanzprobleme, wie sie in Neuseeland der Fall waren, zu vermeiden, wurde als Auktionsformat eine *first-price auction* gewählt, die allerdings um eine Besonderheit erweitert wurde. Die Bieter konnten mehrere Gebote für eine Lizenz abgeben und sie konnten – ohne rechtliche Konsequenzen – ihre Gebote zurückziehen, indem sie innerhalb eines vorgegebenen Zeitrahmens die Lizenzsumme nicht bezahlten. Die Regeln besagten, dass dann der jeweils nächsthöchste Bieter den Zuschlag erhält. Dieser iterative Prozess wurde fortgesetzt bis einer der Bieter bereit war, den von ihm gebotenen Preis zu zahlen.

Diese Besonderheit und die Tatsache, dass weder die Zahlungsfähigkeit der Bewerber überprüft noch eine Anzahlung seitens der Bewerber zu leisten war, führte in der Folge zur Teilnahme von Unternehmen mit spekulativen Absichten. Zwei bis dahin unbekannte Unternehmen überraschten die Öffentlichkeit mit unerwartet hohen Geboten, in der Höhe von 212 Mio. A$ für die erste und 177 Mio. A$ für die zweite Lizenz sowie weiteren 20 Geboten, die abwechselnd für die zwei Lizenzen gelegt wurden. Die beiden Bieter traten in der Folge so lange sukzessive von den jeweiligen Geboten zurück, wie dies bei Sicherung des Lizenzzuschlags möglich war. Der gesamte Prozess dauerte an die 10 Monate. Zwischenzeitlich verhandelten die Bieter offensichtlich mit potenziellen Käufern. Beide Lizenzen gingen am Ende an eines der beiden Unternehmen[383] und wurden unmittelbar nachher weiterveräußert. In Fall der ersten Lizenz

---

[382] Vgl. u.a. Milgrom (1995).
[383] Die erste Lizenz um 117 Mio. A$, die zweite Lizenz um 77 Mio. A$.

betrug der Gewinn 21 Mio. A$, im Falle der zweiten Lizenz wurde der Gewinn nicht öffentlich bekannt. Das Grundproblem lag darin, dass die Gebote keinen verbindlichen Charakter hatten.

Im Jahr 1994 gelangten weitere Frequenznutzungsrechte, in diesem Fall für den Betrieb von *Multipoint Distribution Stations,* zur Versteigerung.[384] Für diesen Dienst wurden bereits Lizenzen mittels eines administrativen Verfahrens nach dem *first-come-first-served* Prinzip vergeben. Verfügbar waren noch bis zu jeweils 19 Kanäle in 13 Regionen. Die Vergabestelle ist von starken Werteinterdependenzen ausgegangen. Zum einen wurde erwartet, dass Bieter, die bereits bei der administrativen Vergabe zum Zuge gekommen sind, ihre Gebote in Abhängigkeit der bereits erworbenen Lizenzen legen werden, zum anderen, dass Bieter versuchen werden, bestimmte Frequenzbänder über mehrere Regionen zu aggregieren. Das Verfahren sollte hinreichend offen und flexibel sein, um die Interessen dieser Bietergruppe zu berücksichtigen. Eine zentrale Überlegung war, dass Bieter mit komplementären Werteinterdependenzen Gewissheit über die Erlangung bestimmter *Schlüssel-Lizenzen* haben sollten, bevor sie für weitere Lizenzen Gebote legen. Aus diesem Grund hat man sich für die Abhaltung einer *Serie* von *Englischen Auktionen* nach einem wohldurchdachten Ablaufplan entschieden.[385] Dabei wurde in den dichtbesiedelten Gebieten und Städten begonnen und je Region die einzelnen Lizenzen in der absteigenden Reihenfolge ihrer Frequenzausstattung einzeln versteigert.

Das Ergebnis der Auktion wurde als erfolgreich beurteilt. Insgesamt wurden 190 Lizenzen versteigert und dabei ein Erlös von 90,6 Mio. A$ erzielt. Auffallend waren die zum Teil sehr unterschiedlichen Preise von gleichwertigen Lizenzen in unterschiedlichen Gebieten. Als Einflussfaktoren für den Preis erwiesen sich die Wettbewerbsintensität (Zahl der Bieter) und die Koordinationsprobleme seitens der Bieter, die sich aufgrund der Vielzahl an Versteigerungen ergaben. Da für jede Auktion eine Voranmeldung erforderlich war, war es den Bietern, die gerade an einer Versteigerung teilnahmen, oft nicht möglich, an der Versteigerung einer anderen Lizenz teilzunehmen, wenn sie realisierten, dass diese auf einem vergleichsweise niedrigen Preisniveau stand.

---

[384] Vgl. u.a. Keuter et. al. (1996, S 76 ff).

[385] Das Verfahren ist somit als sequenzielles, aufsteigendes Mehrrundenverfahren zu charakterisieren.

Nach den positiven Erfahrungen der FCC mit dem *simultanen Mehrrundenverfahren* übernahm auch die australische Regulierungsbehörde dieses Verfahren.

6.2.3 Frequenzauktionen in den Vereinigten Staaten

In den USA erfolgte die Umstellung auf marktliche Vergabemechanismen im Jahr 1993. Die Geschichte der Vergaberegime in den USA ist insofern von Interesse, als dass alle im Bereich der Frequenzvergaben gängigen Mechanismen zur Anwendung gekommen sind. Im Jahr 1982 wurde das, ab 1927 zur Anwendung gekommene Regime der *comparative hearings* (Kriterienwettbewerb) aufgrund der langen Dauer der Verfahren zugunsten eines Lotterieverfahrens eingestellt.[386] Das Lotterieverfahren beschleunigte zwar den Vergabeprozess, zog aber in großem Umfang Antragsteller mit spekulativen Motiven an, die primär an *windfall profits* interessiert waren und ihre Lizenzen unmittelbar nach Zuteilung an etablierte Telekommunikationsunternehmen weiterveräußerten.[387] 1993 entschied der Kongress, der ungerechten Bereicherung (*„unjust enrichment"*) von Lotteriegewinnern ein Ende zu setzen und änderte das Vergaberegime zugunsten eines Auktionsverfahrens.[388]

Zum Zeitpunkt des Auktionsentwurfs konnten die in den Entwurf involvierten Experten bereits auf die Erfahrungen in Neuseeland und Australien und auch auf eine im Jahr 1981 in den USA durchgeführte Versteigerung von Lizenzen zur Nutzung von RCA Kommunikationssatelliten zurückgreifen.[389] Die FCC startete unmittelbar nach Inkrafttreten der Gesetzesänderung den Entwurfsprozess mit der Abhaltung eines öffentlichen Konsultationsverfahrens (*Notice of Proposed Rule Making*), das auch bereits einen ersten Entwurf enthielt.[390] Sowohl die FCC, wie

---

[386] Dem Vorschlag, das Vergabesystem auf Auktionen umzustellen, ist der Kongress, nicht zuletzt aufgrund massivem Lobbying seitens der Telekommunikationsindustrie, nicht gefolgt (Milgrom, 1995, S 12). Vgl. auch Hazlett (2000) und Kwerel & Rosston (2000).

[387] Siehe auch Kapitel 4.2 und Kapitel 4.4.

[388] Vgl. dazu u.a. McMillan (1994), Kwerel & Felker (1985).

[389] Im Rahmen dieser Auktion wurden sieben identische Lizenzen in Form einer sequenziellen Auktion versteigert. Die Höchstgebote variierten zwischen 10,7 Mio. US$ und 14,4 Mio. US$. Die FCC hob das Ergebnis mit der Begründung auf, die hohen Preisunterschiede zwischen identischen Diensten würden zu einer ungerechtfertigten Diskriminierung führen. In der Folge wurde die RCA angewiesen, einen einheitlichen Preis festzusetzen (McAfee & McMillan, 1996, S 162).

[390] Der erste FCC Entwurf sah ein zweistufiges sealed-bid Verfahren vor.

auch die meisten führenden Telekommunikationsunternehmen, heuerten Auktionsspezialisten und Spieltheoretiker an.[391] Zur Diskussion standen eine Vielzahl an Varianten und Optionen:

- *simultaneous* versus *sequential auction*
- *open* versus *sealed bid auction*
- *ascending* versus *descending auction*
- *first-price* versus *second-price auction*
- *combinatorial auction* versus *non-combinatorial auction*
- *homogeneous multi-unit auction* versus *non homogeneous multi-unit auction*

Das Telekommunikationsgesetz spezifizierte eine Reihe von Zielen, die im Rahmen der Auktion umgesetzt werden sollten. Primäres Ziel sollte eine effektive und intensive Nutzung des Spektrums sein. Dies wurde dahingehend interpretiert, als dass die Nutzungsrechte an die Antragsteller mit der höchsten Werteinschätzung zugeteilt werden sollten; ökonomische Effizienzüberlegungen standen somit im Vordergrund. Die Einnahmenerzielung hatte eine untergeordnete Stellung.[392] Im Rahmen des Entwurfsprozesses standen insbesondere folgende Aspekte im Mittelpunkt:

- Das Problem des *winner's curse*

- Sicherstellung einer effizienten Allokation bei Vorliegen von Werteinterdependenzen. Insbesondere sollten, um dem Konzept des Marktpreises gerecht zu werden, ähnliche Güter einen ähnlichen Preis erzielen (*one-price-rule*).

- Umsetzung telekommunikations- und wettbewerbspolitischer Zielsetzungen, wie die Förderung von sogenannten *designated entities* (Unternehmen, die sich im Eigentum von gesellschaftlichen Minderheitsgruppen befinden) und die Förderung von Wettbewerb auf einem Markt mit einer limitierten Zahl an Anbietern.

---

[391] Pacific Bell heuerte Paul Milgrom, Robert Wilson und Charles Plott an, Bell Atlantic Jeremy Bulow und Barry Nalebuff, Airtouch Preston McAfee, Telephone und Data Systems Robert Weber, CTIA Mark Isaac, Nynex Robert Harris und Michael Katz, American Personal Communications Daniel Vincent, MCI Peter Cramton, die FCC John McMillan und die National Telecommunications and Information Administration John Ledyard und David Porter.

[392] Obschon im Vorfeld der Gesetzesänderung Einnahmen aufgrund der hohen Budgetdefizite in dieser Zeit eine wesentliche Rolle spielten (Kwerel & Rosston, 2000, S 254).

Die FCC hat sich schließlich für ein simultanes Mehrrundenverfahren entschieden, ein in dieser Form neues Auktionsformat.[393] Die Idee, Nutzungsrechte mit Werteinterdependenzen gleichzeitig zu versteigern wurde erstmals vom FCC Ökonomen Kwerel in den 80er Jahren aufgeworfen und im Rahmen des Konsultationsverfahrens von Milgrom und Wilson (insbesondere die Milgrom-Wilson-Regel[394]) eingebracht.

Zum Entwurfsprozess, zu den Auktionsregeln und den auktionstheoretischen Überlegungen existieren umfangreiche Veröffentlichungen (Cramton, 1997; 1995, 1998a; FCC, 1993; Kwerel & Rosston, 2000; Milgrom, 1995, 1998, 2000; McAfee und McMillan 1996; McMillan, 1994; Plott, 1997).

Die wesentlichsten Gründe für die Wahl dieses Verfahrens waren:

- Durch ein Mehrrundenverfahren sollte die Gefahr des *winner's curse* reduziert werden.

- Die simultane Versteigerung und die hohe Flexibilität (zumindest in den ersten Phasen der Auktion) sollte es den Bietern erlauben, zwischen substitutiven Kombinationen von Lizenzen zu wechseln. Dadurch sollte eine effiziente Allokation sichergestellt werden und ähnliche Güter einen ähnlichen Preis erzielen (*one-price-rule*).

- Die Aktivitätsregeln (Mindestaktivität und Verlust eines Teils der Bietberechtigung im Fall, dass die Mindestaktivität unterschritten wird) sollte einerseits die Dauer der Auktion in Grenzen halten und andererseits die Gefahr von *(tacit) collusion* reduzieren.

- Durch die Mehrstufigkeit und Offenheit des Verfahrens wurde den Bietern die Möglichkeit eingeräumt, sich über die Präferenzen der Mitbewerber zu informieren. Dies sollte im Gegensatz zu den in Neuseeland und Australien zur Anwendung gekommenen *sealed-bid auctions*, in denen die Bieter blind bieten mussten, ein höheres Maß an Effizienz sicherstellen.

- Einer der zentralen Diskussionspunkte waren Effizienzprobleme im Zusammenhang mit komplementären Werteinterdependenzen. Bykowsky et. al. (2000) zeigten, dass die SAA bei Vorliegen (starker) komplementärer Werteinterdependenzen nicht geeignet

---

[393] Zu den Ergebnissen der Konsultation vgl. auch FCC (1993). Zum Entwurfsprozess vgl. Kwerel & Rosston (2000).

[394] Siehe dazu Kapitel 5.4.

ist, Effizienz sicherzustellen.[395] Von einigen Experten wurde daher ein kombinatorisches Verfahren vorgeschlagen. Die Mehrzahl der Experten und auch die FCC vertraten die Ansicht, dass die Synergieeffekte nicht stark genug sind, um den Einsatz eines kombinatorischen Verfahrens zu rechtfertigen (Cramton, 1997; McMillan, 1994).[396]

- Da alle Märkte gleichzeitig schließen, waren den Bietern auch noch in einer späten Phase der Auktion mögliche Backup-Strategien nicht versperrt.

Insgesamt wurden in den Jahren von 1994 bis 2000 33 Auktionen durchgeführt, mit einer Ausnahme alle in Form eines aufsteigenden, simultanen Mehrrundenverfahrens. Für die Auktion Nr. 2 (IVDS) wählte die FCC eine (sequenzielle) mündliche Auktion. Von den 17.562 Lizenzen, die insgesamt zur Vergabe gelangten, wurden 15.087 Lizenzen erfolgreich verkauft. Der Gesamterlös belief sich auf ca. 41,6 Mrd. US$ (vgl. Tabelle 6-4).[397]

---

[395] Siehe auch Kapitel 5.4.4.

[396] Ein kombinatorisches Verfahren wirft eine Reihe anderer Probleme auf, unter anderem ist die Komplexität eines solchen Verfahrens sehr hoch. Siehe dazu Kapitel 5.2.2

[397] Die Ergebnisse der ersten Auktionen wurden eingehend analysiert. Zur *Regional Narrowband Auction* vergleiche Cramton (1997), McAfee & McMillan (1996), Milgrom (1995). Zur *A&B Auction* (*MTA Broadband*) vergleiche Ausubel et. al. (1997), Cramton (1997), McAfee & McMillan (1996), Milgrom (1995). Zur *C-Block Auction* (*BTA Broadband*) vergleiche Ausubel et. al. (1997), Cramton (1997) und zur *MDS-Auction* and *MDR-Auction* vergleiche Cramton (1997).

TABELLE 6-4: FCC AUCTION SUMMARY

	Auction	License Scheme[a]	Nr. Licences	Nr. Lic. won	Net High Bid (Mio. US$)	Nr. Rnds
1	Nationwide Narrowband PCS	Nationwide	10	10	617,0	47
2	IVDS	MSA	594	594	213,9	Oral Outcry
3	Regional Narrowband PCS	Regional	30	30	392,7	105
4	A & B Block PCS	MTA	99	99	7.019,4	112
5	C Block PCS	BTA	493	493	9.197,5	184
6	MDS	BTA	493	493	216,2	181
7	900 MHz SMR	MTA	1020	1020	204,3	168
8	DBS (110 W)	Nationwide	1	1	682,5	19
9	DBS (148 W)	Near-Nationw.	1	1	52,3	25
10	C Block PCS Reauction	BTA	18	18	904,6	25
11	D, E, & F Block PCS	BTA	1479	1472	2.517,4	276
12	Cellular Unserved	MSA/RSA	14	14	1,8	36
14	WCS	MEA/REAG	128	126	13,6	29
15	DARS	Nationwide	2	2	173,2	25
16	800 MHz SMR	EA	525	524	96,2	235
17	LMDS	BTA	986	864	578,7	128
18	220 MHz	NWA,EAG,EA	908	693	21,7	173
20	VHF Public Coast	VPC	42	26	7,5	44
21	LMS	EA	528	289	3,4	54
22	PCS	BTA	347	302	412,8	78
23	LMDS	BTA	161	161	45,1	43
24	220 MHz (Auct. #24)	EA	225	222	1,9	71
25	"Closed" Broadcast (Auct#25)	Const. Permit	118	115	57,8	35

	Auction	License Scheme[a]	Nr. Licences	Nr. Lic. won	Net High Bid (Mio. US$)	Nr. Rnds
26	929-931 Paging (Auct#26)	MEA	2499	985	4,1	28
27	Broadcast (Auct. #27)	Const. Permit	1	1	0,2	15
28	Broadcast (Auct. #28)	Const. Permit	2	2	1,2	26
30	39 GHz (Auct. #30)	EA	2450	2173	410,6	73
33	700MHz Guard Band	MEA	104	96	519,9	66
34	800 MHz SMR (General)	EA	1053	1030	319,5	76
35	C & F Blk PCS	BTA	422	422	16.857,0	101
36	800 MHz SMR (Lower 80 Channel)	EA	2800	2800	29,0	151
38	700MHz Guard Band	MEA	8	8	21,0	38
80	Broadcast (Auct. #80)	Const. Permit	1	1	18,8	16
	Total		17562	15087	41.613,0	

[a] MTA = Major Trading Area, BTA = Basic Trading Area, MEA Major Economic Area, REAG = Regional Economic Area Grouping, MSA = Metropolitan Statistical Area, RSA = Rural Service Area, BP/C = VHF Public Coast
Quelle: Federal Communications Commission, URL: http://ww.fcc.gov/wtb/auctions/

TABELLE 6-5: ERGEBNIS DER NATIONWIDE NARROWBAND PCS AUCTION

Licence (Type)		Winning Bidder	Winning Bid (US$)	Price ($/MHz-pop)
1	(50/50 KHz)	Paging Network of Virginia	80.000.000	3,17
2	(50/50 KHz)	Paging Network of Virginia	80.000.000	3,17
3	(50/50 KHz)	KDM Messaging Company	80.000.000	3,17
4	(50/50 KHz)	KDM Messaging Company	80.000.000	3,17
5	(50/50 KHz)	Nationwide Wireless Network	80.000.000	3,17
6	(50/12,5 KHz)	Airtouch Paging	47.000.000	2,98
7	(50/12,5 KHz)	Bell South Wireless	47.500.000	3,01
8	(50/12,5 KHz)	Nationwide Wireless Network	47.500.000	3,01
10	(50 KHz)	Paging Network of Virginia	37.000.000	2,93
11	(50 KHz)	Pagemart II, Inc	38.000.000	3,01
		Gesamt	617.011.674	3,10
9	(50/50 KHz)	Nationwide Wireless Network (Pioneer's Preference License)	33.300.000	

Quelle: Federal Communications Commission; URL: http://ww.fcc.gov/wtb/auctions/

Die *Nationwide Narrowband PCS Auction*[398] startete am 25. Juli 1994 und endete vier Tage später nach 47 Runden. Zur Vergabe gelangten drei Arten von unterschiedlich ausgestatteten Lizenzen: sechs gepaarte Lizenzen mit 50/50 KHz, drei gepaarte Lizenzen mit 50/12,5 KHz und zwei ungepaarte Lizenzen mit 50 KHz.[399] Eine der gepaarten 50/50 KHz Lizenzen wurde nicht auktioniert, sondern als Auszeichnung für Pionierleistungen zugeteilt. Die FCC räumte *designated entities* für jeweils eine Lizenz aus jeder Gruppe einen Diskont von 25% ein.[400] Die Resultate sind in Tabelle 6-5 dargestellt. Gleichwertige Güter erzielten nahezu gleiche Preise.[401] Die Preisunterschiede innerhalb einer Gruppe variierten zwischen 0 und 2,7% (bei einem Mindestinkrement von 2%). Auch der MHz-pop Preis aller Lizenzen weist eine geringe Spannweite (2,93 US$ bis 3,17 US$) auf. Als Indiz für eine effiziente Aggregation kann auch die Tatsache gewertet werden, dass Paging Network und KDM jeweils zwei benachbarte Lizenzen innerhalb einer Gruppe erwarben und damit Synergieeffekte

---

[398] Zu den Narrowband Personal Communication Services zählen beispielsweise Paging Services.
[399] Die Angaben bei den gepaarten Lizenzen beziehen sich auf die Frequenzausstattung für uplink und downlink Übertragung.
[400] Allerdings konnte kein Unternehmen dieser Gruppe eine Lizenz erfolgreich ersteigern.
[401] Aufgrund der identen Ausstattung und des einheitlichen Lizenzgebietes sind die Lizenzen innerhalb einer Gruppe als nahezu perfekte Substitute zu betrachten.

realisieren konnten.[402] Die Strategie der Bieter war insgesamt als aggressiv zu bewerten. Zum einen waren nahezu 50% der neuen Gebote *jump bids*, das heißt Gebote über dem Mindestgebot. Zum anderen lag die Aktivität der Bieter in nahezu allen Runde über der erforderlichen Mindestaktivität.

Die zweite Auktion wurde in Form einer (sequenziellen) mündlichen Auktion abgehalten. Zur Versteigerung gelangten in 297 Regionen (*Metropolitan Statistical Areas*) je zwei Lizenzen für Interaktive Video- und Datendienste (IVDS) mit einer Ausstattung von jeweils 500 KHz. Die Auktion erlöste insgesamt 213,9 Mio. US$. Die Preise innerhalb einer Region variierten zum Teil sehr stark; zwischen 0% und 174% im Mittel um 23%.[403]

---

[402] Die Synergieeffekte ergeben sich aus den Nutzungsbedingungen. Erwirbt ein Lizenznehmer zwei benachbarte Frequenzbänder, kann er auch das Schutzband mitnutzen und dadurch seine Gesamtkapazität erhöhen.

[403] Zum Ergebnis der Auktion siehe Federal Communications Commission, URL: http://ww.fcc.gov/wtb/auctions/

TABELLE 6-6: ERGEBNIS REGIONAL NARROWBAND AUCTION

Licence	Central	Midwest	Region Northeast	Southern	Western
50kHz/50kHz			Pagemart II		
50kHz/50kHz[a]			PCS Development		
50kHz/12.5kHz			Mobilemedia Pcs		
50kHz/12.5kHz			Advanced Wireless Messaging		
50kHz/12.5kHz	Air Touch P.	Insta-Check S.	Ameritech M. S.	Air Touch Paging	Air Touch Paging
50kHz/12.5kHz[a]	Lisa-Gaye Sh.	Lisa-Gaye Sh.	Lisa-Gaye Sh.	Benbow PCS V.	Benbow PCS V.
50kHz/50kHz	$17.340.000,00	$16.810.000,00	$17.500.000,00	$18.400.000,00	$22.549.020,00
50kHz/50kHz[a]	$17.136.000,00	$17.360.400,60	$14.850.000,00	$18.780.000,00	$22.800.000,00
50kHz/12.5kHz	$8.250.000,00	$9.291.000,00	$9.471.082,00	$11.800.007,00	$14.857.003,00
50kHz/12.5kHz	$8.791.001,00	$10.057.004,00	$8.949.543,00	$11.543.007,00	$14.281.111,00
50kHz/12.5kHz	$8.262.000,00	$9.500.000,00	$8.675.000,00	$8.000.013,00	$14.281.001,00
50kHz/12.5kHz[a]	$10.488.000,00	$10.251.000,60	$10.251.000,60	$11.262.003,00	$10.920.600,00
Summe	$70.267.001,00	$73.269.405,20	$69.696.625,60	$79.785.030,00	$99.688.735,00
				Gesamt	$392.706.796,80

[a] 40% bidding credit für designated entities; die Preisangaben sind netto (abzüglich bidding credit)
Quelle: Federal Communications Commission, URL: http://www.fcc.gov/wtb/auctions/

Bei der nächsten Auktion, der *Regional Narrowband PCS Auction*, wählte die FCC wiederum ein simultanes Mehrrundenverfahren. Die Versteigerung startete am 26. Oktober 1994 und endete nach 105 Runden am 8. November 1994 mit einem Gesamterlös von 392,7 Mio. US$. Zur Vergabe gelangten in fünf Regionen je sechs Frequenzbänder (zwei Bänder mit 50/50 KHz und vier Frequenzbänder mit 50/12,5 KHz). Die Mehrzahl der Bänder (vier von sechs) ging an Bieter mit einer bundesweiten Bietstrategie. Als Indiz für eine effiziente Allokation gewertet werden kann, dass diese Bieter das gleiche Frequenzband in allen Regionen erworben haben. Ein Lizenznehmer, der in zwei aneinander angrenzenden Regionen das gleiche Frequenzband erwirbt, kann das Spektrum effizienter nutzen als dies der Fall wäre, würden zwei verschiedene Betreiber diese Frequenzbänder erwerben.[404] Die Ergebnisse sind in Tabelle 6-6 abgebildet. Die Auktion erlöste insgesamt 392 Mio. US$. Die Preise für eine bundesweit aggregierte Lizenz lag über den Preisen in der *National Narrowband Auction*. Dies dürfte zum einen auf eine gegenteilige Erwartungshaltung seitens der Bieter in der *National Narrowband Auction* zurückzuführen sein, die sich in der Hoffnung auf sinkende Preise frühzeitig aus der *National Narrowband Auction* zurückzogen. Zum anderen räumte die FCC *designated entities* in der *Regional Narrowband Auction* einen *bidding credit* von 40% auf bestimmte Frequenzpakete ein. Das hatte eine Intensivierung des Bietwettbewerbs zur Folge.

TABELLE 6-7: PREISUNTERSCHIEDE IN DER REGIONAL NARROWBAND AUCTION

Lizenz	Central	Midwest	Northeast	Southern	Western
50kHz/50kHz	1,19%	3,27%	17,85%	2,07%	1,11%
50kHz/12.5kHz	27,13%	10,33%	18,17%	47,50%	36,05%
Min:	1,11%				
Max:	47,5%				
Avg:	16,47%				

Die Preise für gleichwertige Lizenzen (vgl. Tabelle 6-7) variieren wesentlich stärker als in der *National Narrowband Auction*. Dafür gibt es Gründe: der Extremwert von 47,5% ist Resultat eines spät in der Auktion zurückgezogenen (strategischen) Gebotes (vgl. Cramton, 1997). Ein weitere Ursache für die Preisunterschiede liegt in dem 40% *bidding credit*

---

[404] Zum Interferenzmanagement siehe 4.1.5.

für *designated entities*.[405] Ein dritter Grund könnte die Realisierung von Synergieeffekten sein.

Die 4. Auktion, die *MTA Broadband Auction*, war die bislang spektakulärste Auktion in den Vereinigten Staaten: „The Greatest Auction Ever" (New York Times, März 16, 1995). Dabei gelangten in 51 *Major Trading Areas* je zwei 2x15 MHz (Band A und B) zur Vergabe. Von den 102 Lizenzen wurden 99 versteigert, drei Lizenzen wurden im Rahmen einer Auszeichnung für Pionierleistungen zugeteilt. Die Auktion war aufgrund intensiver Allianzbildungen im Vorfeld durch einen geringen Nachfrageüberschuss gekennzeichnet. Das beantragte Bietrechtsverhältnis (*eligibility ratio* = Summe der beantragten Bietberechtigung/ Gesamteinwohner aller Regionen) belief sich auf 1,93 pop.[406] Damit kamen im Schnitt gerade mal zwei Bieter auf eine Lizenz. Dies nährte Befürchtungen, die Bieter könnten versuchen, durch *tacit collusion* bereits in einer sehr frühen Phase und damit bei niedrigen Preisen eine Aufteilung des Spektrums zu erreichen. Das Bietverhalten ist als ausgesprochen vorsichtig zu bezeichnen. Es gab kaum *jump bids*, die Aktivität war während der gesamten Auktion nahe an der Mindestaktivität. Bereits nach wenigen Runden gelangte der Bietprozess nahezu zum Stillstand. Erst durch den Übergang in die nächste Aktivitätsphase (mit einer höheren Mindestaktivität) erhöhte sich die Aktivität und nahm dann wieder schrittweise ab.[407] In der Runde 65 wurde die Auktion in die dritte Aktivitätsphase übergeführt und endete – nach über 3 Monaten – in der Runde 112 mit einem Gesamterlös von ca. 7 Mrd. US$.

Aus Sicht der Ergebnisse sind einige Aspekte bemerkenswert.[408] Zum einen variierten die Preise innerhalb einer Region zwar kaum (im Durchschnitt 6,22% und damit im Bereich des Mindestinkrements, das zwischen 5% und 10% lag), allerdings streuen sie sehr stark zwischen unterschiedlichen Regionen (vgl. Tabelle 6-8).

---

[405] In diesem Zusammenhang bemerkenswert ist, dass es sich bei den hier dargestellten Preisen um Nettopreise (d.h. um den Diskont bereinigte Preise) handelt. Wie aus der Tabelle ersichtlich, wurde ein Großteil des 40% bid discount durch höhere Gebote aufgebraucht.

[406] Da beide Lizenzen ident ausgestattet sind, wurde die Bietberechtigung nicht in MHz-pop sondern lediglich in pop gemessen.

[407] Zum Verlauf der Auktion vgl. Federal Communications Commission, URL: http://ww.fcc.gov/wtb/auctions/

[408] Zu den Ergebnissen der MTA Broadband Auction vgl. WEB Siete der Federal Communications Commission, URL: http://ww.fcc.gov/wtb/auctions/ und Cramton (1997).

Der durchschnittliche MHz-pop Preis variierte von 0,71 US$ in Guam bis 31,39 US$ in Chicago (Mittelwert 13,52 US$, Std. Abw. $8,32). Dies ist auf topographische und soziodemographische Unterschiede zurückzuführen. Ausubel et. al. (1997) zeigen mittels eines Regressionsmodells, dass Bevölkerungsdichte, erwarteter Bevölkerungszuwachs, Bevölkerungszahl, Einkommen und frequenztechnische Nutzungsbedingungen die wesentlichsten preisbestimmenden Faktoren waren.

TABELLE 6-8: MTA BROADBAND AUCTION REGIONALE DURCHSCHNITTSPREISE

Market	Avg. Price ($/pop)	Market	Avg. Price ($/pop)
Guam	$0,71	Boston	$13,16
Alaska	$2,41	Louisville	$13,47
Omaha	$2,93	Puerto Rico	$15,39
Spokane	$3,19	Tulsa	$15,67
El Paso	$4,08	Houston	$16,04
Wichita	$4,13	Denver	$16,61
Amer Samoa	$4,71	New York	$16,76
Little Rock	$6,11	San Francisco	$17,18
Knoxville	$6,33	Tampa	$17,45
Minneapolis	$6,37	Cleveland	$17,48
Oklahoma	$6,46	San Antonio	$17,80
Buffalo	$6,98	Salt Lake City	$17,88
Charlotte	$7,05	New Orleans	$18,62
Des Moines	$7,18	Milwaukee	$18,83
Pittsburgh	$7,36	Honolulu	$19,87
Kansas City	$8,11	Jacksonville	$19,89
Detroit	$8,36	Phoenix	$21,93
Richmond	$8,67	Indianapolis	$23,45
Cincinnati	$8,98	St. Louis	$25,00
Dallas	$9,07	Miami	$25,09
Nashville	$9,10	Los Angeles	$25,78
Philadelphia	$9,29	Washington	$27,23
Columbus	$10,36	Atlanta	$27,59
Birmingham	$10,92	Seattle	$27,63
Portland	$11,16	Chicago	$31,39
Memphis	$12,46		

Quelle: Federal Communications Commission, URL: http://ww.fcc.gov/wtb/auctions/

Als weiteren Preisfaktor haben sie Synergieeffekte identifiziert. In Regionen, in denen der preisbestimmende marginale Bieter Synergien hätte realisieren können, hätte er den Zuschlag erhalten, lag der Preis höher.[409] Die Auktion wurde insgesamt als sehr erfolgreich bewertet:[410]

- Ähnliche Güter erzielten einen ähnlichen Preis. In 42 von 48 Märkten war der Preisunterschied geringer als ein Mindestinkrement.

- Synergien konnten realisiert werden. Bieter, die Lizenzen in benachbarten Regionen erwarben, konnten im Regelfall dasselbe Frequenzband in beiden Regionen ersteigern. Einige große Bieter (AT&T, WirelessCo, PrimeCo) waren erfolgreich in der Aggregation größerer Lizenzgebiete. Insgesamt dürften die Synergieeffekte in der MTA Broadband Auktion nicht so groß gewesen sein, dass ein *Exposure-Problem* aufgetreten wäre.[411]

- Kollusion wurde versucht, war aber nicht erfolgreich. Im Vorfeld der Auktion gab es Befürchtungen, insbesondere wegen des geringen Nachfrageüberhangs, dass die Bieter versuchen könnten, durch (*tacit*) Kollusion bereits in einer sehr frühen Phase eine Aufteilung zu erzielen. Die Befürchtung hat sich nicht bewahrheitet. Es gibt zwar Anzeichen dafür, dass sich einige große Bieter sehr früh aus manchen Märkten zurückgezogen haben, um einen Preiskampf zu vermeiden, allerdings waren die Interessen zu unterschiedlich, um eine solche Aufteilung zustande zu bringen.

- Strategische Gebote spielten in der MTA Auktion eine wesentlich größere Rolle als in den vorhergehenden Auktionen. Strategische Gebote sind ein Hilfsmittel zur Kollusion. Beispielsweise kann einem Mitbewerber durch ein strategisches Gebot signalisiert werden: „falls du dich nicht vom Markt X zurückziehst, werde ich dich auf deinem Heimatmarkt Y dafür bestrafen, indem ich auf

---

[409] Siehe dazu die Ausführungen zum *Exposure-Problem* im Kapitel 5.4.4.

[410] Die MTA Broadband Auktionen wurde eingehend analysiert. Informationen zu den Ergebnissen, Bietstrategien und zur Bewertung der Auktion findet sich unter anderem in Cramton (1997), McAfee & McMillan (1996) und Milgrom (1995). Eine Analyse, ob und in welchem Umfang in der MTA Broadband Auction *tacit collusion* bzw. *Strategic Demand Reduction* stattgefunden hat, findet sich in Weber (1997), ein Erfahrungsbericht aus Sicht eines Bieterteams (GTE) in Salant (1997).

[411] In diesem Zusammenhang sei angemerkt, dass in den USA mittlerweile ein dynamisch kombinatorisches Verfahren zum Einsatz gelangt ist. Obschon keine Evidenz dafür gefunden wurde, dass in den ersten Auktionen ein *Exposure-Problem* aufgetreten wäre, war dieses Problem für die Weiterentwicklung der SAA von zentraler Bedeutung.

diesem die Preise treibe". Zur Übermittlung dieser Information gibt
es eine Reihe von Strategien: Kodierung von Informationen in den
Geboten, *retaliatory bids*, etc. Obschon strategische Gebote beobachtet wurden, gibt es keine Evidenz dafür, dass diese erfolgreich
eingesetzt worden wären.

- Wertvolle Informationen wurden freigesetzt. Seitens der Befürworter einer sequenziellen Versteigerung wird immer wieder argu-
mentiert, dass die im Verfahren freigesetzten Informationen nutzlos
seien, da für Entscheidungen nur die Endresultate von Interesse
sind. Cramton (1997) hat diese Frage untersucht und heraus-
gefunden, dass es eine von Runde zu Runde zunehmend höhere
Korrelation zwischen dem Rundenergebnis und dem Endergebnis
gibt: 53% der Höchstbieter am Ende der Phase 1 bzw. 76% am
Ende der Phase 2 haben für die jeweilige Lizenz auch den Zuschlag erhalten. Die Korrelation zwischen den Endpreisen und den
Preisen am Ende der Phase 1 ist 32%, jene zwischen den Endpreisen und den Preisen am Ende der Phase 2 bereits 83%.

6.2.4 GSM Versteigerung in den Niederlanden

Im März 1989 wurde die erste Frequenzauktion in den Niederlanden
durchgeführt. Zur Vergabe gelangten zwei sogenannte bundesweite GSM-
Lizenzen mit je 2x15MHz aus dem DCS-1800 Frequenzband und je 2x5
MHz aus dem E-GSM Band sowie 16 weitere schmälere Frequenzbänder,
alle aus dem DCS-1800 Frequenzbereich. Die Ausstattung der
schmäleren Frequenzpakete variierte zwischen 2x2,4 und 2x4,4 MHz (vgl.
Tabelle 6-9). Ein wesentlicher Aspekt bei der Auktion war, dass die
schmäleren Frequenzbänder, die insgesamt 42 MHz umfassten, zu einer
fünften bundesweiten Lizenz aggregiert werden konnten. Zum Zeitpunkt
der Vergabe waren zwei GSM Betreiber lizenziert, denen es nicht erlaubt
war, für die bundesweiten Lizenzen Gebote zu legen. Für die schmäleren
Frequenzbänder gab es für keinen der Bieter eine Bietrestriktion. Potenzielle Neueinsteiger durften nur eine der zwei bundesweiten Lizenzen erwerben.

TABELLE 6-9: AUKTIONSGÜTER GSM VERSTEIGERUNG IN DEN NIEDERLANDEN

Lot	Ausstattung	GSM-1800[a]	GSM-900[a]	Vorzugsfrequenzen GSM-1800[a]			
				B & D[b]	B[b]	D[b]	
		A	B	C	D	E	F = A – (C+D+E)
A	2x20 MHz	75	25	25	12	12	26
B	2x20 MHz	75	25	25	12	12	26
1	2x2,6 MHz	13	0	6	0	0	7
2	2x2,4 MHz	12	0	12	0	0	0
3	2x2,6 MHz	13	0	0	0	0	13
4	2x2,4 MHz	12	0	0	12	0	0
5	2x2,6 MHz	13	0	7	0	6	0
6	2x2,4 MHz	12	0	0	0	6	6
7	2x2,6 MHz	13	0	6	0	0	7
8	2x2,4 MHz	12	0	12	0	0	0
9	2x2,6 MHz	13	0	0	0	0	13
10	2x2,4 MHz	12	0	0	12	0	0
11	2x2,6 MHz	13	0	7	0	6	0
12	2x2,4 MHz	12	0	0	0	6	6
13	2x2,6 MHz	13	0	6	0	0	7
14	2x2,4 MHz	12	0	12	0	0	0
15	2x2,6 MHz	13	0	0	0	0	13
16	2x4,4 MHz	22	0	6	12	4	0

[a] Angaben in GSM Kanälen; ein Kanal hat eine Bandbreite von 200 KHz.
[b] B(elgien), D(eutschland)
Quelle: Ministry of Transport, Public Works and Water Management

Als Auktionsformat wurde ein aufsteigendes, simultanes Mehrrundenverfahren mit folgenden Eckpunkten gewählt:

- Es gab keine Aktivitätsregeln auf einer MHz-pop Basis; um nicht aus dem Verfahren auszuscheiden war es lediglich notwendig, in einer Runde auf zumindest einem *lot* aktiv zu sein (d.h. entweder ein valides Gebot abzugeben oder ein Höchstgebot aus der vorangegangenen Runde zu halten).

- Ein Bieter durfte das Mindestgebot um nicht mehr als 10% erhöhen. Das Mindestinkrement wurde vom Auktionator festgelegt.

- Keiner der Bieter durfte gleichzeitig auf den Lizenzen A und B aktiv sein. Den zwei bestehenden GSM Betreibern PTT Telekom (KPN) und Libertel war es nicht erlaubt, für diese Lizenzen Gebote zu legen.

- Nach Rundenende wurden die Bieter darüber informiert, für welche *lots* sie das Höchstgebot halten, wie hoch die Höchstgebote der anderen *lots* sind und wie viele Gebote für jeden *lot* eingelangt sind. Die Bieter wurden nicht über die Identität der Höchstbieter informiert.

Die Auktion dauerte 11 Tage und endete nach 137 Runden mit einem Gesamterlös von 1,8 Mrd. NLG. Die Ergebnisse sind in Tabelle 6-10 dargestellt.

TABELLE 6-10: AUKTIONSERGEBNIS GSM-VERSTEIGERUNG IN DEN NIEDERLANDEN

Lot	Ausstattung[a]	GSM-1800	GSM-900	Gewinner	Preis (Mio. NLG)	NLG/ MHz[a]
A	20 MHz	75	25	Federa	600,00	30,00
B	20 MHz	75	25	Telfort	545,00	27,25
1	2,6 MHz	13	0	Libertel	40,40	15,54
2	2,4 MHz	12	0	PTT Telecom	40,20	16,75
3	2,6 MHz	13	0	Orange/Vebacom	38,00	14,62
4	2,4 MHz	12	0	Telfort	40,50	16,88
5	2,6 MHz	13	0	PTT Telecom	43,00	16,54
6	2,4 MHz	12	0	Tele Danmark	41,10	17,13
7	2,6 MHz	13	0	PTT Telecom	40,40	15,54
8	2,4 MHz	12	0	PTT Telecom	39,10	16,29
9	2,6 MHz	13	0	Orange/Vebacom	46,50	17,88
10	2,4 MHz	12	0	TeleDanmark	41,25	17,19
11	2,6 MHz	13	0	PTT Telecom	42,98	16,53
12	2,4 MHz	12	0	Tele Danmark	39,90	16,63
13	2,6 MHz	13	0	PTT Telecom	39,90	15,35
14	2,4 MHz	12	0	PTT Telecom	40,50	16,88
15	2,6 MHz	13	0	Libertel	45,50	17,50
16	4,4 MHz	22	0	Tele Danmark	71,50	16,25
				Gesamt	1.835,73	

[a] Alle lots sind gepaart. Die Angaben zur Ausstattung beziehen sich nur auf das halbe Spektrum.
Quelle: Ministry of Transport, Public Works and Water Management

An diesem Ergebnis ist bemerkenswert, dass der MHz-Preis zwischen 14,62 und 30 NLG/MHz extrem stark variiert. Die bundesweiten Lizenzen sind nahezu doppelt so teuer wie die schmäleren Frequenzpakete. Dies ist umso erstaunlicher, als unter Vernachlässigung der unterschiedlichen elektromagnetischen Eigenschaften von GSM-900 und GSM-1800 aus den schmäleren *lots* Pakete aggregiert werden können, die sowohl in Bezug auf die Vorzugsfrequenzregelungen wie auch auf die Ausstattung

281

gleichwertig sind; beispielsweise liefert die Aggregation der *lots* 1, 3, 4, 5, 8 und 12 in Bezug auf die GSM-1800 Frequenzen eine, sowohl hinsichtlich der Ausstattung wie auch hinsichtlich der Nutzungsbedingungen (Vorzugsfrequenzregelungen) gleichwertige Lizenz. Nimmt man als Substitut für die 5 MHz aus dem GSM-900 Bereich noch die *lots* 11 und 14 dazu, erhält man eine zu den Lizenzen A und B gleichwertig ausgestattete Lizenz, allerdings nahezu zum halben Preis (324 Mio. NLG). Auch zwischen den schmalen Frequenzbändern variieren die Durchschnittspreise (ca. 20%).

TABELLE 6-11: REGRESSION ZUR GSM VERSTEIGERUNG IN DEN NIEDERLANDEN

	Regression 1 Schmale Lots	Regression 2 Alle Lots
C (GSM-1800 Vorzugskanäle Belgien & Deutschland)	3,225 (32,82)	3,225 (7,09)
D (GSM-1800 Vorzugskanäle Belgien)	3,342 (28,53)	3,342 (6,17)
E (GSM-1800 Vorzugskanäle Deutschland)	3,401 (16,62)	3,401 (3,59)
F (GSM-1800 Nichtvorzugskanäle)	3,264 (35,77)	3,264 (7,73)
B (GSM-900 Kanäle)	-	13,044 (18,61)
R^2	0,927	0,997

Anmerkung: t-Werte sind in Klammer

Wie sind diese Preisunterschiede erklärbar? Zwei Erklärungen sind denkbar; eine mögliche Ursache könnten die unterschiedlichen Nutzungsbedingungen sein. Eine alternative Erklärung könnte das Auftreten eines *Exposure-Problems* in der Auktion sein. Wie die in der Tabelle 6-11 dargestellte Regression[412] zeigt, sind die Koeffizienten, die sich auf die Vorzugsfrequenzen beziehen, nicht nur nahezu gleich, sondern den geringsten Wert weist der Koeffizient für die wertvollsten Frequenzen (Vorzugskanäle zu Belgien und Deutschland) mit 3,225 aus. Die Vorzugsfrequenzen sind als Erklärung auszuschließen. Ein weiterer Grund könnte in den unterschiedlichen Nutzungsmöglichkeiten von GSM-1800 und GSM-900 Frequenzen zu suchen sein. Dies würde auch der hohe Koeffizient (13,044) bestätigen. Aus Sicht der elektromagnetischen Eigenschaften sind Mobilfunknetze im Bereich des GSM-900 Bandes hinsichtlich der Infrastruktur-

---

[412] Vgl. auch Van Damme (1998).

kosten (geringere Zellgrößen) kostengünstiger. Allerdings ist zu bezweifeln, dass ein Preisunterschied von 1/4 damit begründbar ist. Andernfalls wäre ein GSM-1800 Betreiber niemals kompetitiv gegenüber einem GSM-900 Betreiber. Die Ursache für die Preisunterschiede zwischen den *lots* dürfte demnach eher im Auktionsverfahren zu suchen sein. Es liegt die Vermutung nahe, dass die Bieter im vorliegenden Verfahren einem *Exposure-Problem* gegenüberstanden. Um ein Mobilnetz aufzubauen, ist ein bestimmtes Mindestmaß an Spektrum notwendig (man geht von zumindest 8 MHz aus). Ein Bieter, der versucht, dieses Mindestmaß durch Aggregation der schmalen *lots* zu erreichen, setzt sich dem Risiko (*Exposure-Risiko*) aus, dass er am Ende des Verfahrens nur für eine suboptimale Menge den Zuschlag erhält. Dies betraf auch die Bieter, die die Strategie verfolgten, eine der bundesweiten Lizenzen mit Zusatzspektrum zu erwerben. Die einzigen Bieter, die dieses Risiko nicht zu tragen hatten, waren die bestehenden Betreiber. Was wohl mit ein Grund dafür sein dürfte, das PTT Telecom (KPN) nahezu die Hälfte des Spektrums, das in Form der schmalbandigen *lots* auktioniert wurde – bzw. bei einem Erlösanteil von 16% ca. 21% des gesamten Spektrums – kaufen konnte (vgl. Tabelle 6-10). Das Risiko ‚sich zu exponieren', war der Grund dafür, dass die Preise für die schmalen *lots* niedrig blieben. Potenziellen Neueinsteiger mussten das Risiko, eine suboptimale Menge zu erwerben, in ihrer Bietstrategie mitberücksichtigen.

Dies ist letztlich auch eingetreten. Das Konsortium Orange/Vebacom erwarb insgesamt 5,2 MHz, zuwenig, um einen Mobilnetz aufzubauen. Aus Sicht der Auktionsregeln dürften zwei Aspekte das Problem noch verschärft haben. Zum einen gab es keine Möglichkeit, Gebote zurückzuziehen. Das Zurückziehen von Geboten hätte unter Umständen das *Exposure-Risiko* reduziert. Zum anderen fehlten den Bietern Informationen über die Strategie der Mitbieter. Mit dem Wissen, dass Orange/Vebacom im Begriff ist, aus dem Verfahren auszusteigen, hätten die erfolgreichen Neueinsteiger (Federa, Telfort, Tele Danmark) möglicherweise ihre passive Strategie aufgegeben. Im vorliegenden Verfahren waren diese Informationen aus zwei Gründen nicht verfügbar: ganz unmittelbar deswegen, weil weder Gebote noch Identität der Höchstbieter bekannt gegeben wurden. Aber auch wenn diese Informationen zur Verfügung gestanden wären, hätten sie aufgrund der Aktivitätsregeln wenig Aussagekraft gehabt. Um nicht aus dem Verfahren auszuscheiden, war es lediglich notwendig, auf einem Frequenzpaket aktiv zu sein. Im Gegensatz zum Verfahren in den USA gab es keine Bietberechtigung, die – jedenfalls bei einer hohen Mindestaktivität – als Indikator für die nachgefragte Menge der Mitbieter herangezogen werden konnte. Damit fehlte ein wesentliches Koordinationsinstrument. Die Entscheidung für eine niedrige Transparenz im Verfahren hat zwar das Kollusionsrisiko reduziert, allerdings fehlten den Bietern damit auch wesentliche Informationen zur Koordination.

6.2.5 WLL Versteigerung in der Schweiz

Zwischen 8. März und 25. April 2000 auktionierte die Regulierungsbehörde (BAKOM) drei bundesweite sowie in neun Regionen je fünf zum Teil unterschiedlich ausgestattete regionale WLL-Lizenzen (Wireless Local Loop). Die Lizenzen wurden sequenziell, jede mittels einer *Englischen Auktion* versteigert.[413] Hinsichtlich des Ergebnisses sind zwei Dinge anzumerken: in zwei Regionen wurde keine, in zwei weiteren Regionen nur ein Teil der Lizenz verkauft. In diesen Regionen dürfte der Reservepreis zu hoch gewesen sein. Der Preis der verkauften Lizenzen (pro 28 MHz-Block) variierte sehr stark. Innerhalb einer Region zwischen 30% und 381%. Es ist schwer vorstellbar, dass diese Preisunterschiede ausschließlich auf eine unterschiedliche Vorzugsfrequenzausstattung zurückzuführen sind. Die Ursache dürfte eher an der sequenziellen Versteigerung liegen.

6.2.6 ERMES Versteigerung in Deutschland

In Deutschland fand die erste Frequenzauktion 1996 statt. Zur Vergabe gelangten ERMES (*European Radio Messaging System*) Lizenzen. ERMES ist ein *Paging Standard* im VHF Band. Insgesamt gelangten 13 Frequenzbänder mit je 25 KHz zur Versteigerung. Nur drei dieser Bänder waren für eine bundesweite Nutzung geeignet. Die verbleibenden 10 Frequenzbänder unterlagen zum Teil erheblichen Nutzungseinschränkungen, insbesondere in Grenzgebieten. Den Auktionsentwurf führte das Wissenschaftliche Institut für Kommunikation (WIK) durch (Keuter et. al., 1996; Keuter & Nett, 1997; BPT, 1996). Gewählt wurde ein aufsteigendes, simultanes Mehrrundenverfahren mit folgenden Adaptierungen:

- Die Vergabe gliederte sich in zwei Abschnitte. Im ersten Abschnitt gelangten die drei bundesweiten Lizenzen zur Versteigerung, im zweiten Abschnitt 10 sogenannte regionale Frequenzbänder. Teilnahmeberechtigt für den zweiten Abschnitt waren nur die erfolgreichen Bieter des ersten Abschnitts. Im ersten Abschnitt durfte

---

[413] Vgl. Bundesamt für Kommunikation; URL: http://www.bakom.ch.

jeder Bieter nur eines der Frequenzbänder erwerben. Im zweiten Abschnitt gab es diesbezüglich keine Grenzen.

- Anstelle einer Aktivitätsregel auf MHz-pop Basis wurde eine einfachere Aktivitätsregel gewählt; jeder Bieter durfte in einer Runde nicht mehr aktive Gebote legen als in der Vorrunde.

Die Trennung in zwei Abschnitte mit Lizenzversteigerung und Grundausstattung sowie der Versteigerung von Zusatzfrequenzen wurde vermutlich gewählt, um ein *Exposure-Problem* zu vermeiden. Wären alle Frequenzbänder gleichzeitig zur Versteigerung gelangt, hätte die Gefahr bestanden, dass ein – oder auch mehrere – Bieter am Ende nur eines der Frequenzbänder mit regionalen Nutzungsmöglichkeiten erworben hätte. Man ist von hohen komplementären Werteinterdependenzen zwischen nationalen und regionalen Frequenzbändern ausgegangen (vgl. Keuter & Nett, 1997). Die Auktion erlöste insgesamt 3,8 Mio. DM (vgl. Tabelle 6-12).

TABELLE 6-12: ERGEBNIS ERMES AUKTION IN DEUTSCHLAND

	First Stage	
License	Winning Bidder	High Bid
Licence 1 (Channel 7)	Mobile InfoServices GmbH	670.000,00 DM
Licence 2 (Channel 11)	Miniruf GmbH	673.000,00 DM
Licence 3 (Channel 13)	T-Mobil GmbH	670.000,00 DM

	Second Stage	
Channel	Winning Bidder	High Bid
Channel 1	Mobile InfoServices GmbH	211.000,00 DM
Channel 2	Mobile InfoServices GmbH	170.000,00 DM
Channel 4	Mobile InfoServices GmbH	191.000,00 DM
Channel 5	T-Mobil GmbH	171.000,00 DM
Channel 6	T-Mobil GmbH	171.000,00 DM
Channel 8	Miniruf GmbH	170.000,00 DM
Channel 9	Miniruf GmbH	214.000,00 DM
Channel 10	Miniruf GmbH	170.000,00 DM
Channel 12	T-Mobil GmbH	208.000,00 DM
Channel 15	T-Mobil GmbH	171.000,00 DM
	Gesamt	3.860.000,00 DM

Quelle: Keuter & Nett (1997)

Der Preisunterschied der Kanäle 7, 11 und 13, die nahezu perfekte Substitute darstellen, liegt bei 0,5%. Die zum Teil erheblichen Preisunterschiede bei den regionalen Lizenzen werden auf die unterschiedlichen regionalen Nutzungsbedingungen zurückgeführt. Für eine detaillierte

Analyse der Preisunterschiede fehlen entsprechende Daten. Bemerkenswert ist auch, dass die Versteigerung zu einer maximal möglichen symmetrischen Verteilung des Spektrums geführt hat und die Bieter benachbarte Frequenzbänder erwerben konnten.

6.2.7 GSM-1800 Versteigerung in Deutschland

Im Jahr 1999 gelangten in Deutschland noch nicht zugeteilte Frequenzbänder aus dem Bereich 1800 zur Versteigerung.[414] Das zur Vergabe zur Verfügung stehende Spektrum von 2x10,4 MHz wurde in neun Frequenzpakete mit einer Ausstattung von 2x1 MHz und ein Frequenzpaket mit einer Ausstattung von 2x1,4 MHz unterteilt. Das Mindestgebot für ein Paket à 2x1 MHz beträgt DM 1 Mio. (€ 511.291,88). Das Mindestgebot für das Frequenzpaket zu 2x1,4 MHz beträgt DM 1,4 Mio. (€ 715.808,63).

TABELLE 6-13: GSM-1800 VERSTEIGERUNG IN DEUTSCHLAND

Paket (Bandbreite)	Runde 1		Runde 2	
	Höchstbieter	Gebot (DM)	Höchstbieter	Gebot (DM)
01 (2x1 MHz)	Mannesmann	36.360.000	DeTeMobil	40.000.000
02 (2x1 MHz)	Mannesmann	36.360.000	DeTeMobil	40.010.000
03 (2x1 MHz)	Mannesmann	36.360.000	DeTeMobil	40.010.000
04 (2x1 MHz)	Mannesmann	36.360.000	DeTeMobil	40.010.000
05 (2x1 MHz)	Mannesmann	36.360.000	DeTeMobil	40.010.000
06 (2x1 MHz)	Mannesmann	40.000.000	Mannesmann	40.000.000
07 (2x1 MHz)	Mannesmann	40.000.000	Mannesmann	40.000.000
08 (2x1 MHz)	Mannesmann	40.000.000	Mannesmann	40.000.000
09 (2x1 MHz)	Mannesmann	40.000.000	Mannesmann	40.000.000
10 (2x1,4 MHz)	Mannesmann	56.000.000	Mannesmann	56.000.000
Summe:				416.040.000

Quelle: Regulierungsbehörde für Telekommunikation und Post http://www.regtp.de

Zur Versteigerung waren alle vier bestehenden Betreiber – das sind die zwei GSM-900 Betreiber DeTeMobil (nunmehr T-Mobile) und Mannesmann Mobilfunk (nunmehr Vodafone) und die zwei später in den Markt eingetretenen GSM-1800 Betreiber E-Plus und Viag-Interkom (nunmehr BT's Mobilarm O$_2$) –zugelassen.[415] Es gab keine Frequenzrestriktionen für

---

[414] Zu den Vergabedetails vgl. RegTP (1999).
[415] Zur Lizenzierung und Marktentwicklung im deutschen Mobilfunkmarkt vgl. u.a. Götzke (1994), Kruse (1992, 1997).

die Auktion; alle vier Bieter durften für alle Frequenzpakete Gebote abgeben. Zum Zeitpunkt der Versteigerung verfügten die GSM-900 Betreiber bei wesentlich höheren Teilnehmerständen mit 2x12,4 MHz je Betreiber über eine wesentlich geringere Ausstattung als die GSM-1800 Betreiber (2x22,4 MHz).

Die Auktion endete nach nur drei Runden. Der Gesamterlös von DM 416 Mio. (€ 213 Mio.) lag um den Faktor 40 über der Summe der Mindestgebote, wobei es keine nennenswerten Preisunterschiede zwischen den einzelnen Paketen gab (siehe Tabelle 6-13). Die Mannesmann Mobilfunk eröffnete die Auktion mit *jump bids* für alle Auktionsgegenstände. Diese Gebote übersteigen offensichtlich die Zahlungsbereitschaft der 1800-Betreiber; weder Viag-Interkom noch E-Plus legte in der Runde 2 ein Gebot. Gleichzeitig signalisierte die Mannesmann Mobilfunk durch diese Gebote dem zweiten 900-Betreiber (DeTeMobil) eine Einladung, den Markt (fair) aufzuteilen. Die Gebote für die Pakete 1 bis 5 lagen um genau ein Mindestinkrement – das in dieser Phase 10% des geltenden Höchstgebotes betrug – unter den Geboten für die Pakete 6 bis 9. Die DeTeMobil nahm diese Einladung an, legte für die ersten fünf Pakete das Mindestgebot in der 2. Runde und in der Folge kein Gebot mehr in der 3. Runde. Da auch die Mannesmann Mobilfunk in der 3. Runde kein weiteres Gebot legte – die 1800-Betreiber stiegen bereits in der 2. Runde aus – endete die Auktion in der 3. Runde. Dieser Ablauf zeigt die Möglichkeiten auf, die ein transparent gestaltetes simultanes Mehrrundenverfahren den Bietern zur Koordination (ohne explizite Absprachen) eröffnet.

6.2.8 Versteigerung von PCS Lizenzen in Mexiko

Die Versteigerung von PCS Lizenzen in Mexiko kann als Beispiel dafür angeführt werden, dass der Einsatz eines simultanen Mehrrundenverfahrens noch keine Garantie für eine effiziente Allokation ist. In dieser Auktion wurden in einer Region (Region 7) die 30 MHz Lizenzen im Durchschnitt (73.408.500 N$) zu einem geringeren Preis verkauft als die 10 MHz Lizenz (82.460.500 N$).[416] Der Grund für diese Preisanomalie ist in der Gestaltung der Auktionsparameter, insbesondere der Aktivitätsparameter zu sehen.[417] Ein Verhältnis der Aktivitätspunkte[418] von 1 zu 5

---

[416] Vgl. Cofetel (Regulatory Authority);
Url: http://209.66.67.148/html/inalambrico/ina_resufinal.html
[417] Vgl. Salant (2000, S 199).
[418] Zur Funktion von Aktivitätspunkten (*lot rating*) siehe auch Kapitel 6.3.3.

(bei einem Frequenzausstattungsverhältnis von 1 zu 3) hat die Flexibilität hinsichtlich des Wechselns zwischen den 10 MHz Lizenzen und 30 MHz Lizenzen drastisch eingeschränkt. Was dazu geführt hat, dass für jene Bieter, die auf den 10 MHz Lizenzen aktiv waren, bereits sehr früh in der Auktion ein Wechsel auf die 30 MHz Lizenzen versperrt war. Zusammen mit einem intensiveren Bietwettbewerb für die 10 MHz Lizenzen führte die eingeschränkte Flexibilität in der Folge zu diesen Preisanomalien.

6.2.9 Bewertung und Problemanalyse

Am auffälligsten sind die zum Teil extrem hohen Preisunterschiede zwischen vergleichbaren Lizenzen der in Neuseeland durchgeführten Tender. Die Ursache liegt in der unzureichenden Berücksichtigung von Werteinterdependenzen bei gleichzeitigem Vorliegen von Budgetrestriktionen. Das theoretische Fundament, auf das sich der Auktionsentwurf stützte, bezieht sich auf Eingüterauktionen. In den vorliegenden Verfahren wurden mehrere Güter versteigert. Welchen Einfluss dies auf das Ergebnis haben kann, soll kurz anhand eines einfachen Szenarios demonstriert werden. Gegeben sei die nachfolgende Auktion. Die Güter A und B sind für alle Bieter annähernd gleichwertig. Alle drei Bieter unterliegen Budgetrestriktionen.

	Gut A	Gut B	Budgetrestriktion
Bieter 1	80 GE	90 GE	90 GE
Bieter 2	90 GE	80 GE	90 GE
Bieter 3	70 GE	70 GE	70 GE

MATRIX 6-1: AUKTION MIT BUDGETRESTRIKTIONEN

Würde nur ein Gut versteigert, ist sowohl das *Second-price-tender-Verfahren* wie auch das *First-price-tender-Verfahren* effizient.[419] In beiden Verfahren erhält Bieter 2 den Zuschlag und der (erwartete) Erlös beläuft sich auf 80 GE. Aber auch wenn beide Güter versteigert werden, tritt noch nicht zwangsläufig ein Effizienzproblem auf. Würden keine Budgetrestriktionen vorliegen, könnten die Bieter für beide Güter ein Gebot legen und es würde sich ein effizientes Ergebnis einstellen. Bieter 2 erhielte den Zuschlag für Gut A und Bieter 1 für Gut B (der Erlös wäre in diesem Fall 160 GE). Liegen allerdings Budgetrestriktionen vor (siehe 3. Spalte in der

---

[419] Im Folgenden wird das *Independent-private-values-Modell* und risikoneutrale Bieter unterstellt.

Matrix), ändert sich die Entscheidungssituation:[420] Die Bieter müssen nun die Entscheidung treffen, für welches Gut sie ein Gebot legen, ohne aber Informationen über die Strategie der anderen Bieter zu haben. Im Extremfall bietet sowohl Bieter 1 wie auch Bieter 2 für Gut A und Bieter 3 für Gut B. In diesem Fall erzielt Gut A im Rahmen eines *second-price tenders* einen Preis von 80 GE und Gut B einen Preis von 0 GE. Dieses Ergebnis ist weder effizient noch einnahmenmaximal. Warum sind die Preisunterschiede im *First-price-tender-Verfahren* geringer? Gegeben wieder das Extremszenario von vorhin. Bieter 1 und Bieter 2 bieten auf Gut A und Bieter 3 bietet auf Gut 2. Wie hoch ist das Gebot von Bieter 3? Sicher nicht 0 GE. Vielmehr würde Bieter 3 ein Gebot in der Höhe der erwarteten Zahlungsbereitschaft des Bieters mit der nächstniedrigeren Werteinschätzung legen.[421] Im *second-price tender* bestimmen sich die Preise durch den tatsächlichen Wettbewerb, im *first-price tender* durch eine Erwartungswertbildung, die (teilweise) den fehlenden Wettbewerb kompensiert. Das Ergebnis ist in keinem Fall effizient. Beide Verfahren sind ungeeignet, im Rahmen von Mehrgüterauktionen mit Werteinterdependenzen Effizienz sicherzustellen. Dafür ist ein Verfahren notwendig, das den Bietern entweder die Möglichkeit einräumt, auf die Strategien der Mitbewerber flexibel zu reagieren, oder die Präferenzen der Bieter vollständig beschreibt. Der zweite Ansatz wird in der *generalisierten Vickrey Auktion,* einem Verfahren, das aufgrund seiner Komplexität kaum Anwendung findet, umgesetzt.[422] Wie die Analyse gezeigt hat, treten auch in sequenziellen Versteigerungen höhere Preisunterschiede für vergleichbare Güter auf. Diese resultieren aus den Unsicherheiten über die zukünftigen Versteigerungen und der Tatsache, dass ein Bieter nicht mehr auf Märkte wechseln kann, die bereits geschlossen sind. Je mehr Märkte geschlossen sind (abgeschlossene Teilauktionen), desto mehr Alternativstrategien sind einem Bietern versperrt, sollte die präferierte Kombination zu teuer werden. Diese Flexibilität existiert im Rahmen eines simultanen Mehrrundenverfahrens. Da alle Märkte gleichzeitig schließen, können Bieter bis zum Ende des Verfahrens auf alternative Güter wechseln.

Das simultane Mehrrundenverfahren hat sich in vielen Ländern (Neuseeland, USA und Deutschland) bewährt, allerdings zeigen die Erfahrungen in den Niederlanden, dass dem Einsatz einer SAA unter bestimmten

---

[420] Dies gilt auch für Spektrumsbeschränkungen. Beispielsweise, wenn ein Bieter nur eine von mehreren Lizenzen erwerben darf.
[421] Zur optimalen Bieterstrategie in diversen Auktionsformaten siehe Kapitel 5.
[422] Siehe auch Kapitel 5.3.6.

Rahmenbedingungen Grenzen gesetzt sind. Bei Vorliegen von sehr starken *komplementären Werteinterdependenzen* kann das Ziel einer effizienten Allokation verfehlt werden.[423] Ob dies den Einsatz eines dynamisch kombinatorischen Verfahrens rechtfertigt, muss von Fall zu Fall entschieden werden. Zu berücksichtigen ist dabei, dass es eine Reihe von Alternativen zu einem kombinatorischen Verfahren gibt (siehe Kapitel 6.3.1).

Ein weiteres Problem im Zusammenhang mit dem simultanen Mehrrundenverfahren ist Kollusion, dabei kommt insbesondere der strategischen Reduktion der Nachfrage (*Strategic Demand Reduction*) große Bedeutung zu. Naturgemäß ist es schwierig, Anhaltspunkte für Kollusion zu finden oder gar (gerichtstauglich) zu beweisen. Ein Beispiel dafür, wie sich Bieter in einem simultanen Mehrrundenverfahren koordinieren können, ist die GSM-1800 Versteigerung in Deutschland. Ein simultanes Mehrrundenverfahren bietet Möglichkeiten (*signalling bids, jump bids,* etc.) Informationen auszutauschen, um sich auf ein kollusives Gleichgewicht zu verständigen. Eine umfassendere Untersuchung der FCC Auktionen in Bezug auf Kollusion findet sich u.a. in Cramton & Schwartz (1998) und Weber (1997). Neben dem Einsatz von Auktionsformaten, die weniger anfällig für Kollusion sind, gibt es auch im Rahmen des simultanen Mehrrundenverfahrens Maßnahmen, die Kollusionsgefahr zu reduzieren.[424]

Wie die erste Auktion in Australien zeigt, hat nicht nur das gewählte Auktionsformat Einfluss auf das Ergebnis. Beispielsweise ändert sich der Charakter eines Gebots – die Verpflichtung einen bestimmten Betrag zu bezahlen – grundsätzlich, wenn es zulässig ist, Gebote kostenlos zurückzuziehen. Ein weiterer Faktor, der das Ergebnis beeinflusst, sind *Zahlungsmodalitäten.* Als Beispiel sei hier die C-Block Auktion in den Vereinigten Staaten genannt. In der C-Block Auktion wurde relativ knapp nach der A&B-Block Auktion eine dritte Breitband-Lizenz in 493 *Basic Trading Areas* versteigert. Viele waren schockiert über die extrem hohen Preise. Der Durchschnittspreis lag mit 39,88 US$/pop mehr als das Doppelte über dem Durchschnittspreis der A und B Lizenzen (15,54 US$/pop). Cramton (1997) sieht als wesentlichsten Grund für die höheren Preise die geänderten Zahlungsmodalitäten. Die erfolgreichen Bieter der C-Block Auktion mussten nur 10% des Preises sofort bezahlen und die verbleibenden 90% in Form einer zehnjährigen Ratenzahlung (die ersten

---

[423] Zum theoretischen Hintergrund siehe Kapitel 5.4.4.
[424] Siehe dazu Kapitel 6.3.7.

sechs Jahre mit einer Verzinsung von 6,5%). Die geänderten Zahlungsmodalitäten hatten Auswirkungen auf den Preis. Zum einen wurde den Bietern – bei geschätzten Kapitalkosten von 14% bis 16% – ein zusätzlicher *bidding credit* eingeräumt. Zum anderen verminderten die Zahlungsmodalitäten das Risiko für die Bieter, was den Preis erhöhte. Zusätzlich förderten die geänderten Zahlungsmodalitäten die Teilnahme von Bietern mit spekulativer Absicht, die sich um (nahezu) jeden Preis eine Lizenz zu sichern versuchten, um den Erwerb dann in der Folge durch den Kapitalmarkt zu finanzieren. Im Falle einer negativen Bewertung durch potenzielle Kapitalanleger meldeten die Unternehmen Konkurs an.

Die Versteigerung von PCS Lizenzen in Mexiko kann wiederum als Beispiel dafür angeführt werden, dass die Wahl der Auktionsparameter einen kritischen Einfluss auf das Ergebnis hat.

6.3 Entwurf von Frequenzauktionen

Der Entwurf von Frequenzauktionen kann eine komplexe Aufgabe sein, die eine Reihe von Fragestellungen aufwirft, für die die Auktionstheorie sehr gute Antworten anbieten kann. Allerdings gibt es Bereiche, für die es kaum theoretische Grundlagen gibt. Insbesondere der für Frequenzauktionen relevante Rahmen mit heterogenen Gütern, Werteinterdependenzen sowie Budget- und Spektrumsbeschränkungen ist zum Teil noch wenig entwickelt. In solchen Bereichen muss Erfahrungswissen als Substitut fungieren. Nicht zuletzt deshalb bezeichnet Milgrom (1998) diese Tätigkeit als Ingenieurswissenschaft.

Im Folgenden werden wesentliche Elemente des Auktionsentwurfs behandelt, wobei aufgrund der Relevanz für diese Arbeit nahezu ausschließlich Parameter des (simultanen) Mehrrundenverfahrens behandelt werden.

6.3.1 Wahl eines geeigneten Auktionsformats

Bei der Auswahl und Gestaltung einer Frequenzauktion gilt es neben den auktionstheoretischen Grundlagen[425] eine Reihe weiterer Faktoren zu berücksichtigen. Während bei Markttransaktionen von Privaten der Verkaufserlös das zentrale Interesse ist, spielen bei der Vergabe von

---

[425] Siehe dazu Kapitel 5.

Nutzungsrechten eine Reihe anderer gesellschaftlicher oder wohlfahrtsökonomischer Zielsetzungen eine Rolle.

Für die optimale Wahl eines Auktionsformats sind neben den Erkenntnissen der Auktionstheorie unter anderem folgende Aspekte mit zu berücksichtigen:

- Liegen Werteinterdependenzen, insbesondere Synergieeffekte, zwischen den Auktionsgütern vor?
- Wie hoch ist die Marktunsicherheit und das *Winner's-curse-Risiko*?
- Wie homogen bzw. heterogen sind die Frequenzpakete/Lizenzen?
- Liegen hohe Asymmetrien zwischen den Bietern, insbesondere aber Kostenvorteile einiger (bestehender) Betreiber vor? Besteht die Gefahr von *entry deterrence* gegenüber Neueinsteigern?
- Ist die Realisierung eines einheitlichen Preises für gleiche Frequenzpakete/Lizenzen (*one-price-rule*) (rechtlich) geboten?
- Wie hoch ist das Kollusionsrisiko? Welche Konsequenz hat beispielsweise *Strategic Demand Reduction?*

Frequenzauktionen weisen sowohl Merkmale einer *common-value auction* (generelle Nachfrage nach Diensten, Technologiekosten) wie auch Aspekte *einer private-values auction* (individuelle Kostenfunktionen, Dienstedifferenzierung) auf. Unter diesen Voraussetzungen bergen Auktionen das Risiko des *winner's curse.* Vor diesem Hintergrund sind tendenziell Mehrrundenverfahren zu favorisieren, wobei zwei Ausnahmebereiche vorliegen: Asymmetrien in einer *almost-common-value auction* und Kollusion. Verfügen einige der Bieter (z.B. bestehende Betreibern) über einen Kostenvorteil gegenüber anderen Bietern (z.B. potenziellen Neueinsteigern), und wird die gleiche Zahl an Lizenzen vergeben, wie es bevorzugte Bieter gibt, besteht die Gefahr, dass in einem Mehrrundenverfahren nur die bevorzugten Bieter an der Auktion teilnehmen.[426] In diesem Fall muss auch der Einsatz einer *First-price-sealed-bid-Auktion* – oder u.U. auch einer Mischform wie der *Anglo-Dutch-Auction* – in Betracht gezogen werden. Allerdings birgt ein solches Verfahren aufgrund der Unsicherheit, die Bieter in bezug auf die Werteverteilung der anderen Bieter haben, ein gewisses Restrisiko einer *ineffizienten Zuteilung.*[427] Darüber

---

[426] Siehe dazu Kapitel 5.3.3, Kapitel 5.3.4 und Kapitel 6.3.2.
[427] Im Prinzip ist es gerade die Restwahrscheinlichkeit, auch als schwacher Bieter den Zuschlag zu erhalten, die einen solchen motiviert, an der Auktion teilzunehmen.

hinaus kann es bei gleichwertigen Gütern zu hohen Preisunterschieden kommen. Insbesondere aber liefert das Verfahren suboptimale Ergebnisse, wenn heterogene Güter mit starken Werteinterdependenzen vergeben werden. Alternativ zum Einsatz einer *First-price-Auktion* können die Asymmetrien (zum Teil) auch durch wettbewerbsfördernde Maßnahmen beseitigt werden. Dies umfasst typische Regelungen zur Förderung von ausgewählten Bietergruppen (z.B. Neueinsteigern), wie sie im Kapitel 6.3.2 vorgestellt werden.

Es gibt eine Reihe spezifischer Auktionsformate für Mehrgüterversteigerungen mit homogenen Gütern. Im Falle heterogener Güter mit Werteinterdependenzen wird die Auswahlmöglichkeit an Auktionsformaten stark eingeschränkt. Die *generalisierte Vickrey Auktion* ist meist aufgrund der Komplexität nicht einsetzbar. Die sequenzielle Versteigerung birgt die Gefahr hoher Preisanomalien (und einer ineffizienten Allokation). Frequenzpakete bzw. Lizenzen sind im seltensten Fall homogene Güter. Sie unterscheiden sich beispielsweise in der Bandbreite, in der Zahl der Vorzugskanäle und erzeugen meist unterschiedliche Externalitäten[428] für unterschiedliche Bieter. Darüber hinaus sind die Bieter häufig mit Budget- und Spektrumsbeschränkungen konfrontiert.

Die bisherigen Erfahrungen zeigen, dass das simultane Mehrrundenverfahren unter diesen Bedingungen wesentlich bessere Ergebnisse liefert, als dies bei einer sequenziellen Versteigerung der Fall ist. Allerdings hat das Verfahren einige Problembereiche: Beim Vorliegen starker positiver komplementärer Effekte kann das einfache simultane Mehrrundenverfahren (ohne Kombinatorik) unter Umständen aufgrund des *Exposure-Risikos* ein ineffizientes Ergebnis liefern und es besteht die Gefahr der strategischen Reduktion der Nachfrage (*Strategic Demand Reduction*), wenn die Bieter mehr als ein Gut erwerben können. Das Ausmaß an Synergieeffekten und damit das *Exposure-Risiko* ist im Einzelfall zu beurteilen. Sind die komplementären Werteinterdependenzen nicht sehr hoch, gibt es Gestaltungsmöglichkeiten im Rahmen eines einfachen simultanen Mehrrundenverfahrens, wie

- Alternative Stückelung, um Synergien zu internalisieren, insbesondere die Versteigerung breiterer Frequenzpakete, um die Aggregation einer suboptimalen Menge zu verhindern.

---

[428] Weil ein Bieter beispielsweise bereits den Nachbarkanal oder denselben Kanal in einem Nachbarland nutzt.

- Die Entbindung der Bieter von ihren Höchstgeboten, sollten sie eine suboptimale Kombination erwerben und einer neuerlichen Versteigerung dieser Pakete in einem getrennten Abschnitt.[429]
- Erhöhung der Transparenz; ein offeneres Verfahren und Aktivitätsregeln, die ein höheres Maß an Stabilität sicherstellen.
- Zulassung von Zurückziehen von Geboten.
- Gliederung der Auktion in zwei Abschnitte, wobei im ersten Abschnitt die mindestnotwendige Grundausstattung auktioniert wird.

Ist das *Exposure-Risiko* als hoch zu beurteilen, muss die Anwendung eines dynamisch kombinatorischen Verfahrens (u.U. mit reduzierter Kombinatorik) ins Auge gefasst werden. Dem simultanen Mehrrundenverfahren ist auch ein gewisses Kollusionsrisiko inhärent. In diesem Zusammenhang ist insbesondere die strategische Reduktion der Nachfrage zu nennen.[430] Das Ausmaß des Risikos und die Konsequenzen sind wiederum im Einzelfall zu beurteilen. In einer Frequenzauktion muss die strategische Reduktion der Nachfrage nicht unbedingt von Nachteil sein. Die Konsequenzen hängen vom Auktionskontext ab. In einer Frequenzauktion, in der einzelne Frequenzpakete versteigert werden, kann die strategische Reduktion der Nachfrage zum Markteintritt einer höheren Zahl an Unternehmen und damit zu einer Intensivierung des Wettbewerbs führen. Unter bestimmten Umständen – wenn beispielsweise die Lizenz/Frequenzpakete relativ homogen sind – ist auch die Anwendung eines Einrundenverfahrens zu überlegen.

6.3.2 Neueinsteiger und ausgewählte Bietergruppen

In einer Auktion, in der sowohl bestehende Betreiber wie auch potenzielle Neueinsteiger teilnehmen, verfügen die bestehenden Betreiber im Regelfall über Vorteile gegenüber den Neueinsteigern.[431] Diese Vorteile resultieren aus einer bestehenden Kundenbasis bzw. aus Synergien bedingt durch die bereits bestehende Infrastruktur. Unter diesen Annahmen erhalten in einem Mehrrundenverfahren, in dem gleich viele Lizenzen vergeben werden, wie bestehende Betreiber am Markt tätig sind, die bestehenden Betreiber die Lizenz.

---

[429] Dieser Ansatz wurde bei den UTMS Versteigerungen in Deutschland und Österreich gewählt.

[430] Diese Form könnte man auch als „Kollusion mit sich selbst" bezeichnen.

[431] Dieses Argument gilt nicht für Bieter mit einer transnationalen Geschäftsstrategie und Synergien.

Angenommen, es werden k Lizenzen vergeben und der über den Zeitraum abdiskontierte Profit per Netzbetreiber bei k Lizenzen (ohne Berücksichtigung der Netzaufbaukosten) sei $\pi(k)>0$. Weiters sei angenommen, es gibt k Betreiber einer alten Technologie (bestehende Betreiber) mit Netzaufbaukosten von c_i und $n-k$ Neueinsteiger mit Netzaufbaukosten von c_e. Die Netzaufbaukosten stellen versunkene Kosten dar. Der Markt ist für alle Betreiber profitabel; es gilt sowohl $\pi(k)-c_e>0$ als auch $\pi(k)-c_i>0$. Der Marktzutritt (Lizenzerteilung) wird durch ein Mehrrundenverfahren geregelt. Einem Bieter, der ein Gebot in der Höhe von p abgibt, verbleibt demnach ein Profit (Auszahlung) von $\Pi_e=\pi(k)-p-c_e$ im Falle, dass er ein Neueinsteiger ist, andernfalls ein Profit von $\Pi_i=\pi(k)-p-c_i$. Ein Bieter, der keine Lizenz erhält, macht einen Profit von 0.

Behauptung (6.1): *Mit $c_i<c_e$ erhalten im Gleichgewicht nur die k bestehenden Betreiber eine Lizenz.*

Beweis: Angenommen, einer der Neueinsteiger würde in der Auktion ausgewählt werden. Dann gilt für den Auktionspreis $p\geq 0$, dass $\pi(k)-p-c_e\geq 0$ bzw. $\pi(k)-c_e\geq p$. In diesem Fall würde einer der bestehenden Betreiber keine Lizenz bekommen und demnach weniger bieten als p. Seine Auszahlung wäre Null ($\Pi_i=0$). Unter der Annahme, der betroffene Betreiber würde eine um das (hinreichend geringe) Mindestinkrement ε mit $c_i+\varepsilon<c_e$ modifizierte Strategie wählen und $p+\varepsilon$ bieten. Dies hätte einen Profit von $\Pi_i=\pi(k)-(p+\varepsilon)-c_i$ zur Folge. Mit $\pi(k)-c_e\geq p$ folgt $\Pi_i\geq\pi(k)-(\pi(k)-c_e+\varepsilon)-c_i$ $=c_e-(c_i+\varepsilon)>0$. Damit existiert eine Strategie, die den bestehenden Betreiber strikt besser stellt. Somit kann es sich um kein Gleichgewicht handeln. **QED**

Behauptung (6.2): *Im Gleichgewicht bietet jeder der k bestehenden Betreiber $\pi(k)-c_e+\varepsilon$ und jeder der Neueinsteiger $\pi(k)-c_e$. Der Erlös ist $k(\pi(k)-c_e)$ und die bestehenden Betreiber erwirtschaften einen Profit von $c_e-c_i-\varepsilon$.*

Beweis: Wenn diese Strategie verfolgt wird, erhalten die bestehenden Betreiber einen Profit von $\Pi_i=\pi(k)-p-c_i=\pi(k)-(\pi(k)-c_e+\varepsilon)-c_i=c_e-(c_i+\varepsilon)>0$. Ein bestehender Betreiber hat keinen Anreiz, ein geringeres Gebot zu legen. In diesem Fall wäre sein Gewinn Π_i. Ein Neueinsteiger hat keinen Anreiz, ein höheres Gebot abzugeben, da $p>\pi(k)-c_e$ impliziert, dass $\Pi_e=\pi(k)-c_e$ strikt kleiner Null ist. **QED**

Daraus kann die Schlussfolgerung gezogen werden, dass dann, wenn die Teilnahme am Auswahlverfahren nicht kostenlos ist und die (Kosten-) Asymmetrie den potenziellen Neueinsteigern bekannt ist, sich diese erst gar nicht bewerben werden. Dies hat zwar keine Auswirkungen auf die Effizienz des Ergebnisses, sehr wohl aber auf den Bietwettbewerb und damit den Erlös.

Aber auch wenn potenzielle Neueinsteiger – z.B. aufgrund einer transnationalen Geschäftsstrategie – über Synergievorteile verfügen sollten, kann es sein, dass sie aufgrund des Reputationseffektes keine Lizenz erhalten. Angenommen, die bestehenden Betreiber tätigten zum Zeitpunkt des Marktauftritts mit der bestehenden Technologie (irreversible) Investitionen in Netzinfrastruktur und Markennamen (Reputation) im Umfang R, mit der Erwartung, diese durch die Gesamterlöse während der Lizenzlaufzeit von m Perioden zu decken. Die Lizenzen für die neue Technologie werden in der Periode l vergeben. Bei einem Zinssatz von Null ist der Anteil der Reputationsausgaben, der noch nicht verdient wurde $R/(m-l)$. Weiters wird angenommen, dass die neue Technologie die alte unmittelbar ersetzt. In diesem Fall hat ein bestehender Betreiber, sollte er die Lizenz nicht erhalten, einen Verlust von $R/(n-l)$.

Behauptung (6.3): *Auch mit $c_i > c_e$ erhalten im Gleichgewicht nur die k bestehenden Betreiber eine Lizenz, wenn $c_e < c_i + R/(n-l)$.*

Beweis: Angenommen, einer der Neueinsteiger würde in der Auktion ausgewählt werden. Dann gilt für den Auktionspreis $p \geq 0$, dass $\pi(k)-p-c_e \geq 0$ bzw. $\pi(k)-c_e \geq p$. In diesem Fall würde einer der bestehenden Betreiber keine Lizenz bekommen und demnach weniger bieten als p. Seine Auszahlung wäre $\Pi_i = -R/(n-l)$. Unter der Annahme, der betroffene Betreiber würde eine um das Mindestinkrement ε mit $c_i + R/(n-l) + \varepsilon < c_e$ modifizierte Strategie wählen und $p+\varepsilon$ bieten, hätte dies folgende Änderung der Auszahlung zur Folge: $\Pi_i = \pi(k)-(p+\varepsilon)-c_i$. Mit $\pi(k)-c_e \geq p$ folgt $\Pi_i \geq \pi(k)-(\pi(k)-c_e+\varepsilon)-c_i$ $= c_e-(c_i+\varepsilon) > -R/(n-l)$. Damit existiert eine Strategie, die den bestehenden Betreiber strikt besser stellt. Somit kann es sich um kein Gleichgewicht handeln. **QED**

Der Reputationseffekt hat zur Folge, dass bestehende Betreiber über den Profit hinaus bieten (*past profit bidding*). Das kann unter bestimmten Umständen (insbesondere wenn die Zahl an Lizenzen geringer oder gleich ist als bestehende Betreiber am Markt tätig sind) dazu führen, dass potenzielle Neueinsteiger auch dann keine Lizenz erhalten, wenn sie über höhere (Kosten-)Synergien verfügen als die bestehenden Betreiber. Dies hat nicht nur Auswirkungen auf Erlös und Effizienz des Ergebnisses, sondern unter Umständen auch auf die Kollusionsgefahr auf den *Downstream-Märkten*.

Maßnahmen zur Förderung von Neueinsteigern sind insbesondere vor diesem Hintergrund, und auch weil die Intensivierung des Wettbewerbs auf den *Downstream-Märkten* ein Vergabeziel sei kann, zu sehen. Neben dem Einsatz von markteintrittsfreundlicheren Versteigerungsverfahren gibt es eine Reihe weiterer Maßnahmen zur Förderung von Neueinsteigern:

- Vergabe einer höheren Zahl an Lizenzen als bestehende Bieter an der Auktion teilnehmen
- Reservierung einer (besser ausgestatteten) Lizenz für potenzielle Neueinsteiger
- Regulatorische Maßnahmen zur Förderung von Neueinsteigern, wie Nationales Roaming oder andere Formen von Infrastrukturteilung (z.B. *site sharing*)
- Abschläge auf das Gebot

Im Rahmen von Frequenzauktionen lassen sich auch andere, über die Förderung von Wettbewerb hinausgehende gesellschaftspolitische Ziele umsetzen, wie beispielsweise die Förderung ausgewählter Bietergruppen (*designated entities*). Eine Möglichkeit, diese aktiv zu fördern, ist die Einräumung von Abschlägen auf das Gebot (*bidding credit*). Dies kann ökonomisch wie folgt begründet werden: Stiftet der Gesellschaft der Zuschlag an einen Bieter aus der ausgewählten Gruppe einen Extranutzen von V, kann dieser Gruppe ein *bidding credit* im Umfang von V eingeräumt werden. In diesem Fall erhält ein Betreiber, der nicht dieser Gruppe angehört, den Zuschlag nur dann, wenn er mit der Lizenz einen Überschuss erwirtschaften kann, der V übersteigt. Andernfalls erhält den Zuschlag ein Bieter aus der Gruppe der ausgewählten Bieter.

6.3.3 Aktivitätsregeln

Im Zusammenhang mit der Ausgestaltung der Aktivitätsregeln sind drei Aspekte von zentraler Bedeutung: (1) die Dauer einer Auktion (Transaktionskosten), (2) die Qualität der Informationen, die in der Auktion enthüllt werden und (3) die Kollusionsgefahr.

(1) Dauer einer Auktion

Mit der Dauer des Verfahren nehmen auch die Transaktionskosten zu, was insbesondere im Falle geringer Einsätze von Bedeutung ist. Die

Dauer einer Auktion hängt unter anderem davon ab, wie aggressiv sich die Bieter in der Auktion verhalten. Kann sich der Auktionator nicht alleine auf die Strategie der Bieter verlassen, dann stehen ihm einige Parameter zur Verfügung, das Verfahren zu beschleunigen. Neben dem Mindesteröffnungsgebot und dem Mindestinkrement sind das bei einer SAA insbesondere auch die Aktivitätsregeln. Dabei wird eine Mindestbietverpflichtung (Mindestaktivität) festgelegt. Diese zwingt die Bieter, auf einer hohen Zahl an Gegenständen aktiv zu sein.

(2) Zuverlässigkeit von Informationen

Sollte es für die Bieter strategische Gründe geben, das Ende einer Auktion zu verzögern bzw. die wahren Präferenzen möglichst lange zu verhüllen (*bidding games*), dann sinkt auch die Qualität der Informationen, die durch den Bietprozess enthüllt werden. Darüber hinaus kommt den Aktivitätsregeln eine direkte Informationsfunktion zu. Durch die im Laufe des Verfahrens permanent sinkende akkumulierte Bietberechtigung (im Verhältnis zur Summe der *lot ratings*) ist für die Bieter die Entwicklung des Nachfrageüberhangs und damit das Ende der Auktion leichter abschätzbar.

(3) Kollusionsgefahr

Der bedeutsamste Stabilisator eines kollusiven Gleichgewichts ist die Angst vor einer möglichen Vergeltung (*retaliatory bids*). Um eine Vergeltung durchführen und einen Bieter, der vom kollusiven Gleichgewicht abweicht, bestrafen zu können, muss ein Bieter über hinreichend Flexibilität in Bezug auf die Gegenstände, für die er Gebote legen darf, verfügen. Diese Flexibilität ist u.a. auch von den Aktivitätsregeln abhängig.

Insbesondere dann, wenn Budget- oder Spektrumsbeschränkungen vorliegen, kann es für die Bieter einen Anreiz geben, von der im Kapitel 5.4.3 beschriebenen Strategie des *straightforward bidding* abzugehen und die Auktion zu verzögern (*wait-and-see*) bzw. strategische Gebote abzugeben. Gegeben die nachfolgende Auktion mit Budget- und Spektrumsbeschränkungen:

	Gut A	Gut B	Budget	Erlaubt zu bieten
Bieter 1	40 GE	60 GE	40 GE	A+B
Bieter 2	10 GE (Prob. 0,4) 20 GE (Prob. 0,6)	-	-	A
Bieter 3	-	10 GE (Prob. 0,6) 35 GE (Prob. 0,4)	-	B

MATRIX 6-2: WAIT-AND-SEE-STRATEGIE

Bieter 1 hat einen Reservationspreis von 40 GE für Gut A und 60 GE für Gut B. Bieter 2 darf nur für Gut A bieten und hat für dieses Gut mit einer Wahrscheinlichkeit von 0,4 einen Reservationspreis von 10 GE und mit einer Wahrscheinlichkeit von 0,6 einen Reservationspreis von 20 GE. Demgegenüber darf Bieter 3 nur für Gut B bieten und hat für dieses Gut mit einer Wahrscheinlichkeit von 0,6 eine Wertschätzung von 10 GE und mit einer Wahrscheinlichkeit von 0,4 eine von 35 GE. Die tatsächlichen Reservationspreise der Bieter 2 und 3 sind *private Information*, Bieter 1 kennt lediglich die Verteilfunktion. Bieter 1 unterliegt einer Budgetrestriktion von 40 GE. Ohne diese Budgetrestriktion würde Bieter 1 in jedem Fall beide Güter erwerben und die Strategie *straightforward bidding* würde direkt zu diesem Gleichgewicht führen.

Bedingt durch die Budgetrestriktion kann Bieter 1 unter bestimmten Bedingungen nur eines der beiden Güter erwerben. Wären die Reservationspreise der Bieter 2 und 3 *common knowledge*, wäre die Entscheidung kein Problem. Im für Auktionen üblichen Fall *privater Informationen* ist die Strategie des *straightforward bidding* keine Gleichgewichtsstrategie für die Auktion in Matrix 6-2. Bieter 1 wird in diesem Fall eine Strategie wählen, die es ihm erlaubt, die tatsächliche Wertschätzung der beiden anderen Bieter herauszufinden. Als Konsequenz wird Bieter 2 versuchen, die Auktion für Gut A zu verzögern, damit Bieter 1 sein Budget möglichst für Gut B einsetzt und damit Gut A nicht mehr erwerben kann. Bieter 3 wird dieselbe Strategie in Bezug auf Gut B wählen. A priori ist also nicht davon auszugehen, dass alle Bieter die Strategie des *straightforward bidding* wählen werden. Damit besteht aber auch die Gefahr, dass sich die Auktion verzögern (*Wait-and-see-Strategie*) kann bzw. die in der Auktion freigesetzten Informationen unzuverlässig sein könnten. Eine mögliche Strategie, die Auktion für ein bestimmtes (wertvolles) Gut zu verzögern, ist, bis knapp vor Ende der Auktion der Mindestbietverpflichtung durch Gebote für Gegenstände mit geringem Bietwettbewerb nachzukommen und erst gegen Ende der Auktion für die (wirklich) präferierten Pakete Gebote zu legen („parken von Bietberechtigung").

Diese Form von strategischem Bieten lässt sich zum Teil durch Aktivitätsregeln einschränken. In den für diese Arbeit relevanten Verfahren sind zwei Arten von Aktivitätsregeln zur Anwendung gekommen.

- Im Falle (annähernd) homogener Frequenzpakete/Lizenzen, wie dies beispielsweise bei der Vergabe der IMT-2000/UMTS-Lizenzen der Fall war, gelangte ein einfaches System mit *Bietrechten* zur Anwendung.[432] Jeder Bieter erhält zu Beginn der Auktion je Frequenzpaket, für das er ein Gebot legen darf, ein Bietrecht. In den nachfolgenden Runden bestimmt sich die Zahl der Bietrechte aus der Zahl der Frequenzpakete, für die er aktive Gebote gelegt hat. Damit darf ein Bieter für keine größere Zahl an Paketen aktive Gebote legen als in der Vorrunde.

- Im Falle (stark) heterogener Frequenzpakete (ggf. mit regionaler Gliederung) und Bietern, die komplexe Kombinationen von Paketen aggregieren möchten, gelangt die sogenannte *Milgrom-Wilson-Regel* zur Anwendung (Milgrom, 1998).[433] Dabei werden die Auktionsgegenstände nach einem *Bewertungsschema (lot rating* Punkten) bewertet. Häufig wird als Bewertungsmaßstab die Bandbreite (in MHz) multipliziert mit der Bevölkerungszahl verwendet. Die Bewertung hat den Zweck, die unterschiedliche Wertigkeit der Güter zu berücksichtigen und das „Parken von Bietberechtigung" zu erschweren. Ein Bieter darf für jede (erlaubte) Kombination von Gegenständen aktiv sein, solange seine (aktuelle) Bietberechtigung die Summe der *lot rating* Punkte der Pakete, auf denen er aktiv ist, nicht überschreitet. Die Auktion wird in mehrere *Mindestaktivitätsphasen* mit einer zunehmend höheren Mindestaktivität gegliedert. Die Mindestaktivität ist definiert als jener Anteil der Bietberechtigung, auf der ein Bieter in einer Runde aktiv sein muss, um seine Bietberechtigung im vollen Umfang zu behalten. Ein Bieter, der die Mindestaktivität unterschreitet, verliert einen Teil seiner Bietberechtigung.

Hinsichtlich der Aktivitätsregeln liegt ein *Zielkonflikt* zwischen den Vorteilen einer hohen Mindestaktivität (Geschwindigkeit der Auktion, geringere Kollusionsneigung, Offenbaren der „wahren Präferenzen") und deren Nachteilen (frühzeitiges Versperren möglicher Backup-Strategien aufgrund zu geringer Freiheitsgraden in Bezug auf den Wechsel auf alternative Kombinationen von Gütern) vor. Die konkrete Gestaltung der Aktivitätsregeln und deren Parameter (z.B. Aktivitätsphasen) ist nur im Einzelfall möglich.[434]

---

[432] Siehe dazu auch die Gestaltung der Aktivitätsregeln im Rahmen der IMT-2000/UMTS-Versteigerung im Kapitel 9.
[433] Eine detaillierte Beschreibung dieser Aktivitätsregeln findet sich in den Kapiteln 5.4.1 und 5.4.2.
[434] Zur Gestaltung der Aktivitätsregeln in konkreten Vergabeverfahren siehe Kapitel 9.3.2 und 10.3.

6.3.4 Mindestinkrement

Eine weitere Möglichkeit, ein Mehrrundenverfahren zu beschleunigen – wenn die Bieter eine konservative Bietstrategie verfolgen – und damit die Transaktionskosten gering zu halten, ist die Wahl eines entsprechenden Mindestinkrements (kurz MI).[435,436] Bei der Festsetzung des MI gilt es, folgende Aspekten zu berücksichtigen:

- Das MI sollte – jedenfalls gegen Ende des Verfahrens – klein genug sein, um eine hinreichend feine Annäherung an den Marktpreis sicherzustellen. Andernfalls könnten sowohl Effizienz- wie auch Einnahmenverluste entstehen.

- Wie bereits erwähnt, beschleunigt ein hohes MI den Verfahrensablauf und senkt damit die Transaktionskosten. Dieser Aspekt steht somit in einem *trade-off* zu dem vorher genannten Ziel.

- Da Frequenzauktionen im Regelfall auch immer eine *Common-value-Komponente* aufweisen, ist im Laufe einer Versteigerung von einer mehrmaligen Neubewertung des Reservationspreises auszugehen. Eine solche Neubewertung bedarf entsprechender Organbeschlüsse, die wiederum Vorlaufzeiten bedingen. Aus Sicht der Bieter ist daher ein Mindestmaß an Antizipierbarkeit des Auktionsverlaufs und damit auch der Entwicklung der Inkremente wünschenswert.

Die aus ökonomischer Sicht zentrale Fragestellung ist die nach den möglichen Auswirkungen unterschiedlicher MI auf den Erlös und die Effizienz einer Auktion. Die Auswirkungen auf die Effizienz sind, wie Theorem (5.4) im Kapitel 5.4.3 zeigt, eindeutig. Je geringer das MI am Ende der Auktion, desto höher ist die (Tatonnement-) Effizienz. Je höher das MI in den letzten Runden desto höher ist die Wahrscheinlichkeit einer ineffizienten Allokation. Mit einem Effizienzverlust geht immer auch ein Einnahmenausfall einher, da ein hinreichend geringeres Inkrement zu einem weiteren Gebot des Bieters mit der höchsten Zahlungsbereitschaft und damit zu einer Steigerung der Gesamteinnahmen führen würde. Allerdings lassen sich auch Szenarien konstruieren, bei denen es zu keinem Effizienzverlust kommt und ein höheres MI zu einer Zunahme der Ein-

---

[435] In dieser Arbeit wird die Darstellung des Inkrements in Einheiten des Gebotsbetrags als absolutes Inkrement und die Darstellung des Inkrements im Verhältnis zum geltenden Höchstgebot als relatives Inkrement bezeichnet.

[436] Zum Beispiel waren die Strategien der Bieter im Rahmen der IMT-2000/UMTS-Auktionen in Europa durchwegs sehr konservativ. Siehe Kapitel 9.4.2.

nahmen führt. Die Auswirkung des MI auf den Erlös ist nicht so eindeutig wie jene auf die Effizienz.

Betrachtet man unterschiedliche Ausgangssituationen und MI in der letzten Runde eines Mehrrundenverfahrens, lassen sich eine Reihe von Szenarien konstruieren, die in Abbildung 6-2 dargestellt sind. Auf der Y-Achse sind die Reservationspreise der einzelnen Bieter sowie der aktuelle Preis aufgetragen. Das MI (ε^i) bestimmt das in der nächsten Runde gültige Mindestgebot (in der Abbildung mit MG^i dargestellt). Im Folgenden wird angenommen, dass die Bieter *straightforward* bieten: Übersteigt das Mindestgebot den Reservationspreis eines Bieters, steigt er aus, andernfalls legt er ein Gebot in der Höhe des Mindestgebots. Bei einem hinreichend geringen MI stellt sich ein Marktpreis in der Höhe des Reservationspreises des marginalen Bieters $V_{(N-1)}$ (im vorliegenden Beispiel Bieter B) ein. Den Zuschlag erhält Bieter A.

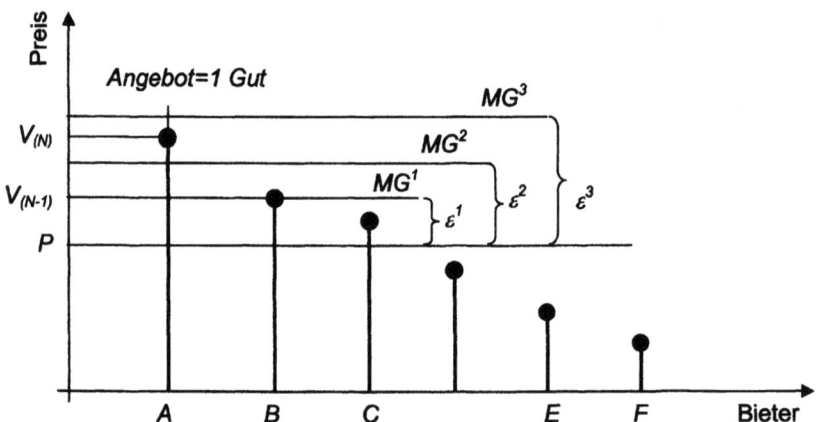

ABBILDUNG 6-2: AUSWIRKUNGEN UNTERSCHIEDLICHER MINDESTINKREMENTE

Für den Fall, dass Bieter A zu Beginn der (vor-) letzten Runde Höchstbieter ist, lassen sich folgende zwei Szenarien zeichnen:

- Ein MI in der Höhe von $\varepsilon \leq \varepsilon^1 = V_{(N-1)} - P$ führt zu einem weiteren Gebot von Bieter B. Das Endergebnis ist vom MI in einer der nächsten Runden abhängig (siehe unten).

- Ein MI in der Höhe von $\varepsilon > \varepsilon^1 = V_{(N-1)} - P$ führt zu keinem weiteren Gebot von Bieter B. Das Ergebnis ist effizient, allerdings erhält Bieter A den Zuschlag zu einem Preis unter dem theoretischen

Marktpreis $V_{(N-1)}$. Für den Verkäufer entsteht ein Einnahmenverlust zumindest in der Höhe von $V_{(N-1)}$-P.

Unter der Annahme, dass Bieter B zu Beginn der Runde Höchstbieter ist, ergeben sich drei Szenarien:

- Bei einem MI in der Höhe von $\varepsilon=\varepsilon^1=V_{(N-1)}-P$ legt Bieter A ein weiteres Gebot, das seinerseits nicht mehr überboten wird. Es stellt sich ein effizientes Ergebnis ein. Der Preis entspricht exakt dem theoretischen Marktpreis.

- Ein MI in der Höhe von $\varepsilon=\varepsilon^2$, mit $V_{(N)} \geq \varepsilon^2+P>V_{(N-1)}$ führt zu einem effizienten Ergebnis und einem zusätzlichen Erlös für den Verkäufer im Umfang von $P+\varepsilon^2-V_{(N-1)}$.

- Ein MI von $\varepsilon=\varepsilon^3$ mit $\varepsilon^3+P>V_{(N)}$ führt zu einem Mindestgebot, das den Reservationspreis von Bieter A übersteigt. In diesem Fall würde Bieter B den Zuschlag erhalten. Damit ist das Effizienzziel verletzt und dem Verkäufer entstehen Einnahmenverluste in der Höhe von zumindest $V_{(N-1)}$-P.

Die nachfolgende Grafik ist Ergebnis einer Computer-Simulation. Dabei wurde ein Mehrrundenverfahren simuliert und die Zahl der Bieter und das MI variiert. Hinsichtlich der Reservationspreise wurde eine Gleichverteilung angenommen.

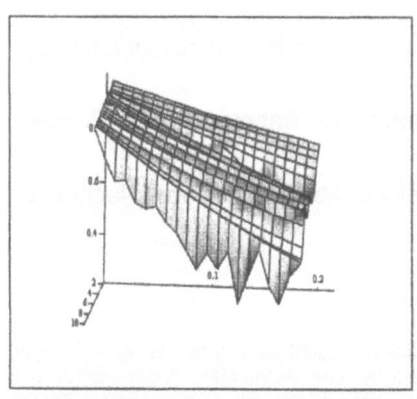
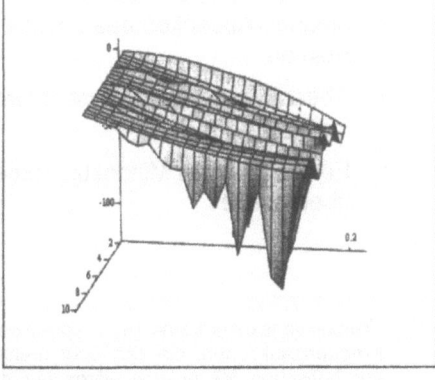

(Bidde MI Paretoeffizienz)   (Bidde MI Revenue)

ABBILDUNG 6-3: EFFIZIENZ & ERLÖSE IN ABHÄNGIGKEIT VON BIETERZAHL UND MI

Die Ergebnisse bestätigen den vermuteten Zusammenhang: Die Auswirkung höherer MI auf die Effizienz ist eindeutig. Mit einer Zunahme des

MI sinkt die (Pareto-) Effizienz. Dieser Effekt ist umso stärker, je höher die Zahl der Bieter ist. Mit steigender Zahl an Bietern wird die Differenz zwischen den Erwartungswerten $E(V_{(N)})$ und $E(V_{(N-1)})$ kleiner und damit steigt ceteris paribus die Wahrscheinlichkeit einer ineffizienten Allokation. Weniger eindeutig sind die Auswirkungen auf die Erlöse; ein eindeutig negativer Zusammenhang ist erst ab einer bestimmten Schwelle festzustellen. Um Effizienz- und Einnahmenverluste zu vermeiden, sollte – jedenfalls gegen Ende des Verfahrens – ein geringes MI gewählt werden. Ein solches gewährleistet eine hinreichend feine Annäherung an den Marktpreis und stellt ein effizientes Ergebnis sicher.

Demgegenüber spricht das Argument hoher Transaktionskosten gegen ein zu niedriges MI.[437] Ein praktikabler Kompromiss besteht darin, das Mindestinkrement im Laufe des Verfahrens abzusenken, um so zu Beginn des Verfahrens einen vernünftigen Auktionsfortschritt sicherzustellen und am Ende des Verfahrens, wenn die Preise sich dem Marktpreis annähern, Effizienzprobleme zu vermeiden.

Grundsätzlich gibt es eine Reihe von Ansätzen für die Festsetzung des Mindestinkrements. Einige davon sind:

- ein konstantes absolutes Mindestinkrement während der gesamten Auktion
- ein konstantes relatives Mindestinkrement während der gesamten Auktion
- stetiges Absenken des absoluten/relativen Inkrements im Laufe der Auktion
- Absenken des Mindestinkrements im Rahmen eines Phasenmodells
- Festsetzen des Mindestinkrements in Abhängigkeit vom Nachfrageüberschuss

---

[437] Transaktionskosten sind bei Frequenzauktionen nicht zu vernachlässigen. Es gibt Frequenzauktionen, die sich über mehrere Monate erstreckten. Angenommen bei der britischen 3G Auktion wären nur die sechs Bieter mit dem höchsten Reservationspreis angetreten und diese hätten konservativ geboten, d.h. den aktuellen Preis der jeweils günstigsten Lizenz um das MI überboten. In diesem Fall hätte die Auktion bei durchschnittlich vier Runden pro Tag und fünf Auktionstagen in der Woche, bei einem Mindestinkrement von 10% 200 Runden (acht Wochen), bei einem MI von 5% 396 Runden (20 Wochen) und bei einem MI von 1% 1915 Runden (95 Wochen) gedauert.

Im Falle einer (simultanen) Versteigerung von mehr als einem Auktionsgegenstand ist zusätzlich zu klären, ob ein einheitliches relatives (oder absolutes) MI für alle Gegenstände festgesetzt wird oder die Inkremente für jeden Gegenstand individuell festgesetzt werden. Im Folgenden werden zwei Ansätze zur Festlegung des MI vorgestellt: Einerseits ein für alle Auktionsgegenstände einheitliches relatives MI, das im Rahmen eines Phasenmodells schrittweise abgesenkt wird, andererseits die Festsetzung des Mindestinkrements in Abhängigkeit vom Nachfrageüberschuss.

> *Einheitliches relatives Mindestinkrement*

Die Auktion wird in mehrere aufeinanderfolgende Mindestinkrementphasen mit absteigenden relativen Inkrementen (z.B. drei Phasen mit 10%, 5% und 2%) gegliedert. Innerhalb einer Phase bleibt das relative Inkrement konstant. Der jeweils durch die gewählte Phase gültige relative Inkrementsatz gilt einheitlich für alle Auktionsgegenstände. Der wesentlichste Vorteil dieses Verfahrens ist zum einen in der einfachen Umsetzbarkeit, zum anderen in der hohen Transparenz für die Bieter zu sehen.

Dieser Variante ist der Vorzug zu geben, wenn alle Gegenstände enge Substitute darstellen. In diesem Fall ist von annähernd gleichen Marktpreisen auszugehen, die bei vergleichbaren Mindesteröffnungsgeboten und Mindestinkrementen zu einem annähernd gleichen Zeitpunkt erreicht werden.

> *Individuelles Mindestinkrement auf Basis einer Mindestinkrementformel*

Die Implementierung einer Mindestinkrementformel hat zum Ziel, das MI automatisch auf Basis des Nachfrageüberschusses der letzten Runden festzusetzen und damit eine zügigere Annäherung an den Marktpreis für jene Auktionsgegenstände sicherzustellen, für die eine vergleichsweise hohe Zahl an Geboten eingelangt ist. Andererseits soll die MI-Formel für jene Güter, für die ein geringer Nachfrageüberschuss herrscht, eine feine Annäherung an den Marktpreis gewährleisten. Die nachfolgende Formel bildet diesen Zusammenhang ab:

$$MI_{i,j} = \sum_{k=1}^{P} \left\{ g_k * \left(MI_{\min} + \frac{(MI_{\max} - MI_{\min}) * NB_{i,j-k}}{\max_l(NB_{l,j-k})} \right) \right\}$$ (6.1)

mit

$MI_{i,j}$ Mindestinkrement in % für Gegenstand *i* in der Runde *j*

P   Anzahl der betrachteten historischen Perioden (z.B. 5 bis 7)

MI_{min} Untergrenze für das Mindestinkrement (z.B. 2%)

MI_{max} Obergrenze für das Mindestinkrement. Die Obergrenze wird sinnvoller Weise im Rahmen der Mindestinkrementphasen abgesenkt.

$NB_{i,j}$ Anzahl der neuen Gebote (*new bids*) für Gegenstand *i* in der Runde *j*

und dem periodischen Gewichtsfaktor

$$g_k = \frac{F^{P-k+1}}{\sum_{m=1}^{P} F^m}, \qquad (6.2)$$

wobei durch die Parameter *F* und *P* der Einfluss der vorangegangenen Perioden auf das MI gesteuert werden kann. Im nachfolgenden Szenario wurde *F*=1,3 und *P*=5 gewählt.

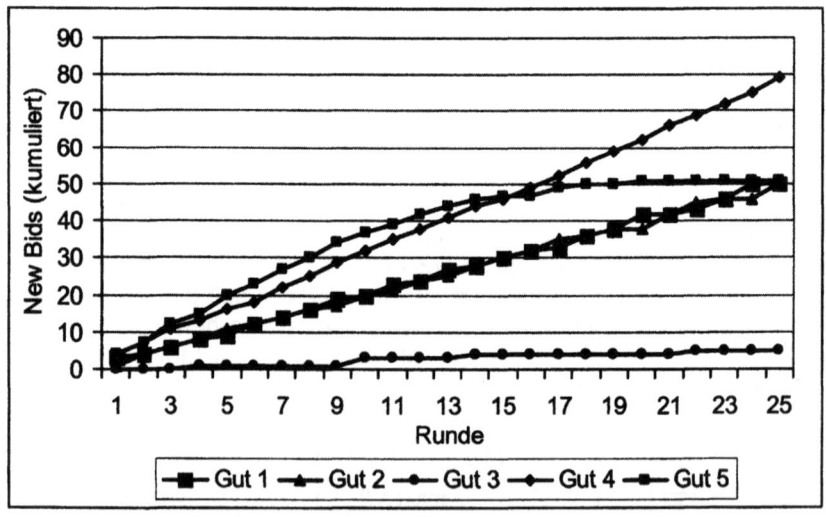

ABBILDUNG 6-4: UNTERSCHIEDLICHE AKTIVITÄTSSZENARIEN

Folgendes Szenario demonstriert die Funktionsweise der Mindestinkrementformel. Für einen Gegenstand (Nr. 3) langen kaum Gebote ein, für einen Gegenstand (Nr. 4) sehr viele Gebote. Zwei Gegenstände (Nr.1 und 2) stellen enge Substitute dar – d.h. die Bieter wechseln häufig zwischen diesen Gegenständen. Auf dem Gegenstand 5 nimmt die Aktivität im Laufe der 25 Runden ab. Die Szenarien sind in Abbildung 6-4 dargestellt und der Verlauf der Mindestinkremente auf Basis der Formel (6.1) in Abbildung 6-5. Die Entwicklung des MI für Gut 4 (hohe Aktivität) verläuft nahezu durchgehend im Bereich der Obergrenze von 15%, jenes für Gut 3 (niedrige Aktivität) im Bereich der Untergrenze (2%). Die MI für die Güter 1 und 2 (Substitute) zeigen in etwa den gleichen Verlauf. Das MI für Gut 5 (hohe Aktivität bis zur Runde 10, dann sukzessive abnehmende Aktivität), ist bis zur Runde 10 durchgehend im Bereich der Obergrenze von 15% und nähert sich dann schrittweise der Untergrenze von 2% an.

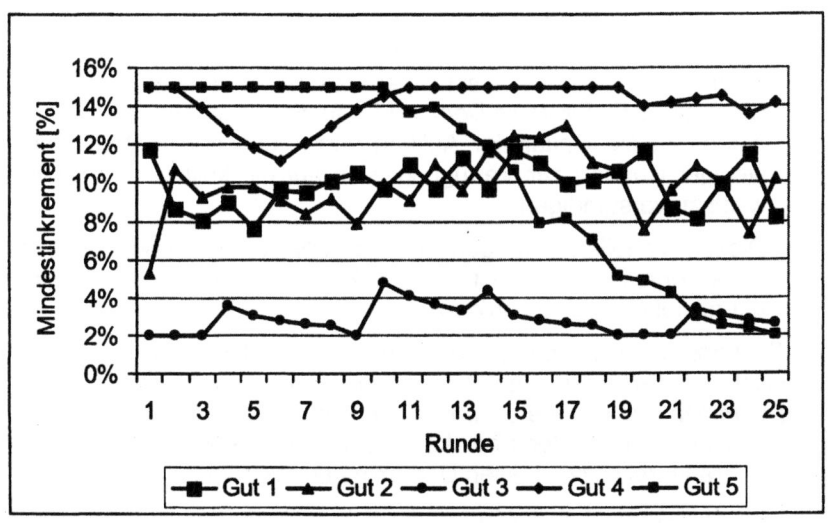

ABBILDUNG 6-5: VERLAUF DER INKREMENTE BEI ANWENDUNG DER MI-FORMEL

6.3.5 Mindesteröffnungsgebot (Reservepreis)

Mit dem *Mindest(eröffnungs)gebot* wird eine Preisuntergrenze festgesetzt, unter der das zu versteigernde Gut nicht verkauft wird.[438] Das Mindesteröffnungsgebot hat demnach die Funktion eines *transparenten Reservepreises*.[439]

Bei der Festlegung des Mindesteröffnungsgebots liegt ähnlich wie beim Mindestinkrement ein Zielkonflikt vor:

- Das Mindesteröffnungsgebot kann als Substitut für mangelnden Bietwettbewerb fungieren. Durch ein hohes Mindesteröffnungsgebot können auch dann Einnahmen sichergestellt werden, wenn kein oder ein geringer Nachfrageüberschuss bestehen sollte.

- Durch das Mindesteröffnungsgebot kann die Dauer eines Verfahrens verkürzt und Transaktionskosten gesenkt werden.

- Ein (hohes) Mindesteröffnungsgebot reduziert den Anreiz für Kollusion. Dieser Anreiz ist grundsätzlich höher, wenn die Preise niedrig sind, da in diesem Fall die Gewinne einer kollusiven Strategie (z.B. *Strategic Demand Reduction*[440]) höher sind. Darüber hinaus ist die Dauer der Auktion kürzer und den Bietern stehen weniger Runden zur Verfügung, sich auf ein kollusives Gleichgewicht zu verständigen.

- Diesen Vorteilen entgegen steht allerdings das Risiko, dass der Reservepreis zu hoch ist und die Zahlungsbereitschaft der Bieter übersteigt (*Effizienzproblem*).

Das Grundproblem bei der Festsetzung des Mindesteröffnungsgebotes ergibt sich unmittelbar aus dem Anwendungsbereich von Versteigerungen. Diese kommen insbesondere dann zur Anwendung, wenn der Verkäufer im Gegensatz zum Käufer über keine oder sehr geringe Informationen über den Marktpreis bzw. dessen Determinanten verfügt.

Die Auktionstheorie ist in der Frage der Erlöswirkung des Reservepreises ambivalent. Der optimale Reservepreis im *Benchmark Model* übersteigt

---

[438] Die Nomenklatur ist hier etwas verwirrend. Das Mindesteröffnungsgebot wird in einigen Verfahren als Erstgebot, in anderen Verfahren als Mindestgebot (in der ersten Runde) bezeichnet.

[439] Im Gegensatz zum Mindesteröffnungsgebot (Erstgebot) muss ein Reservepreis nicht zwangsläufig transparent für die Bieter sein.

[440] Siehe dazu Kapitel 5.4.2.

strikt die Wertschätzung des Auktionators. Dabei werden Effizienzprobleme, die mit einer bestimmten Restwahrscheinlichkeit auftreten, durch die Möglichkeit, einen Teil der Informationsrente zu akquirieren, überkompensiert.[441] Bei (*Almost-*) *Common-value-Auktionen* mit asymmetrischen Bietern und strikt positiven Teilnahmekosten kann der Reservepreise im Falle eines Mehrrundenverfahrens ein wichtiges Substitut für mangelnden Bietwettbewerb sein.[442] Demgegenüber kann sich im *affiliated-values model* ein hoher Reservepreis – der die Zahl der Teilnehmer reduziert – aufgrund des *Linkage Principle* negativ auf den Erlös auswirken.[443]

Ökonomisch betrachtet gib es keinen zwingenden Grund, der in jedem Fall für oder gegen ein (hohes) Mindesteröffnungsgebot spricht. Eine Bewertung ist nur im Einzelfall bei Kenntnis des Vergaberahmens, der Marktbedingungen und der Technologie möglich. Zentral dabei sind auch die Vergabeziele und insbesondere die Frage, welche Wertschätzung die Vergabestelle (öffentliche Hand) selbst in Bezug auf die zu verkaufenden Lizenzen/Frequenzbereiche hat.[444] Diese Fragen sind letztlich administrative/politische Entscheidungen, auf die hier nicht näher eingegangen wird.

6.3.6 Terminierungsregeln

In der Standardversion des simultanen Mehrrundenverfahrens schließen alle Märkte gleichzeitig. Diese Form der Terminierung hat den Vorteil, dass den Bietern bis zum Ende des Verfahren mögliche Alternativstrategien offen bleiben, was sich wiederum positiv auf die Effizienz des Ergebnisses auswirkt. Insbesondere ist diese Form der Terminierung im Einklang mit den theoretischen Effizienztheoremen im Kapitel 5.4.3. Der Nachteil der simultanen Terminierung ist die erhöhte Kollusionsgefahr. Das in 5.4.6 dargestellte Beispiel für eine kollusive Strategie ist nur dann ein Gleichgewicht, wenn die Märkte für beide Güter gleichzeitig schließen. Sie wäre beispielsweise dann kein Gleichgewicht mehr, wenn Märkte (individuell) schließen, sobald kein neues Gebot (für den entsprechenden Markt) eingeht. In diesem Fall könnte ein Bieter, der vom kollusiven Gleichgewicht abweicht, nicht mehr bestraft werden, was wiederum dazu führt, dass die kollusive Strategie kein Gleichgewicht ist.

---

[441] Siehe Kapitel 5.3.1.
[442] Siehe auch Kapitel 5.3.4.
[443] Siehe auch Kapitel 5.3.4.
[444] Z.B. durch die Wertänderung aufgrund einer Umwidmung der Frequenzen.

Eine Alternative zur simultanen Terminierung wäre eine Markt-für-Markt-Terminierungsregel, wobei ein Markt nach einer bestimmten Zahl an inaktiven Runden (für diesen Markt) schließt. Gegenwärtig gibt es keine empirischen Erfahrungen mit einer solchen Terminierungsregel. Zu erwarten ist, dass sie insofern Probleme schaffen würde, als dass den Bietern mögliche Backup-Strategien in den späteren Phasen der Auktion versperrt blieben. Aus diesem Grund ist, solange Effizienzziele im Vordergrund stehen, einer simultanen Terminierungsregel der Vorzug zu geben.

6.3.7 Informationen und Gebotsabgabe

Es gibt eine Vielzahl an Informationen, die der Auktionator nach Ablauf einer Runde bekannt geben kann. Die in diesem Zusammenhang wesentlichste Information ist die Höhe aller (aktiven) Gebote und die Identität der Bieter dieser Gebote. In einer *vollständig transparenten Auktion* werden diese Informationen allen Bietern zur Verfügung gestellt. Eine Alternative zu einer transparenten Auktion ist eine *anonyme Auktion*, in der die Bieter nur die Höhe der Gebote erfahren.

In Bezug auf die Informationen, die der Auktionator nach Ablauf einer Runde bekannt gibt, gilt es, zwischen folgenden Vor- und Nachteilen abzuwägen:

- Ein Vorteil einer transparenten Auktion ist die höhere Rechtssicherheit, da sie dem Gebot eines offenen, transparenten Vergabeverfahrens besser entspricht. Für die Bieter ist die korrekte Berücksichtigung ihrer Gebote und die Umsetzung der Regeln verifizierbar.

- Eine transparente Auktion wirkt sich dann positiv auf Effizienz und Erlös aus, wenn die Zahlungsbereitschaft der Bieter von Bietstrategien und Erfolg der Mitkonkurrenten abhängig ist (z.B. *Winner's-curse-Problem,* erhöhte Kollusionsneigung aufgrund *Multimarket*-Kontakten) und wenn komplementäre Werteinterdependenzen vorliegen.

- Ein weiterer Vorteil einer transparenten Auktion ist, dass die Bieter Ressourcen sparen, die sie andernfalls einsetzen würden, um die Identität der Mitbieter herauszufinden.

- Der große Nachteil einer *transparenten Auktion* ist die erhöhte Kollusionsgefahr. Die Preisgabe der Identität der Bieter schafft die Grundlage für den Einsatz von kollusiven Instrumenten (*signalling bids, predatory bids, retaliation, etc.*) und erleichtert die (kooperative) Aufteilung von Gütern, die ohne die Preisgabe dieser Informationen wesentlich schwieriger wäre.[445]

Einer *anonymen Auktion* ist der Vorzug zu geben, wenn die Vorteile einer *transparenten Auktion* nicht deren Nachteile übersteigen und das Ziel der Erlösmaximierung von zentraler Bedeutung ist.

Eine alternative Möglichkeit, den Einsatz kollusiver Instrumente zu erschweren, ist die Einführung von Restriktionen in Bezug auf die Wahl der Gebotsbeträge. Eine freie Wahl der Gebotsbeträge hat den Vorteil, dass die Wahrscheinlichkeit gleich hoher Gebote – und damit die Anwendung einer *tie breaking rule* – reduziert wird. In den letzten Runden kann dies auch Einfluss auf das Ergebnis und damit auf die Effizienz haben. Demgegenüber eröffnet die freie Wahl der Gebotsbeträge den Bietern die Möglichkeit, in den niedrigen Stellen eines Gebotes Informationen zu codieren (*signalling bids*).[446] Zwei Möglichkeiten, *signalling bids* zu erschweren bzw. abzustellen, sind *click-box bidding* und die Einführung von *Bieteinheiten*. Im Rahmen von *click-box bidding* gibt der Auktionator eine Liste mit validen Gebotsbeträgen in Inkrementschritten vor, aus denen die Bieter den Gebotsbetrag auswählen können.[447] Aufgrund der Einschränkung des Zahlenraums sind *signalling bids* nicht mehr möglich. Alternativ dazu kann in den Versteigerungsregeln vorgesehen werden, dass gültige Gebote auf eine bestimmte Zahl an Dezimalstellen (*Bieteinheit*) gerundet werden müssen. Das kann *signalling bids* bei geeigneter Wahl der Dezimalstellen (zu) teuer machen.

6.3.8 Zurückziehen von Geboten

Für Bieter besteht aufgrund von Werteinterdependenzen häufig die Notwendigkeit, bestimmte Güter zu aggregieren. Dabei kann eines der Güter zu teuer werden und der Bieter möchte auf eine alternative Kombination ausweichen. Nun kann das Problem auftreten, dass der Bieter aufgrund seiner vorangegangen Gebote Höchstbieter für einige der Güter der erstpräferierten Kombination ist.[448] Er müsste nun unter Umständen – insbesondere wenn Spektrumsrestriktion vorliegen – bis zum Wechsel zur

---

[445] Siehe dazu Kapitel 5.4.6.
[446] Siehe dazu Kapitel 5.4.6.
[447] *Click-box bidding* ist beispielsweise im Rahmen der WLL Auktion zum Einsatz gelangt. Siehe Kapitel 10.3.4.
[448] Siehe dazu auch die Ausführungen zum *Exposure-Problem* im Kapitel 5.4.4.

alternativen Kombination warten, bis ihn ein anderer Bieter auf den erstpräferierten Gütern überbietet.

Eine Möglichkeit, dem Bieter (frühzeitig) die Möglichkeit einzuräumen, auf eine alternative Kombination zu wechseln, ist es, das Zurückziehen von Geboten zuzulassen.[449] Dabei kann ein Bieter in der Gebotsabgabephase das eigene geltende Höchstgebot zurückziehen (*withdraw*). Das Paket notiert dann zu jenem Preis (Mindestgebot), das galt, bevor dieser Bieter sein Gebot legte. Um kein falsches Anreizsystem zu erzeugen, ist Zurückziehen nur in Verbindung mit einer (möglichen) Strafzahlung sinnvoll. Im Regelfall hat ein Bieter, der ein Gebot zurückzieht, die Differenz aus seinem zurückgezogenen Gebot und dem endgültigen Verkaufspreis (falls der Wert positiv ist) als Strafzahlung zu entrichten. In einer Auktion ist ein Gebot eine verbindliche Zusage, den entsprechenden Betrag zu zahlen. Ein Abweichen von diesem Grundsatz würde – wie die Erfahrungen in Australien[450] belegen – die Funktionsfähigkeit einer Auktion gefährden. Eine weitere notwendige Voraussetzung für die Einführung von Zurückziehen ist ein Rechtsrahmen, der dies zulässt.

6.3.9 Bietbefreiungen und Nachdenkpausen

Ein Problem in Zusammenhang mit den Aktivitätsregeln – insbesondere auch beim Übergang zu einer neuen Aktivitätsphase – ist, dass Bieter, die irrtümlich oder bedingt durch technische Probleme die Mindestaktivität unterschreiten, einen Teil ihrer Bietberechtigung verlieren. Eine Möglichkeit, die Auktion diesbezüglich fehlertoleranter zu gestalten, ist es, für jeden Bieter bis zu *N Befreiungen* (*waiver*) in den Regeln vorzusehen. Dabei behält ein Bieter, der die Mindestaktivität unterschreitet und eine Bietbefreiung geltend macht, seine aktuelle Bietberechtigung.

Eine Bietbefreiung kann auch als *Pause* für strategische Entscheidungen (z.B. um Organbeschlüsse zur Neubewertung von Budgets oder Geschäftsmodellen herbeizuführen) genutzt werden. Für diesen Anlassfall kann auch ein Anspruch auf einmaliges Aussetzen des Verfahrens für eine bestimmte Zeit (z.B. einen Tag) in den Regeln vorgesehen werden (*recess day*).

---

[449] Zurückziehen kann auch auf eine bestimmte Zahl an Runden eingeschränkt werden.
[450] Zu den Erfahrungen in Australien siehe Kapitel 6.2.2.

7 Vergabe der 4. GSM Konzession

7.1 Hintergrund

Auf Basis des durch die Novelle BGBl I Nr 98/1998 eingefügten § 125 Abs 3a TKG erfolgte, beginnend im Herbst 1998, die Vergabe der vierten GSM-Konzession. Zur Versteigerung gelangte eine GSM-Konzession mit einer Ausstattung von 14,8 MHz aus dem 1800 MHz-Bereich.

7.2 Auktionsverfahren

Als Grundverfahren wurde ein aufsteigendes Mehrrundenverfahren gewählt.[451] Auf die Anwendung einer *tie breaking rule* wurde – auf Wunsch der Telekom-Control-Kommission – verzichtet. Für den Fall, dass in einer Runde gleichlautende Höchstgebote vorliegen sollten, wurden spezielle Sonderregeln entwickelt. Durch diese Sonderregeln sollte sichergestellt werden, dass

- das Versteigerungsverfahren auch dann nicht zum Stillstand kommt, wenn alle aktiven Bieter gleichlautende Gebote legen sollten,
- das Verfahren mit nur einem Höchstbieter terminiert.

Das Verfahren wurde zentral in einem Hotel mittels standardisierten Formularen abgewickelt.

7.3 Ergebnisse

Auf Grund der Tatsache, dass einer der beiden Antragsteller kurz vor Beginn der Auktion mitteilte, dass er bei der Auktion sein im Konzessionserteilungsantrag genanntes Erstgebot nicht erhöhen werde und in weiterer Folge auch nicht an der Auktion teilnahm, erfolgte die Konzessionserteilung schließlich am 03.05.1999 an tele.ring. Das von tele.ring angebotene Frequenznutzungsentgelt betrug ATS 1,35 Mrd. (€ 98 Mio.). Das zugeteilte Frequenzspektrum beträgt 14,8 MHz aus dem 1800 MHz-Bereich.

---

[451] Die detaillierten Regeln und die Abwicklungsmodalitäten finden sich in der Verfahrensanordnung zur Auktion (Telekom-Control-Kommission, 1999a).

8 Vergabe einer TETRA Konzession

8.1 Hintergrund

Im Februar 2000 erfolgte die Vergabe einer Konzession zur Erbringung des öffentlichen Sprachtelefondienstes mittels Mobilfunk und anderer öffentlicher Mobilfunkdienste mittels selbst betriebener Telekommunikationsnetze für das digitale Bündelfunksystem TETRA. Die Auktion fand am 03.02.2000 statt. Zur Auktion wurden alle drei Antragsteller zugelassen. Das ursprünglich in den Ausschreibungsunterlagen festgesetzte Mindestgebot betrug ATS 5 Mio. (€ 363.364). Bereits im Antrag wurde von einem Unternehmen ein Erstgebot von ATS 10 Mio. (€ 726.728) gelegt. Die Auktion war als Mehrrundenverfahren ausgestaltet. Als Höchstbieter ging aus der Auktion schließlich die TetraCall mit einem Gebot von ATS 66,5 Mio. (€ 4,8 Mio.) hervor.

8.2 Auktionsverfahren

Als Verfahren wurde das bereits bei der Vergabe der 4. GSM-Konzession zur Anwendung gekommene simultane Mehrrundenverfahren mit Sonderregeln für den Fall gleichlautender Höchstgebote gewählt, wobei eine wesentliche Adaptierung vorgenommen wurde.[452] Im Gegensatz zu GSM war der wirtschaftliche Wert einer TETRA Konzession als weit geringer einzuschätzen und die Reduktion von Transaktionskosten daher ein zusätzliches Ziel bei der Gestaltung des Verfahrens. Um auf die Vorteile einer Mehrrundenauktion (*winner's curse*) nicht grundsätzlich zu verzichten, wurde eine Mischvariante gewählt und das Mehrrundenverfahren um die Option erweitert, dass der Auktionator nach 14 Runden zwei letzte offene Runden ausrufen kann. Aus Effizienzüberlegungen, wurde das (relative) Mindestinkrement im Laufe des Verfahren schrittweise von 10% auf ca. 4,5% abgesenkt.[453]

Das Verfahren wurde zentral in den Räumlichkeiten der Telekom-Control mittels standardisierten Formularen abgewickelt.

---

[452] Die detaillierten Regeln und die Abwicklungsmodalitäten finden sich in der Verfahrensanordnung zur Auktion (Telekom-Control-GmbH, 2001).

[453] Zur Bedeutung des Mindestinkrements für die Effizienz siehe auch Kapitel 6.3.4.

8.3 Ergebnisse

Die Auktion hat sich über 11 Runden erstreckt. Bestbieter war die Fa. TetraCall. Die Rundenergebnisse sind in Tabelle 8-1 dargestellt.

TABELLE 8-1: RUNDENERGEBNISSE DER TETRA AUKTION (IN ATS)

	Mindestgebot	Center	TetraCall	WalkyTalky
Qualifikations-runde	10.000.000	10.000.000	**20.200.000**[HG]	10.000.000
1. Runde	22.200.000	22.200.000	20.200.000	**25.100.000**[HG]
2. Runde	27.400.000	27.400.000	**30.300.000**[HG]	25.100.000
3. Runde	32.800.000	32.800.000	30.300.000	**36.200.000**[HG]
4. Runde	38.900.000	38.900.000	**40.400.000**[HG]	36.200.000
5. Runde	43.200.000	43.200.000	40.400.000	**44.400.000**[HG]
6. Runde	47.300.000	47.300.000	**50.500.000**[HG]	44.400.000
7. Runde	53.600.000		50.500.000	**54.900.000**[HG]
8. Runde	57.600.000		**60.600.000**[HG]	54.900.000
9. Runde	63.500.000		60.600.000	**63.500.000**[HG]
10. Runde	66.400.000		**66.500.000**[HG]	63.500.000
11. Runde	69.400.000		**66.500.000**[HG]	
12. Runde	66.500.000			

Quelle: Telekom Control
[HG] Jeweiligen Höchstgebote der Runde.

Wie aus Tabelle 8-1 ersichtlich ist, hat die Sonderregel 10.4 – d.h. die Möglichkeit nach der Runde 14 zwei letzte offene Runden auszurufen – ihre Wirkung nicht verfehlt. Weniger dadurch, dass diese Regel zur Anwendung gekommen wäre. Sondern vielmehr dadurch, dass für die Bieter ein Anreiz bestand, bereits in einer frühen Phase der Auktion Gebote über dem Mindestgebot zu legen, und damit eine zügigere Annäherung an den Marktpreis sicherzustellen. In 9 von 10 Runden, in denen neue valide Gebote einlangten, wurden sogenannte *jump bids* (Gebote über dem Mindestgebot) abgegeben. Diese Gebote lagen zwischen 0,15% und 102% über dem jeweiligen Mindestgebot.

Die Auktion endete in der Runde 11, drei Runden, bevor für den Auktionator die Möglichkeit bestanden hätte, zwei offene Runden auszurufen.

9 Vergabe von UMTS/IMT-2000 Konzessionen

9.1 Hintergrund

9.1.1 Technologie und Frequenzspektrum

Universal Mobile Telecommunications System (UMTS) ist der europäische Beitrag zum weltweiten Mobilkommunikationssystem der 3. Generation IMT-2000. IMT-2000 vereint verschiedene Mobilkommunikationssysteme der 3. Generation im Rahmen eines Familienkonzepts mit insgesamt fünf verschiedenen Funkschnittstellen.[454] Zwischen den verschiedenen Systemen soll jedenfalls „Roaming" möglich sein. IMT-2000/UMTS soll die Übertragung von Daten mit höheren Raten als mit derzeitigen Mobilsysteme und damit die Realisierung von mobilen Multimediaanwendungen ermöglichen.[455] UMTS findet sich als CDMA Direct Spread und CDMA TDD in den ITU Spezifikationen. CDMA Direct Spread (auch WCDMA oder UTRA-FDD) erfordert ein gepaartes Frequenzband mit einer Kanalbreite von ca. 2x5 MHz. CDMA TDD ist für den Betrieb im ungepaarten Frequenzbereich vorgesehen. Die Kanalbreite beträgt 1x5 MHz. UMTS wird von ETSI gemeinsam mit anderen Standardisierungsinstituten im Rahmen des 3GPP (3rd Generation Partnership Project) normiert. Neben dem terrestrischen System ist auch ein Satellitensystem geplant. Bislang wurden allerdings ausschließlich Frequenzen für die terrestrische Komponente zugewiesen.

Die Frequenzbänder für Europa wurden von der CEPT/ERC in der Entscheidung ERC/DEC/(97)07 festgelegt. Für den terrestrischen Teil von UMTS sind insgesamt 155 MHz vorgesehen. Davon sind die Bereiche 1920–1980 MHz und 2110–2170 MHz, also 2x60 MHz für den gepaarten Betrieb und die Bereiche 1900–1920 MHz und 2010–2025 MHz für den ungepaarten Betrieb definiert. In Österreich wurden – wie in den meisten anderen Ländern auch – 10 MHz aus dem ungepaarten Bereich für die unlizenzierte Nutzung (licence exempt use) reserviert, so dass nur 145 MHz des Spektrums zur Vergabe gelangten.[456] Die Ausschreibung selbst

---

[454] Vgl. ITU-Empfehlung IMT.RSPC (IMT-2000 Radio Interfaces Standards).
[455] Siehe auch Kapitel 2 und 3.
[456] Vgl. Frequenznutzungsverordnung BGBl. II Nr. 364/1998. Siehe auch Anhang zum Kapitel 4.

erfolgte innerhalb der IMT-2000 Standardfamilie technologieneutral.[457] Mit einer vorgegebenen Kanalbreite von 5 MHz standen für die Vergabe

- 12 Frequenzpakete (je 2x5 MHz) aus dem gepaarten Frequenzbereich und
- bis zu 5 Frequenzpakete (je 5 MHz) aus dem ungepaarten Bereich

zur Verfügung.

9.1.2 Internationale rechtliche Rahmenbedingungen

Die Vergaben in Europa gehen auf die Entscheidung 128/1999/EG des Europäischen Parlaments und des Rates vom 14. Dezember 1998 über die koordinierte Einführung eines Drahtlos- und Mobilkommunikationssystems (UMTS) der dritten Generation in der Gemeinschaft zurück. Art 3 verpflichtete die Mitgliedstaaten, alle erforderlichen Maßnahmen zu ergreifen, um gemäß Art 1 der Richtlinie 97/13/EG die schrittweise koordinierte Einführung der UMTS-Dienste in ihrem Gebiet bis spätestens 1. Jänner 2002 zu ermöglichen und bis spätestens 1. Jänner 2000 die entsprechenden Genehmigungsverfahren einzurichten.[458] Hinsichtlich des Vergabeverfahrens finden sich Bestimmungen in der Richtlinie 97/13/EG des Europäischen Parlaments und des Rates vom 10. April 1997 über einen gemeinsamen Rahmen für Allgemein- und Einzelgenehmigungen für Telekommunikationsdienste. Art 3 der Richtlinie besagt, dass Einzelgenehmigungen nur dann zu erteilen sind, wenn der Genehmigungsempfänger Zugang zu knappen Sachressourcen und anderen Ressourcen erhält, besonderen Verpflichtungen unterworfen ist oder besondere Rechte genießt. Einzelgenehmigungen müssen durch offene, nichtdiskriminierende und transparente Verfahren erteilt werden, die für alle Antragsteller gleich sind, sofern kein objektiver Grund für eine unterschiedliche Behandlung besteht. Die Einzelgenehmigungen sind aufgrund von Auswahlkriterien, die ebenfalls objektiv, nichtdiskriminierend, detailliert, transparent und verhältnismäßig sein müssen, zu erteilen.

---

[457] Dies geht auf WTO-Vorschriften zurück, gemäß denen in Europa alle Standards zuzulassen sind, die im Rahmen der IMT-2000-Familie normiert werden.

[458] Sofern aufgrund außergewöhnlicher technischer Schwierigkeiten gerechtfertigt, wurde eine zusätzliche Durchführungsfrist von höchstens 12 Monaten gewährt.

9.1.3 Vergabeverfahren

Eine Beschreibung des in Österreich zur Anwendung gelangten Vergabeverfahrens – Prüfung der technischen und wirtschaftlichen Eignung gefolgt von einem Versteigerungsverfahren – findet sich in Kapitel 4.2.4. Ein Überblick über die Vergabeverfahren in einigen ausgewählten Ländern findet sich in der Tabelle zu den regulatorischen Rahmenbedingungen im Anhang zu diesem Kapitel. In Westeuropa hält sich die Zahl der Länder, in denen die Lizenzen auktioniert wurden in etwa die Waage mit jenen Ländern die diese mittels Kriterienwettbewerb zuteilten. Im Vergleich zur Vergabe von GSM-Lizenzen ist allerdings ein deutlicher Trend hin zu marktlichen Vergabemechanismen festzustellen.[459]

9.1.4 Regulatorischer Rahmen und Lizenzauflagen

Regulatorische Rahmenbedingungen[460] haben einen nicht unerheblichen Einfluss auf die Investitionsentscheidung potenzieller Lizenznehmer. Im Rahmen der Vergabe der IMT-2000/UMTS Lizenzen waren insbesondere folgende Regulierungsfragen von Relevanz:[461]

- Lizenzgebiet und -laufzeit
- Versorgungsauflagen
- Förderung von Neueinsteigern (*National Roaming*)
- Infrastrukturteilung

In allen Ländern Westeuropas ist das Lizenzgebiet das jeweilige Staatsgebiet. Die Mehrzahl der Länder befristete die Lizenzen entweder mit 15 oder mit 20 Jahren (vgl. dazu die Tabelle im Anhang zu diesem Kapitel). Hinsichtlich der Versorgungsauflagen gab es zum Teil erhebliche Unterschiede im Umfang und in der zeitlichen Struktur. Auffallend – wenn auch nicht verwunderlich – sind die zum Teil hoch ambitionierten Versorgungspflichten in Ländern, in denen als Auswahlverfahren ein Kriterienwettbewerb zur Anwendung gelangte.

In nahezu allen Ländern gibt es Regulierungen zur Förderung von Neueinsteigern, meist in Form von „Nationalem Roaming 3G-2G". Ziel dieser

---

[459] GSM-Lizenzen wurde lediglich in Österreich, den Niederlanden und Belgien auktioniert.
[460] Siehe auch die Tabelle im Anhang zu diesem Kapitel.
[461] Im Gegensatz zu anderen Bereichen gibt es für die hier angerissenen regulatorischen Fragen so gut wie keine harmonisierte Bestimmungen innerhalb der Mitgliedstaaten der europäischen Union.

Bestimmung ist die Sicherstellung chancengleicher Markteintrittsbedingungen für 3G-Neueinsteiger. Dem liegt die Vermutung zu Grunde, dass sich die Nachfrage nach 3G-Diensten sehr langsam entwickeln wird und gerade in der Startphase der neuen Technologie etablierte GSM-Dienste den Mobilfunkmarkt weiter beherrschen werden. Bestehende Betreiber verfügen darüber hinaus über Kosten- und Startvorteile aufgrund einer bereits bestehenden flächendeckenden Mobilfunkinfrastruktur, die es ihnen schon in einer sehr frühen Phase des UMTS/IMT-2000 Netzaufbaus erlaubt, bestimmte mobile Datendienste (GSM Phase 2) flächendeckend anzubieten.[462] Im Rahmen von Nationalem Roaming 3G-2G wird jenen 2G-Betreibern, die ihrerseits auch eine 3G Konzession erwerben, die Verpflichtung auferlegt, 3G Betreibern, die ihrerseits keine 2G-Konzession innehaben (3G-Neueinsteiger), Nationales Roaming auf Basis der 2G Netze für eine bestimmte Zeit zur Verfügung zu stellen. Im Regelfall sind die Bestimmungen zu Nationalem Roaming zeitlich und räumlich beschränkt, meist bis ein Neueinsteiger selbst eine hinreichende Versorgung erreicht hat. In Deutschland ist zwar keine Verpflichtung für Nationales Roaming vorgesehen, dafür gibt es eine Verpflichtung für GSM Betreiber, Diensteanbietern *Airtime* auf *Wholesale* Basis zur Verfügung zu stellen. Diese Bestimmung erfüllt einen vergleichbaren Zweck wie Nationales Roaming 3G-2G. In den Niederlanden und in Portugal sind keine Bestimmungen zur Förderung von Neueinsteigern vorgesehen.

Die meisten der 3G Lizenzen in Europa beinhalten nur rudimentäre Angaben zur gemeinsamen Nutzung von Infrastruktur (*Infrastructure Sharing*). Viele Regulierungsbehörden konkretisierten Ende 2001/ Anfang 2002 die Lizenzbedingungen in Bezug auf die gemeinsame Nutzung von Infrastruktur. Dabei hat sich eine Linie, die bereits zum Zeitpunkt der Ausschreibung erkennbar war, weiter verfestigt: Die intelligenten (oder aktiven) Netzelemente jener Funknetz-Infrastruktur (RNC, NodeB), die zur Erbringung der Versorgungspflichten notwendig sind, müssen von jedem Lizenznehmer selbst betrieben werden. Passive Netzelemente (Linientechnik, Antennen, etc.) können geteilt werden. Die gemeinsame Nutzung von Netzelementen des Kernnetzes ist in der Regel ebenso wenig erlaub wie die gemeinsame Nutzung von Frequenzen (*Frequency Pooling*).

---

[462] Siehe auch Kapitel 6.3.2.

9.2 Stückelung und Zahl an Konzessionen

9.2.1 Mögliche Optionen

Rein rechnerisch gibt es eine Vielzahl an Möglichkeiten, die zur Vergabe gelangten 17 Pakete auf eine oder mehrere Konzessionen aufzuteilen. Berücksichtigt man allerdings, dass

- seitens des UMTS Forums (1998a) die Mindestausstattung pro Betreiber aus rein technischer Sicht mit 2x10 MHz gepaart + 5 MHz ungepaart bzw. mit 2x15 MHz gepaart angegeben wurde,[463]
- in Österreich wie in einigen anderen Mitgliedstaaten zumindest vier Konzessionen vergeben hätten werden müssen, damit nicht einer der bestehenden GSM-Betreiber a priori vom Erwerb einer UMTS/IMT-2000-Konzession ausgeschlossen worden wäre und
- symmetrische Stückelungsvarianten sich rein rechnerisch auf die ganzzahlige Teilung von 12 und 4 (wenn ein Paket aus dem ungepaarten Bereich nicht vergeben wird) beschränken,
- asymmetrische Stückelungsvarianten nur dann sinnvoll sind, wenn eine der besser ausgestatteten Konzessionen für einen Neueinsteiger reserviert wird (Neueinsteiger-Regelung),

so kann die Anzahl an Möglichkeiten auf folgende drei Optionen eingeschränkt werden: (1) symmetrische Stückelung mit vier Konzessionen, (2) asymmetrische Stückelung mit fünf Konzessionen unter Berücksichtigung der Neueinsteiger-Regelung und (3) Versteigerung einzelner Frequenzpakete (flexibles Versteigerungsverfahren). Ein in diesem Zusammenhang zentraler Aspekt ist die sogenannte „Neueinsteiger Regelung". Darunter wird die Reservierung eines eigenen, besser ausgestatteten Frequenzpakets für einen Neueinsteiger bezeichnet. Damit soll, da einem 3G-Neueinsteiger bei symmetrischer Verteilung des 3G-Spektrums längerfristig eine geringere Gesamtausstattung an Spektrum (2G+3G) zur Verfügung stünde als einem bestehenden GSM-Betreibern, ein *level-playing-field* zwischen 3G-Neueinsteigern und GSM-Betreibern sichergestellt werden. Würde das besser ausgestattete Paket nicht für den Neueinsteiger reserviert werden, bestünde die (realistische) Gefahr, dass dieses Paket

---

[463] Wobei allerdings mit Hinweis auf eine längerfristige Flexibilität eine Ausstattung von 2x15 MHz gepaart plus 5 MHz ungepaart für jeden Betreiber empfohlen wird.

von einem der bestehenden Betreiber ersteigert und damit die eigentliche Zielsetzung – einen Ausgleich zu schaffen – verfehlt wird.[464]

(1) Option „Symmetrische Stückelung mit 4 Konzessionen"

Zur Vergeabe gelangen vier Konzessionen mit einer festen Ausstattung von 2*15 MHz aus dem gepaarten Bereich und 5 MHz aus dem ungepaarten Bereich. 5 MHz aus dem ungepaarten Bereich werden in diesem Szenario nicht vergeben. Da jeder Bieter nur ein Paket erwerben darf, ist die Zahl der Konzessionen ebenfalls mit 4 festgesetzt. Diese Stückelungsvariante wurde vom UTMS-Forum empfohlen und in der Mehrzahl der Länder umgesetzt.

(2) Option „Asymmetrische Stückelung mit 5 Konzessionen"

Zur Ausschreibung gelangen fünf Konzessionen mit fester Ausstattung. Abhängig davon, ob vier oder fünf Frequenzpakete des ungepaarten Bereichs vergeben werden, sind zwei Stückelungsvarianten denkbar. Die in Großbritannien gewählte Variante sieht eine Stückelung in
- 1 Paket mit 2x15 MHz + 5 MHz,
- 1 Paket mit 2x15 MHz und
- 3 Pakete mit 2x10 MHz + 5 MHz

vor. Die in den Niederlanden gewählte Variante sieht eine Stückelung in
- 2 Pakte mit 2x15 MHz + 5 MHz und
- 3 Pakete mit 2x10 MHz + 5 MHz

vor. Sinnvollerweise wird das (die) am besten ausgestattete (ausgestatteten) Paket(e) für den (die) Neueinsteiger reserviert (Neueinsteiger-Regelung) und durch andere regulatorische Maßnahmen zur Förderung von Neueinsteigern (z.B. *National Roaming*) ergänzt. In Ländern mit vier bestehenden Betreibern bietet sich die erste Variante und in Ländern mit drei oder fünf bestehenden Betreibern die zweite Variante an.

(3) Option „Vergabe einzelner Pakete" (flexibles Versteigerungsverfahren)

Im Gegensatz zu den Optionen 1 und 2 wird die Entscheidung über Zahl und Ausstattung nicht von der Regulierungsbehörde getroffen, sondern

---

[464] Ein Neueinsteiger muss umfangreichere Infrastrukturinvestitionen tätigen als ein bestehender Betreiber. Sein Investitionskalkül weist daher einen geringeren NPV aus, was sich wiederum in einer geringeren Zahlungsbereitschaft niederschlägt. Siehe auch Kapitel 6.3.2.

durch das Versteigerungsverfahren ermittelt. Dies setzt voraus, dass die Frequenzpakete und das Verfahren so gestaltet sind, dass eine vernünftige Aggregation von Paketen möglich ist. Im vorliegenden Verfahren ist als kleinste Einheit die normierte Kanalbreite von 5 MHz vorgegeben.[465] Darüber hinaus sind bei der Gestaltung des Auktionsverfahrens insbesondere zwei Dinge zu berücksichtigen: Zum einen besteht – da die Paketgröße die für die Dienstaufnahme notwendige minimale Frequenzausstattung unterschreitet – die Gefahr, dass die Bieter einem *Exposure-Risiko* ausgesetzt sein könnten.[466] Zum anderen besteht – wie im Kapitel 3 ausgeführt wurde – eine gewisse Tendenz zu engen Marktstrukturen. Um kompetitive Marktstrukturen sicherzustellen, muss das Verfahren so gestaltet sein, dass eine Mindestzahl an Lizenzen nicht unterschritten wird. Ein Auktionsverfahren, das diese Rahmenbedingungen umsetzt, gelangte in Deutschland und Österreich zum Einsatz. Dabei werden die 17 Frequenzpakete in zwei Abschnitten versteigert: im ersten Abschnitt die 12 Pakete aus dem gepaarten Bereich, im zweiten Abschnitt die 5 Pakete aus dem ungepaarten Bereich sowie jene Pakete aus dem gepaarten Bereich, die im ersten Abschnitt nicht vergeben wurden. Im ersten Abschnitt muss ein Bieter zumindest 2, darf jedoch nicht mehr als 3 Pakete erwerben. Bieter, die erfolgreich sind – d.h. zumindest 2 Pakete ersteigern –, erhalten eine Konzession und sind berechtigt, im zweiten Abschnitt bei der Versteigerung des restlichen Spektrums teilzunehmen. Demnach sind maximal sechs und – bei entsprechender Nachfrage – nicht weniger als vier Lizenzen möglich. Durch das Verfahren ist auch sichergestellt, dass keiner der Lizenznehmer die vom UMTS Forum (1998a) vorgeschlagene Mindestausstattung von 2x10 MHz unterschreitet.[467]

9.2.2 Zahl der Lizenzen im europäischen Vergleich

Die Mehrzahl der Mitgliedstaaten folgte der Empfehlung des UMTS Forums (1998a), für jeden Betreiber eine Mindestausstattung von 2x15 MHz im gepaarten und 5 MHz im ungepaarten Bereich vorzusehen und demnach vier Lizenzen auszuschreiben (vgl. Abbildung 9-1). Der Vergleich zeigt allerdings auch, dass in der Mehrzahl der untersuchten

---

[465] Siehe auch Kapitel 9.1.1.
[466] Siehe auch Kapitel 5.4.4 und 6.3.1.
[467] Ein Bieter, der am Ende des 1. Abschnitts Höchstbieter für nur ein gepaartes Paket ist, wird von der Verpflichtung enthoben, dieses zu erwerben und mit einer suboptimalen Ausstattung ein Netz aufzubauen. Damit wird das *Exposure-Risiko* verringert.

Staaten zumindest eine 3G-Konzession mehr vergeben wurde als GSM-Betreiber am jeweiligen nationalen Mobilfunkmarkt tätig sind. Eine Ausnahme stellen nur die Niederlande (5 GSM Betreiber) und Dänemark (4 GSM Betreiber) dar. In Deutschland und Österreich wurde die Anzahl an 3G-Konzessionen nicht durch die Regulierungsbehörde festgelegt, sondern durch ein flexibles Versteigerungsverfahren (Option 3) ermittelt.

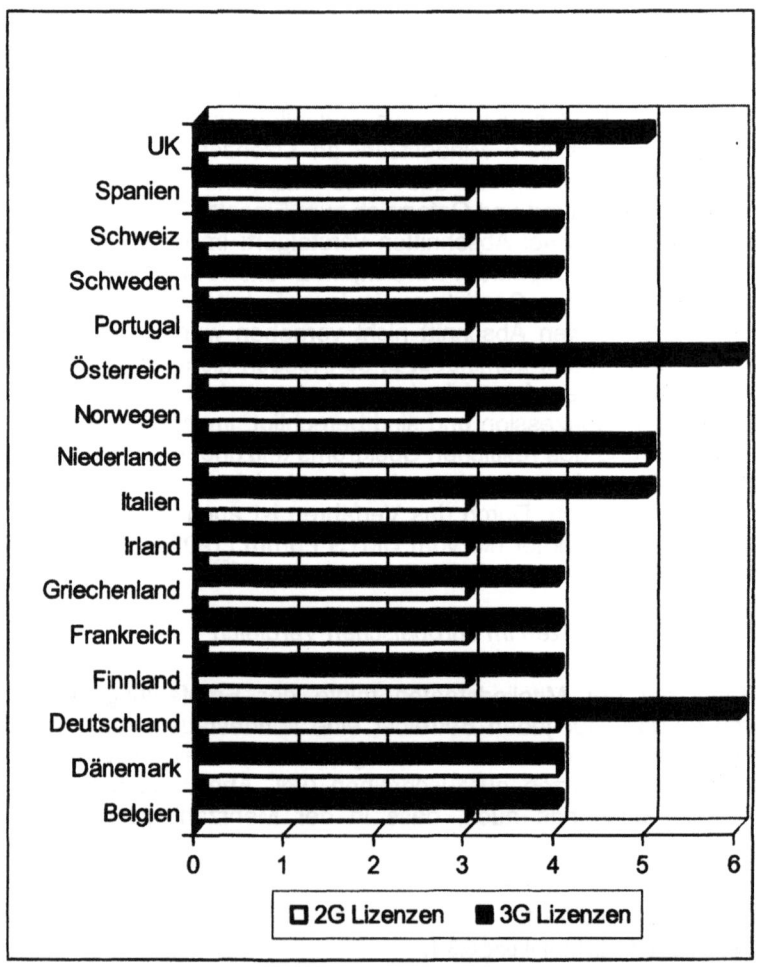

ABBILDUNG 9-1: ZAHL AN LIZENZEN IN EINIGEN WESTEUROPÄISCHEN LÄNDERN

Die Neueinsteiger-Regelung (mit fünf Lizenzen) gelangte in Großbritannien und Italien zum Einsatz.

9.2.3 Welche Option?

Die richtige Option hängt letztlich vom Vergabeziel ab.[468] Liegt das primäre Ziel der Vergabe in der Intensivierung des Wettbewerbs, dann ist Option 2 flankiert von Maßnahmen zur Förderung von Neueinsteigern (Reservierung einer besseren Frequenzausstattung für einen Neueinsteiger, Verpflichtung zu Nationalem Roaming 3G-2G für bestehende Betreiber) zu präferieren. Diese Option stellt bei nicht mehr als vier bestehenden Betreibern und entsprechender Nachfrage sicher, dass ein Neueinsteiger in den Markt eintritt und diesem auch eine entsprechende Frequenzausstattung zugeteilt wird. Damit verbunden sind (dynamische) Wettbewerbseffekte, die mit einem Neueinsteiger einher gehen: geringere Kollusionsneigung, höherer Grad an Diensteinnovation, rascherer Ausbau der Netzinfrastruktur, etc.[469] Dem gegenüber verursacht eine weitere Duplikation der Netzinfrastruktur höhere volkswirtschaftliche Gesamtkosten. Darüber hinaus besteht die Gefahr, dass Frequenzen zurückfallen bzw. zu viele Lizenzen vergeben werden.[470] Insgesamt ist die Option 2 zu präferieren, wenn auf den relevanten *Downstream-Märkten* Wettbewerbsdefizite vorliegen, die damit beseitigt werden können und dies den Aufbau einer weiteren Infrastruktur rechtfertigt. Sind diese Märkte bereits hinreichend kompetitiv, ist die Option 2 wenig sinnvoll.

In Märkten, in denen bereits vier Anbieter am Markt aktiv sind, ist der Eintritt eines Neueinsteigers im Rahmen der Option 1 sehr unwahrscheinlich. Aufgrund von Synergie- und Reputationseffekten ist davon auszugehen, dass die Zahlungsbereitschaft bestehender Betreiber höher sein wird als diejenige potenzieller Neueinsteiger. Sind sich potenzielle Investoren dieser Asymmetrie bewusst, ist davon auszugehen, dass sie auf eine Teilnahme an der Auktion verzichten, was sich negativ auf den Bietwettbewerb und damit auf den Erlös auswirkt.[471] Von diesen Überlegungen auszunehmen sind Investoren, die eine transnationale Geschäftsstrategie verfolgen.

---

[468] Eine theoretische Erörterung der Frage der Zahl an Lizenzen und zu unterschiedlichen Lizenzierungsvarianten findet sich in Kapitel 4.4.2.
[469] Siehe auch Kapitel 3.4.
[470] Zu den grundsätzlichen Problemen der diskretionären Lizenzierung siehe auch Kapitel 4.4.2.
[471] Zur theoretischen Untermauerung dieses Arguments siehe Kapitel 6.3.2.

Die Option 3 birgt – aus theoretischen Überlegungen – weniger die Gefahr „zu vieler Konzessionen", als vielmehr die Gefahr, dass auch dann, wenn die Marktentwicklung den Eintritt eines Neueinsteigers zulassen würde, dieser im Rahmen des Versteigerungsverfahrens aufgrund einer schlechteren Ausgangsposition nicht erfolgreich sein könnte.[472,473]

9.3 Auktionsverfahren

9.3.1 Internationaler Überblick[474]

Nachfolgend wird ein kurzer Überblick über die bisher im Rahmen von 3G Auktionen eingesetzten Verfahren gegeben:

➢ *Großbritannien*

In Großbritannien sind 5 Lizenzen (bei 4 bestehenden Betreibern) mit asymmetrischer Stückelung vergeben worden. Die am besten ausgestattete Lizenz wurde für einen Neueinsteiger reserviert, darüber hinaus wurde diesem das Recht auf National-Roaming 3G-2G eingeräumt. Als Auktionsverfahren wählten die britische Frequenzverwaltungsbehörde und ihre Berater ein aufsteigendes simultanes Mehrrundenverfahren.[475,476] Die Mindesteröffnungsgebote lagen zwischen £ 89,3 Mio. und £ 125 Mio. Die Abwicklung erfolgte dezentral per Fax.

➢ *Niederlande*

In den Niederlanden sind 5 Lizenzen (bei 5 bestehenden Betreibern) mit asymmetrischer Stückelung vergeben worden. Es gab keine Reservierung für einen Neueinsteiger und keine Regelungen hinsichtlich *National Roaming 3G-2G*. Als Auktionsverfahren wurde ein aufsteigendes simultanes Mehrrundenverfahren gewählt.

---

[472] Zum theoretischen Argument vgl. Moldovanu & Jehiel (2000).
[473] Die Realität hat gezeigt, dass diese Variante markteintrittsfreundlicher ist als die Theorie unterstellt. Unter anderem vermutlich deshalb, weil die Bieter eine transnationale Geschäftsstrategie.
[474] Eine Tabelle mit den wichtigsten Eckdaten findet sich im Anhang zu diesem Kapitel.
[475] Vgl. dazu die *Homepage* der Radiocommunications Agency http://www.radio.gov.uk/ sowie Binmore & Klemperer (2001).
[476] In der Entwicklungsphase wurde auch der erstmalige Einsatz einer *Anglo-Dutch-Auction* diskutiert. Siehe auch Kapitel 5.

> *Deutschland*

In Deutschland wurde keine feste Zahl an Lizenzen versteigert, sondern einzelne Frequenzpakete, wobei aufgrund der Regeln – bei entsprechender Nachfrage – zumindest 4, aber nicht mehr als 6 Lizenzen (bei 4 bestehenden Betreibern) möglich waren. Es gab keine Regelungen hinsichtlich *National Roaming 3G-2G*. Allerdings existieren in Deutschland vergleichbare Regelungen in Form von Zugangsregelungen für 2G-Diensteanbieter. Als Auktionsverfahren wurde ein aufsteigendes simultanes Mehrrundenverfahren mit zwei Abschnitten gewählt.[477] Die Mindesteröffnungsgebote lagen bei DM 100 Mio. (€ 51,13 Mio.) je 2x5 MHz gepaartem Frequenzpaket und DM 50 Mio. (€ 25,56 Mio.) je 5 MHz ungepaartem Frequenzpaket. Die Auktion wurde zentral in den Räumlichkeiten der Regulierungsbehörde mittels einer Auktionssoftware abgewickelt.

> *Italien*

In Italien sind 5 Lizenzen (bei 4 bestehenden Betreibern) mit einer Ausstattung von je 2x10+5 MHz zur Versteigerung gelangt. Die verbleibenden 2x10 MHz wurden als Zusatzspektrum für Neueinsteiger reserviert. Neben dieser leicht modifizierten Form der Neueinsteiger-Regelung beinhalten die Lizenzen auch einen Anspruch auf *National Roaming 3G-2G* für Neueinsteiger. Die Auktion wurde in Form einer *discriminatory multiple goods auction* durchgeführt.[478] Die Mindesteröffnungsgebote je 2x10+5 MHz Lizenz lagen bei € 2,066 Mrd.

> *Schweiz*

In der Schweiz sind 4 Lizenzen (bei 3 bestehenden Betreibern) mit einer Ausstattung von je 2x15+5 MHz zur Versteigerung gelangt. Neueinsteigern wird ein Anspruch auf *National Roaming 3G-2G* eingeräumt. Die Bakom und ihre Berater wählten als Auktionsformat eine *SAA*. Die Mindesteröffnungsgebote betrugen CHF 50 Mio. Die Abwicklung erfolgte dezentral mittels Software über Internet.

---

[477] Siehe Kapitel 9.2.

[478] Am Ende jeder Runde werden die Gebote gereiht. Für die 5 erstgereihten Gebote (Höchstgebote) besteht keine Notwendigkeit, in der nächsten Runde ein Gebot zu legen. Die anderen Bieter müssen, um nicht auszuscheiden, ein Gebot legen.

> *Neuseeland*

In Neuseeland wurde keine feste Zahl an Lizenzen versteigert, sondern einzelne Frequenzpakete. Zur Versteigerung gelangten 2x45 MHz aus dem gepaarten Bereich und 15 MHz aus dem ungepaarten Bereich, 2x15 MHz wurden für eine Minderheitsgruppe reserviert. Keiner der Bieter durfte mehr als 2x15+5 MHz erwerben, womit die Untergrenze für die Lizenzzahl 3 (bei 3 bestehenden Betreibern) betrug. Es gab keine Regelungen in Bezug auf das minimal zu erwerbende Spektrum. Die Mindesteröffnungsgebote lagen bei ca. NZ$ 1,67 Mio. Gleichzeitig mit dem 3G Spektrum auktionierte die neuseeländische Regierung auch 2G Spektrum und Spektrum für feste Funkdienste, insgesamt über 1.000 *lots*.[479] Die Frequenzauktionen werden in Neuseeland üblicherweise in Form einer SAA über Internet abgewickelt.

> *Belgien*

In Belgien sind 4 Lizenzen (bei 3 bestehenden Betreibern) mit einer Ausstattung von je 2x15+5 MHz zur Versteigerung gelangt. Neueinsteigern wurde ein Anspruch auf Nationales Roaming 3G-2G eingeräumt. Die Mindesteröffnungsgebote lagen bei € 150 Mio. Die Auktion wurde in Form einer SAA über Internet abgewickelt.

> *Australien*

In Australien wurde keine feste Zahl an Lizenzen versteigert, sondern einzelne Frequenzpakete. Zur Versteigerung gelangten in ländlichen Regionen 2x20 MHz, in Canberra 2x45+10 MHz und in allen anderen Großstädten 2x60+20 MHz. Insgesamt 58 *lots*, mit Kanalbreiten von 5 MHz, 2x5 MHz und 2x10 MHz. Keiner der Bieter durfte aus Wettbewerbsgründen mehr als 2x15+5 MHz erwerben, womit die Untergrenze für die Lizenzzahl 3 (bei 5 bestehenden Betreibern[480]) betrug. Es gab keine Regelungen in Bezug auf das minimal zu erwerbende Spektrum. Die Mindesteröffnungsgebote lagen in Summe bei ca. AUS$ 1,08 Mrd. Die Frequenzauktionen werden in Neuseeland üblicherweise in Form einer SAA über Internet abgewickelt.

---

[479] Vgl. Charles River Associates, "Review of 2 GHz Radio Spectrum Auction", submitted to Ministry of Economic Development, Aug. 2001, URL: http://www.med.govt.nz.

[480] Einer der bestehenden GSM Betreiber (one.tel) ging kurze Zeit später in Konkurs.

➤ *Griechenland*

In Griechenland sind (maximal) 4 Lizenzen (bei 3 bestehenden Betreibern) mit einer Ausstattung von je 2x10+5 MHz plus Zusatzspektrum von 4 sogenannten Segmenten mit ca. 2x5 MHz in zwei Phasen zur Versteigerung gelangt. Neueinsteigern wurde ein Anspruch auf Nationales Roaming 3G-2G eingeräumt. Die Auktion wurde in Form einer *single-round sealed-bid auction* mit 2 Phasen durchgeführt. Die maximale Ausstattung, die ein Betreiber erwerben durfte, war 2x20 MHz + 5 MHz. Die Mindesteröffnungsgebote für die 1. Phase lagen bei GRD 50 Mrd. (€ 146 Mio.), die für die 2. Phase bei GRD 5 Mrd. (€ 14,7 Mio.) für bestehende Betreiber und GRD 1 Mrd. (€ 2,9 Mio.) für Neueinsteiger. Mit den 3G Frequenzen gelangten auch GSM Frequenzen zur Versteigerung.

➤ *Dänemark*

In Dänemark sind 4 Lizenzen (bei 4 bestehenden Betreibern) mit einer Ausstattung von je 2x15+5 MHz zur Versteigerung gelangt. Alle Mobilfunkbetreiber (somit auch Neueinsteiger) haben eine Verpflichtung bzw. einen Anspruch auf Nationales Roaming. Die Auktion wurde in Form einer *single-round sealed-bid fourth-price auction*[481] durchgeführt. Der Reservepreis lag bei DKK 500 Mio. je Lizenz.

9.3.2 Auktionsverfahren in Österreich

In Österreich gelangte ein ähnliches Verfahren zum Einsatz wie in Deutschland.[482] Die Homogenität der Frequenzpakete (sowohl in der Ausstattung wie auch im Lizenzgebiet) ermöglichte den Einsatz einer – im Vergleich zum FCC Verfahren – wesentlich einfacheren Variante. Die Bewertung der Pakete (*lot rating*) war ebenso wenig erforderlich wie komplexe Aktivitätsregeln mit mehreren Aktivitätsphasen.

Die Auktion war in zwei Abschnitte gegliedert. Jeder Abschnitt war ein eigenes simultanes Mehrrundenverfahren. Im ersten Abschnitt gelangten die 12 Frequenzpakete aus dem gepaarten Bereich zur Versteigerung, im zweiten Abschnitt die 5 Pakete aus dem ungepaarten Bereich sowie ggf. jene Pakete aus dem gepaarten Bereich, die im ersten Abschnitt nicht verkauft wurden. Zugelassen für den zweiten Abschnitt waren nur die erfolg-

---

[481] Bei diesem Format zahlen alle erfolgreichen Bieter einen einheitlichen Preis in der Höhe des Gebots des vierthöchsten Bieters.

[482] Die detaillierten Regeln und die Abwicklungsmodalitäten finden sich in der Verfahrensanordnung zur Auktion (Telekom-Control-Kommission, 2000b).

reichen Bieter des ersten Abschnitts. Ein Bieter galt im ersten Abschnitt als erfolgreich, wenn er zumindest 2 Pakete erworben hatte. Ein Bieter, der sich im ersten Abschnitt zurückzieht und am Ende des Abschnitts Höchstbieter für ein Paket ist, wird von der Verpflichtung entbunden, dieses zu kaufen.[483]

Zur Operationalisierung von Spektrumsbeschränkungen und Mindestaktivitätsniveaus dienten sogenannte Bietrechte (BR_{Max}, BR_{Min}). Ein Bieter durfte je Bietrecht für ein Frequenzpaket ein aktives Gebot legen, musste aber, um nicht aus dem Verfahren auszuscheiden, zumindest BR_{Min} aktive Gebote legen. Ein Gebot galt dann als aktives Gebot, wenn dieses Gebot entweder als Höchstgebot aus der vorangegangenen Runde hervorgegangen war, oder in der aktuellen Runde gelegt wurde und ein valides Gebot darstellte. Die Bieter waren nach Maßgabe der Aktivitätsregeln und Bietrechte frei in der Wahl, für welchen Auktionsgegenstand sie ein Gebot legten. Die Anzahl an aktiven Geboten, die ein Bieter in einer Runde legen durfte, war nicht größer als die Anzahl an aktiven Geboten, die dieser Bieter in der vorangegangenen Runde gelegt hatte. Ein Bietrecht, das nicht aktiv ausgeübt wurde, verfiel. Die Bietrechte für die 1. Runde wurden beantragt. Der Antrag galt gleichsam als Gebot für die 1. Runde. Die Telekom-Control-Kommission setzte folgende Bietrechte fest: Für den ersten Abschnitt ein BR_{Min} von 2 und ein BR_{Max} von 3. Für den zweiten Abschnitt ein BR_{Min} von 1 sowie für die gepaarten Frequenzpakete ein BR_{Max} von 1, und für die ungepaarten Frequenzpakete ein BR_{Max} von 2. Damit war die minimale Ausstattung, die ein Bieter erwerben musste, um eine Lizenz zu erhalten; 2x10 MHz und die maximale Ausstattung, die er erwerben durfte, 2x20+10MHz. Insgesamt wären damit 4 bis 6 Lizenzen möglich gewesen.

Ein Gebot war nur dann valide, wenn es innerhalb der vom Auktionator für die entsprechende Runde festgelegten Rundenzeit gelegt wurde und das Höchstgebot aus der Vorrunde um zumindest das Mindestinkrement überstieg. Solange noch kein Höchstgebot vorlag, galt auch das Mindestgebot als valides Gebot. Die Spanne für das Mindestinkrement betrug zwischen 2% und 10% des aktuellen Höchstgebots. Die Regeln sahen eine Absenkung des Mindestinkrements in drei Phasen von 10% auf 5% und 2% vor. Die Auktion war transparenter gestaltet als jene in Deutschland.

---

[483] Damit wird dem (*Exposure-*) Risiko, eine für den Betrieb eines 3G-Netzes zu geringe Ausstattung zu erwerben, Rechnung getragen. Das UMTS-Forum ermittelte eine Mindestausstattung von 2x10 MHz.

Neben den Höchstgeboten wurden nach Rundenende auch die aktiven Gebote aller Bieter ausgewiesen.

Die Auktion wurde zentral in eigens dafür angemieteten Räumlichkeiten mittels einer Auktionssoftware abgewickelt.[484]

9.4 Ergebnisse der Auktion

9.4.1 Ergebnis in Österreich

In Österreich bewarben sich 6 Unternehmen. Das Verfahren endete nach 14 Runden mit der maximalen Lizenzzahl. Auffallend am Verlauf der Auktion in Österreich ist die sehr frühe Entscheidung der meisten Bieter, nur 2 Pakete im ersten Abschnitt zu erwerben und damit einen 6-Spielermarkt anzustreben. Zum einen sind die Gebote von Connect und max.mobil. in der ersten Runde des 1. Abschnitts als klares Signal an die anderen Bieter (*signalling bid*), dass sie einen 6-Spielermarkt präferieren, zu interpretieren. Beispielsweise lassen die Gebote von Connect, die auf 706, 706 und 702 Mio. ATS lauteten, eine ziemlich eindeutige Interpretation zu (siehe dazu die Tabelle im Anhang). Zum anderen, was wesentlich glaubwürdiger war, verzichteten 3 von 6 Bieter bereits in der zweiten Runde auf ein Bietrecht. Einer der Bieter beantragte nur 2 Bietrechte. Insofern war es wenig erstaunlich, dass der 1. Abschnitt nach 14 Runden zu Ende ging. Der 2. Abschnitt endete in der 2. Runde (vgl. Tabelle 9-1). Insgesamt erlöste die Auktion ATS 11,4 Mrd. (€ 828 Mio.).

TABELLE 9-1: ERGEBNIS DER IMT-2000/UMTS-AUKTION IN ÖSTERREICH

Bieter	Gepaarte Pakete (Mio. ATS)		Ungepaarte Pakete (Mio. ATS)		Gesamt (Mio. ATS)
3G Mobile	811	805	-	-	1.616
Connect	866	786	-	-	1.652
Hutchison	780	783	350	-	1.913
Mannesmann	777	780	-	-	1.557
max.mobil.	780	863	352	350	2.345
Mobilkom	875	785	350	350	2.360
Summe					11.443

Quelle: Telekom Control

---

[484] Die detaillierten Abwicklungsmodalitäten finden sich in der Verfahrensanordnung zur Auktion (Telekom-Control-Kommission, 2000b).

Es gibt einen *trade-off* zwischen Profitabilität und Lizenzentgelt sowie der Anzahl an Mitbewerbern: Je geringer das Lizenzentgelt und je geringer die Zahl an Spielern, desto höher die Profitabilität. Die von den Bietern gewählte Strategie der strategischen Reduktion der Nachfrage[485] legt die Vermutung nahe, dass sich die Bieter aus einem 6 Spieler Markt mit geringen Lizenzkosten (ca. in der Höhe des Mindestgebots) eine höhere Profitabilität versprachen, als dies der Fall gewesen wäre, wenn zumindest einer der Mitbewerber hinausgesteigert hätte werden müssen. Diese Strategie war in Österreich insbesondere deswegen attraktiv, weil die Zahl der Antragsteller der maximal möglichen Zahl an Lizenzen entsprochen hat.[486] Im Ergebnis führte diese Strategie zu kompetitiveren Marktstrukturen und – sollten diese erhalten bleiben – damit langfristig zu Effizienzgewinnen auf den *Downstream-Märkten* auf Kosten eines geringeren Auktionserlöses.

9.4.2 Ergebnisse im internationalen Vergleich

Eine Tabelle mit den wichtigsten Ergebnissen der Vergabeverfahren in einigen ausgewählten Ländern findet sich im Anhang. Die wesentlichsten Aspekte sind:

➢ *Großbritannien*

In Großbritannien wurden 13 Unternehmen zur Auktion zugelassen. In keiner weiteren UMTS-Auktion gab es eine so hohe Zahl an Bewerbern. Bemerkenswert dabei ist auch, dass die Vergabe mit Unternehmen wie News Corporation (Murdoch), Epsilon (Bank Nomura) oder Virgin (branchenferne) Investoren mit vergleichsweise geringer Telekommunikationserfahrung angezogen hat. Dies war bei keiner weiteren 3G Vergabe mehr der Fall. Vermutlich hat die Enthüllung der Zahlungsbereitschaft bestehender Telekommunikationsunternehmen solche Investoren von der Teilnahme in anderen Ländern abgehalten. Die Auktion startete am 6. März und endete nach 150 Runden am 27. April mit einem Gesamterlös von £ 22,477 Mrd. (€ 35,5 Mrd.). Den Zuschlag erhielten die 4 be-

---

[485] Siehe dazu Kapitel 5.4.4.
[486] Darüber hinaus dürften die Erfahrungen in Deutschland nicht ohne Auswirkungen auf die Strategiewahl in Österreich gewesen sein.

stehenden Betreiber und der Neueinsteiger TIW[487]. Marginaler Bieter war die NTL Mobile (u.a. France Telecom).

> *Niederlande*

In den Niederlanden wurden 6 Unternehmen zur Auktion zugelassen; neben den 5 bestehenden Betreibern bot noch der in Belgien und den Niederlanden aktive alternative Festnetzanbieter Versatel mit.[488] Die Auktion fand im Juli 2000 statt, dauerte 13 Tage (305 Runden) und endete mit einem Erlös von € 2.685,47 Mio. Den Zuschlag erhielten die 5 bestehenden Betreiber Libertel, KPN Mobile, Dutchtone, Telfort und 3G Blue.

> *Deutschland*

Von den 12 Unternehmen, die sich ursprünglich beworben hatten, zogen sich 5 Unternehmen im Vorfeld der Auktion zurück oder wurden nicht zugelassen. Zur Auktion sind 7 Unternehmen angetreten. Die Auktion startete im August 2000. Hätten alle Bieter einen 6 Lizenzen-Markt angestrebt, wäre der erste Abschnitt in der Runde 126 mit einem Auktionserlös von DM 61 Mrd. (€ 31,5 Mrd.) beendet gewesen. In dieser Runde stieg der marginale Bieter für einen 6 Lizenzen-Markt, debitel, aus. Insbesondere zwei der verbleibenden Bieter (Mannesmann und T-Mobile) verfolgten allerdings noch nahezu 50 Runden die Strategie „3 Pakete" (= 5 Lizenzen-Markt), die sie dann aber in den Runden 167 (T-Mobil) und 173 (Mannesmann) zu Gunsten eines 6-Lizenzen-Marktes aufgaben. Der erste Abschnitt endete mit einem Erlös von DM 98,8 Mrd. (€ 50,52 Mrd.). Neben den bestehenden Betreibern DeTeMobil (nunmehr T-Mobile), E-Plus, Viag-Interkom und Mannesmann (nunmehr Vodafone) erwarben das aus Sonera und Telefonica bestehende Konsortium Group 3G (nunmehr Quam) und France Télécom-Mobilcom eine Lizenz. Der zweite Abschnitt ging nach 9 Runden zu Ende. Alle bis auf E-Plus erwarben ein Paket aus dem ungepaarten Spektrum. Der Gesamterlös belief sich auf DM 99,37 Mrd. (€ 50,8 Mrd.)

---

[487] Zum Zeitpunkt der Vergabe war neben dem Haupteigentümer, dem kanadischen Mobilfunkunternehmen TIW, auch Hutchison Mitinhaber. Nach der Auktion erwarb Hutchison die Mehrheitsanteile an TIW UK.

[488] Die Tatsache, dass dieselbe Zahl an 3G Lizenzen vergeben wurde wie bestehende Betreiber am Markt tätig waren, sowie das Fehlen von Bestimmungen zu Nationalem Roaming 3G-2G schien offensichtlich einige Investoren von der Teilnahme abzuschrecken. Zum theoretischen Hintergrund dieser Hypothese siehe Kapitel 6.3.2.

➢ *Italien*

In Italien bewarben sich 8 Unternehmen, zwei wurden ausgeschlossen, 6 zur Auktion zugelassen. Die Auktion fand im Oktober 2000 statt und endete nach 10 Runden, nachdem einer der bestehenden Betreiber, Blu, aus der Auktion ausgestiegen war. Die 5 Lizenzen gingen an die verbleibenden drei bestehenden Betreiber (Wind, Omnitel und TIM) sowie an die zwei Neueinsteiger Andala und Ipse. Der Auktionserlös belief sich auf Lit. 4,5 Bio. (€ 12,16 Mrd.).

➢ *Schweiz*

In der Schweiz bewarben sich ursprünglich 10 Unternehmen. Im Vorfeld der Auktion fusionierten mehrere Bewerber, am Ende wären 4 Bieter zur Auktion angetreten. Die Regulierungsbehörde ComCom setzte daraufhin die Auktion für einige Wochen aus, prüfte den Verdacht auf kollusives Verhalten, um dann den Termin für die Auktion mit Anfang Dezember 2000 neu festzusetzen.[489] Erwartungsgemäß endete die Auktion nach sehr kurzer Dauer mit Preisen knapp über dem Mindestgebot. Den Zuschlag erhielten die vier Unternehmen Swisscom, Orange, dSpeed und der Neueinsteiger Team 3G. Der Auktionserlös belief sich auf CHF 205 Mio (€ 130 Mio.).

➢ *Neuseeland*

In Neuseeland bewarben sich für die 2 GHz-Auktion, in der insgesamt mehr als 1.000 *lots* zur Versteigerung gelangten, 12 Bieter, wobei nicht bekannt ist, wie viele der Bieter ausschließlich Interesse an 3G Spektrum hatten. Die Auktion startete Anfang 2001 und endet nach 474 Runden. Den Zuschlag erhielten die drei bestehenden Mobilfunkbetreiber Vodafone, Telstra, Saturn und Telecom NZ sowie der Neueinsteiger Clear. Der Auktionserlös belief sich auf NZ$ 50.648.324 (€ 24 Mio.).

➢ *Belgien*

In Belgien bewarben sich nur die 3 bestehenden Betreiber. Die Auktion fand im März 2001 statt. Erwartungsgemäß endete die Auktion nach einer Runde mit Preisen in der Höhe der Mindestgebote. Den Zuschlag erhielten die Unternehmen Belgacom Mobile, KPN Mobile 3G Belgium und Mobistar. Der Auktionserlös belief sich auf € 450,2 Mio.

---

[489] Zur Chronologie vgl. u.a. Meldungen der Schweizerischen Presseagentur (SDA) und Reuters am 13.11.2002.

➤ *Australien*

In Australien bewarben sich sieben Bieter, alle bestehenden Mobilfunkbetreiber, außer one.tel., und zwei potenzielle Neueinsteiger. Die Auktion fand im März 2001 statt und endete nach 19 Runden (6 Tagen). Von den 58 *lots* wurden 48 verkauft. Den Zuschlag erhielten die drei bestehenden Mobilfunkbetreiber Vodafone, Optus und Hutchison sowie die Neueinsteiger 3G Investment, CKW Wireless. Zwei der fünf bestehenden Betreiber erwarben keine 3G Lizenz. Der Auktionserlös belief sich auf AUS$ 1.168.993.500 (€ 644 Mio.).

➤ *Griechenland*

In Griechenland bewarben sich ursprünglich 4 Unternehmen. Nachdem sich ein Unternehmen zurückgezogen hatte, traten 3 Bieter in der Auktion an. Die Auktion fand im Juli 2001 statt. Erwartungsgemäß endete die Auktion mit Preisen ca. in der Höhe der Mindestgebote. Den Zuschlag erhielten die drei bestehenden Betreiber Cosmote, Panafon und Stet Hellas. Der Auktionserlös belief sich auf GRD 165,1 Mrd. (€ 484,5 Mio.).

➤ *Dänemark*

In Dänemark bewarben sich 5 Unternehmen. Die Gebotsabgabe erfolgte zusammen mit der Bewerbung im August 2001. Den Zuschlag erhielten die drei bestehenden Betreiber TDC Mobile, Telia Mobile und Orange A/S (früher Mobilix) sowie der Neueinsteiger HI3G (u.a. Hutchison). Der Auktionserlös belief sich auf DKK 3,8 Mrd. (€ 510,8 Mio.) und überstieg damit den Reservepreis um nahezu das Doppelte. Einer der bestehenden GSM-Betreiber, Sonofon (Telenor, Bell South), erwarb keine Lizenz.[490]

9.4.3 Resümee

In den meisten Ländern wurde zumindest ein 3G-Neueinsteiger lizenziert. Alleine in den Mitgliedstaaten der EU ist die Zahl der Mobilfunkbetreiber von etwa 40 auf 60 angestiegen.[491] Bis auf wenige (meist begründbare) Ausnahmen haben alle bestehenden 2G Betreiber auch eine 3G Lizenz erworben. Die einzige wirklich nennenswerte Ausnahme war der schwedische *Incumbent-Operator* (Telia), der in einem Kriterienwettbewerb auf seinem Heimatmarkt ausgeschieden wurde. Der wesentlichste

---

[490] Unklar ist, ob sich Sonofon nicht beworben hatte oder der marginale Bieter war.
[491] Zu den Ergebnissen der Vergaben siehe den Anhang zu diesem Kapitel.

bisher nicht vertretene Neueinsteiger in Westeuropa ist Hutchison. Hutchison erwarb teils alleine teils zusammen mit KPN in 5 Mitgliedstaaten der EU Lizenzen. Von den bereits in Westeuropa aktiven Betreibern erweiterte vor allem Telefonica (zum Teil zusammen mit Sonera) sein Lizenzgebiet. Die Mehrzahl der Unternehmen beschränkte sich aber darauf, Lizenzen in jenen Märkten zu erwerben, in denen sie bereits aktiv waren.

Zeitlich gesehen lässt sich klar eine Abnahme der Zahl an Bewerbern und damit dem Grad an Wettbewerb in den Auswahlverfahren feststellen. Dies gilt insbesondere für jene Länder, in denen die Lizenzen versteigert wurden. In der ersten Auktion in Großbritannien traten noch 13 Bieterkonsortien an. In den folgenden Auktionen in den Niederlanden und in Deutschland, waren es 7, in Italien und Österreich nur mehr 6. In den weiteren Auktionen in Europa traten nicht mehr als 5 Bieter an. Auffallend dabei auch die hohe Zahl an Rückzügen und Fusionen im Vorfeld einiger Auktionen. Erwartungsgemäß gingen mit abnehmenden Bietwettbewerb auch die Erlöse zurück (siehe Abbildung 9-2).

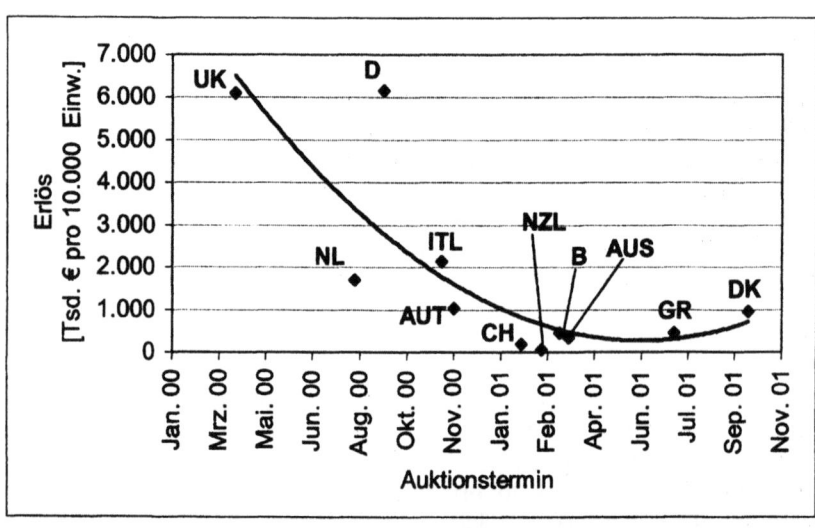

ABBILDUNG 9-2: INTERNATIONALE ÜBERSICHT ÜBER DIE 3G AUKTIONSERLÖSE

Die Strategien der Bieter waren, mit wenigen Ausnahmen, sehr konservativ. Insgesamt war eine verhältnismäßig geringe Zahl an (höheren) *jump bids* zu beobachten. Die Mehrzahl der Gebote lagen in der

Höhe des Mindestgebots oder knapp darüber. Spektakulärste Ausnahme war die Mobilcom, die die Auktion in Deutschland mit zwei Geboten in der Höhe des fünffachen der Mindestgebote eröffnete und in einer späteren Runde nochmals zwei *jump bids* platzierte.[492]

Bei den 3G Auktionen (in Europa) fällt insbesondere das hohe Preisniveau der Auktionen in Deutschland und Großbritannien auf. Wie hoch das Preisniveau ist, zeigt ein Vergleich mit den Versteigerungen in den USA. In den USA fanden in den Jahren 1994 bis 2000 33 Frequenzauktionen statt. Von den 17.562 Lizenzen, die insgesamt zur Vergabe gelangten, wurden 15.087 Lizenzen erfolgreich verkauft. Der Gesamterlös beläuft sich auf ca. 41,6 Mrd. US$ und lag damit unter jenem der 3G-Auktion in Deutschland. Dafür gibt es unterschiedliche Erklärungsansätze. Zunächst ist nicht auszuschließen, dass die Bieter kollektiv den Wert der Lizenzen überschätzt und über die Profitabilität hinaus geboten haben.[493] Allerdings kann über die Frage, wie realistisch die Geschäftsmodelle wirklich waren, gegenwärtig allenfalls spekuliert werden; die Zeit wird zeigen, wie realistisch diese wirklich waren. Ein weiterer Erklärungsansatz ist der *winner's curse*. Ein klassisches *Winner's-curse-Problem* ist – zumindest für die bestehenden Betreiber – eher auszuschließen. Im klassischen *Winner's-curse-Szenario* wird davon ausgegangen, dass der wahre Wert dem Median oder Mittelwert der Werteverteilung der Bieter entspricht. In den meisten Ländern war der (preisbestimmende) marginale Bieter einer der potenziellen Neueinsteiger aus dem untersten Bereich der Werteverteilung. Darüber hinaus ist in den meisten Märkten zumindest ein Neueinsteiger in den Markt eingetreten. Bei den Asymmetrien, die zwischen einem Neueinsteiger und einem bestehenden Betreiber vorliegen, ist schwer vorstellbar, dass die bestehenden Betreiber einem klassischen *Winner's-curse-Problem* zum Opfer gefallen sind.[494] Der dritte Erklärungsansatz stellt auf strukturelle Probleme ab. Die Vergabe der 3G-Lizenzen war ein Jetzt-oder-Nie-Markteintrittsszenario. Auch wenn die Prognosen in Bezug auf die Marktchancen zu optimistisch waren, ohne die Erwartung, dass über längere Zeit mit keinem weiteren Markteintritt – sowohl intra- wie intermodaler Wettbewerber – zu rechnen sein wird, wären die Unternehmen nicht bereit gewesen, so hohe Beträge für die

---

[492] Diese Gebote dienten wohl dem Zweck, den Mitbewerbern zu signalisieren, man wolle um jeden Preis zwei Pakete kaufen.

[493] Auch diesbezüglich gibt es sehr unterschiedliche Ansichten. Beispielsweise meinte Hans Snook, früherer CEO von Orange, im Mai 2001: „In a few years, people will think that the prices we paid were conservative." (Economist, May 5th 2001, pp 16).

[494] Siehe auch Kapitel 6.3.2.

Lizenzen zu zahlen. Die geringe auf absehbare Zeit (erwartete) Bestreitbarkeit der Mobilfunkmärkte kann als wesentlicher Grund für die hohen Lizenzpreise gesehen werden. Der Grund liegt darin, dass das gesamte für IMT-2000 koordinierte Spektrum gleichzeitig vergeben wurde und auf absehbare Zeit mit keiner weiteren Vergabe von Frequenzen für diese oder eine vergleichbare Technologie zu rechnen war. Darüber hinaus restringieren die in Europa – im Gegensatz zu den USA – erteilten (verdünnten) Nutzungsrechte die Betreiber in der Wahl der Nutzung.

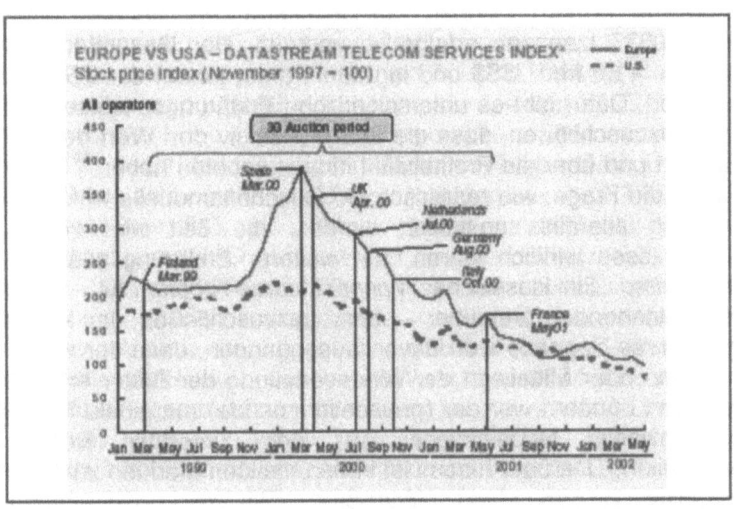

ABBILDUNG 9-3: 3G AUKTIONEN UND AKTIENINDEX[495]

Wie sind die Preisunterschiede zwischen den einzelnen 3G Auktionen erklärbar? Zunächst ist eine eindeutig abnehmende Tendenz der Preise in der Zeit festzustellen (siehe Abbildung 9-2). Diese korrelieren mit der Entwicklung der Aktienkurse von Telekommunikations- und Internet-Unternehmen. Sowohl die Titel einzelner Unternehmen – nicht nur von Mobilfunkbetreibern – wie auch Telekom Indizes zeigen im Zeitraum Jan. 2000 bis Dez. 2001 eine eindeutig fallende Tendenz (vgl. Abbildung 9-3).[496]

---

[495] Quelle: European Commission (2002b, S 30)
[496] Beispielsweise ist der Kurs von Vodafone von 45 US$ auf 25 US$ gefallen. Auch die Aktienkurse anderer Telekommunikationsunternehmen – nicht nur von Mobilfunkbe-

Daraus kann man unterschiedliche Schlussfolgerungen ziehen. Unter anderem, dass sich die Erwartungen des Kapitalmarktes in Bezug auf das Marktpotenzial (nicht nur der 3G Technologie) geändert hat, was wiederum Einfluss auf die Bewertung der Lizenzen hatte. Man kann aber auch den gegenteiligen Schluss ziehen. Nämlich dass der Kapitalmarkt die Lizenzpreise für überteuert hielt und negative Auswirkungen auf die langfristige Ertragslage antizipierte, was sich wiederum mit (einer bestimmten Verzögerung) auf die Aktienkurse niederschlug. Jedenfalls hatte die Kursentwicklung Konsequenzen für die Unternehmen: Die Finanzierungsmöglichkeiten haben sich nach der Lizenzierungsphase erheblich verschlechtert und die Kapitalkosten sind gestiegen.[497]

Eine weitere Ursache könnte in den (nationalen) Marktgegebenheiten liegen. Dass es geografische Unterschiede hinsichtlich des Werts von Lizenzen geben kann, zeigten schon die PCS Auktionen in den USA. Die Preise (in MHz-pop) bei der *MTA Broadband Auction* variierten – und das bei einem nicht-preisdiskriminierendem simultanen Mehrrundenverfahren – um den Faktor 44. Im Vergleich dazu liegt der Faktor bei den 3G Versteigerungen in Europa bei 33. Der Theorie nach müssten in jenen Märkten, die wettbewerbsintensiver sind, geringere Auktionserlöse erzielt werden.[498] Die Wettbewerbsintensität variiert wohl zwischen den Staaten. Es gibt aber keinen brauchbaren Indikator, der es gestatten würde diese Hypothese empirisch zu überprüfen.[499] Ähnliches gilt für den regulatorischen Rahmen. Zu unterschiedlich sind die Bestimmungen in Bezug auf beispielsweise Versorgungsauflagen formuliert, als dass seriös überprüft werden könnte, ob es einen Zusammenhang zwischen regulatorischen Auflagen und Lizenzentgelten gibt.[500] Ein weiterer Grund könnte sein, dass die Versteigerungen für Bieter, die Lizenzen in mehreren Ländern erwerben wollten, sequenzieller Natur war. Sequenzielle Auktionen von (nahezu) identischen Gütern zeigen in der Praxis häufig (starke) Preisanomalien. Die sogenannte *declining-price anomaly*, nach der die Preise sinken, dokumentieren beispielsweise Ashenfelter (1989) und McAfee &

---

treibern oder Müttern von Mobilfunkbetreibern – sind in diesem Zeitraum stark gefallen.

[497] Vgl. u.a. European Commission (2002b).

[498] Siehe Kapitel 3.4.

[499] Ein sehr ungenauer aber verfügbarer Indikator ist die Penetrationsrate. Diese zeigt eine schwache negative Korrelation mit dem Auktionserlös.

[500] Eine schache positive Korrelation ist zwischen der Lizenzdauer und dem Auktionserlös festzustellen.

Vincent (1993).[501] Damit in Zusammenhang steht auch die Hypothese, dass für Betreiber, die eine paneuropäische Strategie verfolgten, Deutschland und Großbritannien Schlüsselmärkte darstellten. Nachdem sie auf diesen Märkten (insbesondere Großbritannien) nicht erfolgreich waren, bewarben sie sich in keinem weiteren Land. Für diese Gruppe von Betreibern wäre der Einsatz eines simultanen Mehrrundenverfahrens für Gesamteuropa (ggf. sogar mit kombinatorischen Geboten) von Vorteil gewesen.

Partielle Erklärung liefern auch die unterschiedlichen Auktionsverfahren. So ist der geringe Bietwettbewerb in den Niederlanden wohl auf die geringe Markteintrittsfreundlichkeit des Verfahrens (gleich viele Lizenzen wie bestehende Betreiber) und der Rahmenbedingungen (kein Nationales Roaming) zurückzuführen. Allerdings lag die Zahl der Bieter in manchen Ländern mit weit günstigeren Ausgangsbedingungen für Neueinsteiger (z.B. der Schweiz) unter jener in den Niederlanden. Insbesondere in Ländern mit geringem oder keinem Bietwettbewerb wurde der Preis primär durch den Reservepreis bestimmt. Dieser variierte zum Teil erheblich zwischen den einzelnen Ländern.

Am auffälligsten war die von Auktionsverfahren zu Auktionsverfahren sinkende Zahl an Bietern. Spätestens nach der österreichischen Auktion wurden die Preise primär durch die Reservepreise bestimmt. Auffallend dabei war die hohe Zahl an Rückzügen und Fusionen im Vorfeld einiger Auktionen. Offensichtlich dürften (einige) potenzielle Investoren spätestens nach der Versteigerung in Deutschland dazu übergegangen sein, den Bietwettbewerb durch eine Konsolidierung vor der Auktion zu begrenzen und so die Preise niedrig zu halten.

---

[501] Siehe dazu Kapitel 5.

Anhang zur UMTS/IMT-2000 Vergabe

TABELLE 9-2: REGULATORISCHE RAHMENBEDINGUNGEN IM INTERNATIONALEN VERGLEICH

Country	Proc.	Pop Coverage	Area Cov. [km2]	Data rates	Period	Site sharing	NR° 3G-3G	NR° 2G-3G
Australia	Auction	regionale Lizenzen		N/a	15 years	N/a	N/a	N/a
Austria	Auction	12/03: 25% 12/05: 50%		min. 144 kbit/s	2020	yes	no	yes
Belgium	Auction	30% in 2004, 40% in 2005, 50% in 2006, 85% in 2007	none	none	20 years	yes	no	yes
Denmark	Auction	12/03: 30% 12/05: 80%			20 years	yes	yes	yes
Germany	Auction	25% 2003, 50% 2005			20 years	no	no	no
Finland	Beauty contest	no req.	no req.	none	20 years	yes	No	yes
France	Beauty contest	voice service: 25% in 07/03, 80% in 07/09 packet services: 20% in 07/03, 60% in 07/09		packet services at 114 kbit/s	15 years	yes	No	yes
Greece	Auction	12/03: 25% 12/04: Olympic areas 12/06: 50%		144 kbit/s	20 years		yes	yes

Country	Proc.	Pop Coverage	Area Cov. [km2]	Data rates	Period	Site sharing	NR^e 3G-3G	NR^e 2G-3G
Ireland	Beauty contest	Class A: 53% in 06/04, 80% in 2005 Class B: 33% in 12/04, 53% in 12/06			15 years	no	no	yes
Italy	Auction	20 regional capitals by 07/04; 103 main towns by 01/07	N/a	144 kbit/s	15 years	yes	no	yes
Netherlands	Auction	01/07 all major communities, major traffic connections		144 kbit/s in 95%	15 years (2016)	yes	no	no
New Zealand	Auction	N/a	N/a	N/s	N/a	n/a	no	no
Norwegian	Beauty contest	3 750 000 year 5, 3 401 600 year 3, 3 581 377 year 4, 4 393 000 year 8,	50 046 year 3, 20 076 year 4, 75 500 year 5, 271 956 year 8	min. 144 kbit/s	12 years (2013)	yes	no	yes
Portugal	Beauty contest	Telecel: 50%/38%, TMN: 50%/7%, OniWay: 90%/11%, Optimus: 24%/16%	16.1%/11.6%, 15.6%/0.07%, 73.1%/0.1%, 1.6%/0.7%	144 kbit/s 384 kbit/s	15 years (2016)	no	no	no
Spain	Beauty contest	08/01: Cities more than 250.000 inh.			15 years	no	no	yes
Sweden	Beauty contest	8.860.000 persons, 99.98% of the pop.	112 666 km2	58 dBuV /m/5MHz (~384 kbit/s)	15 years (2015)	no	no	yes

Country	Proc.	Pop Coverage	Area Cov. [km2]	Data rates	Period	Site sharing	NR[c] 3G-3G	NR[e] 2G-3G
Switzer-land	Auction	20% by 12/02 50% by 12/04	no obligation	none	15 years (2016)	yes	no	yes
UK	Auction	80% pop. by 2007	N/a	N/a	21 years (2021)	-	no	yes

Quelle: UMTS Forum, WEB Sites der NRAs, ITU (2002), Kommission der Europäischen Gemeinschaft (2001), Veröffentlichte Ausschreibungsunterlagen (siehe Quellenverzeichnis).
[a] In Countries that ran a beauty contest, coverage obligations are one selection criteria. This is the reason why coverage obligations are much higher in those countries.
[b] The Ministry announced a new regulatory framework. A National Roaming obligation was under discussion.
[c] With unclear conditions (e.g. prices) or without a mandate of the Regulatory Authority to decide on conditions.
[d] There is an obligation for 2G-Operators to provide airtime on a wholsale basis to service providers.
[e] National Roaming

TABELLE 9-3: UMTS-VERGABE – VERFAHREN UND BEWERBER

Land	Zeitpunkt der Vergabe[h]	Verfahren[e]	Antragsteller/Bieter[k]	Lizenzen[c]
Australien	03/01 (03/01)	SAA-F	Telstra[b] (state owned) Vodafone[b] Optus (Cable&Wireless)[b] Hutchison Telec.[b] (ua Hutchison) 3G Investments (Qualcom) CKW Wireless (ArrayCom) AAP Telec.[b] (Telecom New Zealand)	N/6
Belgien	03/01 (03/01)	SAA-N	Belgacom Mobile[b] (Belgacom) KPN Mobile 3G Belgium[b] (KPN) Mobistar[b] (FT, Telindus)	4/3
Dänemark	10/01 (08/01)	SB-4P	HI3G (Hutchison, Investor AB) Orange[b] (FT, Banestyrelsen) TDC Mobile[b] (Tele Danmark) Telia Mobile[b] (Telia) + unbekannter 5. Bieter[l]	4/4
Deutschland	Aug. 2000 (Sep. 2000)	SAA-V	E-Plus-Hutchison[b] (KPN, Hutchison[d]) France Télécom-Mobilcom (FT, Mobilcom) debitel-Swisscom (Swisscom) Group 3G (Telefonica, Sonera) DeTeMobil[b] (DT) Viag Interkom[b] (Viag, BT, Telenor) Mannesmann[b] (später Vodafone)	4-6/6

344

Land	Zeitpunkt der Vergabe[h]	Verfahren[e]	Antragsteller/Bieter[k]	Lizenzen[c]
Finnland	Mrz. 1999	KW	Clari Net Oy Helsingin Puhelin Oyj Keski-Suomen Puhelin Oyj RSL Com Finland Oy (RSL Com) Saunalahden Serveri Oy Sonera Systems Oy (Sonera) Tampereen Puhelin Oyj Tele1 Europe AB Oy Radiolinja Ab Sonera Oy (Sonera) Suomen Kolmegee Oy Telia Mobile (Telia)	4/4
Frankreich[m]	06/01	KW	Orange (France Telecom) SFR (Vivendi) Bouygues Télécom	4/3
Griechenland	07/01	SB-PB	Cosmote[b] (OTE, Telenor, Saranti) Panafon[b] (ua Vodafone) Stet Hellas[b] (TI, Verizon)	4/3
Italien	11/00 (10/00)	DA	Andala (ua Hutchison Whampoa, Tiscali) Ipse (ua Telefonica, Sonera) Omnitel[b] (Vodafone) TIM[b] (TI) Blu[b] (ua Autostrada, BT) Wind[b] (Enel, France Telecom)	5/5

Land	Zeitpunkt der Vergabe[h]	Verfahren[e]	Antragsteller/Bieter[k]	Lizenzen[c]
Neuseeland	02/01 (02/01)	SAA-F	Mighty River Genesis Power Vodafone[b] Telecom NZ[b] (Fixed incumnent) Telstra[b] Broadcast Communications eSavoy Pacific Walker Wireless Transpower NZ Ian D. Britton David Charles&Eleanor Sloss Hay Clear (BT)	11/4
Niederlande	08/00 (07/00)	SAA	Versatel (Alt. Festnetzbetreiber) Libertel[b] (Vodafone) Dutchtone[b] (France Telekom) Telfor[b] (BT) KPN Mobile[b] (KPN) 3G Blue[b] (DT, Belgacom, Tele Danmark)	5/5
Norwegen		KW	kA	4/4
Österreich	11/00 (11/00)	SAA-F	Connect[b] (ua Tele Danmark, Telenor) Hutchison (Hutchison) Mannesmann[bj] (Mannesmann) max.mobil.[b] (DT) Mobilkom[b] (TA, TIM)	4-6/6

Land	Zeitpunkt der Vergabe[h]	Verfahren[e]	Antragsteller/Bieter[k]	Lizenzen[c]
Portugal	01/01	KW	3G Mobile (Telefonica) kA	4/4
Schweden	12/00	KW	Orange (ua FT) Mobility4Sweden (ua DT) Tenora (ua Nomura) Reach Out Mobile (ua Sonera, Telefoica) Broadwave Consortium (ua Tele 1, WWL) HI3G Access (Investor AB, Hutchison) Telia[b] (Telia) NetCom[b] (Tele 2) Europolitan[b] (ua Vodafone) Telenordia (Telenor, BT)	4/4
Schweiz	12/00 (01/01)	SAA-N	Swisscom[b] dSpeed[b,g] (diax, TeleDanmark, BT) Orange[b] (France Telecom) Team 3G (Telefonica, Sonera, One.Tel)	4/4
Spanien	03/00	KW	kA	4/4
UK	04/00 (04/00)	SAA-N	3GUK (Eircom) BT3G[b] (BT) Crescent (Global Crossing) Epsilon (Nomura)	5/5

Land	Zeitpunkt der Vergabe[h]	Verfahren[e]	Antragsteller/Bieter[k]	Lizenzen[c]
			One.Tel (ua News Corporation) One2One[b] (DT) Orange[b] (Mannesman[a]) SpectrumCo (Virgin, Sonera, Tesco) Telefonica TIW[n] (Hutchison, TIW) Vodafone[b] Worldcom NTL Mobile (NTL, France Telecom)	

Quelle: WEB Seiten der Regulierungs- bzw. Frequenzverwaltungsbehörden, UMTS-Forum, Analysys, RTR-GmbH, Kommission der Europäischen Gemeinschaft (2001), ITU (2002).
[a] später France Telecom
[b] Bestehende Betreiber
[c] Angebotene Lizenzen/Verkaufte Lizenzen
[d] später nur KPN
[e] KW: Kriterienwettbewerb, SAA: simultanes MRV, SAA-N: SAA mit Extralizenz für Neueinsteiger, SAA-F: SAA mit einzelnen Frequenzpaketen; SB-4P *single-round sealed-bid fourth-price auction*; SB-PB: *single round pay our bid auction*.
DA: *discriminatory auction*; SB-PB: *single round pay our bid auction*.
[g] nunmehr Sunrise (ua Tele Danmark, diax)
[h] Zeitpunkt: Lizenzerteilung (Ende der Auktion)
[i] Zu diesem Zeitpunkt war auch der 2G Betreiber tele.ring in alleinigem Eigentum von Mannesmann (Vodafone). tele.ring wie auch die 3G Lizenz ist mittlerweile im Eigentum der Western Wireless.
[k] TI Telecom Italia, DT Deutsche Telekom, FT France Telecom, BT British Telecom, TA Telecom Austria
[l] Die Identität des 5. Bieters wurde nicht öffentlich bekannt gegeben. Möglicherweise handelte es sich um den 4. bestehenden Betreiber.
[m] Im ersten Anlauf, bei einem Preis von € 4,95 Mrd. bewarben sich nur 2 Unternehmen. Die französische Regierung senkte später den Preis (auch für die bereits vergebenen Lizenzen) und lizenzierte ein weiteres Unternehmen.
[n] nunmehr Hutchison UK (Hutchison, KPN, NTT DoCoMo)

TABELLE 9-4: ERGEBNISSE IM INTERNATIONALEN VERGLEICH

Land	Lizenznehmer/ Winning Bidders	Marginale Bieter	Preis pro Einw. [10.000 Euro]
Australien	3G Investments: AUS$ 159.000.000 CKW Wireless: AUS$ 9.450.000 Hutchison Telec.: AUS$ 196.100.000 Optus Mobile: AUS$ 248.870.000 Telstra: AUS$ 302.023.500 Vodafone: AUS$ 253.550.000	AAP Telec.	340.025,49
Belgien	Belgacom (2x15+5 MHz): € 150,2 Mio KPN Mobile (2x15+5 MHz): € 150 Mio Mobistar (2x15+5 MHz): € 150 Mio	keiner	441.372,55
Dänemark	HI3G (2x15+5 MHz): DKK 949.988.000,88 Orange (2x15+5 MHz): DKK 949.988.000,88 TDC Mobile (2x15+5 MHz): DKK 949.988.000,88 Telia Mobile (2x15+5 MHz): DKK 949.988.000,88	keiner	963.858,32
Deutschland	E-Plus (2x10+5 MHz): DM 16.491.800 DM FT-Mobilcom (2x10+5 MHz): DM 16.491.000 DM Group 3G (2x10+5 MHz): DM 16.568.700 DM DeTeMobil (2x10+5 MHz): DM 16.704.900 DM Vlag Interkom (2x10 MHz): DM 16.517.000 Mannesmann (2x10+5 MHz): DM 16.594.800 DM	Mannesmann[f]	6.152.009,45
Finnland	Regionale Lizenzen mit je 2x15+5 MHz: Sonera, Telia, 2G-3P-Group, Tele 1, Ålands mobilephone	-	0
Frankreich[m]	Orange (2x15+5 MHz): € 4,95 Mrd. SFR (2x15+5 MHz: € 4,95 Mrd. (später auf € 619 Mio. gesenkt)	-	315.816,33

Land	Lizenznehmer/ Winning Bidders	Marginale Bieter	Preis pro Einw. [10.000 Euro]
Griechenland	Bouygues Télécom: € 619 Mio. Cosmote (2x15+5 MHz): € 161.411.701 Panafon (2x20+5 MHz): € 176.376.199 Stet Hellas (2x10+5 MHz): € 146.735.169	keiner	457.097,23
Italien	Andala (2x15+5 MHz): € 2.427.347.426 Ipse (2x15+5 MHz): € 2.442.841.133 Omnitel (2x10+5 MHz): € 2.448.005.702 TIM (2x10+5 MHz): € 2.417.018.288 Wind (2x10+5 MHz): € 2.427.347.426	Blu	2.126.321,67
Neuseeland	Vodafone (2x10+5 MHz): NZ$ 11.966.701 Telstra Saturn (2x10+5 MHz): NZ$ 10.000.001 Telecom NZ (2x15 MHz): NZ$ 16.791.000 Clear (2x10+5 MHz): NZ$ 11.890.622	unklar	62.882,18
Niederlande	Libertel (2x15+5 MHz): € 713.796.108 KPN Mobile (2x15+5 MHz): € 711.073.427 Dutchtone (2x10+5 MHz): € 435.628.903 Telfort (2x10+5 MHz): € 430.002.029 3G Blue (2x10+5 MHz): € 394.970.205	Versatel	1.710.490,49
Norwegen	4 Lizenzen mit 2x15+5 MHz zu einem Preis von € 7.961.593,27: Telenor, NetCom (Telia), Broadband Mobile (ging später in Konkurs) und Tele2		55.580,46
Österreich	Connect (2x10 MHz): ATS 1.652 Mrd. Hutchison 3G (2x10+5 MHz): ATS 1.913 Mrd. Mannesmann (2x10 MHz): ATS 1.557 Mrd.	Mobilkom[l]	1.031.095,01

Land	Lizenznehmer/ Winning Bidders	Marginale Bieter	Preis pro Einw. [10.000 Euro]
	max.mobil. (2x10+20 MHz): ATS 2.345 Mrd. Mobilkom (2x10+20 MHz): ATS 2.360 Mrd. 3G Mobile (2x10 MHz): ATS 1.616		
Portugal	4 Lizenzen mit 2x15+5 MHz zu einem Preis von ca. € 24,5 Mio.: Telecel (Vodafone), TMN (PT Comunicações), Oni Way (Oni SGPS, Telenor), Optimus (FT, Sonae Telecom)	-	100.230,99
Schweden	4 Lizenzen mit 2x15+5 MHz zu einem Preis von ca. € 11.000 Mio.: Europolitan-Vodafone, Tele2, Orange, HI3G	-	49,44
Schweiz	Swisscom (2x15+5 MHz): CHF 50.000.000 dSpeed (2x15+5 MHz): CHF 50.000.000 Orange (2x15+5 MHz): CHF 55.000.000 Team 3G (2x15+5 MHz): CHF 50.000.000	keiner	178.082,19
Spanien	4 31,5 Mio.: TME (Telefónica), Airtel (ua Vodafone), Retevisión (ua TI), Xfera (ua Sonera)		31.711,06
UK	TIW (2x15+5 MHz): £ 4.384,7 Mio. Vodafon (2x15 MHz): £ 5.964 Mio. BT3G (2x10+5 MHz): £ 4.030,1 Mio. One2One (2x10+5 MHz): £ 4.003,6 Mio. Orange (2x10+5 MHz): £ 4.095 Mio	NTL Mobile	6.108.247,42

Quelle: WEB Seiten der Regulierungs- bzw. Frequenzverwaltungsbehörden, UMTS-Forum, Analysys, RTR-GmbH, Kommission der Europäischen Gemeinschaft (2001), ITU (2002).
[f] in Bezug auf das dritte Paket; T-Mobil hat das Bietrecht für das dritte Paket 4 Runden vorher aufgegeben.
[i] Mobilkom in Bezug auf das dritte Paket (es gab keinen Bieter, der gänzlich aus der Auktion ausgestiegen wäre)
[m] im ersten Anlauf, bei einem Preis von € 4,95 Mrd. bewarben sich nur 2 Unternehmen. Die französische Regierung senkte später den Preis (auch für die bereits vergebenen Lizenzen) und lizenzierte ein weiteres Unternehmen.

TABELLE 9-5: RUNDENERGEBNISSE IN ÖSTERREICH

Runde	Bieter	Gebot für Frequenzpaket (in Mio ATS)[a]											
		P01	P02	P03	P04	P05	P06	P07	P08	P09	P10	P11	P12
1	3G Mobile GmbH										712	727	729
	Connect					706	706						702
	Hutchison 3G								700	700	700		
	Mannesmann 3G							700	700				
	max.mobil				707			700			707		
	Mobilkom	709	709	709									
2	3G Mobile GmbH										712	727	729
	Connect					706	706				783		
	Hutchison 3G									700			
	Mannesmann 3G			780				700	700				
	max.mobil				707								
	Mobilkom	709	709	709									
3	3G Mobile GmbH											727	729
	Connect					706	706				783		
	Hutchison 3G									700			
	Mannesmann 3G			780				700	700				
	max.mobil				707								
	Mobilkom	709	709							779			
4	3G Mobile GmbH											727	729
	Connect					706	706				783		
	Hutchison 3G	779						700	700				
	Mannesmann 3G												

Runde	Bieter	Gebot für Frequenzpaket (in Mio ATS)[a]											
		P01	P02	P03	P04	P05	P06	P07	P08	P09	P10	P11	P12
5	max.mobil				707								
	Mobilkom	709								779		727	729
	3G Mobile GmbH												
	Connect	779				706	706						
	Hutchison 3G							700	700		783		
	Mannesmann 3G	875	709	780									
6	3G Mobile GmbH									779		727	729
	Connect					706	706						
	Hutchison 3G		779					700	700		783		
	Mannesmann 3G	875	785	780	707								
7	3G Mobile GmbH									779		727	729
	Connect					706	706						
	Hutchison 3G							700	780		783		
	Mannesmann 3G	875	785	780	707			700					
8	3G Mobile GmbH									779		727	729
	Connect					706	706						
	Hutchison 3G								780		783		
	Mannesmann 3G						706	700					

| Runde | Bieter | \multicolumn{12}{c}{Gebot für Frequenzpaket (in Mio ATS)[a]} |

Runde	Bieter	P01	P02	P03	P04	P05	P06	P07	P08	P09	P10	P11	P12
9	Max.mobil			780	707								
	Mobilkom	875	785							779			
	3G Mobile GmbH												
	Connect					706				866			
	Hutchison 3G								780		783		
	Mannesmann 3G			780	707		780	700				727	729
10	Max.mobil	875	785										
	Mobilkom									779			
	3G Mobile GmbH					706				866			
	Hutchison 3G								780		783		
	Mannesmann 3G			780	707		780	700				727	729
	max.mobil	875	785			785							
11	Mobilkom												
	3G Mobile GmbH							786	780	866			
	Connect												
	Hutchison 3G										783		
	Mannesmann 3G			780	707		780	700				727	729
	max.mobil	875	785			785							
12	Mobilkom												
	3G Mobile GmbH							786	780	866			
	Connect												
	Hutchison 3G										783	727	729
	Mannesmann 3G				777		780						

Runde	Bieter	Gebot für Frequenzpaket (in Mio ATS)[a]											
		P01	P02	P03	P04	P05	P06	P07	P08	P09	P10	P11	P12
13	max.mobil			780	707								
	Mobilkom	875	785			785							
	3G Mobile GmbH							786		866		811	805
	Connect								780		783		
	Hutchison 3G				777		780						
	Mannesmann 3G		863	780									
14	max.mobil	875	785			785							
	3G Mobile GmbH							786		866		811	805
	Connect								780		783		
	Hutchison 3G				777		780						
	Mannesmann 3G		863	780									
	Mobilkom	875				785							

Quelle: Telekom Control
[a] Höchstgebote sind fett markiert.

10 Vergabe von Frequenzen für WLL

10.1 Hintergrund

Wireless Local Loop (WLL) ist ein Richtfunkverteilsystem zur drahtlosen Anbindung von Endkunden an öffentliche Telekommunikationsnetze. Richtfunkverteilsysteme sind digitale Funksysteme des festen Funkdienstes, die aus zentralen Funkstellen und Teilnehmerfunkstellen bestehen. Zwischen zentraler Funkstelle und Teilnehmerfunkstellen besteht eine Funkverbindung in der Betriebsart Duplex. Zur Versteigerung gelangten in 6 Regionen je 5 zum Teil unterschiedlich ausgestattete Frequenzpakete. Die Auktion fand im März 2001 statt und endete aufgrund einer sehr geringen Nachfrage bereits nach drei Runden. Eines der zentralen Themen bei der Ausgestaltung des Verfahrens war die regionale Gliederung und die Frage, ob mit der Aggregation von regionalen Lizenzen hohe Synergien verbunden sind und ggf. ein *Exposure-Problem* auftreten könnte.

10.2 Regionale Gliederung und Zahl an Konzessionen

10.2.1 Stückelung und Zahl an Konzessionen

Zur Vergabe gelangten in jeder Region 5 Frequenzpakete, die sich jeweils aus mehreren Duplexkanälen mit einer Breite von 28 MHz zusammensetzen (Tabelle 10-1). Zwischen den Frequenzpaketen liegt jeweils ein Schutzkanal.

TABELLE 10-1: AUKTIONSGEGENSTÄNDE WLL AUKTION

Frequenzpaket	Bandbreite	Anzahl der Duplexkanäle
A	2x56 MHz	2
B	2x56 MHz	2
C	2x84 MHz	3
D	2x84 MHz	3
E	2x112 MHz	4

Die Frequenzpakete sind ausschließlich für Richtfunkverteilsysteme im Bereich der drahtlosen Anbindung von ortsfesten Teilnehmern öffentlicher Telekommunikationsnetze vorgesehen. Die Frequenzzuteilung erfolgte befristet bis zum 31. Dezember 2010. Aus Wettbewerbsgründen durfte keiner der Antragsteller mehr als ein Frequenzpaket in einer Region erwerben.

10.2.2 Regionale Gliederung

Die regionale Gliederung wurde auf Basis eines sozio- und topografisches Modells ermittel. Ziel war es sicherzustellen, dass eng verbundene Wirtschaftsräume möglichst innerhalb einer Region liegen und die Regionsgrenzen (Schutzzonen) in dünn besiedelten bzw. topografisch besonders geeigneten Gebieten (Gebirge) liegen. Damit sollen (geografische) Synergieeffekte internalisiert werden, um das *Exposure-Risiko* zu minimieren.[502]

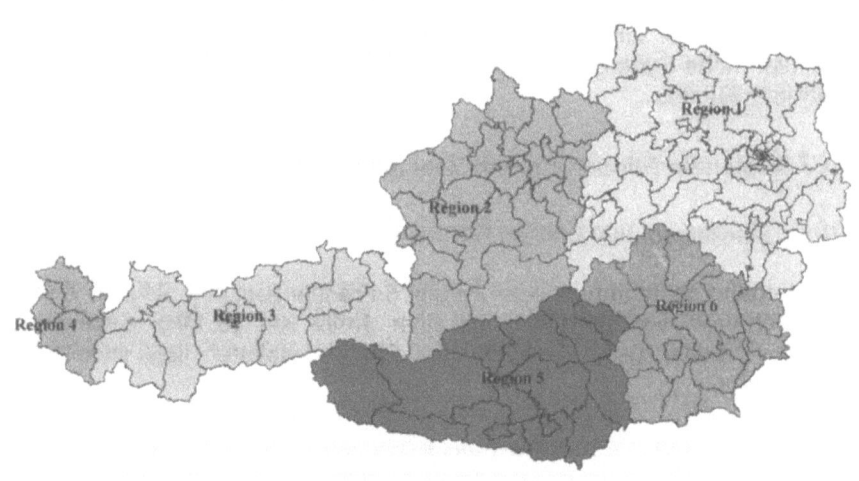

ABBILDUNG 10-1: REGIONALE GLIEDERUNG

Das Ergebnis der Modellrechnung findet sich in Abbildung 10-1.

---

[502] Zum theoretischen Hintergrund siehe Kapitel 5.4.4 und 6.3.

10.3 Auktionsverfahren

Die Versteigerung erfolgte in Form eines „offenen aufsteigenden simultanen Mehrrundenverfahrens".[503] Obschon die Gefahr bestand, dass Bieter, die eine nationale Strategie verfolgen, einem *Exposure-Problem* ausgesetzt sein könnten, wurde aus folgenden Gründen auf die Anwendung eines kombinatorischen verzichtet: Erstens hat die Erfahrung gezeigt, dass auch ein simultanes Mehrrundenverfahren geeignet ist, ein bestimmtes Frequenzband national zu aggregieren (z.B. Narrowband Regional Auction in den USA). Zweitens wurden mögliche Synergieeffekte bei der regionalen Gliederung bestmöglich internalisiert. Und drittens – und das hat sich letztlich auch bestätigt – hätte der Nutzen den Entwicklungsaufwand nicht gerechtfertigt.

Ein weiteres Problem waren die zum Teil extrem hohen Wertunterschiede zwischen einzelnen Frequenzpaketen und Regionen. Es bestand die – auch von der Auktionstheorie gestützte – Sorge, dass Bieter ihre wahren Präferenzen erst am Ende des Verfahrens enthüllen und bis knapp vor Ende des Verfahrens auf ein schmales Paket in einer unattraktiven Region bieten könnten („Parken von Bietberechtigung").[504] Aus diesem Grund wurden Pakete und Regionen mittels eines Punktesystems (*lot rating*) bewertet.

Aus wettbewerblichen Überlegungen, durfte ein Bieter in einer Region nicht mehr als ein Frequenzpaket ersteigern. Die Bietberechtigung für die erste Runde des Versteigerungsverfahrens musste beantragt und durch eine Bankgarantie besichert werden.[505]

10.3.1 Aktivitätsregeln

Die einzelnen Auktionsgegenstände wurden nach soziodemografischen und technischen Gesichtspunkten bewertet.[506] Diese Bewertung wurde als *lot rating* bezeichnet. Im Zusammenspiel mit den Aktivitätsregeln (insbesondere den Mindestaktivitätsregeln) sollten dadurch strategische Gebote (*predatory bidding*, Parken von Bietberechtigung) erschwert werden. Insbesondere sollte damit verhindert werden, dass ein oder mehrere

---

[503] Zu den Regeln siehe Verfahrensanordnung zur Auktion (Telekom-Control-GmbH, 2001).
[504] Siehe auch Fußnote 507.
[505] Siehe auch Verfahrensanordnung zur Auktion (Telekom-Control-GmbH, 2001).
[506] Im vorliegenden Verfahren wurde die Frequenzausstattung und die Bevölkerungszahl herangezogen.

Bieter während des Verfahrens für Pakete mit einem geringen wirtschaftlichen Wert bieten, um dann am Ende des Verfahrens auf Pakete mit hohem wirtschaftlichen Wert zu wechseln. Bietstrategien dieser Art hätten die Qualität der Informationen, die während des Auktionsprozesses freigesetzt werden (z.b. welche Kombination strebt ein bestimmter Bieter an) stark reduziert und damit den Koordinationsprozess erschwert und möglicherweise zu einer ineffizienten Allokation geführt.[507]

Als Aktivitätsregel wurde die sogenannte *Milgrom-Wilson-Regel* gewählt.[508] Dieser Regel folgend, wird die Auktion in drei Phasen mit unterschiedlicher Mindestaktivität unterteilt. Eine zentrale Frage im Rahmen des Entwurfsprozesses war die Festsetzung der Mindestaktivitätsfaktoren F für die einzelnen Phasen. Dabei galt es folgende Ziele zu berücksichtigen:

- Durch eine entsprechende Mindestaktivität sollte sichergestellt werden, dass das Verfahren in einer vernünftigen Zeit endet.

- Insbesondere in der ersten Phase der Auktion sollte hinreichend Flexibilität vorhanden sein, damit die Bieter auf die Bietstrategien ihrer Konkurrenten durch einen Wechsel auf alternative Frequenzpakete bzw. Kombinationen von Frequenzpaketen reagieren können (Backup Strategie).

- In den weiteren Phasen sollte diese Flexibilität und damit die Freiheitsgrade hinsichtlich eines Wechsels auf alternative Kombinationen zunehmend eingeschränkt und damit Stabilität sichergestellt werden.

- In der letzten Phase der Auktion sollten die Bieter auf möglichst allen Märkten aktiv sein müssen, für die sie aufgrund ihrer Bietberechtigung noch Gebote legen könnten (d.h. ein möglichst hohes Maß ihrer Bietberechtigung ausschöpfen müssen).

Insgesamt gibt es $N=6^6-1=46.655$ mögliche Kombinationen von Frequenzpaketen und damit N^2-N (ca. $2,18*10^9$) Alternativkombinationen, zwischen denen theoretisch in der Auktion gewechselt werden könnte. Die Frage der Flexibilität stellt sich insbesondere dort, wo substitutive Beziehungen zwischen Frequenzpaketen vorliegen. Dies ist in höherem Maß zwischen

---

[507] Spieltheoretische Modelle unterstützen die Hypothese, dass Bieter, die Budgetrestriktionen unterliegen, versuchen könnten, möglichst lange in der Auktion ihre „wahren Absichten" durch Gebote für Pakete, die für sie von sekundärem Interesse sind, zu verbergen. Zum theoretischen Hintergrund der Aktivitätsregeln siehe Kapitel 6.3.

[508] Eine Darstellung der Regeln dieser Variante einer SAA findet sich im Kapitel 5.4.

Frequenzpaketen innerhalb einer Region gegeben, als zwischen jenen unterschiedlicher Regionen.

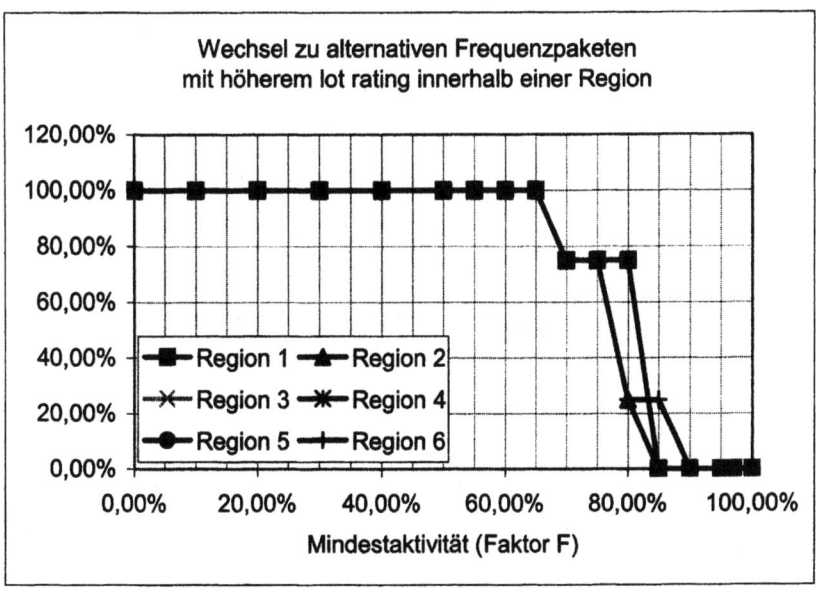

ABBILDUNG 10-2: WECHSEL ZU FREQUENZPAKETEN INNERHALB EINER REGION

Die Werteinterdependenzen zwischen Regionen sind in der Regel eher komplementärer Natur. Betrachtet man die Auswirkungen unterschiedlicher Prozentsätze für die Ermittlung der Mindestaktivität (Faktor F) auf die Flexibilität hinsichtlich eines Wechsels zwischen einzelnen Paketen innerhalb einer Region (vgl. Abbildung 10-2), so zeigt sich folgendes: Bei einer Mindestaktivität von bis zu 65% ist der Wechsel zwischen allen 5 Frequenzpaketen innerhalb einer Region ohne Verlust der Bietberechtigung möglich. Ab einer Mindestaktivität von 90% ist nur mehr ein Wechsel zu Frequenzpaketen mit gleichem oder geringem *lot rating* möglich. Eine Mindestaktivität zwischen 70% und 75% lässt einen Wechsel zum jeweils nächst besser ausgestatteten Frequenzpaket (beispielsweise von Paket A zu C oder Paket D zu E) zu.

Eine Mindestaktivität von
- kleiner 65% in der Phase 1,
- zwischen 70% und 75% in der Phase 2 und
- größer als 90% in der Phase 3,

stellte eine erste gute Annäherung an das Ziel, hohe Flexibilität in der Phase 1, eingeschränkte Flexibilität in der Phase 2 und ein hohes Maß an Stabilität in der Phase 3, dar.

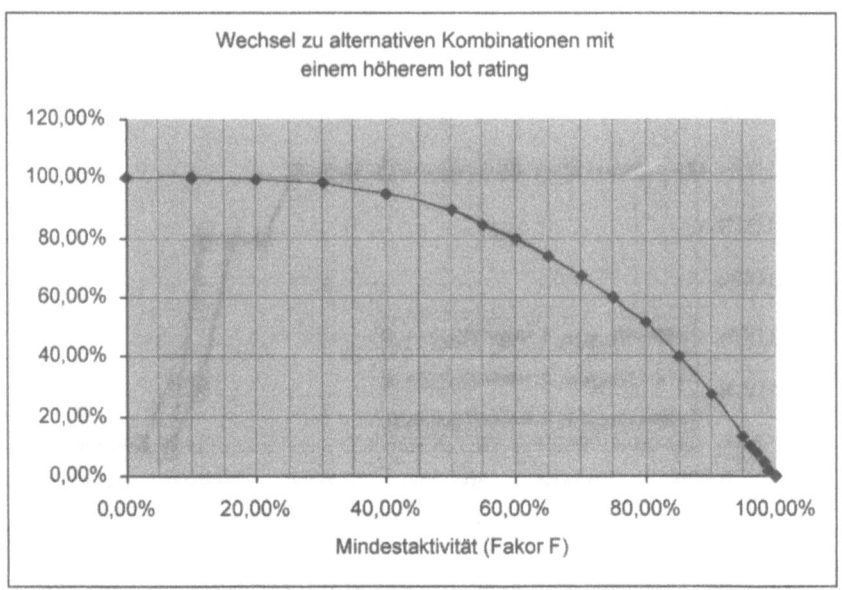

ABBILDUNG 10-3: WECHSEL ZU ALTERNATIVEN FREQUENZPAKETEN INSGESAMT

Um auch die Auswirkungen dieser Faktoren auf die Flexibilität hinsichtlich möglicher Alternativkombinationen, die alle Regionen umfassen, zu überprüfen, wurde eine Computersimulation gerechnet. Das Ergebnis ist in Abbildung 10-3 dargestellt. Wie der Abbildung zu entnehmen ist, bietet eine Mindestaktivität von 60% ein sehr hohes Maß an Flexibilität hinsichtlich der Aggregation unterschiedlicher Frequenzpakete: bei einer Mindestaktivität von 60% kann ein Bieter mit einer bestimmten Aktivität (im statistischen Mittel) auf 80% der Kombinationen mit höherem *lot rating* wechseln. Bei einem Phasenwechsel auf 75% sind es noch immer 60%. Erst bei einer Mindestaktivität von über 96% wird die Flexibilität deutlich eingeschränkt und liegt bei ca. 10%. Zur Ermittlung der Mindestaktivität für die Phase 3 wurde untersucht, ab welcher Mindestaktivität ein Bieter auf allen Märkten aktiv sein muss, auf denen er aufgrund seiner Bietberechtigung bieten könnte. Um noch immer ein gewisses Maß an Flexibilität, zumindest auf den Märkten mit geringerer wirtschaftlicher Bedeutung, zuzulassen, wurde der Prozentsatz nicht mit 100% festgesetzt.[509] Zu diesem Zweck wurden die Anträge der einzelnen Bieter analysiert. Resultat dieser Analyse war eine Mindestaktivität von 97% für die Phase 3.

Die Berücksichtigung aller Ergebnisse dieser Analyse lieferte folgende Faktoren für die Mindestaktivität: 60% für die Phase 1, 75% für die Phase 2 und 97% für die Phase 3.

10.3.2 Bietrechte

Bietrechte (nicht zu verwechseln mit der Bietberechtigung) dienen der Umsetzung von wettbewerbspolitischen Zielsetzungen. Durch die Vergabe von Bietrechten wird festgelegt, für welche Auktionsgegenstände ein bestimmter Bieter Gebote legen (bzw. aktiv sein) darf. Zu diesem Zweck werden die einzelnen Auktionsgegenstände in Gruppen zusammengefasst. Jeder Bieter erhält je Gruppe eine bestimmte Zahl an Bietrechten. Diese Bietrechte werden in der Versteigerung wie folgt umgesetzt: Hat ein Bieter für eine bestimmte Gruppe *n* Bietrechte, darf er in keiner Runde auf mehr als *n* Gegenständen dieser Gruppe aktiv sein.

Im vorliegenden Verfahren wurden alle Frequenzpakete einer Region zu einer Gruppe zusammengefasst und jedem Bieter, der die entsprechende Region beantragt hat, ein Bietrecht zugeteilt. Damit kann ein Bieter maximal ein Frequenzpaket in einer Region erwerben.

10.3.3 Bietbefreiungen

Die Einführung von „Bietbefreiungen" (*waiver*) war im vorliegenden Verfahren aus einer Reihe von Gründen sinnvoll: Zum Ersten wird damit die Fehlertoleranz erhöht. Da in Aussicht genommenen wurde, die Auktion dezentral abzuwickeln, bestand die Gefahr, dass einzelne Bieter, die ihr Gebot kurz vor Rundenende absenden, wegen technischer Probleme einen Teil ihrer Bietberechtigung verlieren oder sogar aus dem Verfahren ausscheiden könnten. Zum Zweiten musste davon ausgegangen werden, dass durch die Vielzahl und Heterogenität der Auktionsgegenstände eine mehrmalige Änderung der Bietstrategien notwendig sein würde. Die Bietbefreiung könnte in diesem Fall als zusätzliche Nachdenkzeit (*time out*) verwendet werden. Zum Dritten bestand die Gefahr, dass einzelne Bieter

---

[509] Um beispielsweise einem Bieter, der mit Beginn der Phase 3 in allen wichtigen Regionen für Paket E das Höchstgebot hält, aber in einer Region mit geringerem wirtschaftlichen Wert auf Paket A Höchstbieter ist, nicht die Möglichkeit zu nehmen, auch in dieser Region das Paket E zu erwerben.

bei einem Phasenwechsel einen Teil ihrer Bietberechtigung verlieren könnten.

Im vorliegenden Versteigerungsverfahren wurde im Wesentlichen das von der FCC entwickelte Bietbefreiungs-Konzept verwendet. Im Rahmen dieses Konzepts erhält jeder Bieter eine bestimmte Zahl an Bietbefreiungen. Eine Bietbefreiung kann entweder als „automatische Bietbefreiung" (*automatic waiver*) oder als „proaktive Bietbefreiung" (*proactive waiver*) konsumiert werden. Konkret hat ein Bieter die Möglichkeit (falls er noch über eine Bietbefreiung verfügen sollte):

- in einer Runde eine „proaktive Bietbefreiung" geltend zu machen, oder
- falls er in einer Runde seine Mindestaktivität unterschreitet (weil seine Gebote nicht einlangen), wird vom Auktionator eine „automatische Bietbefreiung" angewendet, außer der Bieter teilt dem Auktionator mit, dass er dies nicht möchte.[510]

Im Gegensatz zum *automatic waiver* hat der *proactive waiver* Auswirkungen auf die Terminierung der Auktion. Wird in einer Runde ein *proactive waiver* geltend gemacht, endet das Versteigerungsverfahren auch dann nicht, wenn in dieser Runde kein valides Gebot gelegt wird. Jeder Bieter erhält zu Beginn des Versteigerungsverfahrens 5 Bietbefreiungen.

10.3.4 Bieteinheit und Click-box bidding

Dem simultanen Mehrrundenverfahren ist eine gewisse Kollusionsgefahr inhärent.[511] Zur Verhinderung von sogenannten *signalling bids* (codierten Geboten) wurde in den Regeln *click-box bidding* vorgesehen. Die Bieter können den Gebotsbetrag nicht frei wählen. Vielmehr wird ihnen von der Software eine Liste mit validen Geboten angeboten, aus der sie auswählen können. Diese Liste umfasst das Mindestgebot und weitere valide Gebote, die sich aus der Addition des Mindestgebots und einer festgesetzten Zahl an Vielfachen (z.B. 2, 5, 10, 20) der Bieteinheit von 1.000 ATS ergeben.

---

[510] In diesem Fall wird die Bietberechtigung – im Sinne des betroffenen Bieters – reduziert.
[511] Siehe dazu Kapitel 5.4.6 und 6.3.7.

10.3.5 Terminierung des Verfahrens

Das Verfahren endet dann, wenn in einer Runde der letzten Auktionsphase für keines der Frequenzpakete ein gültiges Gebot gelegt wird. Wird in einer früheren Phase der Auktion in einer Runde kein gültiges Gebot gelegt, obliegt es dem Auktionator, das Verfahren durch den Übergang in die nächste Phase fortzusetzen oder unmittelbar zu beenden. Der Auktionator behält sich das Recht vor, ab der 50. Runde drei letzte Runden auszurufen. Den Zuschlag erhalten die Höchstbieter zum jeweiligen Höchstgebot.

10.3.6 Abwicklung der Auktion

Die Auktion wurde mittels Software dezentral abgewickelt.[512]

10.4 Ergebnisse der Auktion

TABELLE 10-2: ERGEBNISSE DER WLL VERSTEIGERUNG

	Höchstbieter				
	A	B	C	D	E
Region 1	Star21				Broadnet
Region 2	Star21				Broadnet
Region 3	Star21				
Region 4	Star21				
Region 5	Star21				
Region 6	Star21				Broadnet
	Höchstgebot				
	A	B	C	D	E
Region 1	3.000.000 ATS				6.000.000 ATS
Region 2	1.650.000 ATS				3.300.000 ATS
Region 3	600.000 ATS				
Region 4	300.000 ATS				
Region 5	600.000 ATS				
Region 6	1.050.000 ATS				2.100.000 ATS
Summe	7.200.000 ATS				11.400.000 ATS

Quelle: Telekom Control

---

[512] Zur Abwicklung der Auktion siehe auch Verfahrensanordnung zur Auktion (Telekom-Control-GmbH, 2001).

Im Vorfeld der Auktion zogen sich 5 von 7 Antragstellern aus dem Verfahren zurück. Die Auktion endete nach 3 Runden, mit einem Gesamterlös von ATS 18,6 Mio. (€ 1,35 Mio.) Die detaillierten Ergebnisse finden sich in Tabelle 10-2.

TABELLE 10-3: WLL AUKTIONSERGEBNIS IM EUROPÄISCHEN VERGLEICH

	Schweiz	Großbritannien	Österreich
Zeitpunkt	Apr. 2000	Nov. 2000	Mrz. 2001
Spektrum			
Frequenzband	26 GHz	28 GHz	26 GHz
Duplexkanal	28 MHz	28 MHz	28 MHz
Spektrum[b]	2x336 MHz	2x336 MHz	2x392 MHz
davon regional	2x280 MHz	2x336 MHz	2x392 MHz
Lizenzen			
Lizenzen	46	42	30
Nat. Lizenzen	1 mit 2x56 MHz	Keine	Keine
Regionale Liz.	45	42	30
Regionen	9	14	6
Lizenzen je Reg.	1 mit 2x112 MHz	3 mit 2x112 MHz	1 mit 2x112 MHz
	2 mit 2x56 MHz		2 mit 2x84 MHz
	2 mit 2x28 MHz		2 mit 2x56 MHz
Reservepreis[a]	3,21 – 30,00 ATS	0,33 - 3,50 ATS	0,41 - 0,48 ATS
	Avg. 10,23 ATS	Avg. 2,40 ATS	Avg. 0,46 ATS
	Stddiv. 8,37 ATS	Stddiv. 1,03 ATS	Stddiv. 0,03 ATS
Ergebnis			
Verkaufte Liz.	70%	38%	30%
davon über MG	50%	14%	0%
Gesamterlös	2.960.592.730 ATS	855.890.640 ATS	18.600.000 ATS
Lizenzpreise[a]	4,30 - 136,48 ATS	0,50 - 3,56 ATS	0,41 - 0,48 ATS
	Avg. 39,11 ATS	Avg. 2,41 ATS	Avg. 0,46 ATS
	Stddv. 33,94 ATS	Stddv. 2,41 ATS	Stddv. 0,02 ATS

Quelle: Telekom Control, URL: http://www.tkc.at; Bundesamt für Kommunikation, URL: http://www.bakom.ch; Radio Agency UK, URL: http://www.spectrumauctions.gov.uk
[a] Preis eines Duplexkanals pro Einwohner
[b] Ohne Schutzkanäle

Das Ergebnis lag hinter den Erwartungen zurück. Es liegt die Vermutung nahe, dass die Technologie, für die dieses Spektrum alloziert wurde, seit der Vergabe in der Schweiz, die einen unerwartet hohen Erlös erzielte, eine kommerzielle Neubewertung erfahren hat.Die in Tabelle 10-3 dargestellten Kennzahlen zu den Vergaben in der Schweiz, Großbritannien und Österreich unterstützen diese Hypothese. In der Schweiz ist im Vergleich zu Großbritannien und Österreich trotz wesentlich höherer Reservepreise ein wesentlich größerer Anteil des allozierten Spektrums verkauft worden. Die geringe Nachfrage (Anteil der verkauften Lizenzen) sowie ein eingeschränkterer Bietwettbewerb (Anteil der verkauften Lizenzen über dem Mindestgebot) hat letztlich in Großbritannien und Österreich zu einem vergleichsweise geringeren Auktionserlös geführt.

Literaturverzeichnis

Analysys, Intercai (1997): *UMTS Market Forecast Study, Final Report for EC DG XIII*, Analysys/Interkai, 1997.

Armstrong, M., Cowan, S., Vickers, J. (1998): *Regulatory Reform: Economic Analysis and British Experience*, MIT Press, 1998.

Ashenfelter, O. (1989): "How Auctions Work for Wine and Art.", in: *Journal of Economic Perspectives*, 3(3), pp. 23-26, Summer 1989.

Ausubel, L.M., Cramton, P. (1998): "Demand Reduction and Inefficiency in Mutli-Unit Auctions", Working Paper, University of Maryland, March 1998.

Ausubel, L.M., Cramton, P., McAfee, R.P., McMillan, J. (1997): "Synergies in Wireless Telephony: Evidence from the Broadband PCS Auctions", in: *Journal of Economics & Management Strategy*, Fall 1997.

Ausubel, L.M., Milgrom, P. (2001): "Ascending Auctions with Package Bidding", Draft, presented at *Combinatorial Bidding Conference 2001*, June 2001.

Banks, J.S., Ledyard, J., Porter, D.P. (1989): "Allocating uncertain and unresponsive resources: an experimental approach", in: *RAND Journal of Economics*, Vol. (20), 1989.

Baumol, W.J., Panzar, J.C., Willig, R.D. (1988): *Contestable Markets and the Theory of Industry Structure*, Harcourt Brace Jovanovich, 1998.

Bekkers, R., Smits, J. (1999): *Mobile Telecommunications: Standards, Regulations, and Applications*, Artech House Inc., 1999.

Bennett, M. (2000): *Do mobile licence cost increase consumer prices*, University of Warwick, 2000.

Bergmann, F., Gerhardt, H. (2000): *Handbuch der Telekommunikation*, Carl Hanser Verlag, 2000.

Bernhardt, D., Scoones, D. (1994): "A Note on Sequential Auctions", in: *The American Economic Review*, June 1994.

Bierman, H.S., Fernandez L. (1998): *Game Theory with Economic Applications*, Addison-Wesley, 1998.

Binmore, K., Klemperer, P. (2001): "The Biggest Auction Ever: the Sale of the British 3G Telecom Licences", 2001, URL: http://www.paul-klemperer.org

Borrmann, J., Finsiger, J. (1999): *Markt und Regulierung*, Verlag Vahlen, 1999.

Bosch, K. (1998): *Statistik-Taschenbuch*, Oldenburg, 1998.

Brasche, G., Walke B. (1997): „Concepts, Services, and Protocols of the New GSM Phase 2+ General Packet Radio Service", in: *IEEE Communications Magazine*, August 1997.

Büllingen, F., Stamm, P. (2001): „Mobiles Internet – Konvergenz von Mobilfunk und Multimedia", *WIK Diskussionsbeiträge Nr. 222*, Juni 2002.

Büllinger F., Wörter M. (2000): „Entwicklungsperspektiven, Unternehmensstrategien und Anwendungsfelder in Mobile Commerce", *WIK Diskussionsbeiträge Nr. 208*, Nov. 2000.

Bulow, J., Klemperer, P. (1999): "Prices and the Winner's Curse", Nuffield College, Oxford University Discussion Paper, 1999.

Bykowski, M.M., Cull, R.J., Ledyard, J.O. (2000): "Mutually Destructive Bidding: The FCC Auction Design Problem", in: *Journal of Regulatory Economics*, pp. 205-228, Vol. 17(3), May 2000.

Calhaun, G. (1988): *Digital Cellular Radio*, Norwood, MA: Artech House, 1988.

Carlton, D.W., Perloff, J.M. (2000): *Modern Industrial Organization*, Addison-Wesley, 2000.

Cave, M. (2002): *Review of Radio Spectrum Management*, Study for Department of Trade and Industry UK, March 2002, URL: http://www.radio.gov.uk/spectrum-review/

Chandra, T.K, Chatterjee, D. (2001): *A First Course in Probability*, Alpha Science, 2001.

Church, J., Ware, R. (2000): *Industrial Organization, A Strategic Approach*, McGraw-Hill, 2000.

Clark, D. (1997): "A model for Cost Allocation and Pricing in the Internet", in: McKnight L.W. and Bailey J.P., editors *Internet Economics*, MIT Press, 1997.

Coase, R.H. (1959): " The Federal Communications Commission", in: *The Journal of Law and Economics*, Vol. II, pp. 1-40, October 1959.

Coase, R.H. (1998): " Comment on Thomas W. Hazlett: Assigning Property Rights to Radio Spectrum Users: Why did FCC License Auctions take 67 Years", in: *The Journal of Law and Economics*, Vol. XLI, pp. 577-580, October 1998.

Cocchi, R., Estrin, D., Shenker, S., Lixia, Z. (1991): "A Study of Priority Pricing in Multiple Service Class Networks", in: *Proceedings of Sigcomm*, 1991.

Cocchi, R., Estrin, D., Shenker, S., Lixia, Z. (1993): "Pricing in Computer Networks: Motivation Formulation and Example", in: *IEEE/ACM Transaction on Networking*, 1(6), December 1993.

Coulouris, G., Dollimore, J., Kindberg, T. (1994): *Distributed Systems Concepts and Design*, Addison Wesley, 1994.

Courcoubetics, Kelly, Siris, Weber (1998): "A study of simple usage-based charging schemes for broadband networks", in: *Broadband Communications. The future of telecommunications*, pp. 209, 1998.

CRA (1998a): "Report 1B: Package Bidding for Spectrum Licenses", presented at *FCC Combinatorial Bidding Conference 2000*, River Charles Associates Incorporated and Market Design Inc, 1998, URL: http://wireless.fcc.gov

CRA (1998b): "Report 2: Simultaneous Ascending Auctions with Package Bidding", presented at *FCC Combinatorial Bidding Conference 2000*, River Charles Associates Incorporated and Market Design Inc, 1998, URL: http://wireless.fcc.gov

Cramton, P.C. (1995): "Money Out of Thin Air: The Nationwide Narrowband PCS Auction", in: *Journal of Economics & Management Strategy*, Vol. 4, pp. 267-343, 1995.

Cramton, P.C. (1997): "The FCC Spectrum Auctions: An early Assessment", in: *Journal of Economics & Management Strategy*, Fall 1997.

Cramton, P.C. (1998a): "The Efficiency of the FCC Spectrum Auctions", in: *Journal of Law and Economics*, Vol. 41, pp. 727-736, 1998.

Cramton, P.C. (1998b): "Ascending Auctions", in: *European Economic Review*, Vol. 42(3), pp. 745-756, 1998.

Cramton, P.C., Schwartz, J. (1998): "Collusive Bidding: Lessons from the FCC Spectrum Auctions", University of Maryland, 1998.

Diehl, N., Held, A. (1994): *Mobile Computing, Systeme, Kommunikation, Anwendungen*, Thomson Publishing, 1994.

Durlacher Research (2000): *Mobile Commerce Report*, Durlacher Research Ltd., 2000.

Durlacher Research (2001): *UMTS Report. An Investment Perspective*, London, 2001.

Eberspächer, J., Vögel, H.J. (1997): *GSM Global System for Mobile Communications*, B.G. Teubner Stuttgart, 1997.

Ebinger, J. (1999): „Datenübertragung mit GPRS", in: *Funkschau*, Nr. 8, *1999*.

Farell, J., Saloner, G., (1985): "Standardization, Compatibility, and Innovation", in: *Rand Journal of Economics*, Nr. 16, pp. 70-83, 1985.

Feiel, W., Felder, S. (2002): „Mobile Virtual Network Operators – Ökonomische und juristische Betrachtungen", in: *medien und recht*, Nr. 4/02, pp. 249-260, 2002.

Felder, S., Liu, P. (1999): "New pricing models in the context of convergence", in: *Communications & Strategies*, Nr. 34, Idate, 1999.

Fisher, J., Pry, R. (1971): "A Simple substitution Model for Technological Change", in: *Technological Forecasting and Social Change*, 1971.

Flach, M., Tadayoni, R. (2002): *An Economic Approach to Frequency Management*, EURO CPR 2002.

Forum Mobilkommunikation (2000): „Die Entwicklung der Mobilkommunikation", in: *Weißbuch Mobilkommunikation*, Stand August 2000, URL: http://www.fmk.at/mobilkom.

Fudenberg, D., Tirole, J. (1996): *Game Theory*, MIT Press, Cambridge, 1991.

Funk, J.L., Mehte, D.T. (2001): "Market- and commitee-based mechanisms in the creation and diffuison of global industry standars: the case of mobile communication", in: *Research Policy*, 30(2001).

Garg, V.K., Wilkes, J.E. (1996): *Wireless and personal communications systems*, Upper Saddle River, NJ: Prentice Hall, 1996.

Genty, L. (1999): „Auctions and Comparative Hearings: Two Ways to Attribute Spectrum Licences", in: *Communications & Strategies*, No. 34, 3rd quarter 1999, pp. 11, 1999.

George, D.G., Joll, C., Lynk, E.L. (1991): *Industrial Organisation Competition, Growth and Structural Change*, Routledge, 1991.

Goeree, J.K., Offerman, T. (1999): "Competitive Bidding in Auctions with Private and Common Values", November 1999.

Götzke, G. (1994): „Ökonomische Analyse der Frequenzallokation unter besonderer Berücksichtigung des zellularen Mobilfunks", *Veröffentlichungen des HWWA-Institut für Wirtschaftsforschung Band 12*, 1994.

Grossman, S.J. (1991): „Nash Equilibrium and the Industrial Organization of Markets with Large Fixed Costs", in: *Econometrica*, Vol. 49, Issue 5, 1149-1172, 1991.

Gruber, H. (2001): "Spectrum limits and competition in mobile markets: the role of licence fees", in: *Telecommunications Policy*, Vol. 25, pp. 59-70, 2001.

Gruber, H., Verboven, F. (2001): „The diffusion of mobile telecommunications services in the European Union", in: *European Economic Review*, Vol. 45, pp. 577-588, 2001.

Grünwald, A. (2001): „Fernsehen unter dem Hammer Möglichkeiten und Grenzen einer Versteigerung von Rundfunkfrequenzen", in: *Multimedia und Recht*, Vol. 11, pp. 721-727, 2001.

Halsall, F. (1996): *Data communications, computer networks and open systems*, Addison-Wesley, 1996.

Hausman, J.A. (1997): „Valuing the effect of regulation on new services in telecommunications", in: *Brooking Papers on Economic Activity, Microeconomics*, 1997.

Hayek, F.A. (1945): "The use of knowledge in Society", in: *American Economic Review*, 35(4), pp. 519-530, Sep. 1945.

Hayek, F.A. (1948): "The meaning of competition", in: *Individualism and Economic Order*, Chicago: University of Chicago Press, 1948.

Hayek, F.A. (1978): "Competition as a discovery procedure", in: *New Studies in Philosophy, Politics, Economics and the History of Ideas*, 1978.

Hazlett, D. (1995): *An Interim Solution to Internet Congestion*, Technical report, Whitman College, 1995.

Hazlett, T., Michaels, R. (1993): „The cost of Rent-Seeking: Evidence from Cellular Telephone License Lotteries.", in: *Southern Economic Journal*, Vol. 59, pp. 425-435, 1993.

Hazlett, Th. (2001): *The Wireless Craze, The Unlimited Bandwidth Myth, The Spectrum Auction Faux Pas, and the Punchline to Ronald Coase's "Big Joke"*, An Essay on Airwave Allocation Policy, Working Paper, AEI

Brookings (Joint Center for Regulatory Studies), Jan. 2001, URL: http://www.aei.brookings.org/publications.

Herzel, L. (1951): "Public Interest and the Market in Color Television Regulation", in: *University of Chicago Law Review*, Vol. 9, pp. 802-816, October 1951.

Hoffmann, R.W (1996): *Regulating Media*, The Guilford Press, New York and London, 1996.

Holler, M.J., Illing, G. (2000): *Einführung in die Spieltheorie*, Springer-Verlag, 2000.

Holma, H., Toskala, A. (2000): *WCDMA for UMTS, Radio Access for Third Generation Mobile Communications*, John Wiley and Sons Ltd, 2000.

Jacobson, D., Andréosso-O'Callaghan, B. (1997): *Industrial Econmics and Organization. A European Perspective*, McGraw-Hill, 1997.

Jiang, H., Jordan, S. (1995): "The role of price in the connection establishment process", in: *European Trans. Telecommunications*, Vol. 6(4), pp. 421-429,1995.

Kagan (2001): *European Cellular Databook 2001*, Kagan, 2001, URL: http://www.kagan.com.

Kagel, J.H., Roth, A.E. (1995): *The Handbook of Experimental Economics*, Princeton University Press, 1995.

Katz, M.L., Shapiro, C. (1985): "Network Externalities, Competition, and Compatibility", in: *American Economic Review*, Vol. 75, pp. 424-440, 1985.

Katz, M.L., Shapiro, C. (1994): "Systems Competition and Network Effects", in: *Journal of Economic Perspectives*, Vol. 8, pp. 93-115, 1994.

Keuter, A., Nett, L. (1997): „ERMES-auction in Germany", in: *Telecommunications Policy*, Vol. 21, No. 4, pp. 297-301, 1996.

Keuter, A., Nett, L., Stumpf, U. (1996): „Regeln für das Verfahren zur Versteigerung von ERMES-Lizenzen/Frequenzen sowie regionaler ERMES-Frequenzen", in: *WIK Diskussionsbeitrag Nr. 165*, 1996.

Klemperer, P. (1998): "Auctions with Almost Common Values", in: *European Economic Review*, Vol. 42, pp. 757-69, 1998.

Klemperer, P. (1999): "Auction Theory: A guide to the Literature", in: *Journal of Economic Surveys*, Vol. 13(3), pp. 227-276, 1999.

Klemperer, P. (2000a): *The Economic Theory of Auctions*, Edward Elgar (pub), Cheltenham, UK, 2000.

Klemperer, P. (2000b): "What really matters in Auction Design", Nuffield College, Oxford University, UK, 2000.

Klophaus, R. (1995): *Marktausbreitung neuer Konsumgüter, Verhaltenswissenschaftliche Grundlagen, Modellbildung und Simulation*, DeutscherUniversitätsVerlag, 1995.

Knieps, G., Brunekreeft, G. (Hrsg.) (2000): *Zwischen Regulierung und Wettbewerb*, Physica Verlag, 2000.

Knorr, H. (1993): *Ökonomische Probleme von Kompatibilitätsstandards, Eine Effizienzanalyse unter besonderer Berücksichtigung des Telekommunikationsbereichs*, Nomos Verlagsgesellschaft, 1993.

Kreps, D., Scheinkman, J.A. (1983): „Quantity Precommitment and Bertrand Competition yield Cournot Outcomes", in: *Bell Journal of Economics*, Vol. 14, pp. 326-337, 1983.

Kreps, D.M. (1997): *Game Theory and Economic Modelling*, Clarendon Press Oxford, 1997.

Kriszner, I. (1997): "How Markets Work: Disequilibrium, Entrepreneurship and Discovery", in: *Hobart Paper*, No. 133, London IEA, 1997.

Kruse, J. (1992): „Mobilfunk in Deutschland: Ordnungspolitik und Marktstrukturen", *WIK Diskussionsbeiträge Nr.94*, September 1994.

Kruse, J. (1997): „Frequenzvergabe im digitalen zellularen Mobilfunk in der Bundesrepublik Deutschland", *WIK Diskussionsbeiträge Nr.174*, Mai 1997.

Kwerel, E.R., Felker, A. (1985): "Using Auctions to Select FCC Licenses", *OPP Working Paper No. 16*, Office of Plans and Policy, FCC, May 1985.

Kwerel, E.R., Rosston, G.L. (2000): "An Insiders' View of FCC Spectrum Auctions", in: *Journal of Regulatory Economics*, Vol. (17)3, pp. 253-289, May 2000.

Kwerel, E.R., Williams, J.R. (2001): "Moving towards a Market for Spectrum", in: *CATO Regulation, The Review of Business & Government*, 2001, URL: http://www.cato.org.

Laffont, J.J., Tirole, J. (1993): *A Theory of Incentives in Procurement and Regulation*, MIT Press, 1993.

Lazar, A.A., Semret, N. (1998): "The progressive second price auction mechanism for network resource sharing", in: *8th International Symposium on Dynamic Games and Applications*, Maastricht, The Netherlands July 1998.

Leibenstein, H. (1966): „Allocative Efficiency vs. ‚X-Efficiency.'", in: *American Economic Review*, Vol. 56, pp. 392-415, 1966.

MacKie-Mason, J.K., Varian, H.R. (1993a): "Pricing the Internet", in: *Conference Public Access to the Internet*, May 1993.

MacKie-Mason, J.K., Varian, H.R. (1993b): "Some Economics of the Internet", in: *Tenth Michigan Public Utility Conference at Western Michigan University*, March 1993.

MacKie-Mason, J.K., Varian, H.R. (1994): *Pricing Congestible Network Resources*, Technical report, University of Michigan, 1994.

Maskin, E., Riley, J. (1986): "Existence and Uniqueness of Equilibrium in Sealed High Bid Auctions.", Mimeo, UCLA, Mar. 1986.

Maskin, E., Riley, J. (1998): "Asymmetric Auction", in: P. Klemperer (eds), Elgar E. (pub) *The Economic Theory of Auctions*, Cheltenham, UK, 1986.

Maskin, E.S., Riley, J.G. (1984): "Optimal Auctions with Risk Averse Buyers", in: *Econometrica*, 52, pp. 1473-1518, 1984.

McAfee, R.P., McMillan, J. (1987): "Auctions and Bidding", in: *Journal of Economic Literature*, Vol. 15, pp. 699-738, 1987.

McAfee, R.P., McMillan, J. (1996): "Analyzing the Airwaves Auction", in: *Journal of Economic Perspectives*, Vol. 10, pp. 159-175, November 1996.

McAfee, R.P., Vincent, D. (1993): "The Declining Price Anomaly.", in: *Journal of Economic Theory*, 60(1), pp. 191-212, June 1993.

McMillan, J. (1994): "Selling Spectrum Rights", in: *Journal of Economic Perspectives*, Vol. 8, pp. 145-162, 1994.

McMillan, J. (1995): "Why auctioning the Spectrum?", in: *Telecommunication Policy*, Vol. 19, pp. 191-199, 1995.

Milgrom, P. (1989): "Auctions and Bidding: A Primer", in: *Journal of Economic Perspectives*, Vol. 3(3), pp. 3-22, Summer 1989.

Milgrom, P. (1995): "Auctioning the Radio Spectrum", in: *Auction Theory for Privatization*, forthcoming, Cambridge, England: Cambridge University Press, 1995.

Milgrom, P. (1998): "Auctioning the Radio Spectrum", in: *Putting Auctions to Work*, forthcoming, Cambridge, England: Cambridge University Press, 1998.

Milgrom, P. (2000): "Putting Auction Theory to Work: The Simultaneous Ascending Auctions", in: *Journal of Political Economy* 108(2), pp. 245-272, 2000.

Milgrom, P. (2002): *Auction Theory for Privatization*, Cambridge University Press, 2002.

Milgrom, P.R., Weber, R.J. (1982): „The Theory of Auctions and Competitive Bidding", in: *Econometrica*, Vol. 50(5), pp. 1089-1122, 1982.

Milgrom, P.R., Weber, R.J. (1985): „Distributional Strategies for Games with Incomplete Information", in: *Mathematic Operations Research*, Vol. 10(4), pp. 619-632, Nov. 1985.

Minasian, J. (1975): "Property Rights in Radiation: An Alternative Approach to Radio Frequency Allocation", in: *Journal of Law and Economics*, pp. 221-272, 1975.

Mobile Internet (2000a): *Mobile Internet content, commerce and applications*, Vol. 1(16), November 2000.

Mobile Internet (2000b): *Mobile Internet content, commerce and applications*, Vol. 1(17), Dezember 2000.

Mobile Internet (2001a): *Mobile Internet content, commerce and applications*, Vol. 2(8), 2001.

Moldovanu, B., Jehiel, P. (2000): *A Critique of the Planned Rules for the German UMTS/IMT-2000 License Auction*, March 2000.

Mouly, M., Pautet, M.B. (1992): *The GSM System for Mobile Communications*, Cell & Sys. Correspondence, 1992.

Murphy, J., Murphy, L., Posner, E.C. (1994): "Distributed Pricing For Embedded ATM Networks", in: *Proc. International Teletraffic Congress*, ITC-14, Antibes, France, June 1994.

Murphy, L., Murphy, J. (1998): "Pricing for ATM Network Efficiency", in: *Proc 3rd International Conference on Telecommunciaiton Systems Modelling and Analysis*, Nashville, March 1998.

Musgrave, R.A., Musgrave, P.B., Kullmer, L. (1987): *Die öffentlichen Finanzen in Theorie und Praxis*, J.C.B. Mohr (Paul Siebeck), 3. Auflage, Tübingen, Band 1 1984, Band 2 1985, Band 3 1987.

Myerson, R.B. (1981): "Optimal Auction Design", in: *Mathematics of Operation Research*, 6, 58-73, 1981.

Neumann, M. (2000): *Wettbewerbspolitik Geschichte, Theorie und Praxis*, Gabler, 2000.

Offerman, T., Potters, J. (2000): *Does auctioning of entry licenses affect consumer prices? An experimental study*, Center for Economic Research, No. 2000-53, May 2000.

Oftel (2001): *Effective Competition review: mobile*, A Statement issued by the Director General of Telecommunications, Oftel, September 2001.

Ovum (1999): *Third Generation Mobile, Market Strategies*, OVUM Report, 1999.

Ovum (2000a): *Mobile IP*, Ovum Report, February 2000.

Ovum (2000b): *Virtual Mobile Services, Strategies for Fixed and Mobile Operators*, Ovum Report, March 2000.

Parker, P.M., Röller, L. (1997): "Collusive conduct in duopolies: multimarket contact and cross-ownership in the mobile telephone industry", in: *Rand Journal of Economics*, Vol. 28(2), pp. 304-322, Summer 1997.

Parkes, D., Kalagnanam, J., Eso, M. (2001): „Balanced Budget Mechanism Design for Combinatorial Exchanges", presented at *Combinatorial Bidding Conference 2001*, 2001.

Plott, C. (2000): "A Combinatorial Auction Designed for the Federal Communications Commission", presented at *FCC Combinatorial Bidding Conference* 2000, California Institute of Technology, 2000, URL: http://wireless.fcc.gov.

Plott, C.R. (1997): "Laboratory Experimental Testbeds: Application to the PCS Auction", in: *Journal of Economics & Management Strategy*, Fall 1997.

Porter, E.M. (1999): *Wettbewerbsvorteile*, Campus Verlag Frankfurt/New York, 1999.

Posner, R. (1975): "The Social Cost of Monopoly and Regulation", in: *Journal of Political Economy*, Vol. 83, pp. 807-827, 1975.

Prasad, R. (1996): *CDMA for Wireless Personal Communications*, Artech House Publishers, 1996.

Prasad, R. (1997): „Overview of Wireless Personal Communications: Microwave Perspective", in: *IEEE Communications Magazine*, April 1997.

Rappaport, T.S. (1996): *Wireless Communications: Principles and Practice*, pp. 85-90, Prentice Hall, 1996.

Rasmusen, E. (1989): *Games and Information, an introduction to game theory*, Blackwell Publishers, 1989.

Rassenti, S.J., Smith, V.L., Bulfin, R.L. (1982): "A combinatorial auction mechanism for airport time slot allocation" in: *The Bell Journal of Economics*, Vol. 13, pp. 402-417, 1982.

Richter, R., Furubotn, E.G. (1999): *Neue Institutionenökonomik*, 2. Auflage, Mohr Siebeck, 1999.

Riley, J.G., Samuelson, W.F. (1981): "Optimal Auctions" in: *The American Economic Review*, Vol. 71, pp. 381-92, 1981.

Robinson, M.S. (1985): "Collusion and the choice of auction", in: *Rand Journal of Economics*, Vol. 16(1), Spring 1985.

Rosston, G.L, Hazlett, T.W. (2001:) *Comments of 37 concerned Economists in the matter of Promoting Efficient use of Spectrum Through Elimination of Barriers to the Development of Secondary Markets*, 2001, URL: http://www.aei.brookings.org/publications/related/fcc.pdf.

Rosston, G.L., Steinberg, J.S. (1997): "Using Market-Based Spectrum Policy to Promote the Public Interest", in: *Federal Communications Law Journal*, Vol. 50(1), pp. 87-116, FCC, 1997, URL:http://www.fcc.gov/ Bureaus/Engineering_Technology/Informal/spectrum.txt.

Rothkopf, M., Pekec, A. (1995): "Computationally Manageable Combinatorial Auctions", in: *DIMACS Technical Report*, 95-09, 1995.

Rothkopf, M.H., Pekec, A., Harstad R.M. (1998): "Computationally Manageable Combinatorial Auctions", in: *Management Science*, Vol. 44, pp. 1131-1147, 1998.

Salant, D.J. (1997): "Up in the Air: GTE's Experience in the MTA Auction for Personal Communication Services Licenses", in: *Journal of Economics & Management Strategy*, Fall 1997.

Salant, D.J. (2000): "Auctions and Regulation: Reengineering of Regulatory Mechanisms", in: *Journal of Regulatory Economics*, Vol. 17(3), pp. 195-204, May 2000.

Sandholm, T. (2000): "Approaches to winner determination in combinatorial auction", in: *Decision Support Systems*, to appear, 2000.

Sandholm, T., Suri, S., Gilpin, A., Levine, D. (2001): "Winner Determination in Combinatorial Auction Generalizations", Draft, presented at *International Conference on Autonomous Agents, Workshop on Agent-based Approaches to B2B*, Montreal, Canada, May 28th (pages 35-41), 2001.

Schäfer, H.B., Ott, C. (1995): *Lehrbuch der ökonomischen Analyse des Zivilrechts*, Springer-Verlag, 1995.

Schiller, J. (2000a): *Mobilkommunikation Techniken für das allgegenwärtige Internet*, Addison-Wesley, 2000.

Schiller, J. (2000b): *Mobile Communications*, Addison-Wesley, Pearson Education Ltd., 2000.

Schmidt, I.O. (1999): *Wettbewerbspolitik und Kartellrecht. Eine Einführung*, Lucius & Lucius, 1999.

Schoder, D. (1995): *Erfolg und Misserfolg telematischer Innovationen*, 1995.

Schumpeter, J.A. (1950): *Capitalism, Socialism and Domocracy*, New York: Haper & Row, 1950.

Shapiro, C., Varian, H.R. (1999): *Information Rules: A Strategic Guide to the Network Economy*, Harvard Business School Press, 1999.

Shenker, S. (1995a): "Service Models and Pricing Policies for an Integrated Services Internet", in: B. Kahin und J. Keller, in: *Public Access to the Internet*, MIT Press, 1995.

Shenker, S. (1995b): "Fundamental Design Issues for the Future Internet", in: *IEEE Journal on Selected Areas in Communication*, Vol. 13(7), September 1995.

Shubik, M. (1983): "Auctions, Bidding, and Markets: An Historical Sketch", in: R Engelbrecht-Wiggans, M., Shubik, and J.Stark (eds), *Auctions Bidding, and Contracting*, pp. 33-52, New York University Press.

Stiglitz, J.E., Schönfelder, B. (1989): *Finanzwissenschaft*, Oldenburg, München/Wien, 1989.

Sutton, J. (1996): *Sunk Costs and Market Structure Price Competition, Advertising, and the Evolution of Concentration*, MIT Press, 1996.

Tewes, D. (1997): "Chancen und Risiken netzunabhänger Service Provider", in: *WIK Diskussionsbeitrag Nr. 179*, Dez. 1997

Tirole, J. (2000): *The Theory of Industrial Organization*, MIT Press, 2000.

UMTS Forum (1998a): *Minimum spectrum demand per public terrestrial UMTS operator in the initial phase*, UMTS Forum Report #5, September 1998.

UMTS Forum (1998b): *The impact of licence cost levels on the UMTS business case*, UMTS Forum Report #3, August 1998.

UMTS Forum (1999): *The Future Mobile Market Global Trends and Developments with a focus on Western Europe*, UMTS Forum Report #8, March 1999.

UMTS Forum (2000a): *Enabling UMTS/Third Generation Services and Applications*, UMTS Forum, London 2000.

UMTS Forum (2000b): *Shaping the Mobile Multimedia Future – An Extended Vision from The UMTS Forum*, UMTS Forum, London 2000.

Valletti, T.M. (2001): "Spectrum Trading", in: *Telecommunications Policy*, Vol. 25 (10/11), pp. 655-670, November/December 2001.

Van Damme, E. (1998): „The Auction of the Dutch DCS-1800 Licenses", in: *Rabacom 4*, Sept. 1998.

Varian, H.R. (1994): *Mikroökonomie*, R. Oldenburg Verlag, 1994.

Vickrey, W. (1961): „Counterspeculation, Auctions, and Competitive Sealed Tenders", in: *J. Finance*, Mar. 1961, Vol. 16(1), pp. 8-37, 1961.

Walker, D., Kelly, F., Solomon, J. (1997): "Tariffing in the new IP/ATM environment.", in: *Telecommunications Policy*, Vol. 21, No. 4, pp. 283-295, 1997.

Webb, W. (1998): „The Role of Economic Techniques in Spectrum Management", in: *IEEE Communications Magazine*, pp. 102-107, March 1998.

Weber, R.J. (1983): „Multiple-Object Auctions", in: R. Engelbrecht-Wiggans, M. Shubik, and R.M. Starks (eds.), *Auctions, bidding, and contracting: Uses and theory*, New York University Press, 1983.

Weber, R.J. (1997): "Making more from less: Strategic Demand Reduction in the FCC Spectrum Auctions", in: *Journal of Economics & Management Strategy*, Fall 1997.

Withers, D. (1999): *Radio Spectrum Management, Management of the spectrum and regulation of radio services*, The Institution of Electrical Engineers, 1999.

Wöhe, G. (1986): *Einführung in die allgemeine Betriebswirtschaftslehre*, 1986.

Quellenverzeichnis

Nationale Gesetze und Verordnungen:

Allgemeine Verwaltungsverfahrensgesetz 1991 (AVG) BGBl Nr. 51, in der geltenden Fassung BGBl I Nr. 29/2000.
Telekommunikationsgebührenverordnung (TKGV), BGBl II Nr.29/1998; URL: http://www.rtr.at/
Telekommunikationsgesetzes (TKG) Stammfassung: BGBl. I Nr. 100/1997; URL: http://www.rtr.at
1. TKG-Novelle: BGBl. I Nr. 98/1998 (Einfügung des § 125 Abs. 3a)
2. TKG-Novelle BGBl. I Nr. 27/1999 (Änderungen in §§ 3, 7, 8, 10, 104 Abs. 3 und 111)
3. TKG-Novelle BGBl. I Nr. 159/99 (Streichung des hier nicht wiedergegebenen Artikel VI)
4. TKG-Novelle BGBl. I Nr. 188/99 (Änderungen in § 101 und § 104 Abs. 3 Z 23)
5. TKG-Novelle BGBl. I Nr. 26/2000 (Änderungen in den §§ 4, 5, 5a, 15, 16, 18, 18a, 20, 22, 24, 25, 41, 45, 49, 49a, 104, 111, 115 und 126a)
6. TKG-Novelle BGBl. I Nr. 32/2001 (Änderungen in den §§ 17, 47, 49, 51, 78, 79, 81, 82, 106, 108 bis 111, 116 bis 122 und 128)
7. TKG-Novelle BGBl. I Nr. 134/2001 (Änderungen in den §§ 67, 71, 72, 76, 83, 105, 106)
8. TKG-Novelle BGBl. I Nr. 32/2002 (Änderungen in den §§ 30, 104 und 128)

Verordnung betreffend die Frequenzbereichszuweisung (Frequenzbereichszuweisungsverordnung-FBZV), BGBl. II Nr. 149/1998 (Stammfassung), URL: http://www.bmvit.gv.at.

Verordnung betreffend die Frequenznutzung (Frequenznutzungsverordnung - FNV), BGBl. II Nr. 364/1998 (Stammfassung), URL: http://www.bmvit.gv.at.

Verordnung des Bundesministers für öffentliche Wirtschaft und Verkehr, mit der die technischen und betrieblichen Bestimmungen für die Errichtung und den Betrieb von Funkanlagen des festen Funkdienstes und des beweglichen Landfunkdienstes im Bereich von 29,7 bis 960 MHz festgesetzt werden (Betriebsfunkverordnung - BFV), BGBl. Nr. 639/1995, URL: http://www.bmvit.gv.at.

Verordnung des Bundesministers für Wissenschaft und Verkehr über die Erklärung der Einhaltung technischer Vorschriften durch den Hersteller von Endgeräten (Endgeräte – Herstellererklärungsverordnung), BGBl. II Nr. 122/1997, URL: http://www.bmvit.gv.at.

Verordnung des Bundesministers für Wissenschaft und Verkehr über die Kennzeichnung von Funkanlagen und Endgeräten (Funkanlagen und Endgeräte - Kennzeichnungsverordnung – FEKV), BGBl. II Nr. 87/1998 idF BGBl. II Nr. 384/1998, URL: http://www.bmvit.gv.at.

Verordnung des Bundesministers für Wissenschaft und Verkehr über fernmeldetechnische Vorschriften für Funkanlagen und Endgeräte (Funkanlagen und Endgeräte - Verordnung – FEV), BGBl. II Nr. 86/1998 idF BGBl. II Nr. 31/1999, BGBl. II Nr. 358/1999, BGBl. II Nr. 69/2000, URL: http://www.bmvit.gv.at.

Verordnung des Bundesministers für Wissenschaft und Verkehr, mit der generelle Bewilligungen erteilt werden, BGBl. II Nr. 85/1998 idF BGBl. II Nr. 348/1998, BGBl. II Nr. 30/1999, BGBl. II Nr. 143/1999, BGBl. II Nr. 292/1999, BGBl. II Nr. 109/2000; URL: http://www.bmvit.gv.at.

Verordnung des Bundesministers für Wissenschaft, Verkehr und Kunst, mit der bestimmte Funkempfangsanlagen für bewilligungspflichtig erklärt werden (Funkempfangsanlagenverordnung), BGBl. Nr. 652/1996, URL: http://www.bmvit.gv.at.

Verordnung mit der Frequenzen und Frequenzbänder für europaweit harmonisierte Funksysteme gewidmet werden (Frequenzwidmungsverordnung), BGBl. II Nr. 313/1996 (Stammfassung), URL: http://www.bmvit.gv.at.

Dokumente von nationalen Behörden:

RTR (2001): *Telekommunikationsbericht 2000*, Rundfunk & Telekom Regulierungs-GmbH (vorher Telekom Control), 2001, URL: http://www.rtr.at.

RTR (2002): *Kommunikationsbericht 2001*, Rundfunk & Telekom Regulierungs-GmbH (vorher Telekom Control), 2002, URL: http://www.rtr.at.

RTR (2003): *Kommunikationsbericht 2003*, Rundfunk & Telekom Regulierungs-GmbH (vorher Telekom Control), 2003, URL: http://www.rtr.at.

Telekom Control (2000): *Telekommunikationsbericht 1998-1999,* Telekom Control GmbH (nunmehr Rundfunk & Telekom Regulierungs-GmbH), 2000, URL: http://www.rtr.at.

Telekom-Control-GmbH (2000a): Ausschreibungsunterlage im Verfahren betreffend Frequenzzuteilungen für Richtfunkverteilsysteme im Frequenzbereich 26 GHz, September 2000, URL: http://www.rtr.at.

Telekom-Control-GmbH (2001): Verfahrensanordnung gemäß § 49a Abs 7 TKG, Versteigerungsverfahren betreffend Frequenzzuteilungen für Richtfunkverteilsysteme im Frequenzbereich 26 GHz, Jänner 2001, URL: http://www.rtr.at.

Telekom-Control-Kommission (1998): Ausschreibungsunterlage zur Erteilung einer Konzession zur Erbringung des öffentlichen Sprachtelefoniedienstes mittels Mobilfunk und anderer öffentlicher Mobilfunkdienste mittels selbstbetriebenere Telekommunikationsnetze, Dezember 1998, URL: http://www.rtr.at.

Telekom-Control-Kommission (1999a): Verfahrensanordnung, Regeln des Versteigerungsverfahrens zur Erteilung einer Konzession zur Erbringung des öffentlichen Sprachtelefoniedienstes mittels Mobilfunk und anderer öffentlicher Mobilfunkdienste mittels selbstbetriebenere Telekommunikationsnetze, April 1999, URL: http://www.rtr.at.

Telekom-Control-Kommission (1999b): Ausschreibung zur Erteilung einer Konzession zur Erbringung des öffentlichen Sprachtelefoniedienstes mittels Mobilfunk und anderer öffentlicher Mobilfunkdienste mittels selbst betriebener Telekommunikationsnetze für das digitale Bündelfunksystem TETRA, September 1999, URL: http://www.rtr.at.

Telekom-Control-Kommission (1999c): Verfahrensanordnung, Regeln des Versteigerungsverfahrens zur Erteilung einer Konzession zur Erbringung des öffentlichen Sprachtelefoniedienstes mittels Mobilfunk und anderer öffentlicher Mobilfunkdienste mittels selbst betriebener Telekommunikationsnetze für das digitale Bündelfunksystem TETRA, Dezember 1999, URL: http://www.rtr.at.

Telekom-Control-Kommission (2000a): Ausschreibungsunterlage im Verfahren betreffend Frequenzzuteilungen für Mobilfunksysteme der 3. Generation (UMTS/IMT-2000), Juli 2000, URL: http://www.rtr.at.

Telekom-Control-Kommission (2000b): Verfahrensanordnung gemäß § 49a Abs 7 TKG, Versteigerungsverfahren betreffend Frequenzzuteilungen für Mobilfunksysteme der 3. Generation (UMTS/IMT-2000), September 2000, URL: http://www.rtr.at.

Dokumente von Behörden anderer Länder:

ART (2001): *UMTS: Results of the allocation procedure for 3rd generation mobile metropolitan licences in France*, May 2001, URL: http://www.art-telecom.fr/eng/index.htm

BIPT (2000a): *Belgian 3G Auction*, Belgian Institute of Post and Telecommunications, October 2000, URL: http://www.bipt.be

BIPT (2000b): *Draft regulatory framework defining the specifications required for third generation mobile telecommunication systems and the procedure for the award of licences*, Belgian Institute of Post and Telecommunications, November 2000, URL: http://www.bipt.be

BIPT (2000c): *Synthesis of the results of the public consultation concerning the evolution of the mobile telephony market towards the third generation (UMTS) in Belgium*, Belgian Institute of Post and Telecommunications, September 1999, URL: http://www.bipt.be

BIPT (2001a): *Communication of 2/3/2001 of the BIPT concerning the results of the auction*, Belgian Institute of Post and Telecommunications, March 2001, URL: http://www.bipt.be.

BIPT (2001b): *Post-round report*, Belgian Institute of Post and Telecommunications, March 2001, URL: http://www.bipt.be.

BPT (1996): *Regeln für ein Auktionsverfahren zur Versteigerung von ERMES-Lizenzen/Frequenzen sowie regionaler ERMES-Frequenzen*, Bundesministerium für Post und Telekommunikation, Deutschland, Amtsblatt 17/96, pp. 948-951, 1996.

Directorate-General for Telecommunications and Post (Netherlands): *Definite policy on the licensing of IMT-2000/UMTS*.

FCC (1993): *Second Report and Order*, Federal Communications Commission, FCC PP Docket No. 93-253, 1993, URL: http://www.fcc.gov.

FCC (1994): *Fifth Report And Order*, Federal Communications Commission, FCC PP Docket No. 93-253, July 1994, URL: http://www.fcc.gov.

FCC (1995): *Sixth Report And Order*, Federal Communications Commission, FCC PP Docket No. 93-253, July 1995, URL: http://www.fcc.gov.

FCC (2000a): *Auction Of Licenses In The 747–762 And 777–792 MHz Bands Scheduled For September 6, 2000, Comment Sought On Modifying*

The Simultaneous Multiple Round Auction Design To Allow Combinatorial (Package) Bidding, May 2000, URL: http://www.fcc.gov.

FCC (2000b): *Sixth Report and Order and Order on Reconsideration (C/F Block Auction)*, WT Docket No. 97-82, August 2000, URL: http://www.fcc.gov.

FCC (2001): *Multiple Address Systems Spectrum Auction Scheduled for November 14, 2001, Notice and Filing Requirements, Minimum Opening Bids, Upfront Payments and other Procedural Issues Report No. AUC-01-42-B (Auction No. 42)*, July 2001.

ICP (2001a): *Licença N° ICP–01/UMTS*, "UMTS licence to Telecel", Portugal, July 2001, URL: http://www.icp.pt/

ICP (2001b): *Licença N° ICP–02/UMTS*, "UMTS licence to TMN", Portugal, July 2001, URL: http://www.icp.pt/

ICP (2001c): *Licença N° ICP–03/UMTS*, "UMTS licence to ONI WAY", Portugal, July 2001, URL: http://www.icp.pt/

ICP (2001d): *Licença N° ICP–04/UMTS*, "UMTS licence to Optimus", Portugal, July 2001, URL: http://www.icp.pt/

Ministry of Communications (2000): *Tender Regulations Approved on July 25th 2000 by the Committee of Ministers in accordance to the Prime Minister's Decree of February 2nd 2000*, February 2000, URL: http://www.agcom.it

Ministry of Research and Information Technology of Denmark, *Bill proposing an Act on Auction of Licences for 3rd Generation Mobile Telephone Networks (3G)*, November 2000.

Ministry of Transport and Communications (1999): *Licences for Third-Generation Mobile Networks (Unofficial translation)*, Finland, March 1999.

National Audit Office (2001): *The Auction of Radio Spectrum for the Third Generation of Mobile Telephones: Report by the Comptroller and Auditor General*, HC233 Session 2001-2002: 19 Oct. 2001.

National Telecommunications and Post Commission (2001): *Auction for the Award of Individual Licenses for the Provision of 3rd and 2nd Generation Public Mobile Telecommunication Services - Invitation to Tender*, Greece, June 2001, URL: http://www.eett.gr

National UMTS working group (1998): *UMTS – frequencies and operating licences in Finland*, Finland, November 1998.

NM Rothschild & Sons on behalf of the Secretary of State for Trade and Industry (1999): *Information Memorandum - United Kingdom Spectrum Auction, Third Generation, The Next Generation of Mobile Communications*, November 1999, URL: http://www.radio.gov.uk/.

NM Rothschild & Sons on behave of the National Telecom Agency (Telestyrelsen): *Kingdom of Denmark Auction of Licences for 3rd Generation Mobile Networks – Information Memorandum*, June 2001, URL: http://www.tst.dk

NM Rothschild & Sons, ABN Amro on behalf of the Minister for Telecommunications and the Belgian Institute of Post and Telecommunications: *Belgium Spectrum Auction for Third Generation Mobile Communications*, September 2000, URL: http://www.bipt.be

NM Rothschild & Sons, ABN Amro on behalf of the Minister for Telecommunications and the Belgian Institute of Post and Telecommunications: *Information Memorandum*, 2000, URL: http://www.bipt.be

NTA National Telecom Agency (Telestyrelsen): *Executive Order on Auction of Licences for 3rd Generation (3G) Mobile Networks (Unofficial and non-binding translation)*, URL: http://www.tst.dk

ODTR (2000): *Extending Choice Opening the Market for Third Generation Mobile Services (3G Mobile) Consultation Paper*, July 2000, URL: http://www.odtr.ie

ODTR (2001): *Information Memorandum Four licences to provide 3G services in Ireland*, December 2001, URL: http://www.odtr.ie

PTS (2000a): *Applying for UMTS licences in Sweden - The licensing process*, June 2000, URL: http://www.pts.se.

PTS (2000b): *Invitation for applications for licences to provide network capacity for mobile telecommunications services in Sweden in accordance with UMTS/IMT-2000 Standards and GSM Standards*, May 2000, URL: http://www.pts.se.

PTS (2000c): *The National Post and Telecom Agency regulations on licences to provide network capacity for mobile telecommunications services in accordance with the UMTS/IMT- 2000 Standard and the GSM Standard respectively*, April 2000, URL: http://www.pts.se.

RegTP (1999): „Entscheidung der Präsidentenkammer vom 02. August 1999 über die Regeln für die Durchführung des Versteigerungsverfahrens zur Vergabe weiterer Frequenzen im Bereich 1800 MHz für Mobilfunkanwendungen nach dem GSM-1800-Standard", *Amtsblatt der Regulie-*

rungsbehörde für Telekommunikation und Post Nr. 14/99 vom 11.08.1999, August 1999, URL: http://www.regtp.de.

RegTP (2000a): *Ruling by the President's Chamber of Germany on the Determinations and Rules for the Award of Licences for the Universal Mobile Telecommunications System (UMTS)/International Mobile Telecommunications -2000 (IMT-2000); "Third Generation Mobile Communications"*, February 2000, URL: http://www.regtp.de.

RegTP (2000b): *Ruling by the President's Chamber of Germany on the Rules for Conduct of the Auction for the Award of Licenses for the Universal Mobile Telecommunications System (UMTS)/International Mobile Telcommunications-2000 (IMT-2000); "Third Generation (3G) Mobile Communications"*, February 2000, URL: http://www.regtp.de.

RegTP (2001): *Infrastructure Sharing Principles – Interpretation of the UMTS Award Conditions in Light of More Recent Technological Advance*, June 2001, URL: http://www.regtp.de.

Dokumente von internationalen Organisationen:

ERC (1999): *The Role of Spectrum Pricing as a Means of supporting Spectrum Management*, ERC Report, European Radiocommunications Office, 1999.

ITU (2000): *International Mobile Telecommunications*, set of recommendations, International Telecommunication Union, 2000, URL: http://www.itu.int/imt.

ITU (2002): *Licensing of Third Generation 3G Mobile*, International Telecommunication Union, 2002.

ITU-R, SM.2012-1: *Economic Aspects Of Spectrum Management*, Report ITU-R SM.2012-1, URL: http://www.itu.int/itudoc/itur/rec/other/reports/sm/2012-1.html.

Dokumente von Organisationen der Europäischen Union:

Beschluss der Kommission vom 26. Juli 2002 zur Einrichtung einer Gruppe für Frequenzpolitik, Beschluss 2002/622/EC, Amtsblatt der Europäischen Gemeinschaften: ABl. L 198, 27.07.02.

Entscheidung Nr. 128/1999/EG des Europäischen Parlamentes und des Rates vom 14. Dezember 1998 über die koordinierte Einführung eines Drahtlos- und Mobilkommunikationssystems (UMTS) der dritten Generation in der Gemeinschaft, Abl. L 17 vom 21.1.1999, S 1.

Entscheidung Nr. 676/2002/EG des Europäischen Parlaments und des Rates vom 7. März 2002 über einen Rechtsrahmen für die Funkfrequenzpolitik in der Europäischen Gemeinschaft (Frequenzentscheidung), Amtsblatt der Europäischen Gemeinschaften: ABl. L 108 24.04.02 S 1.

European Commission (1999a): *Towards a new framework for Electronic Communications infrastructure and associated services*, COM(99)539, 1999.

European Commission (1999b): *Access to fixed and mobile network infrastructures owned by operators designated as having significant market power*, Information Society DG Explanatory Note, September 1999.

European Commission (2002): *Draft Guidelines on market analysis and the assessment of significant market power under the Community regulatory framework for electronic communications networks and services (SMP Guidelines)*, Feb. 2002.

European Commission (2002b): *Comparative Assessment of the Licensing Regimes for 3G Mobile Communications in the European Union and their Impact on the Mobile Communications Sector*, June 2002.

Kommission der Europäischen Gemeinschaft (1997a): *Strategische und politische Leitlinien für die weitere Entwicklung der Drahtlos- und Mobilkommunikation (UMTS)*, Mitteilung der Kommission, 1997.

Kommission der Europäischen Gemeinschaft (1997b): *Mitteilung der Kommission an den Rat, das Europaeische Parlament, den Wirtschafts- und Sozialausschuss und den Ausschuss der Regionen ueber die weitere Entwicklung der Drahtlos- und Mobilkommunikation in Europa – Herausforderungen und Optionen fuer die Europaeische Union*, KOM/97/0217, 1997.

Kommission der Europäischen Gemeinschaft (1997c): *Mitteilung der Kommission an den Rat, das Europaeische Parlament, den Wirtschafts- und Sozialausschuss und den Ausschuss der Regionen - Strategische und politische Leitlinien fuer die weitere Entwicklung der Drahtlos- und Mobilkommunikation (UMTS) - Ergebnisse der oeffentlichen Konsultation und Vorschlaege zur Schaffung guenstiger Rahmenbedingungen*, KOM/97/0513, 1997.

Kommission der Europäischen Gemeinschaft (1997d): *Mitteilung der Kommission an das Europaeische Parlament und den Rat - Die Weltfunkkonferenz 1997*, KOM/97/0304, 1997.

Kommission der Europäischen Gemeinschaft (1998): *Mitteilung der Kommission an das Europaeische Parlament und den Rat – Funkfrequenzbedarf fuer die Gemeinschaftspolitik im Hinblick auf die Weltfunkkonferenz 1999 (WRC-99)*, KOM/98/0298, 1998.

Kommission der Europäischen Gemeinschaft (2001): *Einführung von Mobilkommunikationssystemen der dritten Generation in der Europäischen Union: Aktueller Stand und weiteres Vorgehen*, Mitteilung der Kommission, KOM/2001/0141, März 2001.

Richtlinie 1987/372/EWG des Rates vom 25. Juni 1987 über die Frequenzbänder, die für die koordinierte Einführung eines europaweiten öffentlichen zellularen digitalen terrestrischen Mobilfunkdienstes in der Gemeinschaft bereitzustellen sind (GSM Richtlinie), Abl. L 196 vom 17.7.1987 S 85.

Richtlinie 1990/544/EWG des Rates vom 9. Oktober 1990 über die Frequenzbänder für die koordinierte Einführung eines europaweiten terrestrischen öffentlichen Funkrufsystems in der Gemeinschaft, Abl. L 310 vom 9.11.1990 S 28.

Richtlinie 1996/2/EG der Kommission vom 16. Januar 1996 zur Änderung der Richtlinie 90/388/EWG betreffend die mobile Kommunikation und Personal Communications, Abl. L 20 vom 26.01.1996, S 59.

Richtlinie 1997/13/EG des Europäischen Parlaments und Rates vom 10. April 1997 über einen gemeinsamen Rahmen für Allgemein- und Einzelgenehmigungen für Telekommunikationsdienste (Genehmigungsrichtlinie), Abl. L 117 vom 7.5.1997, S 15.

Richtlinie 1999/5/EG des Europäischen Parlamentes und des Rates vom 9. März 1999 über Funkanlagen und Telekommunikationsendeinrichtungen und die gegenseitige Anerkennung ihrer Konformität, Abl. L 91 vom 7.4.1999, S 10.

Richtlinie 2002/19/EG des Europäischen Parlaments und des Rates vom 7. März 2002 über den Zugang zu elektronischen Kommunikationsnetzen und zugehörigen Einrichtungen sowie deren Zusammenschaltung (Zugangsrichtlinie), Amtsblatt der Europäischen Gemeinschaften: ABl. L 108 24.04.02 S 21.

Richtlinie 2002/20/EG des Europäischen Parlaments und des Rates vom 7. März 2002 über die Genehmigung elektronischer Kommunikationsnetze und -dienste (Genehmigungsrichtlinie), Amtsblatt der Europäischen Gemeinschaften: ABl. L 108 24.04.02 S 21.

Richtlinie 2002/21/EG des Europäischen Parlaments und des Rates vom 7. März 2002 über einen gemeinsamen Rechtsrahmen für elektronische Kommunikationsnetze und -dienste (Rahmenrichtlinie), Amtsblatt der Europäischen Gemeinschaften: ABl. L 108 24.04.02 S 33

Richtlinie 2002/22/EG des Europäischen Parlaments und des Rates vom 7. März 2002 über den Universaldienst und Nutzerrechte bei elektronischen Kommunikationsnetzen und -diensten (Universaldienstrichtlinie), Amtsblatt der Europäischen Gemeinschaften: ABl. L 108 24.04.02 S 51

Forschungsergebnisse der Wirtschaftsuniversität Wien

Herausgeber: Wirtschaftsuniversität Wien –
vertreten durch a.o. Univ. Prof. Dr. Barbara Sporn

Band 1 Stefan Felder: Frequenzallokation in der Telekommunikation. Ökonomische Analyse der Vergabe von Frequenzen unter besonderer Berücksichtigung der UMTS-Auktionen. 2004.

Band 2 Thomas Haller: Marketing im liberalisierten Strommarkt. Kommunikation und Produktplanung im Privatkundenmarkt. 2005.

Band 3 Alexander Stremitzer: Agency Theory: Methodology, Analysis. A Structured Approach to Writing Contracts. 2005.

Band 4 Günther Sedlacek: Analyse der Studiendauer und des Studienabbruch-Risikos. Unter Verwendung der statistischen Methoden der Ereignisanalyse. 2004.

www.peterlang.de

Andreas Kleinschmidt

Die Versteigerung von Telekommunikationslizenzen

Verfassungsrechtliche Beurteilung am Beispiel der UMTS-Mobilfunklizenzversteigerung

Frankfurt am Main, Berlin, Bern, Bruxelles, New York, Oxford, Wien, 2004.
XXVII, 320 S.
Europäische Hochschulschriften: Reihe 2, Rechtswissenschaft. Bd. 4007
ISBN 3-631-52969-4 · br. € 56.50*

Im Sommer 2000 wurden die Lizenzen für den Betrieb der dritten Generation des Mobilfunks (UMTS) versteigert. Sie bescherten dem Staat Einnahmen in Höhe von rund 50 Mrd. Euro. Die Vereinbarkeit dieser Abgabenerhebung mit den Vorgaben des Grundgesetzes untersucht diese Arbeit. Sie beantwortet dabei die bislang allein im Umweltrecht diskutierte Frage, unter welchen Voraussetzungen der Staat allein für die Verleihung eines Rechts Abgaben erheben kann. Im Weiteren unterzieht sie das in § 11 Abs. 4 TKG normierte und bei der UMTS-Lizenzvergabe gewählte Verfahren einer Versteigerung der verfassungsrechtlichen Prüfung. Schließlich werden die Ertragshoheit der UMTS-Versteigerungserlöse und mögliche Erstattungsansprüche im Rahmen des bundesstaatlichen Finanzausgleichs erörtert.

Aus dem Inhalt: Finanzierung des Staates · Gebührenbegriff · Verleihungsgebühren · UMTS-Versteigerungsverfahren · § 11 Abs. 4 TKG · Vereinbarkeit mit Art. 12 I GG i.V.m. Art. 3 I GG als Teilhabe- und Verfahrensrecht · Ertragshoheit der UMTS-Erlöse als Verleihungsgebühren · Umsatzsteuerverteilung Art. 106 IV 1, III 4 GG · Mehrbelastungsausgleich Art. 106 IV 2,3 GG

Frankfurt am Main · Berlin · Bern · Bruxelles · New York · Oxford · Wien
Auslieferung: Verlag Peter Lang AG
Moosstr. 1, CH-2542 Pieterlen
Telefax 00 41 (0) 32 / 376 17 27

*inklusive der in Deutschland gültigen Mehrwertsteuer
Preisänderungen vorbehalten
Homepage http://www.peterlang.de